· 应用型系列教材 ·

工厂电气控制设备

主　　编　王友林　郭东旭　朱璐瑛
副 主 编　王晓博　张新玉　马祥坤

電子工業出版社
Publishing House of Electronics Industry
北京 · BEIJING

内 容 简 介

本书以大学本科教育工科类专业为背景，内容紧密结合各类工厂的实际情况，介绍工厂目前广泛应用的低压电器、电气控制线路，以及电气控制系统的设计、安装和调试方法。

全书分为10章，内容主要包括常用低压电器，电气控制线路基础，三相异步电动机的电力拖动，常用机床电气控制线路及常见故障的排查，变频器的基础知识，变频器的常用控制功能，通用变频器在典型控制系统中的应用，变频器选用、安装与维护，三相异步电动机变频器调速控制线路，实验项目。

本书注重实用技能的操作与训练，每一章的知识都结合工厂实例进行叙述。例如，在介绍常用机床电气控制的基础上，还对数控机床的电气控制线路进行分析，并在最后列出了9个工厂电气控制设备的实验来强化前面所学的知识，提高动手能力。

本书既可作为高等教育自动化、电气工程及其自动化、测控技术与仪器、电力系统自动化、机械制造及其自动化、机电一体化技术等相关专业的教材，也可作为电力系统领域的广大工程技术人员和科技工作者的学习参考书籍。

图书在版编目（CIP）数据

工厂电气控制设备 / 王友林，郭东旭，朱璐瑛主编. 一北京：电子工业出版社，2017.6

ISBN 978-7-121-30705-8

Ⅰ. ①工… Ⅱ. ①王… ②郭… ③朱… Ⅲ. ①工厂一电气控制装置一高等学校一教材 Ⅳ. ①TM571.2

中国版本图书馆 CIP 数据核字（2016）第 311357 号

策划编辑：朱怀永
责任编辑：胡辛征
印　　刷：三河市兴达印务有限公司
装　　订：三河市兴达印务有限公司
出版发行：电子工业出版社
　　　　　北京市海淀区万寿路 173 信箱　邮编　100036
开　　本：787×1 092　1/16　印张：19　字数：529 千字
版　　次：2017 年 6 月第 1 版
印　　次：2017 年 6 月第 1 次印刷
定　　价：45.80 元

凡所购买电子工业出版社图书有缺损问题，请向购买书店调换。若书店售缺，请与本社发行部联系，联系及邮购电话：（010）88254888，（010）88258888。

质量投诉请发邮件至 zlts@phei.com.cn，盗版侵权举报请发邮件至 dbqq@phei.com.cn。

本书咨询联系方式：（010）88254608，zhy@phei.com.cn。

序——加快应用型本科教材建设的思考

一、应用型高校转型呼唤应用型教材建设

教学与生产脱节，很多教材内容严重滞后，所学难以致用。这是我们在进行毕业生跟踪调查时经常听到的对高校教学现状提出的批评意见。由于这种脱节和滞后，造成很多毕业生及其就业单位不得不花费大量时间“补课”，既给刚踏上社会的学生无端增加了很大压力，又给就业单位白白增添了额外的培训成本。难怪学生抱怨“专业不对口，学非所用”，企业讥讽“学生质量低，人才难寻”。

2010 年，我国《国家中长期教育改革和发展规划纲要（2010—2020 年）》指出：要加大教学投入，重点扩大应用型、复合型、技能型人才培养规模。2014 年，《国务院关于加快发展现代职业教育的决定》进一步指出：要引导一批普通本科高等学校向应用技术类型高等学校转型，重点举办本科职业教育，培养应用型、技术技能型人才。这表明国家已发现并着手解决高等教育供应侧结构不对称问题。

转型一批到底是多少？据国家教育部披露，计划将 600 多所地方本科高校向应用技术、职业教育类型转变。这意味着未来几年我国将有 50%以上的本科高校（2014 年全国本科高校 1202 所）面临应用型转型，更多地承担应用型人才，特别是生产、管理、服务一线急需的应用技术型人才的培养任务。应用型人才培养作为高等教育人才培养体系的重要组成部分，已经被提上我国党和国家重要的议事日程。

军马未动、粮草先行。应用型高校转型要求加快应用型教材建设。教材是引导学生从未知进入已知的一条便捷途径。一部好的教材既是取得良好教学效果的关键因素，又是优质教育资源的重要组成部分。它在很大程度上决定着学生在某一领域发展起点的远近。在高等教育逐步从“精英”走向“大众”直至“普及”的过程中，加快教材建设，使之与人才培养目标、模式相适应，与市场需求和时代发展相适应，已成为广大应用型高校面临并亟待解决的新问题。

烟台南山学院作为大型民营企业南山集团投资兴办的民办高校，与生俱来就是一所应用型高校。2005 年升本以来，其依托大企业集团，坚定不移地实施学校地方性、应用型的办学定位。坚持立足胶东，着眼山东，面向全国；坚持以工为主，工管经文艺协调发展；坚持产教融合、校企合作，培养高素质应用型人才。初步形成了自己校企一体、实践育人的应用型办学特色。为加快应用型教材建设，提高应用型人才培养质量，今年学校推出的包括“应用型本科系列教材”在内的“百部学术著作建设工程”，可以视为南山学院升本 10 年来教学改革经验的初步总结和科研成果的集中展示。

二、应用型本科教材研编原则

编写一本好教材比一般人想象的要难得多。它既要考虑知识体系的完整性，又要考虑知识

体系如何编排和建构；既要有利于学生“学”，又要有利于教师“教”。教材编得好不好，首先取决于作者对教学对象、课程内容和教学过程是否有深刻的体验和理解，以及能否采用适合学生认知模式的教材表现方式。

应用型本科作为一种本科层次的人才培养类型，目前使用的教材大致有两种情况：**一是借用传统本科教材**。实践证明，这种借用很不适宜。因为传统本科教材内容相对较多，理论阐述繁杂，教材既深且厚。更突出的是其忽视实践应用，很多内容理论与实践脱节。这对于没有实践经验，以培养动手能力、实践能力、应用能力为重要目标的应用型本科生来说，无异于“张冠李戴”，严重背离了教学目标，降低了教学质量。**二是延用高职教材**。高职与应用型本科的人才培养方式接近，但毕竟人才培养层次不同，它们在专业培养目标、课程设置、学时安排、教学方式等方面均存在很大差别。高职教材虽然也注重理论的实践应用，但“小才难以大用”，用低层次的高职教材支撑高层次的本科人才培养，实属“力不从心”，尽管它可能十分优秀。换句话说，应用型本科教材贵在“应用”二字。它既不能是传统本科教材加贴一个应用标签，也不能是高职教材的理论强化，其应有相对独立的知识体系和技术技能体系。

基于这种认识，我认为研编应用型本科教材应遵循三个原则：**一是实用性原则**。即教材内容应与社会实际需求相一致，理论适度、内容实用。通过教材，学生能够了解相关企业当前的主流生产技术、设备、工艺流程及科学管理状况，掌握企业生产经营活动中与本学科专业相关的基本知识和专业知识、基本技能和专业技能。以最大限度地缩短毕业生知识、能力与企业现实需要之间的差距。烟台南山学院研编的《应用型本科专业技能标准》就是根据企业对本科毕业生专业岗位的技能要求研究编制的基本文件，它为应用型本科有关专业进行课程体系设计和应用型教材建设提供了一个参考依据。**二是动态性原则**。当今社会科技发展迅猛，新产品、新设备、新技术、新工艺层出不穷。所谓动态性，就是要求应用型教材应与时俱进，反映时代要求，具有时代特征。在内容上应尽可能将那些经过实践检验成熟或比较成熟的技术、装备等人类发明创新成果编入教材，实现教材与生产的有效对接。这是克服传统教材严重滞后、理论与实践脱节、学不致用等教育教学弊端的重要举措，尽管某些基础知识、理念或技术工艺短期内并不发生突变。**三是个性化原则**。即教材应尽可能适应不同学生的个体需求，至少能够满足不同群体学生的学习需要。不同的学生或学生群体之间存在的学习差异，显著地表现在对不同知识理解和技能掌握并熟练运用的快慢及深浅程度上。根据个性化原则，可以考虑在教材内容及其结构编排上既有所有学生都要求掌握的基本理论、方法、技能等“普适性”内容，又有满足不同的学生或学生群体不同学习要求的“区别性”内容。本人以为，以上原则是研编应用型本科教材的特征使然，如果能够长期得到坚持，则有望逐渐形成区别于研究型人才培养的应用型教材体系特色。

三、应用型本科教材研编路径

1. 明确教材使用对象

任何教材都有自己特定的服务对象。应用型本科教材不可能满足各类不同高校的教学需求，其主要是为我国新建的包括民办高校在内的本科院校及应用技术型专业服务的。这是因为：近10多年来我国新建了600多所本科院校（其中民办本科院校420所，2014年）。这些本科院校大多以地方经济社会发展为其服务定位，以应用技术型人才为其培养模式定位。它们的学生毕业后大部分选择企业单位就业。基于社会分工及企业性质，这些单位对毕业生的实践应用、技能操作等能力的要求普遍较高，而不刻意苛求毕业生的理论研究能力。因此，作为人才培养的必备条件，高质量应用型本科教材已经成为新建本科院校及应用技术类专业培养合格人才的迫切需要。

2. 加强教材作者选择

突出理论联系实际，特别注重实践应用是应用型本科教材的基本质量特征。为确保教材质量，严格选择教材研编人员十分重要。其基本要求：**一是**作者应具有比较丰富的社会阅历和企业实际工作经历或实践经验。这是研编人员的阅历要求。不能指望一个不了解社会、没有或缺乏行业企业生产经营实践体验的人，能够写出紧密结合企业实际、实践应用性很强的篇章；**二是**主编和副主编应选择长期活跃于教学一线、对应用型人才培养模式有深入研究并能将其运用于教学实践的教授、副教授等专业技术人员担纲。这是研编团队的领导人要求。主编是教材研编团队的灵魂。选择主编应特别注意理论与实践结合能力的大小，以及“研究型”和“应用型”学者的区别；**三是**作者应有强烈的应用型人才培养模式改革的认可度，以及应用型教材编写的责任感和积极性。这是写作态度的要求。实践中一些选题很好却质量平庸甚至低下的教材，很多是由于写作态度不佳造成的；**四是**在满足以上三个条件的基础上，作者应有较高的学术水平和教材编写经验。这是学术水平的要求。显然，学术水平高、教材编写经验丰富的研编团队，不仅可以保障教材质量，而且对教材出版后的市场推广将产生有利的影响。

3. 强化教材内容设计

应用型教材服务于应用型人才培养模式的改革。应以改革精神和务实态度，认真研究课程要求、科学设计教材内容，合理编排教材结构。其要点包括：

（1）缩减理论篇幅，明晰知识结构。编写应用型教材应摒弃传统研究型人才培养思维模式下重理论、轻实践的做法，确实克服理论篇幅越来越多、教材越编越厚、应用越来越少的弊端。一是基本理论应坚持以必要、够用、适用为度。在满足本学科知识连贯性和专业课需要的前提下，精简推导过程，删除过时内容，缩减理论篇幅；二是知识体系及其应用结构应清晰明了、符合逻辑，立足于为学生提供“是什么”和“怎么做”；三是文字简洁，不拖泥带水，内容编排留有余地，为学生自我学习和实践教学留出必要的空间。

（2）坚持能力本位，突出技能应用。应用型教材是强调实践的教材，没有“实践”、不能让学生“动起来”的教材很难产生良好的教学效果。因此，教材既要关注并反映职业技术现状，以企业岗位或岗位群需要的技术和能力为逻辑体系，又要适应未来一定期间内技术推广和职业发展要求。在方式上应坚持能力本位、突出技能应用、突出就业导向；在内容上应关注不同产业的前沿技术、重要技术标准及其相关的学科专业知识，把技术技能标准、方法程序等实践应用作为重要内容纳入教材体系，贯穿于课程教学过程的始终，从而推动教材改革，在结构上形成区别于理论与实践分离的传统教材模式，培养学生从事与所学专业紧密相关的技术开发、管理、服务等必须的意识和能力。

（3）精心选编案例，推进案例教学。什么是案例？案例是真实典型且含有问题的事件。这个表述的涵义：第一，案例是事件。案例是对教学过程中一个实际情境的故事描述，讲述的是这个教学故事产生、发展的历程；第二，案例是含有问题的事件。事件只是案例的基本素材，但并非所有的事件都可以成为案例。能够成为教学案例的事件，必须包含有问题或疑难情境，并且可能包含有解决问题的方法。第三，案例是典型且真实的事件。案例必须具有典型意义、能给读者带来一定的启示和体会。案例是故事但又不完全是故事。其主要区别在于故事可以杜撰，而案例不能杜撰或抄袭。案例是教学事件的真实再现。

案例之所以成为应用型教材的重要组成部分，是因为基于案例的教学是向学生进行有针对性的说服、思考、教育的有效方法。研编应用型教材，作者应根据课程性质、课程内容和课程要求，精心选择并按一定书写格式或标准样式编写案例，特别要重视选择那些贴近学生生活、便于学生调研的案例。然后根据教学进程和学生理解能力，研究在哪些章节，以多大篇幅安排和使用案例。为案例教学更好地适应案例情景提供更多的方便。

最后需要说明的是，应用型本科作为一种新的人才培养类型，其出现时间不长，对它进行系统研究尚需时日。相应的教材建设是一项复杂的工程。事实上从教材申报到编写、试用、评价、修订，再到出版发行，至少需要 3～5 年甚至更长的时间。因此，时至今日完全意义上的应用型本科教材并不多。烟台南山学院在开展学术年活动期间，组织研编出版的这套应用型本科系列教材，既是本校近 10 年来推进实践育人教学成果的总结和展示，更是对应用型教材建设的一个积极尝试，其中肯定存在很多问题，我们期待在取得试用意见的基础上进一步改进和完善。

2016 年国庆前夕于龙口

前　　言

为了实现应用型技能人才的培养目标，更好地适应制造业的发展。本书根据应用型技能人才培养教学大纲的要求进行编写，以更好地适应 21 世纪科技和经济发展对电气技术应用型高级技术人才的要求。

本书在内容处理上既注意反映电气控制领域的最新技术，又注意本科学生的知识和能力结构，吸收和借鉴电气类教学改革的成功经验，同时根据南山集团轻合金三连轧引进的德国西门子及 ABB 公司的低压电气传动生产项目所涉及的主要电气控制设备和控制技术中所用到知识点，融入教材中，紧密围绕先进的自动控制项目来编写教材，使学生能够很快适应工作岗位的要求。先进性与实用性相结合。书中配有部分低压电器图，在项目中配有典型实例，使低压电器在电气控制电路图中的得到进一步的讲解，即学即用，由浅入深，通俗易懂。本书对相关章节的内容均配有一定量的技能训练，以保证理论与实践的有机结合，以便学生在做中学，学中做，边学边做，教、学、做合一，真正将企业应用很好地结合于教学内容。

本书是作者在多年从事生产技术工作中，把生产实际经验与多年相关课程的教学、教改及科研融入一体的基础上编写的，本书既可作为高等教育自动化、电气工程及其自动化、测控技术与仪器、电力系统自动化、机械制造及其自动化、机电一体化技术等相关专业的教材，（教师可以根据专业来选择需要讲解的内容）。也可作为企业培训人员、电控设备安装与维修人员，以及工厂技术人员的学习用书。

本书共分 10 章。第 1 章介绍常用低压电器；第 2 章介绍电气控制线路基础；第 3 章介绍三相异步电机的电力拖动；第 4 章介绍常用机床电气控制线路及常见故障的排查；第 5 章介绍变频器基础知识；第 6 章介绍变频器的常用控制功能；第 7 章介绍通用变频器在典型控制系统中的应用；第 8 章介绍变频器选用、安装与维护；第 9 章介绍三相异步电动机变频器调速控制线路；第 10 章为实验项目。

本书由烟台南山学院郭东旭编写第 9、10 章、辽宁石油化工大学张新玉编写第 5 章，烟台南山学院朱璐瑛编写第 4、6 章，烟台南山学院王晓博编写 2、7、8 章，山东南山铝业股份有限公司马祥坤编写第 1 章，烟台南山学院杨明编写第 3 章。全书由郭东旭统稿。

在本书编写过程中，作者参考了多位同行专家的著作和文献以及设计规范，设计标准图册等。并对在编写过程中给予大力帮助的烟台南山学院孙玉梅教授，山东南山东海热电厂王友林高级工程师表示感谢。

由于编者水平有限，时间仓促，书中难免存在缺点和不足之处，敬请广大读者批评指正。

编者

目　录

第 1 章　常用低压电器

1.1　概述

1. 低压电器的定义

凡是对电能的生产、输送、分配和使用起控制、调节、检测、转换及保护作用的电工器械均可称为电器。用于交流 50Hz 额定电压 1200V 以下或直流额定电压 1500V 以下的电路内起通断、保护、控制或调节作用的电器称为低压电器。

2. 低压电器的分类

按用途可分为配电电器和控制电器。按动作方式可分为自动操作电器和手动操作电器。按执行机构又可分为有触点电器和无触点电器。

1.2　接触器

1.2.1　接触器的用途及分类

1. 接触器的用途

接触器是一种通用性很强的电磁式电器，它可以频繁地接通和分断交、直流主电路，并可实现远距离控制，主要用来控制电动机，也可控制电容器、电阻炉和照明器具等电力负载。

2. 接触器的分类

接触器按主触点通过电流的种类，可分为交流接触器和直流接触器。按其主触点的极数还可分为单极、双极、三极、四极和五极等多种。

接触器的文字符号和图形符号如图 1.1 所示。

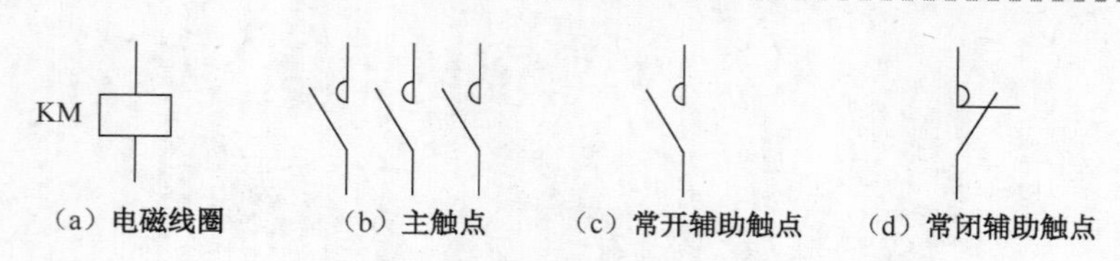

图 1.1 接触器的文字符号和图形符号

1.2.2 接触器的工作原理及结构

1. 交流接触器

结构：交流接触器主要由电磁机构、触点系统、弹簧和灭弧装置等组成。

其工作原理是：当线圈中有工作电流通过时，在铁芯中产生磁通，由此产生对衔铁的电磁力的作用。当电磁吸力克服弹簧的反作用力，使得衔铁与铁芯闭合，同时通过传动机构由衔铁带动相应的触点动作。当线圈断电或电压显著降低时，电磁吸力消失或降低，在释放弹簧的反作用力的作用下，衔铁返回，并带动触点恢复到原来的状态。

1）电磁机构

电磁机构的主要作用是将电磁能量转换成机械能量，带动触点动作，完成通断电路的控制作用。电磁机构由铁芯（静铁芯）、衔铁（动铁芯）和线圈等几部分组成。根据衔铁的运动方式不同，可以分为转动式和直动式，如图 1.2 所示。交流接触器的铁芯一般都是 E 型直动式电磁机构，如 CJ0、CJ10 系列，也有的采用衔铁绕轴转动的拍合式，如 CJ12、CJ12B 系列接触器。为了减少剩磁，保证断电后衔铁可靠地释放，E 型铁芯中柱较短，铁芯闭合后上下中柱间形成 0.1～0.2mm 的气隙。

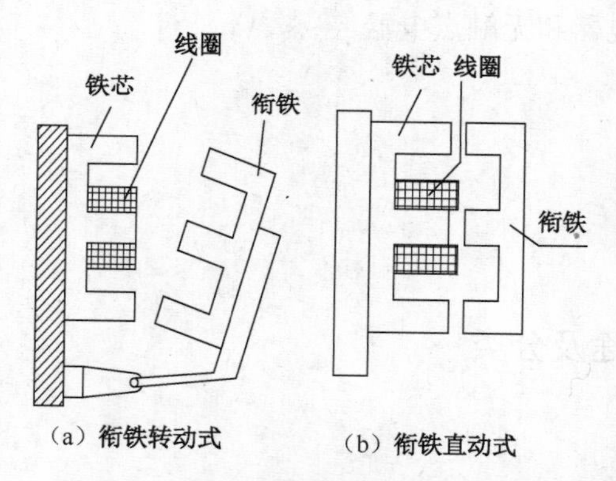

图 1.2 交流接触器电磁机构系统图

交流电磁结构特点如下。

（1）交流接触器的线圈中通过交流电，产生交变的磁通，并在铁芯中产生磁滞损耗和涡流损耗，使铁芯发热。一方面，为了减少交变的磁场在铁芯中产生的磁滞损耗和涡流损耗，交流接触器的铁芯一般用硅钢片叠压而成；另一方面，线圈由绝缘的铜线绕成有骨架的短而粗的形状，将线圈与铁芯隔开，便于散热。

（2）交流接触器的线圈中通过交流电，产生交变的磁通，其产生的电磁吸力在最大值和零之间脉动。因此当电磁吸力大于弹簧反力时衔铁被吸合，当电磁吸力小于弹簧的反力时衔铁开始释放，这样便产生振动和噪声。为了消除振动和噪声，在交流接触器的铁芯端面上装入一个铜制的短路环，如图 1.3 所示。

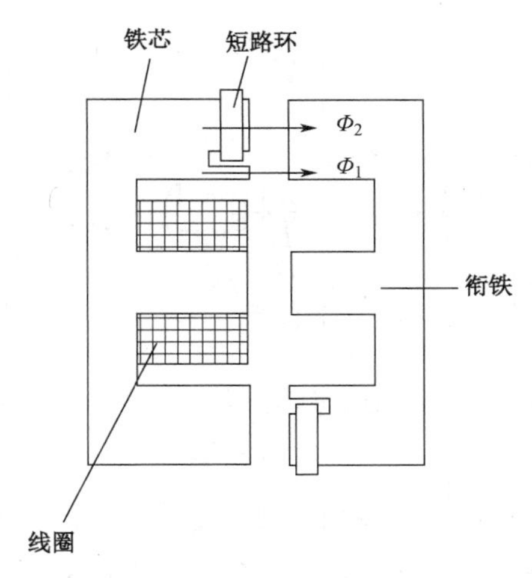

图 1.3　短路环的结构

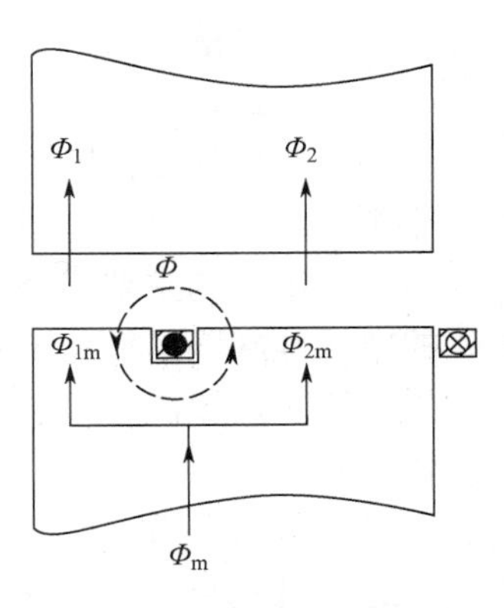

图 1.4　铁芯端面磁通分布

短路环的工作原理：图 1.4 所示为在铁芯端面装入短路环后，交变的磁通 Φ_m 经过铁芯端面时被分成两部分 Φ_{1m} 和 Φ_{2m}，且 Φ_{1m} 和 Φ_{2m} 同相位，Φ_{2m} 经过短路环在其中产生感应电动势 E，E 滞后于 Φ_{2m}90°，E 在短路环中产生感应电流 I，I 在短路环附近产生磁通 Φ，Φ 和 I 同相位。因此由于 Φ 的产生，使得穿过短路环的磁通变为 $\Phi_2=\Phi_{2m}+\Phi$，而未经过短路环的磁通变为 $\Phi_1=\Phi_{1m}-\Phi$。由相量图可知，Φ_2 和 Φ_1 之间不再同相位，这样就使得 Φ_2 和 Φ_1 分别产生的电磁力 F_2 和 F_1 不会同时为 0，所以总吸力 F 不再为 0。如果短路环设计合理，总吸力 F 将比较平坦，衔铁就不会产生振动和噪声了。

2）触点系统

交流接触器的触点由主触点和辅助触点构成。主触点用于通断电流较大的主电路，由接触面积较大的常开触点组成，一般有 3 对。辅助触点用以通断电流较小的控制电路，由常开触点和常闭触点组成。常开触点（又称为动合触点）是指电器设备在未通电或未受外力的作用时的常态下，触点处于断开状态；常闭触点（又称为动断触点）是指电器设备在未通电或未受外力的作用时的常态下，触点处于闭合状态。触点的结构有桥式和指式两类。交流接触器一般采用双断口桥式触点，如图 1.5 所示，指形触点如图 1.6 所示。

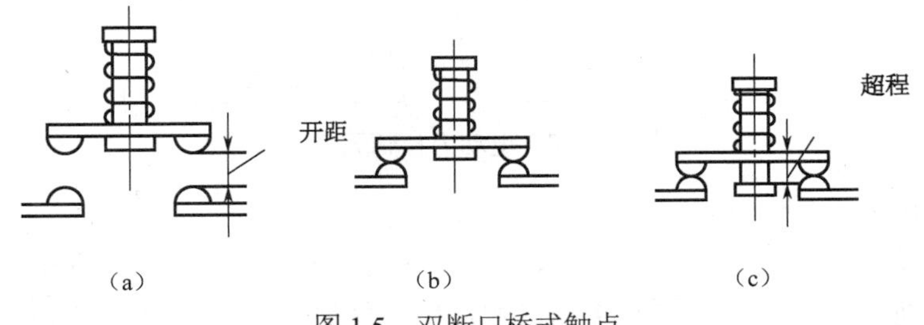

图 1.5　双断口桥式触点

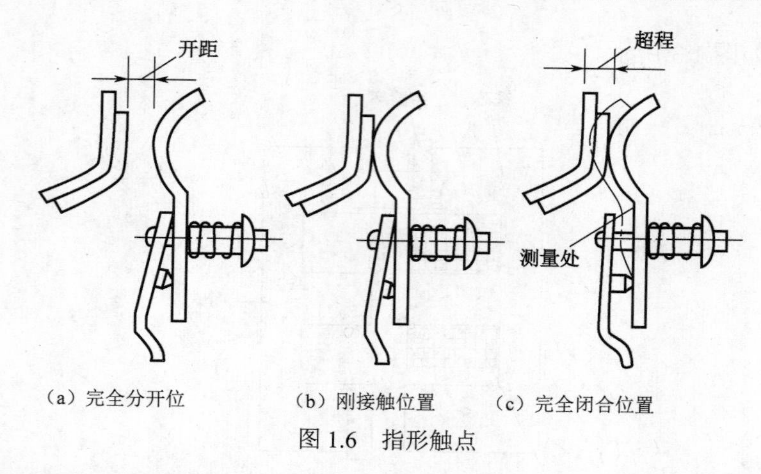

图 1.6　指形触点

触点一般采用导电性能良好的紫铜材料构成，因铜的表面容易氧化生成一层不易导电的氧化铜，所以在触点表面嵌有银片，氧化后的银片仍有良好的导电性能。

因指形触点在接通与分断时动触点沿静触点产生滚动摩擦，可以去掉氧化膜，因此其触点可以用紫铜制造，特别适合于触点分合次数多、电流大的场合。

3）灭弧系统

触点在分断电流瞬间，在触点间的气隙中就会产生电弧，电弧的高温能将触点烧损，并且电路不易断开，可能造成其他事故，因此，应采用适当措施迅速熄灭电弧。

熄灭电弧的主要措施有：①迅速增加电弧长度（拉长电弧），使得单位长度内维持电弧燃烧的电场强度不够而将电弧熄灭。②使电弧与流体介质或固体介质相接触，加强冷却和去游离作用，使电弧加快熄灭。电弧有直流电弧和交流电弧两类，交流电流有自然过零点，因此其电弧较易熄灭。

（1）拉长灭弧

通过机械装置或电动力的作用将电弧迅速拉长并在电弧电流过零时熄灭，如图 1.7 所示。这种方法多用于开关电器中。

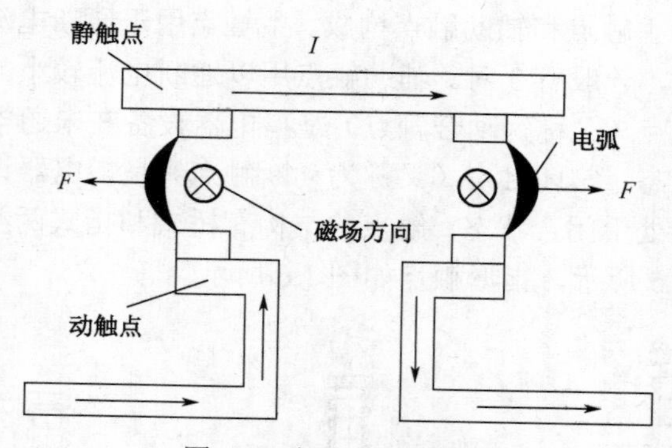

图 1.7　电动力拉长灭弧

（2）窄缝灭弧

在电弧所形成的磁场电动力的作用下，可使电弧拉长并进入灭弧罩的窄（纵）缝中，几条纵缝可将电弧分割成数段且与固体介质相接触，电弧便迅速熄灭，如图 1.8 所示。这种结构多用于交流接触器上。

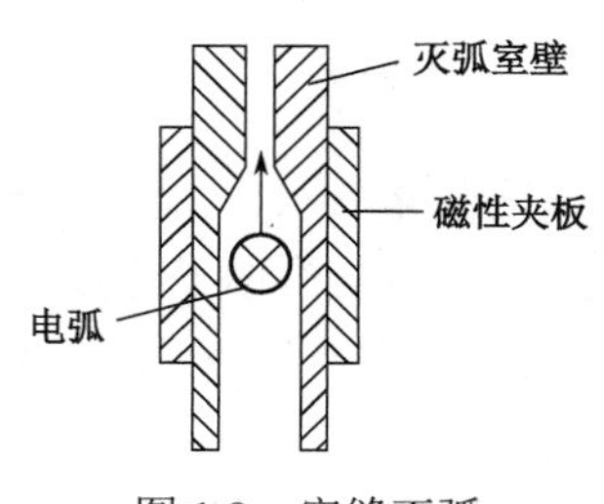

图 1.8　窄缝灭弧

（3）磁吹灭弧

在一个与触点串联的磁吹线圈产生的磁场作用下，电弧受电磁力的作用而拉长，被吹入由固体介质构成的灭弧罩内，与固体介质相接触，电弧被冷却而熄灭，如图 1.9 所示。直流电器中常采用磁吹灭弧。

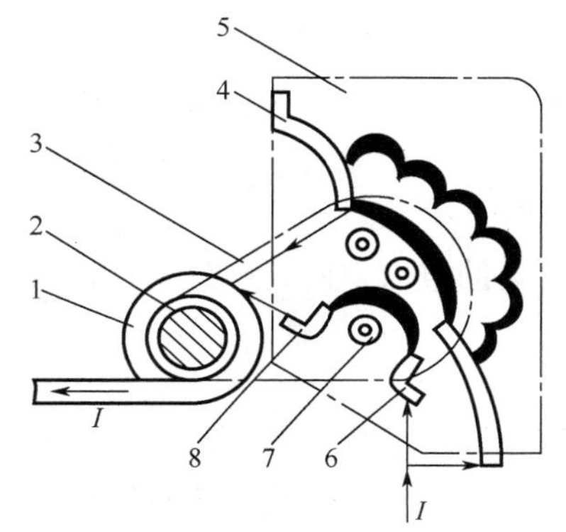

1—磁吹线圈；2—铁芯；3—导磁夹板；4—引弧角；
5—灭弧罩；6—动触点；7—磁场方向；8—静触点

图 1.9　磁吹灭弧

（4）栅片灭弧

触点分开时，产生的电弧在电动力的作用下被推入一组金属栅片中而被分割成数段，彼此绝缘的金属栅片的每一片都相当于一个电极，因而就有许多个阴阳极压降。对交流电弧来说，近阴极处，在电弧过零时就会熄灭，如图 1.10 所示。由于栅片灭弧效应在交流时要比直流时强得多，所以交流电器常常采用栅片灭弧。

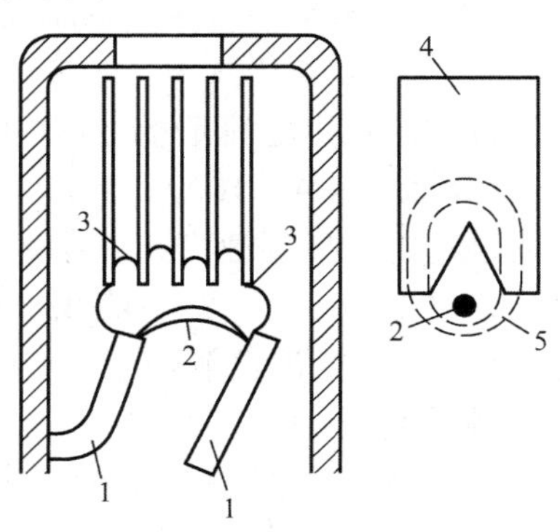

1—主触点；2—电弧；3—电弧进入灭弧栅片；4—灭弧栅片；5—电弧产生的磁场

图 1.10　栅片灭弧

2. 直流接触器

直流接触器主要用于控制直流电压至440V、直流电流至630A的直流电力线路，常用于频繁地操作和控制直流电动机。直流接触器的结构和工作原理与交流接触器基本相同，在结构上也是由电磁机构、触点系统和灭弧装置等组成的，但也有不同之处。

1）电磁机构

电磁机构由铁芯、线圈和衔铁组成。线圈中通过的是直流电，产生的是恒定的磁通，不会在铁芯中产生磁滞损耗和涡流损耗，所以铁芯不发热。铁芯可以用整块铸钢或铸铁制成，并且由于磁通恒定，其产生的吸力在衔铁和铁芯闭合后是恒定不变的，因此在运行时没有振动和噪声，所以在铁芯上不需要安装短路环。在直流接触器运行时，电磁机构中只有线圈产生热量，为了使线圈散热良好，通常将线圈绕制成长而薄的圆筒形，没有骨架，与铁芯直接接触，便于散热。

2）触点系统

直流接触器的主触点接通或断开较大的电流，常采用滚动接触的指形触点，一般有单极或双极两种。辅助触点开断电流较小，常做成双断口桥式触点。

3）灭弧装置

直流接触器的主触点在分断大的直流电时，产生直流电弧，较难熄灭，一般采用灭弧能力较强的磁吹式灭弧。

4）其他部件

其他部件包括底座，反作用弹簧，缓冲弹簧，触点压力弹簧，传动机构和接线柱。反作用弹簧的作用是当吸引线圈断电时，迅速使主触点、常开触点分断；缓冲弹簧的作用是缓冲衔铁吸合时对铁芯和外壳的冲击力；触点压力弹簧的作用是增加动静触点之间的压力，增大接触面积，降低接触电阻，避免触点由于接触不良而过热。

1.2.3 接触器的主要技术参数及型号

1. 接触器的主要技术参数

（1）额定电压。接触器铭牌上标注的额定电压是指主触点正常工作的额定电压。交流接触器常用的额定电压等级有127V、220V、380V、660V；直流接触器常用的电压等级有110V、220V、440V、660V。

（2）额定电流。接触器铭牌上标注的额定电流是指主触点的额定电流。交、直流接触器常用的额定电流的等级有10A、20A、40A、60A、100A、150A、250A、400A、600A。

（3）线圈的额定电压。线圈的额定电压指接触器吸引线圈的正常工作电压值。交流线圈常用的电压等级为36V、110V、127V、220V、380V；直流线圈常用的电压等级为24V、48V、110V、220V、440V。选用时交流负载选用交流接触器，直流负载选用直流接触器，但交流负载频繁动作时可采用直流线圈的交流接触器。

（4）主触点的接通和分断能力。主触点的接通和分断能力指主触点在规定的条件下能可靠地接通和分断的电流值。在此电流值下，接通时主触点不发生熔焊，分断时不应产生长时间的燃弧。接触器的使用类别不同，对主触点的接通和分断能力的要求也不同。常见的接触器的使用类别、典型用途及主触点要求达到的接通和分断能力如表1.1所示。

表 1.1 常见的接触器的使用类别、典型用途及主触点要求达到的接通和分断能力

电流种类	使用类别	主触点接通和分断能力	典型用途
交流	AC1	允许接通和分断额定电流	无感或微感负载、电阻炉
	AC2	允许接通和分断 4 倍额定电流	绕线式感应电动机的启动和制动
	AC3	允许接通 6 倍额定电流和分断额定电流	笼型感应电动机的启动和分断
	AC4	允许接通和分断 6 倍额定电流	笼型感应电动机的启动、反转、反接制动
直流	DC1	允许接通和分断额定电流	无感或微感负载、电阻炉
	DC2	允许接通和分断 4 倍额定电流	并励电动机的启动、反转、反接制动
	DC3	允许接通和分断 4 倍额定电流	串励电动机的启动、反转、反接制动

（5）额定操作频率。额定操作频率指接触器在每小时内的最高操作次数。交、直流接触器的额定操作频率为 1200 次/小时或 600 次/小时。

（6）机械寿命。机械寿命指接触器所能承受的无载操作的次数。

（7）电寿命。电寿命指在规定的正常的工作条件下，接触器带负载操作的次数。

2. 交流接触器的主要型号

1）CJ10 系列交流接触器

CJ10 系列交流接触器适用于交流 50HZ、电压至 380V、电流至 150A 的电力线路，作远距离接通与分断线路之用，并适宜于频繁地启动和控制交流电动机。其吸引线圈的额定电压交流为 36V、127V、220V、380V；直流为 110V、220V。吸引线圈在额定电压的 85%～105%时可以正常工作，在线圈电流切断后，常开触点应完全开启，而不停留在中间位置。

接触器主触点的接通能力与分断能力：在 105%的额定电压下，功率因数为 0.35 时能承受接通 12 倍额定电流 100 次，或者能承受接通与分断 10 倍额定电流 20 次，每次间隔 5 秒，通电时间 0.2 秒。接触器的操作频率为每小时 600 次，电寿命可达 60 万次，机械寿命为 300 万次。CJ10 型系列交流接触器为直动式，主触点采用双断口桥式触点，20A 以上的接触器均装有灭弧装置。电磁系统为双 E 型铁芯磁轭两边铁柱端面嵌有短路环，衔铁中柱较短，为了削弱剩磁的作用，闭合后留有空气间隙。

2）CJ20 系列交流接触器

CJ20 系列交流接触器适用于交流 50HZ、电压至 660V、电流至 630A 的电力线路，作远距离接通与分断线路之用，并适宜于频繁地启动和控制交流电动机。CJ20 型系列交流接触器为直动式，主触点采用双断口桥式触点，U 形铁芯。辅助触点采用通用的辅助触点，根据需要可制成不同组合以适应不同需要。辅助触点的组合有 2 常开 2 常闭；4 常开 2 常闭；也可根据需要交换成 3 常开 3 常闭或 2 常开 4 常闭。CJ20 系列交流接触器的结构优点是体积小，重量轻，易于维护。

3. 直流接触器的主要型号

1）CZ0 系列直流接触器

CZ0 系列直流接触器适用于直流电压 440V 以下、电流 600A 及以下电路，作远距离接通和分断直流电力线路，及频繁启动、停止直流电动机及控制直流电动机的换向及反接制动之用。其主触点的额定电流有 40A、100A、150A、250A、400A、600A。主触点的灭弧装置由串联磁吹线圈和横隔板陶土灭弧罩组成。

2）CZ18 系列直流接触器

CZ18 系列直流接触器适用于直流电压 440V 以下、电流至 1600A 及以下电路，作远距离接通和分断直流电力线路之用，以及频繁启动、停止直流电动机及控制直流电动机的换向及反接制动。其主触点的额定电流有 40A、80A、160A、315A、630A、1000A。

1.2.4 接触器的选择

1．选择接触器的类型

根据负载电流的种类来选择接触器的类型。交流负载选择交流接触器，直流负载选用直流接触器。

2．选择主触点的额定电压

主触点的额定电压应大于或等于负载的额定电压。

3．选择主触点的额定电流

主触点的额定电流应不小于负载电路的额定电流，如果用来控制电动机的频繁启动、正反转或反接制动，应将接触器的主触点的额定电流降低一个等级使用。在低压电气控制系统中，380V 的三相异步电动机是主要的控制对象，如果知道了电动机的额定功率，则控制该电动机的接触器的额定电流的数值大约是电动机功率值的 2 倍（一个千瓦两个电流）。

4．选择接触器吸引线圈的电压

交流接触器线圈额定电压一般直接选用 380V 或 220V，直流接触器可选线圈的额定电压和直流控制回路的电压一致。直流接触器的线圈加直流电压，交流接触器的线圈一般加交流电压。如果把加直流电压的线圈加上交流电压，因线圈阻抗太大，电流太小，则接触器往往不吸合；如果将加交流电压的线圈加上直流电压，则因电阻太小，电流太大，会烧坏线圈。

5．根据使用类别选用相应产品系列

如果生产中大量使用小容量笼型感应电动机，负载为一般任务，则选用 AC3 使用类别；控制机床电动机启动、反转、反接制动的接触器，负载任务较重，则选用 AC4。

1.2.5 接触器的运行维护

1．安装注意事项

接触器在安装使用前应将铁芯端面的防锈油擦净。接触器一般应垂直安装于垂直的平面上，倾斜度不超过 5°；安装孔的螺钉应装有垫圈，并拧紧螺钉防止松脱或振动；避免异物落入接触器内。

2．日常维护

（1）定期检查接触器的零部件，要求可动部分灵活，紧固件无松动。已损坏的零件应及时

修理或更换。

（2）保持触点表面的清洁，不允许沾有油污，当触点表面因电弧烧蚀而附有金属小颗粒时，应及时去掉。银和银合金触点表面因电弧作用而生成黑色氧化膜时，不必锉去，因为这种氧化膜的导电性很好，锉去反而缩短了触点的使用寿命。触点的厚度减小到原厚度的 1/4 时，应更换触点。

（3）接触器不允许在去掉灭弧罩的情况下使用，因为这样在触点分断时很可能造成相间短路事故。陶土制成的灭弧罩易碎，避免因碰撞而损坏，要及时清除灭弧室内的炭化物。

1.3　继电器

继电器是一种根据电或非电信号的变化来接通或断开小电流（一般小于 5A）控制电路的自动控制电器。继电器的输入量（如电流、电压、温度、压力等）变化到某一定值时继电器动作，其触点便接通和断开控制回路。由于继电器的触点用于控制电路中，通断的电流小，所以继电器的触点结构简单，不安装灭弧装置。

继电器的分类：按输入信号不同可以分为电流继电器、电压继电器、时间继电器、热继电器及温度、压力、速度继电器等。按工作原理又可以分为电磁式继电器、感应式继电器、电动式继电器、电子式继电器等。按输出形式还可分为有触点和无触点两类。

1.3.1　电磁式继电器

电磁式继电器结构如图 1.11 所示。电磁式继电器的主要结构有电磁机构和触点系统。继电器的工作原理和接触器相似，不同之处在于，继电器可以通过反作用调节螺母 5，来调节反作用力的大小，从而调节了继电器的动作值的大小。电磁式继电器是对电压信号、电流信号的变化作出反应，其触点用于切换小电流的控制电路，而接触器使其吸引线圈的电压信号达到一定值，触点动作。主触点用于通断大电流的主电路，主触点上装有灭弧装置，辅助触点用于通断小电流的控制电路。

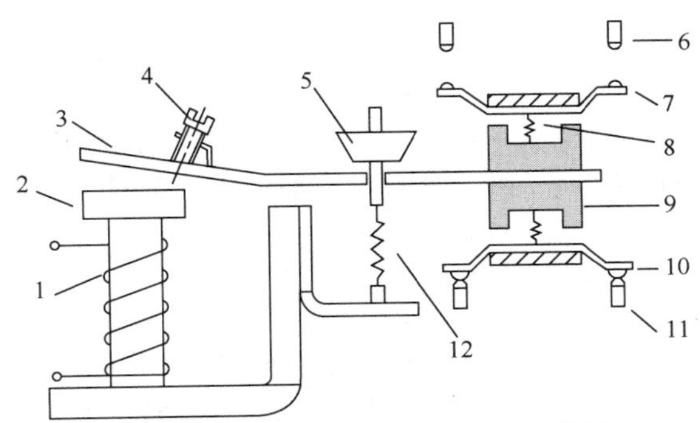

1—线圈；2—铁芯；3—衔铁；4—止动螺钉；5—反作用调节螺母；6、11—静触点；
7、6—常开触点；10、11—常闭触点；8—触点弹簧；9—绝缘支架；12—反作用弹簧

图 1.11　电磁式继电器结构示意图

1. 电磁式电流继电器

电磁式电流继电器的文字符号和图形符号如图 1.12 所示。

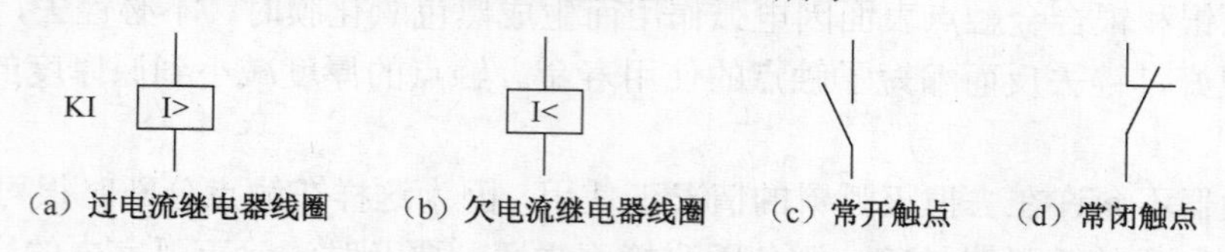

图 1.12　电磁式电流继电器的文字符号和图形符号

电流继电器的输入信号是电流，电流继电器的线圈串联在被测量的电路中，以反应电路电流的变化。电流继电器的线圈匝数少，导线粗，线圈阻抗小。电流继电器又分为过电流继电器和欠电流继电器两种。

1）过电流继电器

正常工作时，线圈中通过正常的负荷电流，继电器不动作，即衔铁不吸合。当通过线圈的电流超过正常的负荷电流，达到某一整定值时，继电器动作，衔铁吸合，同时带动触点动作。

（1）I_{OP}：使过电流继电器动作的最小电流称为继电器的动作电流。

（2）返回电流 I_{re}：继电器动作以后，当流入线圈中的电流逐渐减小到某一电流值时，继电器因电磁力小于弹簧的反作用力而返回到原始位置的最大电流。

（3）返回系数 K_{re}：$K_{re}=I_{re}/I_{OP}$。过电流继电器的返回系数小于 1。

2）欠电流继电器

正常工作时，线圈中通过正常的负荷电流，衔铁吸合，其常开触点闭合，常闭触点断开。当通过线圈的电流降低到某一电流值时，衔铁动作（释放），同时带动触点动作，常开触点断开，常闭触点闭合。使欠电流继电器动作（衔铁释放）的最大电流称为继电器的动作电流，用 I_{OP} 表示。继电器动作（衔铁释放）以后，当流入线圈中的电流上升到某一电流值时，继电器返回到衔铁吸合状态的最小电流称为返回电流，用 I_{re} 表示，欠电流继电器的返回系数大于 1。

2. 电压继电器

电压继电器的输入信号是电压，电压继电器的线圈并联在被测量的电路中，以反应电路电压的变化。电压继电器的线圈匝数多，导线细，线圈阻抗大。电压继电器的文字符号是 KV，图形符号如图 1.13 所示。

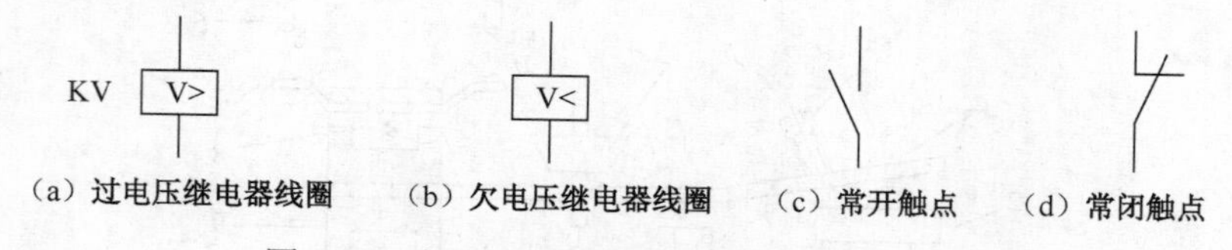

图 1.13　电压继电器的文字符号和图形符号

（1）过电压继电器

正常工作时，线圈的电压为额定电压，继电器不动作，即衔铁不吸合。当线圈的电压高于额定电压，达到某一整定值时，继电器动作，衔铁吸合，同时带动触点动作，常开触点闭合，常闭触点断开。直流电路一般不会产生过电压，所以在产品中只有交流过电压继电器，用于过压保护。其动作电压、返回电压和返回系数的概念和过电流继电器的相似。过电压继电器的返回系数小于 1。

（2）欠电压继电器

在额定参数时，欠电压继电器的衔铁处于吸合状态，当其吸引线圈的电压降低到某一整定值时，欠电压继电器动作（衔铁释放），当吸引线圈的电压上升后，欠电压继电器返回到衔铁吸合状态。其动作电压、返回电压和返回系数的概念和欠电流继电器的相似。欠电压继电器的返回系数大于 1。欠电压继电器常用于电力线路的欠压和失压保护。

3. 中间继电器

中间继电器触点数量多，触点容量大，在控制电路中起增加触点数量和中间放大的作用，有的中间继电器还带有短延时。其线圈为电压线圈，要求当线圈电压为零时，衔铁能可靠释放，对动作参数无要求，中间继电器没有弹簧调节装置。

中间继电器的文字符号和图形符号如图 1.14 所示。

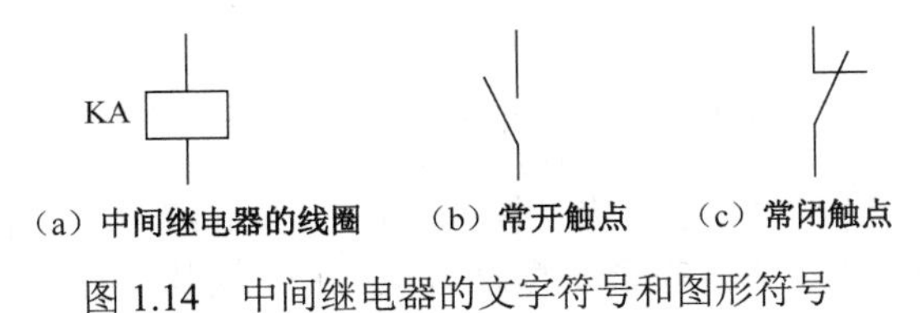

（a）中间继电器的线圈　（b）常开触点　（c）常闭触点

图 1.14　中间继电器的文字符号和图形符号

1.3.2　时间继电器

从得到输入信号（线圈通电或断电）开始，经过一定的延时后才输出信号（触点闭合或断开）的继电器，称为时间继电器。时间继电器的文字符号为 KT，图形符号如图 1.15 所示。

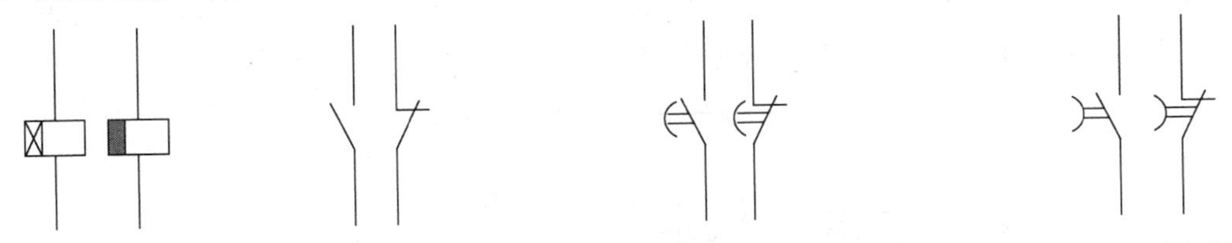

（a）通电与断电延时线圈　（b）瞬动常开与常闭触点　（c）通电延时闭合常开与断开常闭触点　（d）断电延时断开常开与闭合常闭触点

图 1.15　时间继电器的图形符号

1. 直流电磁式时间继电器

（1）工作原理：利用电磁系统在电磁线圈断电后磁通延缓变化的原理工作。

（2）直流电磁式时间继电器的特点：构简单，价格低廉，延时较短（0.3～5.5s），只能用于直流断电延时，延时精度不高，体积大。常用的有 JT3、JT18 系列。

（3）直流电磁式时间继电器改变延时的方法有两种：一种是粗调，改变安装在衔铁上的非磁性垫片的厚度，垫片厚时延时短，垫片薄时延时长。另一种是细调，调整反力弹簧的反力大小改变延时，弹簧紧则延时短，弹簧松则延时长。

2. 空气阻尼式时间继电器

（1）空气阻尼式时间继电器的工作原理：利用空气的阻尼作用而达到延时的目的。JS7.A 系列空气阻尼式时间继电器由电磁系统、触点系统（由两个微动开关构成，包括两对瞬时触点和两对延时触点）、空气室及传动机构等部分组成，如图 1.16 所示。

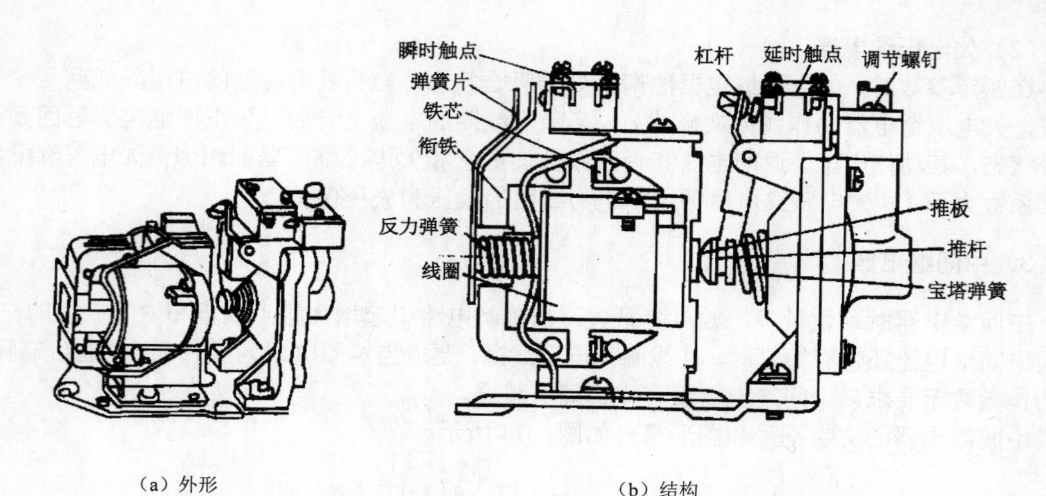

（a）外形　　（b）结构

图 1.16　JS7.A 系列空气阻尼式时间继电器的外形和结构图

JS7.A 系列空气阻尼式时间继电器的工作原理图如图 1.17 所示。图 1.17 为通电延时型时间继电器，当线圈 1 通电后，衔铁 3 吸合，微动开关 16 受压其触点瞬时动作，活塞杆 6 在塔形弹簧 8 的作用下带动活塞 12 及橡皮膜 10 向上移动，这时橡皮膜下面空气稀薄，与橡皮囊上面的空气形成压力差，对活塞的向上移动产生阻尼作用，因此活塞杆 6 只能缓慢地向上移动，其移动速度取决于进气孔的大小，可通过调节螺钉 13 进行调整。经过一段延时后，活塞杆 6 才能移动到最上端。这时通过杠杆 7 压动微动开关 15，使延时触点动作，常开触点闭合，常闭触点断开。当线圈 1 断电后，电磁力消失，衔铁 3 在反力弹簧 4 的作用下释放，并通过活塞杆 6 将活塞 12 推向下端，这时橡皮膜 10 下方空气室内的空气通过橡皮膜 10、弱弹簧 9 和活塞 12 的肩部，迅速地从橡皮膜上方的空气室缝隙中排掉，微动开关 15、16 能迅速复位，无延时。

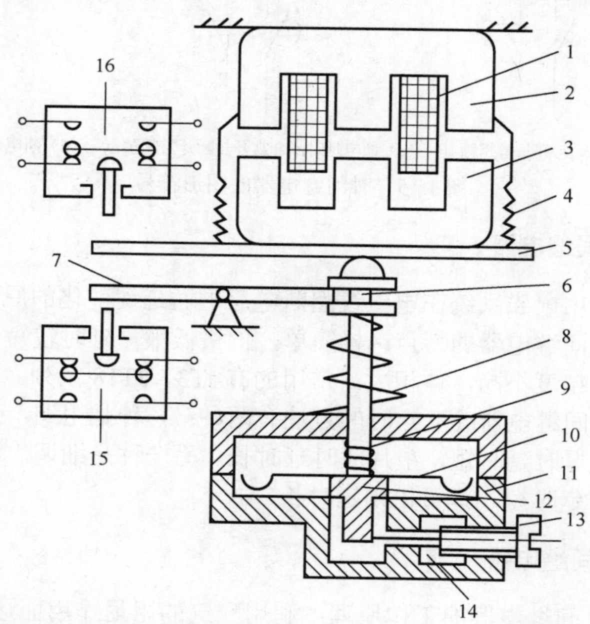

1—线圈；2—铁芯；3—衔铁；4—反作用力弹簧；5—推板；6—活塞杆；7—杠杆；8—塔形弹簧；9—弱弹簧；10—橡皮膜；11—空气室壁；12—活塞；13—调节螺钉；14—进气孔；15、16—微动开关

图 1.17　JS7.A 系列空气阻尼式时间继电器工作原理图（通电延时型）

(2) 空气阻尼式时间继电器的特点：延时精度高，不受电源电压波动和环境温度变化的影响，延时误差小；延时范围大（几秒到几十个小时），延时时间有指针指示。其缺点是结构复杂，价格高，不适于频繁操作，寿命短，延时误差受电源频率的影响。

(3) 空气阻尼式时间继电器调整延时的方法，延时的长短可通过改变整定装置中定位指针的位置实现。

3．电动式时间继电器

(1) 电动式时间继电器的工作原理：电动式时间继电器是由微型同步电动机拖动减速机构，经机械机构获得触点延时动作的时间继电器。电动式时间继电器由微型同步电动机、电磁离合器、减速齿轮、触点系统、脱扣机构和延时调整机构等组成。电动式时间继电器有通电延时和断电延时两种。

(2) 电动式时间继电器的特点：延时精度高，不受电源电压波动和环境温度变化的影响，时间误差小；延时范围大（几秒到几十个小时），延时时间有指针指示。其缺点是结构复杂，价格高，不适于频繁操作，使用寿命短，延时误差受电源频率的影响，常用的有 JS11、JS17 系列和引进德国西门子公司制造技术生产的 7PR 系列等。

(3) 电动式时间继电器调整延时的方法：延时的长短可通过改变整定装置中定位指针的位置实现，但定位指针的调整对于通电延时型时间继电器应在电磁离合器线圈断电的情况下进行，对于断电延时型时间继电器应在电磁离合器线圈通电的情况下进行。

4．电子式时间继电器

(1) 电子式时间继电器的工作原理：常用的有阻容式时间继电器。阻容式时间继电器是利用电容对电压变化的阻尼作用来实现延时的。图 1.18 所示为 JS20 系列场效应管做成的通电延时型电路。

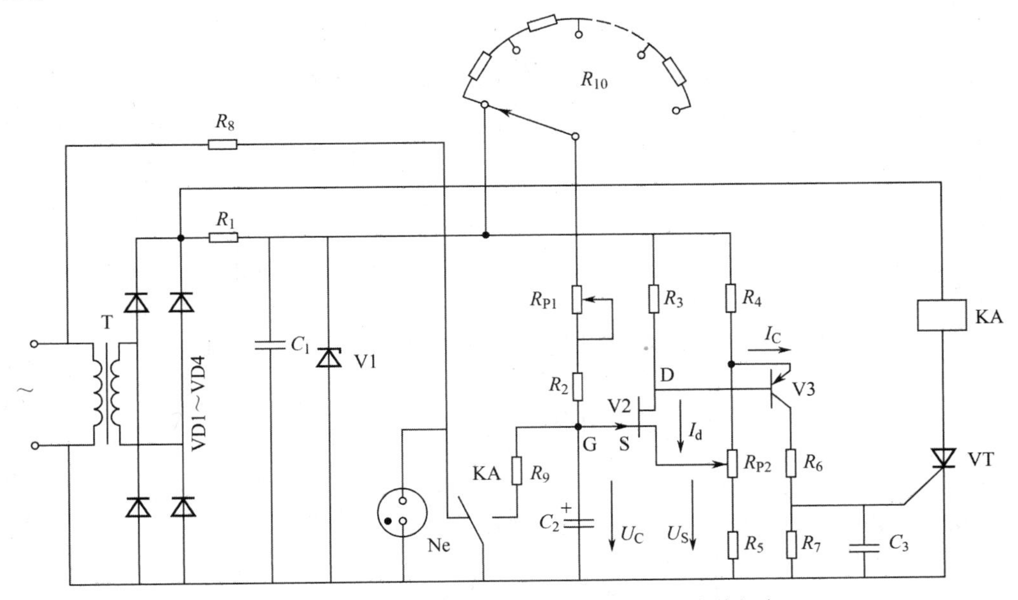

图 1.18　JS20 系列场效应管做成的通电延时型电路

电子式时间继电器由稳压电源、RC 充放电电路、电压鉴别电路、输出电路和指示电路构成。接通电源后，经整流滤波和稳压后的直流电压经波段开关上的电阻 R_{10}、R_{P1}、R_2 向电容

C_2充电。当电容器 C_2 的电压上升到 $|u_c \cdot u_s| < |u_P|$ 时，VF 导通，D 点电位下降，VT 导通，晶闸管 VTH 被触发导通，继电器 KA 线圈通电动作，输出延时时间到的信号。从时间继电器通电给电容 C_2 充电，到 KA 动作的这段时间为延时时间。KA 动作后，其常开触点闭合，C_2 经 R_9 放电，VF、VT 相继截止，为下次动作做准备。同时，KA 的常闭触点断开，Ne 氖泡启辉。VF、VT 相继截止后，晶闸管 VT 仍保持接通，KA 线圈保持通电状态，只有切断电源，继电器 KA 才断电释放。

近期开发的电子式时间继电器产品多为数字式，又称计数式，其结构是由脉冲发生器、计数器、数字显示器、放大器及执行机构组成的，具有延时时间长、调节方便、精度高的优点，有的还带有数字显示，应用很广。

（2）电子式时间继电器的特点：延时时间较长（几分钟到几十分钟），延时精度比空气阻尼式的好，体积小、机械结构简单、调节方便、寿命长、可靠性强，但延时受电压波动和并境温度变化的影响，抗干扰性差。常用的产品有 JS13、JS14、J515、JS20 和 ST3P 系列。JS20 系列有通电延时型、断电延时型，以及带有瞬动触点的通电延时型。ST3P 系列超级列间继电器是引进日本富士机电公司同类产品进行技术改进的新产品，其内部装有时间继电器专用的大规模集成电路，使用了高质量薄膜电容器和金属陶瓷可变电阻器，采用了高精度震荡回路和分频回路，它具有体积小、重量轻、精度高、延时范围宽、性能好、寿命长等优点。广泛应用于自动化控制电路中。

（3）电子式时间继电器调整延时的方法：调节单极多位开关，改变 R_{10} 的值，就可以改变延时时间的长短。

（4）ST3P 系列时间继电器的产品介绍：ST3P 系列时间继电器适用于交流 50Hz、工作电压 380V 及以下或直流工作电压 24V 的控制电路中作延时元件，按预定的时间接通或分断电路。它通过电位器来设定延时，机械寿命达到 10^6 万次，电寿命为 10^5 次，其主要技术数据如表 1.2 所示。ST3P 系列时间继电器的接线图如图 1.19 所示。ST3P 系列时间继电器的工作时序图如图 1.20 所示，图中 t 和 t'均为延时时间。

表 1.2　ST3P 系列时间继电器主要技术数据

型号	ST3PA	ST3PG	ST3PC	ST3PF	ST3PFT1	ST3PK	ST3PY	ST3PR
动作形式	通电延时	断电延时	通电延时带瞬动触点	断电延时	信号断开延时	星-三角形启动延时	往复循环延时	
触点数量	两对延时闭合的常开触点（1-3）和（8-6）；两对延时分断的常闭触点（1-4）和（8-5）	两对延时分断的常开触点（1-3）和（8-6）；两对延时闭合的常闭触点（1-4）和（8-5）	一对延时闭合的常开触点(8-6)；一对延时分断的常闭触点(8-5)；一对瞬动分断的常开触点(1-4)；一对瞬动闭合的常闭触点（1-3）	一对延时闭合的常开触点（8-6）；一对延时分断开的常闭触点（8-5）	两对延时闭合的常开触点（1-3）和（8-6）；两对延时分断的常闭触点（1-4）和（8-5）	一对延时分断的常开触点；一对延时闭合的常闭触点	一对延时闭合的常开触点（4-5）；一对延时分断的常闭触点（4-6）；一对瞬动触点（7-8）	延时 1 转换：一对延时闭合的常开触点（8-6）；一对延时分断的常闭触点（8-5）

续表

型号	ST3PA	ST3PG	ST3PC	ST3PF	ST3PFT1	ST3PK	ST3PY	ST3PR
延时范围	A：0.05～0.5s/5s/30s/3min B：0.1～1s/10s/60s/6min C：0.5～5s/50s/5min//30min D：1～10s/100s/10min/60min E：5～60s/10min/60min/6h F：0.25～2min/20min/2h/12h G：0.5～4min/40min/4h/24h			0.1～1s 0.2～2s 0.5～5s 1～10s 2.5～30s 5～60s		0.1～0.5s 0.25～2s 0.5～5s 1～10s 2.5～30s 5～60s	1～10s 2.5～30s 5～60s	0.5～6s/60s 1～10s/10min 2.5～30s/30min
额定电压 交流（50Hz）		24V、110V、220V				110V、220V	110V、220V	110V、220V
额定电压 直流		24V、48V、110V				24V		24V
触点容量	AC250V、3A							
安装方式	配合不同的插座和附件可实现：装置式安装、面板式安装及 35mm 导轨安装							

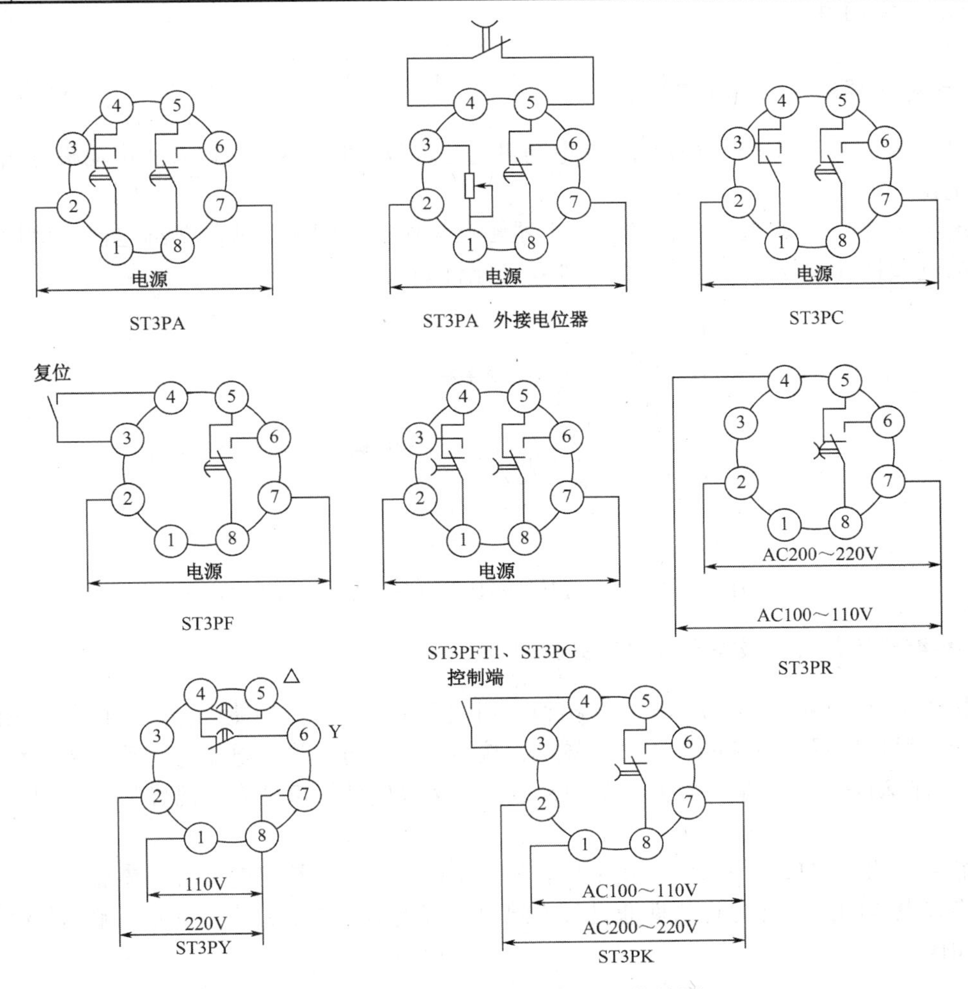

图 1.19　ST3P 系列时间继电器的接线图

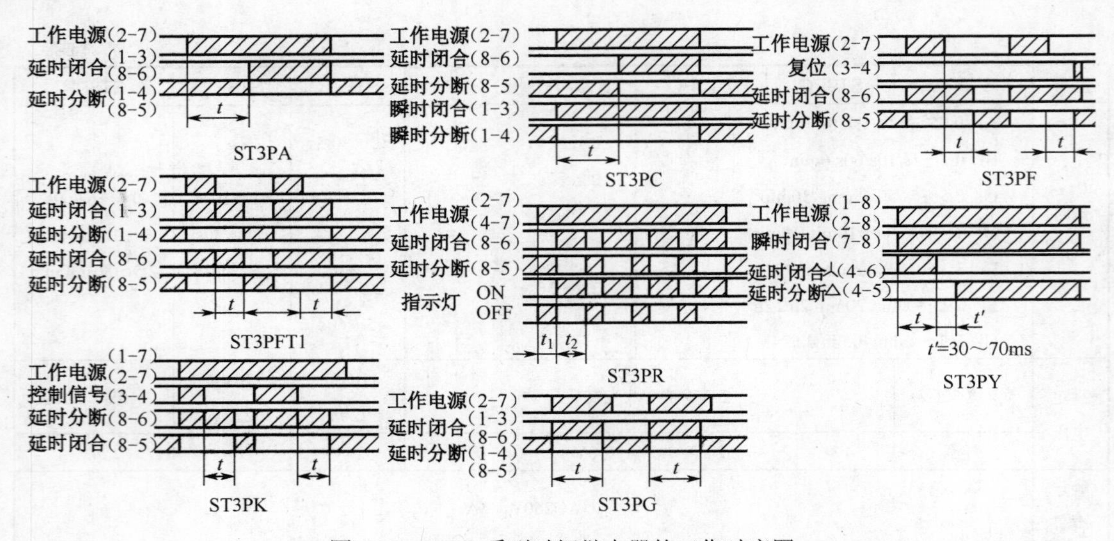

图 1.20　ST3P 系列时间继电器的工作时序图

1.3.3　热继电器

1．热继电器的作用和保护特性

热继电器是专门用来对连续运行的电动机进行过载及断相保护，以防止电动机过热而烧毁的保护电器。

热继电器中通过的过载电流和热继电器触点动作的时间关系就是热继电器的保护特性。电动机的过载特性和热继电器的保护特性及其配合如图 1.21 所示。

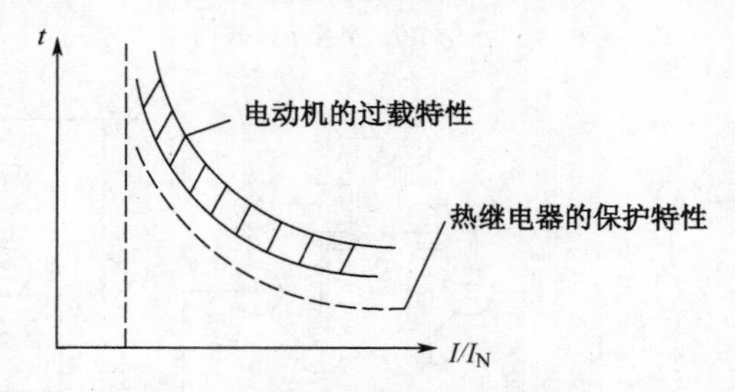

图 1.21　电动机的过载特性和热继电器的保护特性及其配合

2．热继电器的分类及主要技术参数和型号

按相数来分，热继电器有单相、两相和三相式三种类型。按功能来分，三相式的热继电器又有带断相保护装置和不带断相保护装置的。按复位方式分，热继电器有自动复位的和手动复位的。所谓自动复位是指触点断开后能自动返回。按温度补偿可分为带温度补偿的和不带温度补偿的。

热继电器的主要技术参数有额定电压、额定电流、相数、整定电流等。热继电器的整定电流是指热继电器的热元件允许长期通过又不致引起继电器动作的最大电流值，超过此值热继电器就会动作。

常用的热继电器有 JR20、JR36、JRS1 系列具有断相保护功能的热继电器每一系列的热继电器一般只能和相应系列的接触器配套使用，如 JR20 热继电器和 CJ20 接触器配套使用。

3．热继电器的工作原理

热继电器主要由热元件、双金属片、触点系统、动作机构等元件组成。双金属片是继电器的测量元件，它由两种不同膨胀系数的金属片采用热和压力结合或机械碾压而成，高膨胀系数的铁镍铬合金作为主动层，膨胀系数小的铁镍合金作为被动层。热继电器是利用测量元件被加热到一定程度，双金属片将向被动层方向弯曲，通过传动机构带动触点动作的保护继电器，如图 1.22 所示。图 1.22 中主双金属片 2 与加热元件 3 串接在电动机主电路的进线端，当电动机过载时，主双金属片受热弯曲推动导板 4，并通过补偿双金属片 5 和传动机构将常闭触点（动触点 9 和静触点 6）断开，常开触点（动触点 9 和静触点 7）闭合。热继电器的常闭触点串接于电动机的控制电路中，热继电器动作，其常闭触点断开后，切断电动机的控制电路，电动机断电，从而保护了电动机。热继电器的常开触点可以接入信号回路，当热继电器动作后，其常开触点闭合，接通信号回路，发出信号。在电动机正常运行时，热元件产生的热量不会使触点系统动作。调节旋钮 11 为偏心轮，转动偏心轮，可以改变补偿双金属片 5 与导板 4 的接触距离，从而调节热继电器动作电流的整定值。热继电器动作后可以手动复位，也可以自动复位。靠调节复位螺钉 8 来改变常开触点的位置，使热继电器工作在手动复位或自动复位两种工作状态。热继电器动作后，应在 5min 内自动复位，或在 2min 内，可靠地手动复位。若调成手动复位时，在故障排除后要按下按钮 10 恢复常闭触点闭合的状态。补偿双金属片的作用是用来补偿环境温度对热继电器的影响。若周围环境温度升高，双金属片和补偿双金属片同时向左边弯曲，使导板和补偿双金属片之间的接触距离不变，热继电器的特性将不受环境温度的影响。

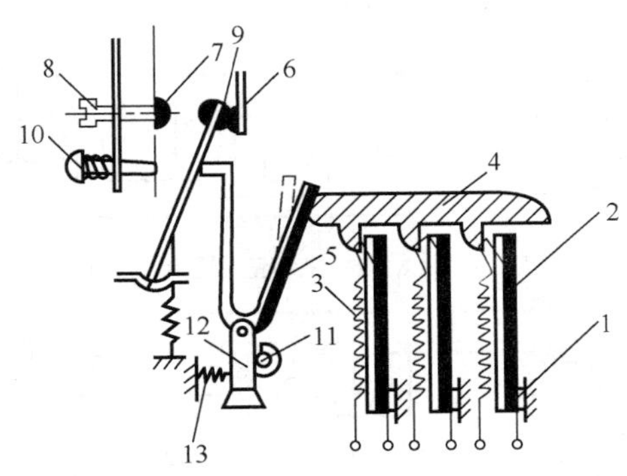

1—推杆；2—主双金属片；3—加热元件；4—导板；5—补偿双金属片；6—常闭静触点；7—常开静触点；8—复位螺钉；9—动触点；10—按钮；11—调节旋钮；12—支撑件；13—压簧

图 1.22　热继电器的结构示意图

4．带断相保护的热继电器

若三相异步电动机为 D 形接线，正常运行时相电流等于线电流的$1/\sqrt{3}$，即流过电动机绕组的电流是流过热继电器热元件电流的$1/\sqrt{3}=\sqrt{3}/3$，而当发生断相时，流过电动机接于全压绕组的电流是线电流（即流过热继电器热元件电流）的$2/3$，如图 1.23 所示。

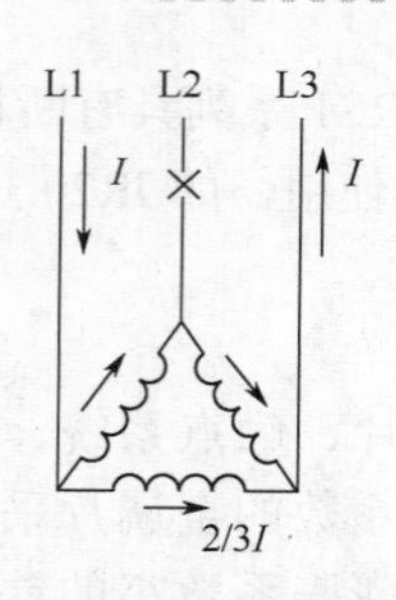

图 1.23　电动机为三角形接线一相断路时的电流分配

如果热继电器的整定的动作电流是 I，则电动机中允许通过的最大电流为 $\sqrt{3}\,I/3$，但是产生断相时，热继电器的动作电流仍然是 I，则电动机一相绕组中的电流将达到 $2I/3$，这样便有烧毁绕组的危险，所以三角形曲电动机必须采用带有断相保护的热继电。带有断相保护的热继电器如图 1.24 所示。将热继电器的导板改为差动机构。图 1.24（a）为通电前各部件的位置；图 1.24（b）为正常通电时的位置，三相双金属片都受热向左弯曲，继电器不动作。图 1.24（e）为三相均过载，三相双金属片同时向左弯曲，通过机构使常闭触点打开；图 1.24（d）为 C 相断线情况，此时 C 相的双金属片逐渐冷却，都向右移动，推动上导板向右移动，而另相的双金属片在电流加热下，端部仍然向左移动，上下导板的差动作用经杠杆放大，迅速使常闭触点打开，实现了断相保护的作用。

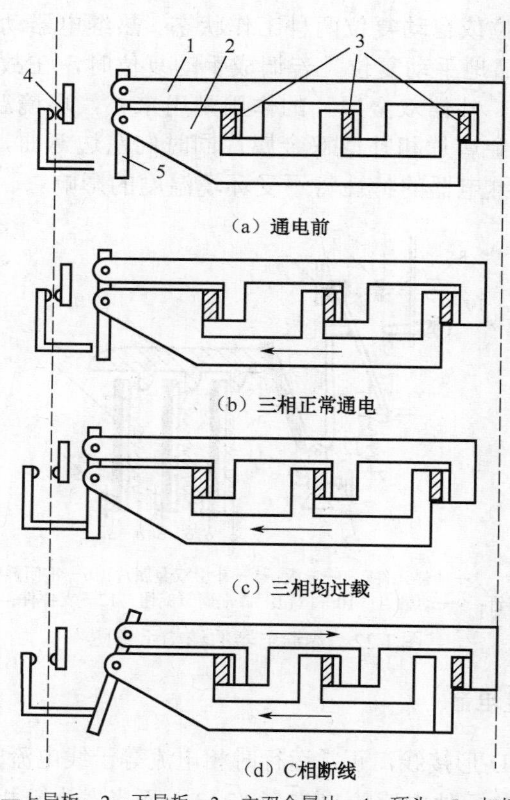

1—上导板；2—下导板；3—主双金属片；4—顶头；5—杠杆

图 1.24　带有断相保护的热继电器的工作原理

5．热继电器的故障及维修

热继电器的故障主要有热元件烧断、误动作、不动作三种情况。

1）热元件烧断

当热继电器负荷出现短路或电流过大时，会使热元件烧断。这时应切断电源检查线路，排除电路故障，重新选用合适的热继电器，更换后应重新调整整定电流值。

2）热继电器误动作

误动作的原因有：整定值偏小，以至于未出现过载就动作；电动机启动时间过长，引起继电器在启动过程中动作；设备操作频率过高，使热继电器经常受到启动电流的冲击而动作；使用场合有强烈的冲击及振动，使热继电器操作机构松动而使常闭触点断开；环境温度过高或过低，使热继电器出现未过载而误动作，或出现过载而不动作，这时应改善使用环境条件，使环境温度不高于 40℃，不低于 30℃。

3）热继电器不动作

由于整定值调整得过大或动作机构卡死、推杆脱出等原因均会导致过载，使热继电器不动作。

4）接触不良

热继电器常闭触点接触不良，将会使整个电路不工作。这时应清除触点表面的灰尘或氧化物。

1.3.4　温度继电器

温度继电器用于电动机、变压器和一般电气设备的过载堵转等过热的保护。使用时将温度继电器埋入电机绕组或介质，当绕组或介质温度超过允许温度时，继电器就快速动作断开电路，将电气设备退出运行。当温度下降到复位温度时，继电器又自动复位。

温度继电器常用的有双金属片式温度继电器和热敏电阻式温度继电器。温度继电器的文字符号为 ST，图形符号如图 1.25 所示。

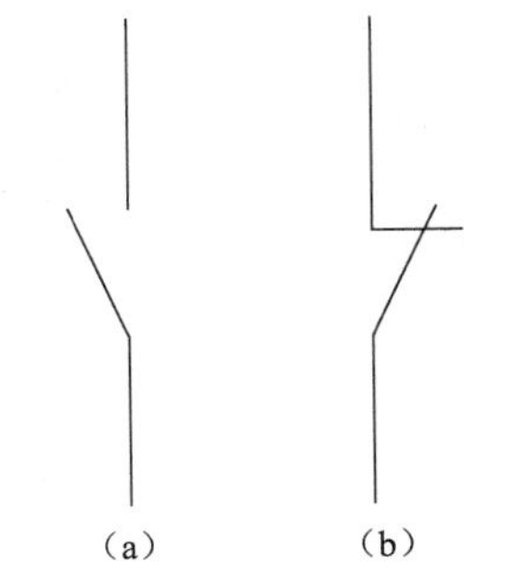

图 1.25　温度继电器图形符号

双金属片式温度继电器是封闭式结构，内部有盘式双金属片，双金属片受热后线形膨胀，双金属片弯曲，带动触点动作。双金属片式温度继电器的动作温度是以电动机绕组的绝缘等级为基础来划分的，有 50℃、60℃、70℃、80℃、95℃、105℃、115℃、125℃、135℃、145℃、165℃共 11 个规格。继电器的返回温度一般比动作温度低 5～40℃。

1.3.5　液位继电器

液位继电器的作用是根据液位的高低变化来发出控制信号的。根据工作原理不同有浮球液位继电器、光电液位继电器、激光液位继电器、音叉液位继电器等。液位继电器的图形符号如图 1.26 所示。

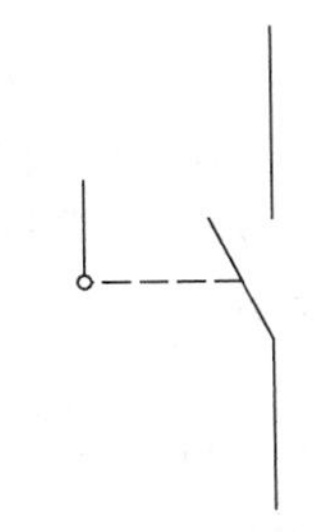
图 1.26　液位继电器图形符号

1．金属小浮球液位继电器

工作原理：在密闭的非导磁性管内安装有一个或多个干簧管，然后将此管穿过一个或多个中空且内部有环形磁铁的浮球，将浮球置于被控制的液体内，液位的上升或下降会带动浮球一起移动，从而使该非导磁性管内的干簧管产生吸合或断开的动作，并输出一个开关信号。

技术参数：触点容量为 50W；开关电压为 220VAC/200VDC；开关电流为 0.5A；绝缘阻抗为 100MΩ；触点阻抗为＜100mΩ；工作温度为 10～200℃；工作压力＜1.0MPa；介质比重＞0.6。

2．光电液位继电器

光电液位继电器是一种结构简单、使用方便、安全可靠的液位控制器，它使用红外线探测，可避免阳光或灯光的干扰而引起误动作。其体积小、安装容易，有杂质或带黏性的液体均可使用，外壳材质有 PC，所以耐油、耐水、耐酸碱。

工作原理：利用光线的折射及反射原理，光线在两种不同介质的分界面将产生反射或折射现象。当被测液体处于高位时则被测液体与光电开关形成一种分界面，当被测液体处于低位时，则空气与光电开关形成另一种分界面，这两种分界面使光电开关内部光接收晶体所接收的反射光强度不同，即对应两种不同的开关状态，如图 1.27 所示。

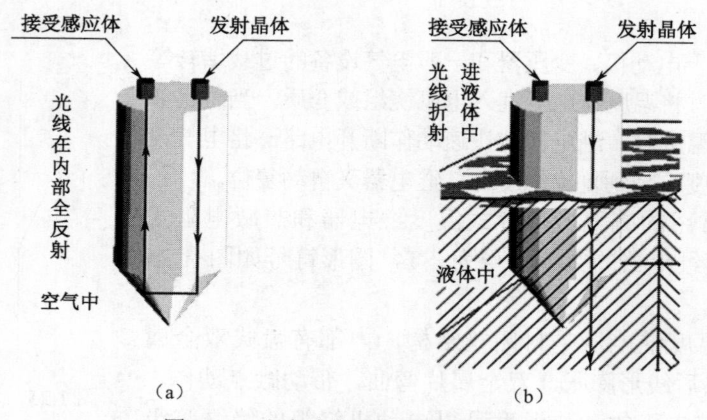

图 1.27　光电液位继电器的工作原理

1.3.6　固态继电器

固态继电器简称 SSR（Solid State Relay），是采用固体半导体元件组装成的无触点开关。固态继电器在许多自动控制装置中替代了常规的继电器，固态继电器目前已广泛应用于计算机外围接口装置、电炉加热恒温系统、数控机械、遥控系统、工业自动化装置；另外在化工、煤矿等需防爆、防潮、防腐蚀场合中都有大量使用。随着电子技术的发展，其应用范围越来越广。

1．固态继电器的结构及特点

单相的固态继电器是一个四端有源器件，有输入、输出端口，中间采用隔离器件，输入、输出之间的隔离形式有光电隔离、变压器隔离和干簧继电器隔离等。图 1.28 所示为变压器隔离型固态继电器；图 1.29 所示为光电隔离型固体继电器。

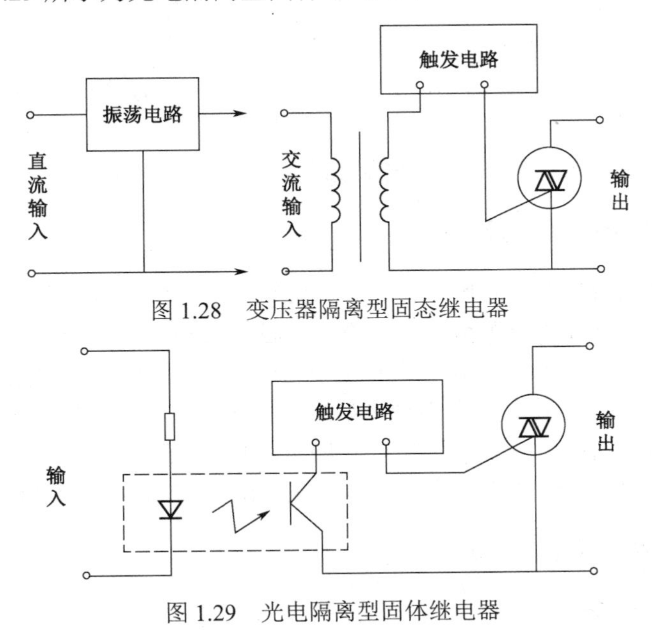

图 1.28　变压器隔离型固态继电器

图 1.29　光电隔离型固体继电器

2．固态继电器的分类

固态继电器按输出端负载的电源类型可分为直流型和交流型两类。固态继电器的输出电路形式有常开式和常闭式两种。交流型的固态继电器，按双向三端晶闸管的触发方式可以分为电压过零导通型（简称过零型）和随机导通型（简称随机型）。按输出开关元件分有双向可控硅输出型（普通型）和单向可控硅反并联型（增强型）；按安装方式分有印刷线路板上用的针插式（自然冷却，不必带散热器）和固定在金属底板上的装置式（靠散热器冷却）；另外输入端又有宽范围输入（DC3－32V）的恒流源型和串电阻限流型等。

3．单相交流固态继电器（SSR）

单相 SSR 为四端有源器件，图 1.30 所示其中两个输入控制端，两个输出端，输入输出间为光隔离，输入端加上直流或脉冲信号到一定电流值后，输出端就能从断态转变成通态。

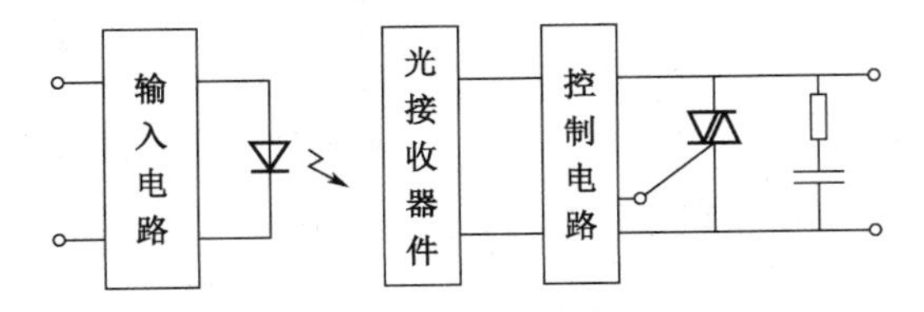

图 1.30　单相交流固态继电器内部结构原理图

一般情况下，万用表不能判别交流固态继电器的好坏，正确方法是采用图 1.31 所示的测试电路：当输入电流为零时，电压表测出的为电网电压，电灯不亮（灯泡功率须在 25W 以上）；当输入电流达到一定值以后，电灯亮，电压表测出的 SSR 导通压降（在 3V 以下）。注意：因 SSR 内部有 RC 回路而带来漏电流，因此不能等同于普通触点式的继电器、接触器。

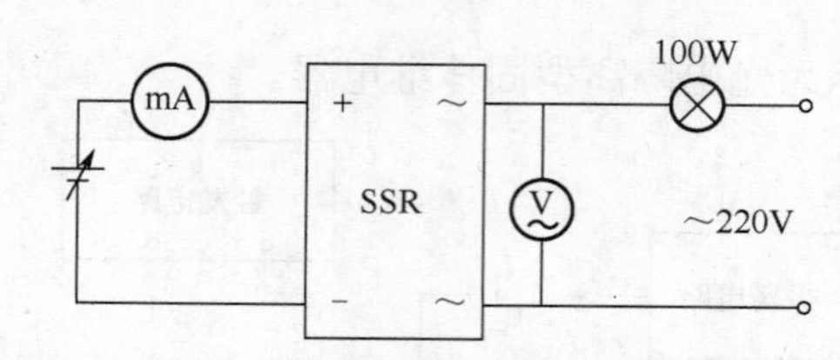

图 1.31　单相交流固态继电器基本性能测试电路

4．三相交流固态继电器（SSR）

三相交流固态继电器（以下简称三相 SSR）是集三只单相交流固态继电器为一体，并以单一输入端对三相负载进行直接开关切换，可方便地控制三相交流电机、加热器等三相负载。

三相普通型 SSR 是以三只双向可控硅作为 A、B、C 三相的输出开关触点，电流等级有 10A、25A、40A，电压等级只有 380V 一个系列，型号为 SSR.3.380D；三相增强型 SSR 是以三组反并联单向可控硅作为 A、B、C 三相的输出开关触点，电流等级有 15A、35A、55A、75A、120A，电压等级分 380V、480V 二大系列，型号为 SSR.3H380D 和 SSR.3H480D。

5．固态继电器的使用注意事项

1）SSR 为电流驱动型

固态继电器的输入端要求有几个毫安到 20 个毫安的驱动电流，最小工作电压为 3V。在逻辑电路驱动时应尽可能采用低电平输出进行驱动，以保证有足够的带负载能力和尽可能低的零电平。正确的电流驱动的电路图如图 1.32 所示。图 1.33 所示为在 5V 电平时尽量不要采用的电路。

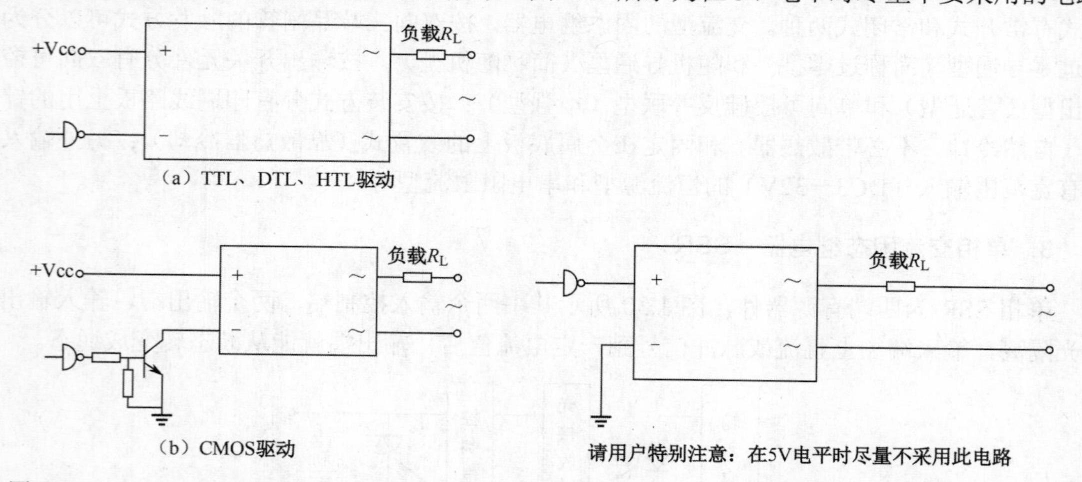

图 1.32　TTL、DTL、HTL、CMOS 驱动电路　　图 1.33　在 5V 电平时尽量不采用此电路

2）SSR 输入端的串并联

多个 SSR 的输入端可以串、并联，但应满足每个 SSR 高电平时，过零型触发电流大于 5mA，随机型大于 10 mA，低电平电压小于 1V，也即并联驱动电流应大于多个 SSR 的输入电流之和；串联时驱动电压应大于多个开启电压（以 4V 计算）之和。

3）RC 吸收回路和断态漏电流及测试 SSR 时应注意的事项

对于容性或电阻类负载，应限制其开通瞬间的浪涌电流（一般为负载电流的 7 倍），输出端采用 RC 吸收回路。RC 吸收回路的作用为吸收浪涌电压和提高 dv/dt 指标，但 SSR 内部的

RC 回路带来断态漏电流，一般来说 2～6A 的 SSR 漏电流对 10W 以上功率的负载（如电机）基本无影响，10A 以上的 SSR 漏电流对 50W 以上功率的负载基本无影响。另外在实际应用大感性负载场合，对于电感性负载，应限制其瞬时的过电压，以防损坏固态继电器，输出端采用非线形压敏电阻吸收瞬时的过电压，还可以在 SSR 两输出端再并联 RC 吸收回路以保护 SSR。

有些用户如负载功率小（如中间继电器、接触器的线圈、电磁吸铁等负载）可以选用漏电流小于 1mA 的固态继电器。

4）严禁负载侧短路，以免损坏固态继电器

万用表电阻挡测量出固态继电器交流两端电阻接近为零时，说明此固态继电器内部的可控硅已损坏。除此以外，判断固态继电器的好坏必须采用带负载的电路。

5）固态继电器电压等级的选取及过压保护

当加在固态继电器交流两端的电压峰值超过 SSR 所能承受的最高电压峰值时，固态继电器内的元件便会被电压击穿而造成 SSR 损坏，选取合适的电压等级和并联压敏电阻可以较好地保护 SSR。

（1）交流负载为 220V 的阻性负载时可选取 220V 电压等级的 SSR。

（2）交流负载为 220V 的感性负载或交流负载为 380V 的阻性负载时可选 380V 电压等级的 SSR。

（3）交流负载为 380V 的感性负载时可选取 480V 电压等级的 SSR（480V 等级的 SSR 还具有更高的 dv/dt 指标）；其他特殊要求、可靠性要求高场合如电力补偿电容器切换、电动机正反转等均须选择 480V 电压等级的固态继电器。

6）固态继电器电流等级的选取及过流保护

（1）阻性负载时，选取 SSR 的电流等级宜大于等于 2 倍的负载额定电流。

（2）负载为交流电动机时，选取 SSR 的电流等级须大于等于 6.7 倍的电动机额定电流。

（3）交流电磁铁、中间继电器线圈、电感线圈等负载时，选取 SSR 的电流等级宜大于等于 4 倍的负载额定电流，变压器则为 5 倍的负载额定电流，特种感性、容性负载则应根据实际经验还须放大 SSR 的电流裕量。

（4）电力补偿电容器类负载时，选取 SSR 的电流等级须大于 5 倍的负载额定电流。

7）SSR 的发热与散热

当温度超过 35℃，固态继电器的负载能力随着温度升高而降低，因此使用时必须安装散热器或减低电流使用。固态继电器的允许壳温为 75℃以下。单相 SSR 在导通时的最大发热量按实际工作电流×1.5W/A 来计算，在散热设计时，应考虑到环境温度，通风条件（自然风冷却、风扇冷却）及 SSR 安装密度等因素。2A、3A、4A、5A 系列在印制板上使用，不需外加散热器；装置式 SSR 在应用于 10A 以下的额定电流可以安装在散热较好的金属平板上；10A 以上需散热时，自然风冷却；额定电流大于 30A 时最好用风扇冷却；条件允许，电流较大时（如 150A 以上），水冷却最佳。

8）电网频率

SSR 应用于 50Hz 或 60Hz 的工频电网上，不宜于低频或高次谐波分量大的场合。例如，变频器输出端有多组负载需要分别切换，采用 SSR 作为开关则可能由于高次谐波使其不能可靠关断，并且高次谐波还可能使 SSR 内部的 RC 吸收回路因过热而炸裂。

6. 电动机正反转控制

电动机正反转控制接线如图 1.34 所示。

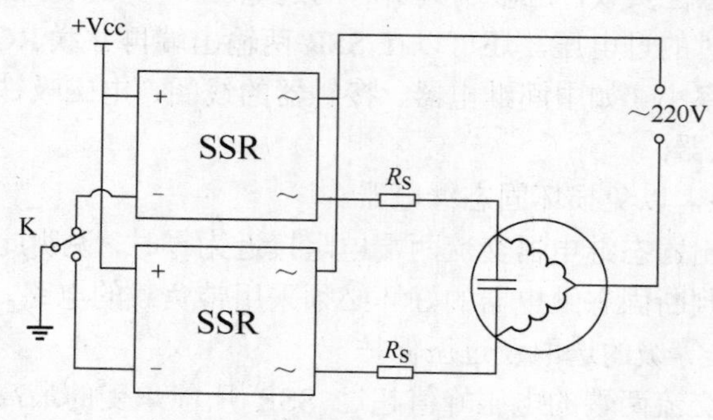

图 1.34　电动机正反转控制接线

注意：正反转换须有 20ms 以上间隙，限流电阻 R_S=30/I_{SSR}，I_{SSR} 为所选用固态继电器的电流等级。

1.3.7　速度继电器

速度继电器是按速度原则动作的继电器，主要用于笼型异步电动机的反接制动控制，又称为反接制动继电器。

速度继电器工作原理：一般速度继电器的转速在 130r/min 时触点动作，转速在 100r/min 时，触点返回。图 1.35 所示为速度继电器工作原理示意图；图 1.36 所示为速度继电器的文字符号和图形符号。

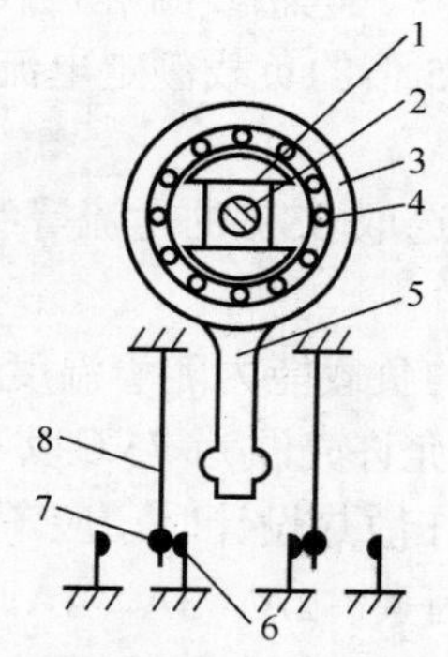

1—转子；2—电动机轴；3—定子；4—绕组；
5—定子摆锤；6—静触点；7—动触点；8—簧片

图 1.35　速度继电器工作原理示意图

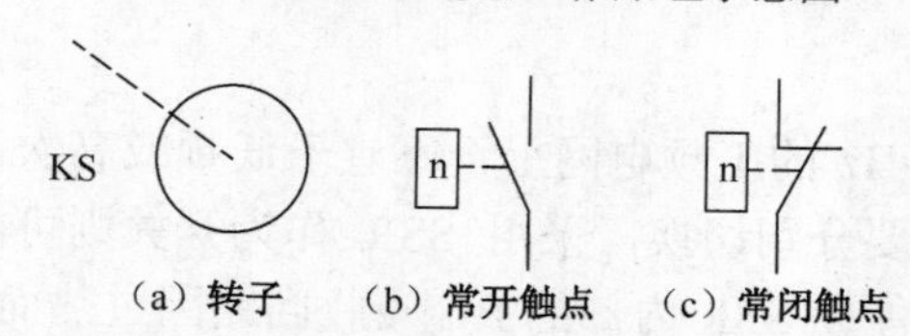

（a）转子　（b）常开触点　（c）常闭触点

图 1.36　速度继电器的文字符号和图形符号

1.4　常用的开关电器

开关电器广泛用于配电系统，用作电源开关，起隔离电源、保护电气设备和控制的作用。

1.4.1　刀开关

刀开关在低压电路中，作为不频繁地手动接通、断开电路和作为电源隔离开关使用。刀开关可以分为单极、双极和三极三种，有单方向投掷的单投开关和双方向投掷的双投开关，有带灭弧罩的刀开关和不带灭弧罩的刀开关，没有灭弧罩的刀开关可以通断 $0.3I_N$，带灭弧罩的刀开关可以通断 I_N，但都不能用于频繁地接通和断开电路。刀开关的文字符号为 Q，其图形符号如图 1.37 所示。

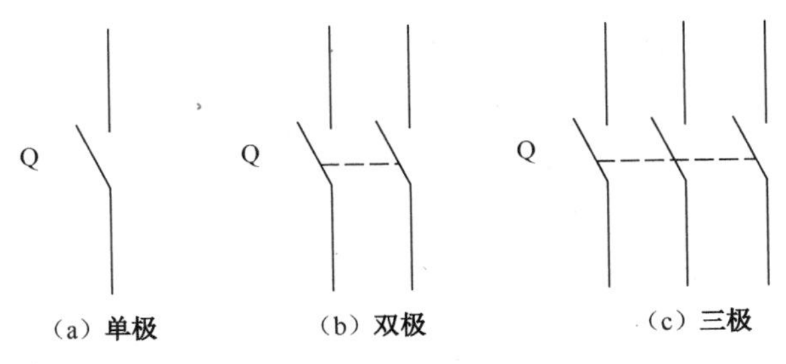

图 1.37　刀开关的图形符号

刀开关主要由手柄、触刀、静插座和绝缘底座组成。刀开关在安装时，手柄向上推为合闸，不得倒装或平装，避免由于重力下落引起误动作和合闸。接线时，应将电源线接在上端，负载线接在下端。刀开关在选择时，应使其额定电压等于或大于电路的额定电压，其额定电流大于或等于线路的额定电流，当用刀开关控制电动机时，其额定电流要大于电动机额定电流的三倍。近年来我国研制的新产品有 HD18、HD17、HS17 等系列刀开关。

1.4.2　组合开关

组合开关又称为转换开关，实质上为刀开关。组合开关是一种多触点、多位置式，可以控制多个回路的电器。

组合开关主要用作电源引入开关，或作为控制 5kW 以下小容量电动机的直接启动、停止、换向用，每小时通断的换接次数不宜超过 20 次。

组合开关的选用应根据电源的种类、电压等级、所需触点数及电动机的容量选用，组合开关的额定电流应取电动机额定电流的 1.5～2 倍。手柄能沿任意方向转动 90°，并带动三个动触片分别和三个静触片接通或断开。HZ10 系列组合开关的外形与结构如图 1.38 所示。

组合开关的文字符号为 SA 或 QS，其图形符号如图 1.39 所示。

组合开关在电路图中的触点状态图及状态表如图 1.40 所示。

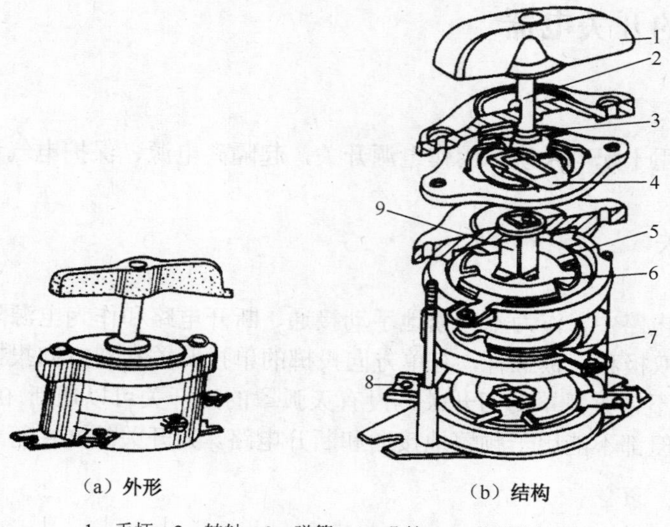

1—手柄；2—转轴；3—弹簧；4—凸轮；5—绝缘垫板；
6—动触片；7—静触片；8—接线柱；9—绝缘杆

图 1.38　HZ10 系列组合开关的外形与结构图

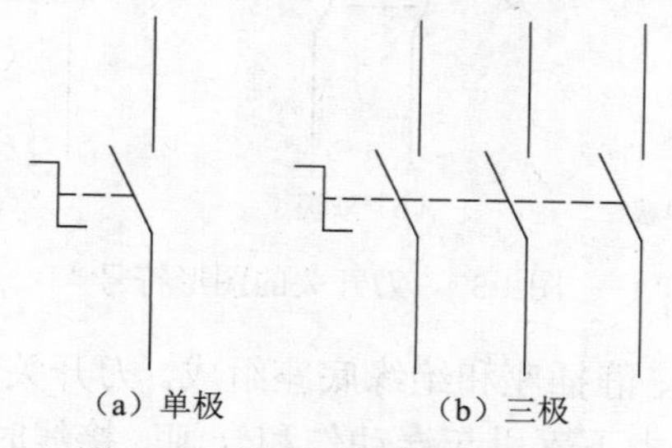

图 1.39　组合开关的图形符号

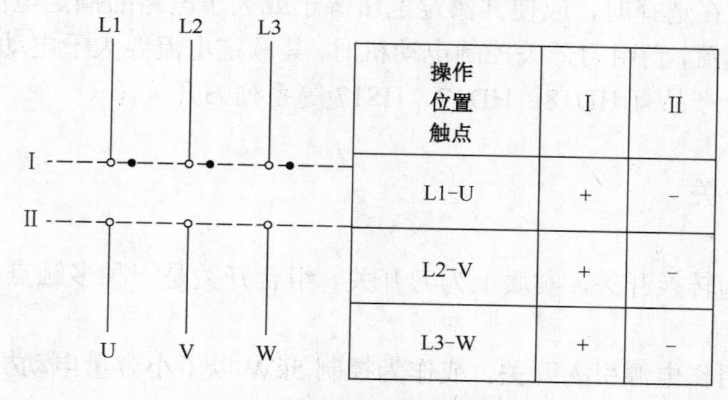

操作位置 触点	I	II
L1-U	+	–
L2-V	+	–
L3-W	+	–

图 1.40　触点的状态图及状态表

1.4.3　开启式负荷开关

开启式负荷开关又称为胶盖瓷底开关，主要用作电气照明电路和电热电路的控制开关。与刀开关相比，负荷开关增设了保险丝和防护外壳胶盖，负荷开关内部装设了保险丝，可以实现短路保护，由于有胶盖，在分断电路时产生的电弧不致飞出，同时防止极间飞弧造成相间短路。其选择和安装注意事项和普通刀开关相同，电源进线应接在静插座一边的进线端，用电设备应接在动触刀一边的出线端，当刀开关断开时，闸刀和保险丝均不带电，以保证更换保险丝时的安全。HK 系列开启式负荷开关结构如图 1.41 所示。

负荷开关的文字符号和图形符号如图 1.42 所示。

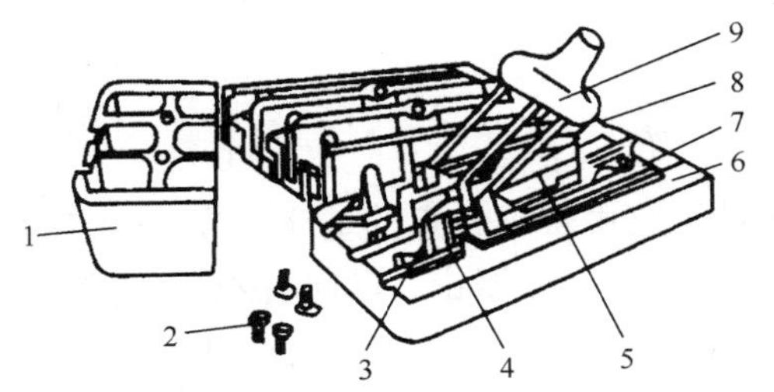

1—胶盖；2—胶盖固定螺钉；3—进线座；4—静插座；
5—熔丝；6—瓷底板；7—出线座；8—动触刀；9—瓷柄

图 1.41　HK 系列开启式负荷开关结构

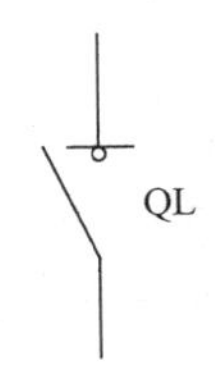

图 1.42　负荷开关的文字符号和图形符号

1.4.4　铁壳开关

1. 结构特点

铁壳开关主要由刀开关、熔断器、灭弧装置、操作机构和金属外壳构成。三相动触刀固定在一根绝缘的方轴上，通过操作手柄操纵。

操作机构采用储能合闸方式，在操作机构中装有速动弹簧，使开关迅速通断电路，其通断速度与操作手柄的操作速度无关，有利于迅速断开电路，熄灭电弧。操作机构装有机械联锁，保证盖子打开时手柄不能合闸，当手柄处于闭合位置时，盖子不能打开，以保证操作安全。铁壳开关结构如图 1.43 所示。

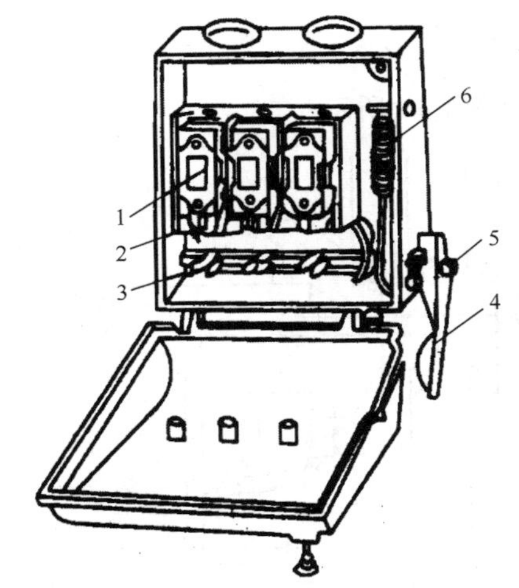

1—熔断器；2—夹座；3—闸刀；4—手柄；5—转轴；6—速动弹簧

图 1.43　铁壳开关结构图

2. 选择及使用注意事项

铁壳开关在选择时，应使其额定电压等于或大于电路的额定电压，其额定电流大于或等于线路的额定电流，当用铁壳开关控制电动机时，其额定电流应是电动机额定电流的两倍。

铁壳开关在使用中应注意：开关的金属外壳应可靠地接地，防止外壳漏电；接线时应将电源进线接在静触座的接线端子上，负荷接在熔断器一侧。

1.4.5 倒顺开关

倒顺开关用于控制电动机的正反转及停止。它由带静触点的基座、带动触点的鼓轮和定位机构组成。开关有三个位置：向左 45°（正转）、中间（停止）、向右 45°（反转）。倒顺开关触点的状态图及状态表如图 1.44 所示。

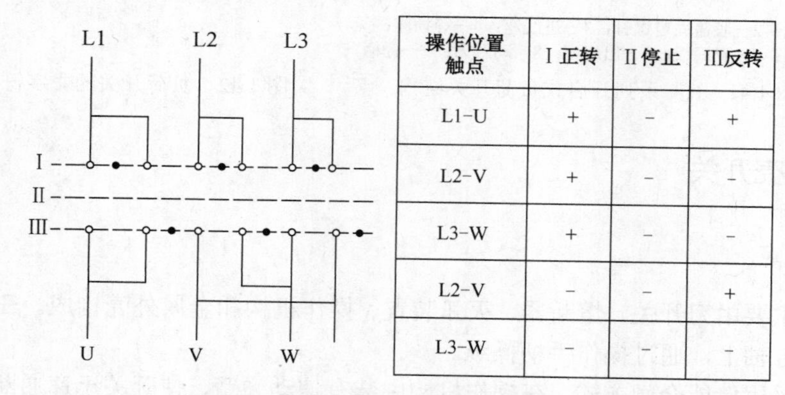

操作位置 触点	I 正转	II 停止	III反转
L1-U	+	−	+
L2-V	+	−	−
L3-W	+	−	−
L2-V	−	−	+
L3-W	−	−	−

图 1.44　倒顺开关触点的状态图及状态表

1.4.6 低压断路器与智能型断路器

1. 低压断路器的结构和工作原理

低压断路器的结构示意图如图 1.45 所示。

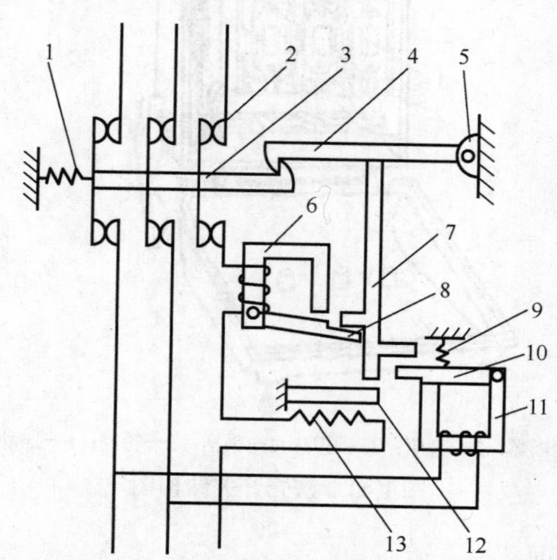

1—弹簧；2—主触点；3—传动杆；4—锁扣；5—轴；6—电磁脱扣器；7—杠杆；
8、10—衔铁；9—弹簧；11—欠压脱扣器；1—双金属片；13—发热元件

图 1.45　低压断路器的结构示意图

2．低压断路器的类型

低压断路器按结构形式有塑壳式（装置式）低压断路器和万能式（框架式）低压断路器。

塑壳式低压断路器具有模压绝缘材料制成的封闭型外壳，将所有构件组装在一起，作为配电、电动机和照明电路的过载及短路保护，也可以作为电动机不频繁地启动用。低压断路器的类型主要有 DZ5、DZ10、DZ15、DZ20、3VE 系列。DZ20 型系列塑壳式低压断路器如图 1.46 所示。

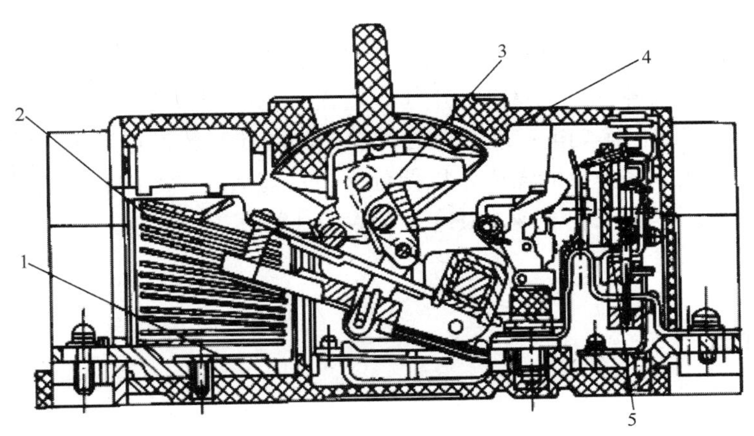

1—触点；2—灭弧罩；3—操作机构；4—外壳；5—脱扣器

图 1.46　DZ20 型系列塑壳式低压断路器

框架式自动开关有一个钢制的或压塑的底座框架，所有部件都装在框架内，导电部分加以绝缘。DW 型万能式（框架式）低压断路器外形结构如图 1.47 所示。目前常用的有 DW15、DW16 及引进生产的 ME、AH 等。

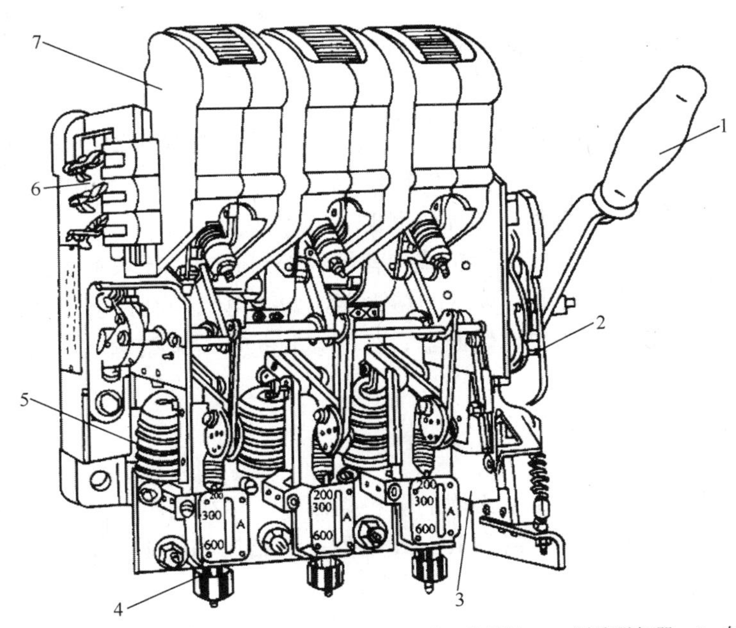

1—操作手柄；2—自由脱扣器；3—失压脱扣器；4—过流脱扣器电流调节螺母；5—过流脱扣器；6—辅助触点；7—灭弧罩

图 1.47　DW 型万能式（框架式）低压断路器外形结构

3．低压断路器的选用

（1）断路器的额定电压和额定电流应大于或等于线路、设备的正常工作电压和电流。
（2）断路器的分断能力应大于或等于电路的最大的三相短路电流。
（3）欠压脱扣器的额定电压应等于线路的额定电压。
（4）过流脱扣器的额定电流应大于或等于线路的最大负载电流。

4．智能化低压断路器

智能化低压断路器采用了以微处理器或单片机为核心的智能控制器，具有各种保护功能，还可以实时显示电路中的各种电气量（如电压、电流、功率因数等），对电路进行在线监视、测量、试验、自诊断、通信等功能；能够对各种保护的动作参数进行显示、设定和修改。将电路故障时的参数存储在非易失存储器中，以便分析。目前国内生产的有塑壳式和框架式两种，主要型号有 DW45、DW40、DW914（AH）、DW19（3WE）。

1.5 熔断器

熔断器是一种结构简单，使用方便，价格低廉的保护电器，用于过载与短路保护的电器。把熔断器串入电路，当电路发生短路或过载时，通过熔断器的电流超过限定的数值后，由于电流的热效应，使熔体的温度急剧上升，超过熔体的熔点，熔断器中的熔体熔断而分断电路，从而保护了电路和设备。

熔断器的图形符号和文字符号如图 1.48 所示。

FU

图 1.48 熔断器的图形符号和文字符号

1.5.1 熔断器的结构及分类

熔断器由熔体和安装熔体的熔管两部分组成，熔体的材料有两类：一类为低熔点材料，如铅锡合金、锌等；另一类为高熔点材料，如银丝或铜丝等。熔管一般由硬制纤维或瓷制绝缘材料制成，既便于安装熔体，又有利于熔体熔断时电弧的熄灭。

熔断器按其结构形式有插入式、螺旋式、有填料密封管式、无填料密封管式、自复式熔断器等。按用途来分，有保护一般电器设备的熔断器，如在电气控制系统中经常选用的螺旋式熔断器；还有保护半导体器件用的快速熔断器，如用以保护半导体硅整流元件及晶闸管的 RLS2 产品系列。

1．瓷插式熔断器

瓷插式熔断器是低压分支线路中常用的一种熔断器，结构简单，其分断能力小，多用于民用和照明电路。常用的瓷插式熔断器为 RC1A 系列，其结构如图 1.49 所示。

2．螺旋式熔断器

螺旋式熔断器的熔管内装有石英沙或惰性气体，有利于电弧的熄灭，因此螺旋式熔断器具有较高的分断能力。熔体的上端盖有一熔断指示器，熔断时红色指示器弹出，可以通过瓷帽上的玻璃孔观察到。常用的有 RL6、RL7 系列，如图 1.50 所示。

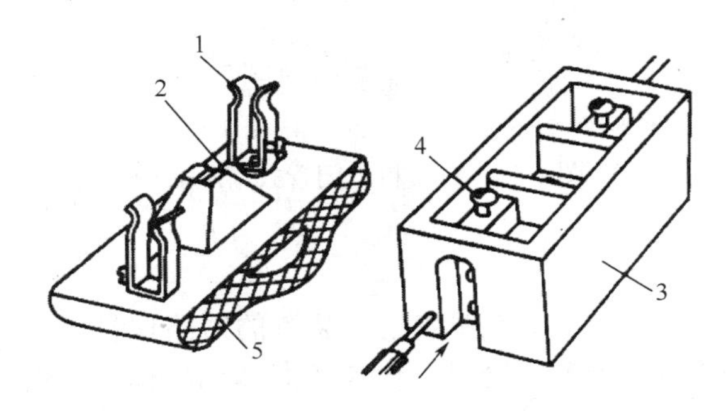

图 1.49　瓷插式熔断器结构图

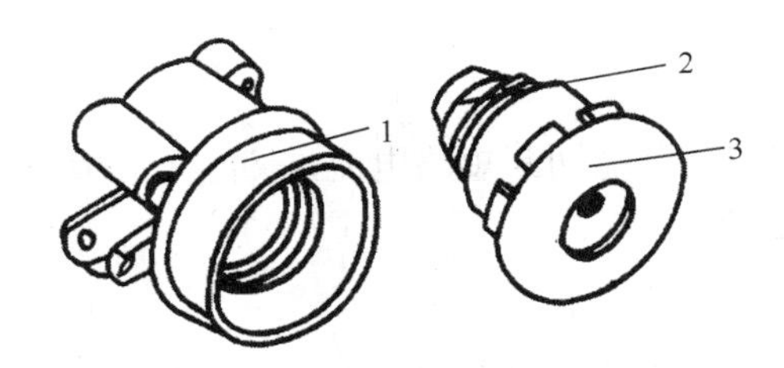

1—底座；2—熔体；3—瓷帽

图 1.50　螺旋式熔断器

3. 密闭管式熔断器

密闭管式熔断器分为有填料密闭管式熔断器和无填料密闭管式熔断器两种。

无填料密闭管式熔断器常用的为 RM10 系列，如图 1.51 所示，RM10 型熔断器由纤维管、变截面锌片和触点底座等几部分组成。

有填料密闭管式熔断器，如图 1.52 所示。熔管内装有石英沙作填料，用来冷却和熄灭电弧，因此具有较强的分断电流的能力，常用的有 RT12、RT14、RT15、RT17、NT 等系列。

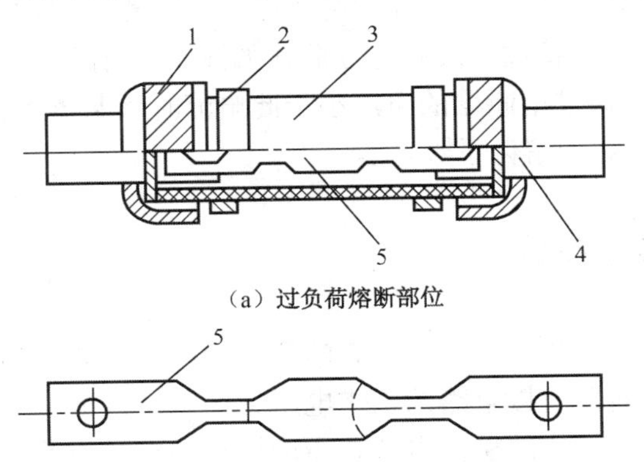

（a）过负荷熔断部位

（b）短路熔断部位

1—铜管帽；2—管夹；3—纤维熔管；4—触刀；5—变截面锌熔片

图 1.51　无填料 RM10 型熔断器

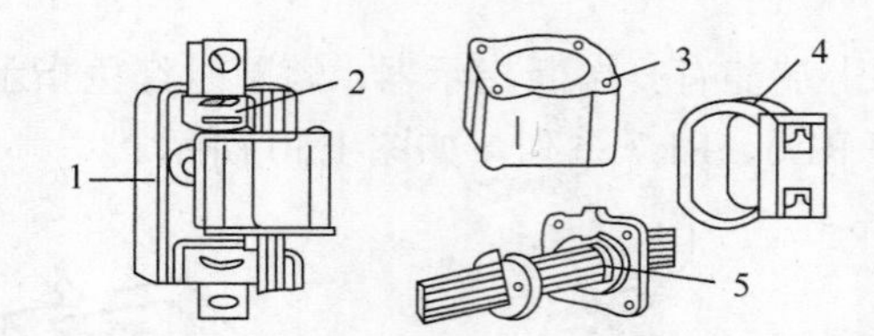

1—瓷座底；2—弹簧片；3—管体；4—绝缘手柄；5—熔体

图 1.52　有填料密闭管式熔断器

4．快速熔断器

快速熔断器主要用于保护半导体器件或整流装置的短路保护。半导体器件的过载能力很低，因此要求短路保护具有快速熔断的能力。快速熔断器的熔体采用银片冲成的变截面的 V 形熔片，熔管采用有填料的密闭管。常用的有 RLS2、RS3 等系列，NGT 是我国引进德国技术生产的一种分断能力高、限流特性好、功耗低、性能稳定的熔断器。

5．自复式熔断器

自复式熔断器的最大特点是既能切断短路电流，又能在故障消除后自动恢复，无须更换熔体。自复式熔断器如图 1.53 所示。

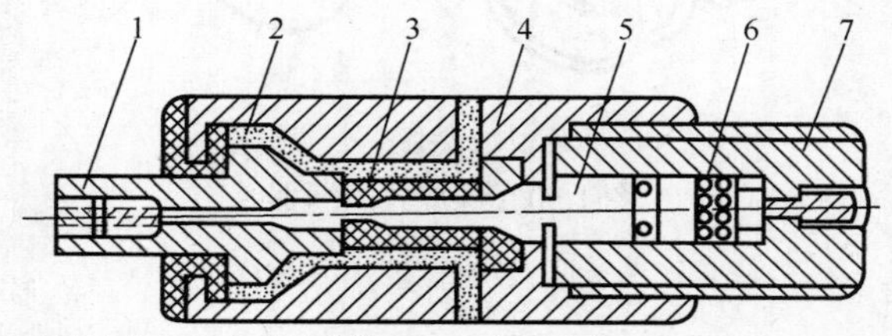

1—接线端子；2—云母玻璃；3—氧化铍瓷管；4—不锈钢外壳；5—钠熔体；6—氩气；7—接线端子

图 1.53　自复式熔断器

1.5.2　熔断器的安秒特性

熔断器熔体的熔化电流值与熔断时间的关系称为熔断器的保护特性曲线，也称为熔断器的安秒特性。安秒特性曲线如图 1.54 所示。

I_q 为最小熔化电流，当通过熔断器的电流小于此电流时熔断器不会熔断。$K_q=I_q/I_N=1.5\sim2.0$，称为熔化系数。

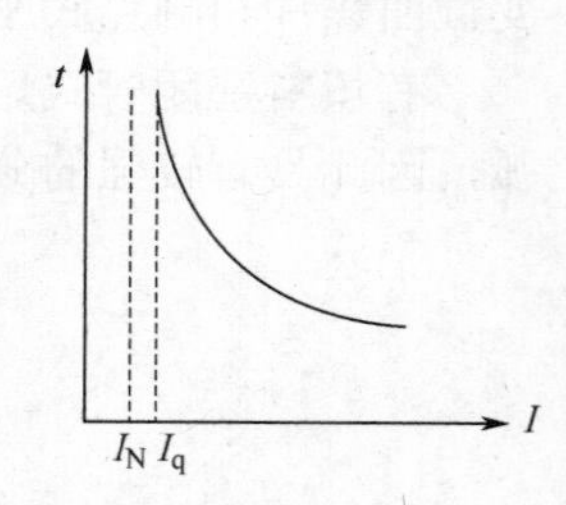

图 1.54　安秒特性曲线

1.5.3　熔断器的技术参数

（1）额定电压：熔断器的额定电压是指熔断器长期工作时和分断后，能正常工作的电压，其值一般应等于或大于熔断器所接电路的工作电压。

（2）熔体的额定电流：熔体的额定电流是指熔体长期通过而不会熔断的电流。

（3）熔断器的额定电流：熔断器的额定电流是保证熔断器（绝缘底座）能长期正常工作的电流。

1.5.4　熔断器的选择

1．熔断器类型的选择

熔断器类型的选择主要根据负载的过载特性和短路电流的大小来选择。例如，对于容量较小的照明电路或电动机的保护，可采用 RCA1 系列或 RM10 系列无填料密闭管式熔断器。对于容量较大的照明电路或电动机的保护，短路电流较大的电路或有易燃气体的地方，则应采用螺旋式或有填料密闭管式熔断器，用于半导体元件保护的，则应采用快速熔断器。

2．熔断器额定电压的选择

熔断器的额定电压应大于或等于实际电路的工作电压。

3．熔断器额定电流的选择

熔断器的额定电流应大于等于所装熔体的额定电流，因此确定熔体电流是选择熔断器的主要任务，具体来说有下列几条原则。

（1）对于照明线路或电阻炉等没有冲击性电流的负载，熔断器作过载和短路保护用，熔体的额定电流应大于或等于负载的额定电流，即

$$I_{RN} \geqslant I_N$$

式中，I_{RN} 为熔体的额定电流；I_N 为负载的额定电流。

（2）电动机的启动电流很大，熔体在短时通过较大的启动电流时，不应熔断，因此熔体的额定电流选的较大，熔断器对电动机只宜作短路保护而不用作过载保护。

保护一台异步电动机时，考虑电动机冲击电流的影响，熔体的额定电流按下式计算。

$$I_{RN} \geqslant (1.5 \sim 2.5) I_N$$

式中，I_N 为电动机的额定电流。

保护多台异步电动机时，出现尖峰电流时，熔断器不应熔断，则应按下式计算。

$$I_{RN} \geqslant (1.5 \sim 2.5) I_{Nmax} + \sum I_N$$

式中，I_{Nmax} 为容量最大的一台电动机的额定电流；$\sum I_N$ 为其余各台电动机额定电流的总和。

（3）快速熔断器熔体额定电流的选择。

在小容量变流装置中（可控硅整流元件的额定电流小于 200A）熔断器的熔体额定电流则应按下式计算。

$$I_{RN} = 1.57\, I_{SCR}$$

式中，I_{SCR} 为可控硅整流元件的额定电流。

4．校验熔断器的保护特性

熔断器的保护特性与被保护对象的过载特性要有良好的配合，同时熔断器的极限分断能力应大于被保护线路的最大电流值。

5．熔断器的上、下级的配合

为使两级保护相互配合良好，两级熔体额定电流的比值不小于 1.6，或对于同一个过载或短路电流，上一级熔断器的熔断时间至少是下一级的 3 倍。

1.5.5 熔断器的运行与维修

熔断器在使用中应注意以下几点。

（1）检查熔管有无破损变形现象，有无放电的痕迹，有熔断信号指示器的熔断器，其指示是否保持正常状态。

（2）熔体熔断后，应首先查明原因，排除故障。一般过载保护动作，熔断器的响声不大，熔丝熔断部位较短，熔管内壁没有烧焦的痕迹，也没有大量的熔体蒸发物附在管壁上。变截面熔体在小截面倾斜处熔断，是因为过负荷引起。反之，熔丝爆熔或熔断部位很长，变截面熔体大截面部位被熔化，一般为短路引起。

（3）更换熔体时，必须将电源断开，防止触电。更换熔体的规格应和原来的相同，安装熔丝时，不要把它碰伤，也不要拧得太紧，把熔丝轧伤。

1.6 主令电器

主令电器是用来发布命令，以接通和分断控制电路的电器。主令电器只能用于控制电路，不能用于通断主电路。

主令电器种类很多，本节主要介绍控制按钮、万能转换开关、行程开关、接近开关和光电开关。

1.6.1 控制按钮

控制按钮是发出短时操作信号的主令电器。一般由按钮帽、复位弹簧、桥式动触点和静触点和外壳等组成。控制按钮的结构如图 1.55 所示。控制按钮的图形及文字符号如图 1.56 所示。

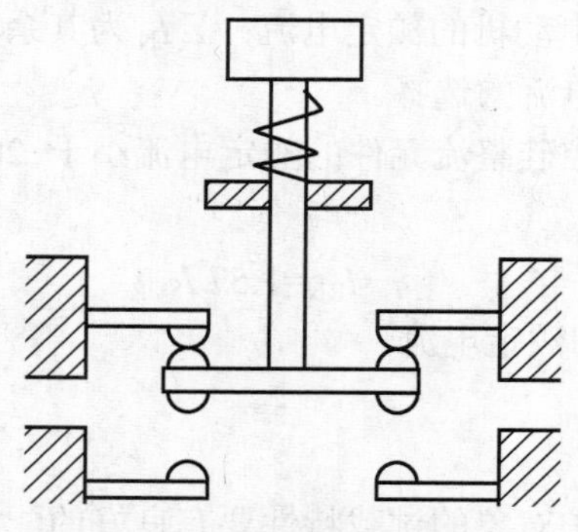

图 1.55 控制按钮的结构图

按钮帽的颜色和形状：红色表示停止按钮；绿色表示启动按钮；黄色表示应急或干预按钮，如抑制不正常的工作情况；红色蘑菇形表示急停按钮等。

控制按钮在结构上有按钮式、紧急式、自锁式、钥匙式，旋钮式、保护式等。

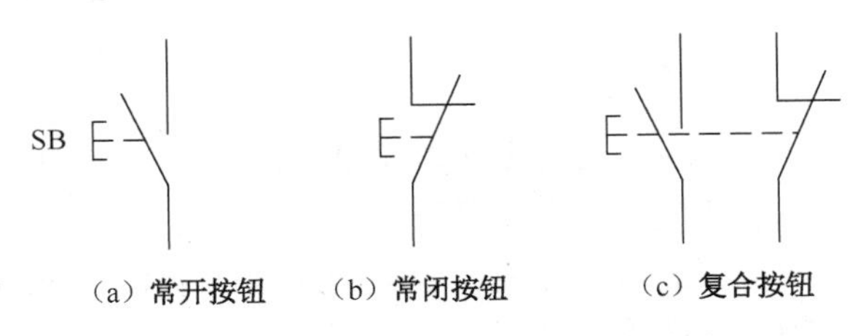

图 1.56 控制按钮的图形及文字符号

1.6.2 万能转换开关

万能转换开关是一种多操作位置，可以控制多个回路的主令电器，在控制电路中主要用于电路的转换。

万能转换开关的结构和组合开关的结构相似，由多组相同结构的触点组件叠装而成，它依靠凸轮转动及定位，用变换半径操作触点的通断，当万能转换开关的手柄在不同的位置时，触点的通断状态是不同的。万能转换开关的手柄操作位置是用手柄转换的角度表示的，有 90°、60°、45°、30°四种。万能转换开关一层结构示意图如图 1.57 所示。

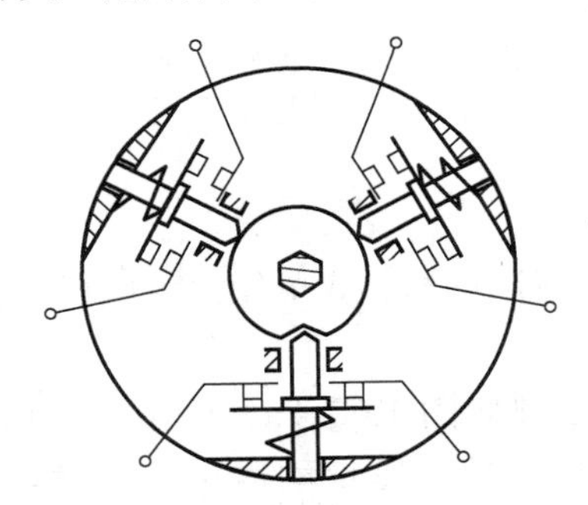

图 1.57 万能转换开关一层结构示意图

1.6.3 行程开关

行程开关又称为限位开关或位置开关，其原理和按钮相同，只是靠机械运动部件的挡铁碰压行程开关而使其常开触点闭合，常闭触点断开，从而对控制电路发出接通、断开的转换命令。行程开关主要用于控制生产机械的运动方向、行程的长短和限位保护。行程开关可以分为直动式、滚轮式和微动行程开关。行程开关的文字符号和图形符号如图 1.58 所示。

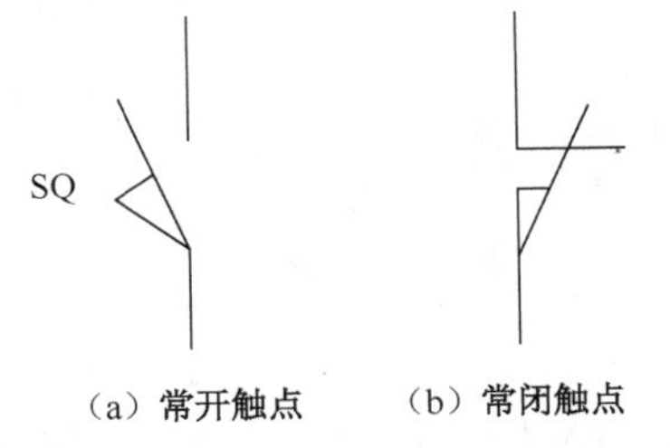

图 1.58 行程开关的文字符号和图形符号

1. 直动式行程开关

直动式行程开关如图 1.59 所示，是靠运动部件的挡铁撞击行程开关的推杆发出控制命令的。当挡铁离开行程开关的推杆，直动式行程开关可以自动复位。直动式行程开关的缺点是其触点的通断速度取决于生产机械的运动速度，当运动速度低于 0.4m/min 时，触点通断太慢，电弧存在的时间长，触点的烧蚀严重。

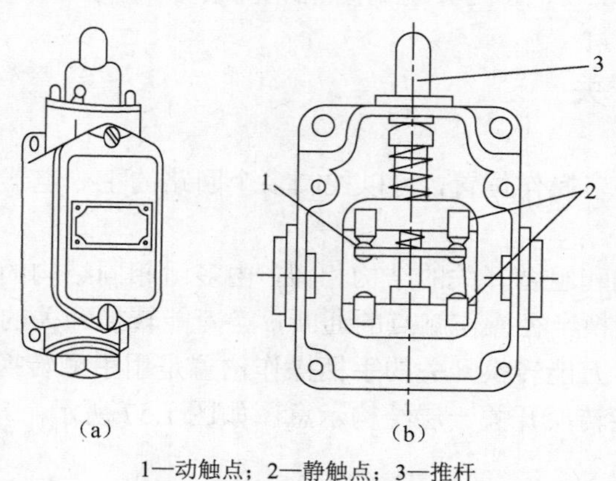

1—动触点；2—静触点；3—推杆

图 1.59 直动式行程开关

2. 滚轮式行程开关

滚轮式行程开关适用于低速运动的机械，单轮式可以自动复位，双轮式的行程开关不能自动复位。

单滚轮式行程开关的动作原理如图 1.60（a）所示，当运动机械的挡铁碰到行程开关的滚轮时，杠杆连同转轴一起转动，使凸轮推动撞块，当撞块被压到一定位置时，推动微动开关迅速动作，使其常开触点闭合，常闭触点断开。当挡铁离开滚轮后，复位弹簧使行程开关复位。

双轮式的行程开关如图 1.60（b）所示，不能自动复位，挡铁压其中一个轮时，摆杆转动一定的角度，使其触点瞬时切换，挡铁离开滚轮摆杆不会自动复位，触点也不复位。当部件返回，挡铁碰动另一只轮，摆杆才回到原来的位置，触点再次切换。

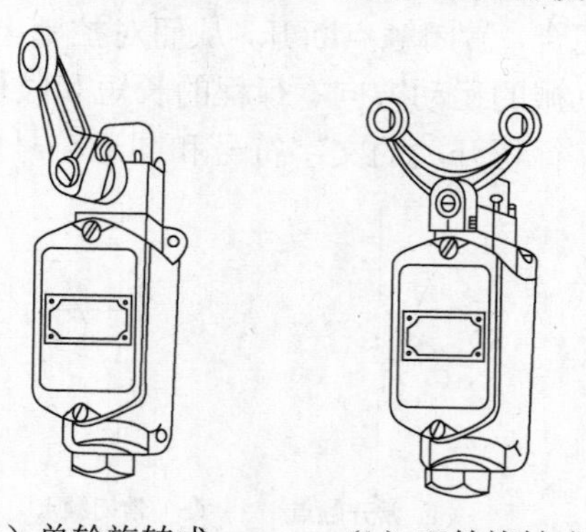

（a）单轮旋转式　　（b）双轮旋转式

图 1.60 滚轮式行程开关

3. 微动开关

当推杆被压下时，片簧变形存储能量，当推杆被压下一定距离时，弹簧瞬时动作，使其触点快速切换，当外力消失，推杆在弹簧的作用下迅速复位，触点也复位。微动开关结构图如图 1.61 所示。

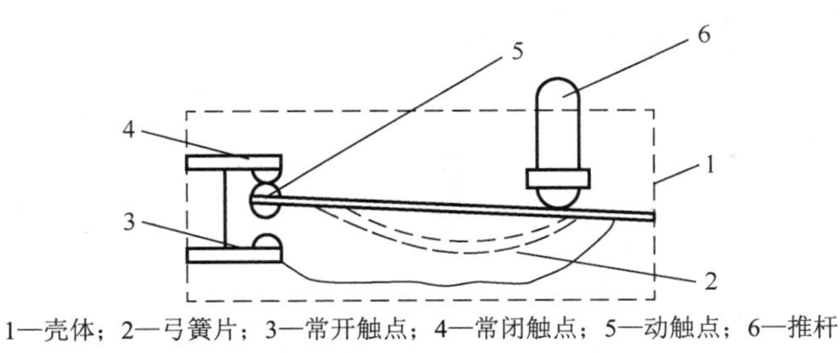

1—壳体；2—弓簧片；3—常开触点；4—常闭触点；5—动触点；6—推杆

图 1.61　微动开关结构图

1.6.4　接近开关

接近开关是一种无触点的行程开关，当物体与之接近到一定距离时就发出动作信号。接近开关也可作为检测装置使用，用于高速计数、测速、检测金属等。接近开关的图形符号如图 1.62 所示。

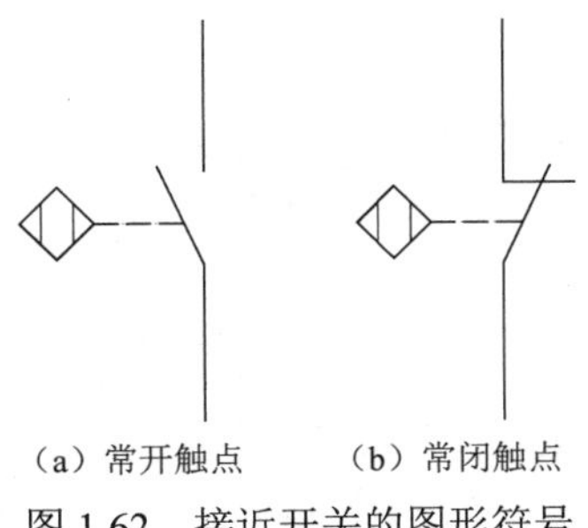

（a）常开触点　　（b）常闭触点

图 1.62　接近开关的图形符号

1. 接近开关的分类

接近开关按工作原理可以分为高频振荡型、电容型、磁感应式接近开关、非磁性金属接近开关。其中高频振荡型的接近开关应用最广。

（1）高频振荡型接近开关

高频振荡型主要由高频振荡器组成的感应头、放大电路和输出电路组成。其原理是：高频振荡器在接近开关的感应头产生高频交变的磁场，当金属物体进入高频振荡器的线圈磁场时，即金属物体接近感应头时，在金属物体内部感应产生涡流损耗，吸收振荡器的能量，破坏了振荡器起振的条件，使振荡停止。振荡器起振和停振两个信号经放大电路放大，转换成开关信号输出。

（2）电容型接近开关

电容型接近开关主要由电容式振荡器和电子电路组成，电容接近开关的感应面由两同轴金属电极构成。电极 A 和电极 B 连接在高频振荡器的反馈回路中，该高频振荡器没有物体经过时不感应，当测试物体接近传感器表面时，它就进入由这两个电极构成的电场，引起 A、B 之间的耦合电容增加，电路开始振荡，每一振荡的振幅均由数据分析电路测得，并形成开关信号。

3）磁感应式接近开关

磁感应式接近开关适用于气动、液动、气缸和活塞泵的位置测定也可作限位开关用。当磁性目标接近时，舌簧闭合经放大输出开关信号。

4）非磁性金属接近开关

非磁性金属接近开关由振荡器和放大器组成。当非磁性金属（如铜、铝、锡、金、银等）靠近检测面时，引起振荡频率的变化，经差频后产生一个信号，经放大，转换成二进制开关信号，起到开关作用，而对磁性金属（如铁、钢等）则不起作用，可以在铁金属中埋入式安装。

1.6.5 光电开关

光电开关的功能是能够处理光的强度变化，利用光学元件，在传播媒介中间使光束发生变化，利用光束来反射物体，使光束发射经过长距离后瞬间返回。

光电开关是由发射器、接收器和检测电路三部分组成的。发射器对准目标发射光束，发射的光束一般来源于发光二极管（LED）和激光二极管。接收器由光电二极管或光电三极管组成。在接收器的前面，装有光学元件（如透镜和光圈等）。在其后面的是检测电路，它能滤出有效信号和应用该信号。

1. 光电开关的分类

1）按检测方式分

根据光电开关在检测物体时，发射器所发出的光线被折回到接收器的途径的不同，即检测方式不同，可分为漫反射式、镜反射式、对射式等。

2）按输出状态分

按输出状态可以分为常开型和常闭型。当无检测物体时，常开型的光电开关所接通的负载，由于光电开关内部的输出晶体管的截止而不工作，当检测到物体时，晶体管导通，负载得电工作。

3）按输出形式分

按输出形式可分为NPN二线、NPN三线、NPN四线、PNP二线、PNP三线、PNP四线、AC二线、AC五线（自带继电器），以及直流NPN/PNP/常开/常闭多功能等几种常用的输出形式。

2. 光电开关的介绍

1）对射型光电开关

对射型光电开关如图1.63所示，包含在结构上相互分离且光轴相对放置的发射器和接收器，发射器发出的光线直接进入接收器。当被检测物体经过发射器和接收器之间且阻断光线时，光电开关就产生了开关信号。

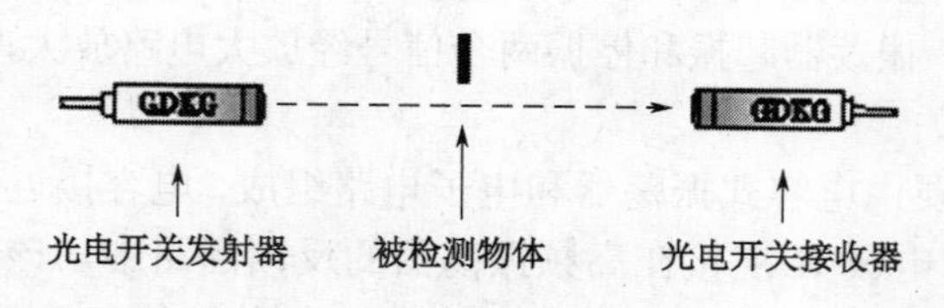

图1.63 对射型光电开关

2）漫反射型光电开关

漫反射型光电开关如图 1.64 所示，是一种集发射器和接收器于一体的传感器，当有被检测物体经过时，将光电开关发射器发射的足够量的光线反射到接收器上，于是光电开关就产生了开关信号。作用距离的典型值一直到 3m，有效作用距离是由目标的反射能力决定的。当被检测物体的表面光亮或其反光率极高时，漫反射型光电开关是首选的检测模式。

3）镜面反射型光电开关

镜面反射型光电开关如图 1.65 所示，是集发射器与接收器于一体，光电开关发射器发出的光线经过反射镜，反射回接收器，当被检测物体经过且完全阻断光线时，光电开关就产生了检测开关信号。光的通过时间是两倍的信号持续时间，有效作用距离为 0.1～20m。特征：辨别不透明的物体；借助反射镜部件，形成高的有效距离范围；不易受干扰，可以可靠地使用在野外或者有灰尘的环境中。

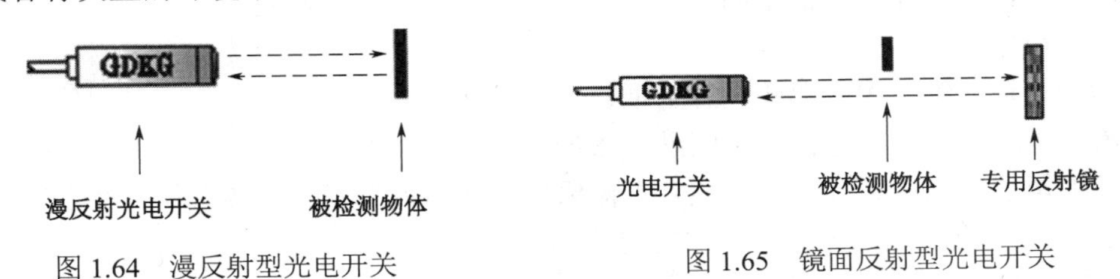

图 1.64　漫反射型光电开关　　图 1.65　镜面反射型光电开关

4）槽式光电开关

槽式光电开关如图 1.66 所示，通常是标准的 U 字形结构，其发射器和接收器分别位于 U 形槽的两边，并形成一光轴，当被检测物体经过 U 形槽且阻断光轴时，光电开关就产生了检测到的开关量信号。槽式光电开关比较安全可靠，适合检测高速变化，分辨透明与半透明物体。

5）光纤式光电开关

光纤式光电开关如图 1.67 所示，采用塑料或玻璃光纤传感器来引导光线，以实现被检测物体不在相近区域的检测。通常光纤式光电开关分为对射式和漫反射式。

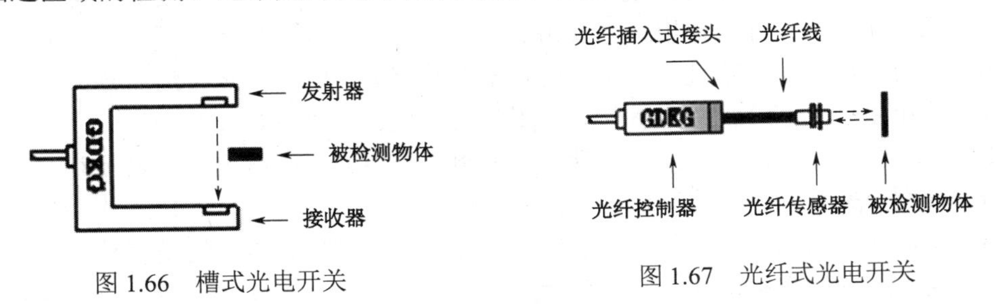

图 1.66　槽式光电开关　　图 1.67　光纤式光电开关

本章小结

本章所讲的主要内容是常用低压电器的作用、分类、结构及工作原理。低压电器的种类有很多，这里主要介绍了常用的开关电器、主令电器、接触器和继电器的用途、基本结构、工作原理及主要技术参数、型号和图形符号。通过本章的学习，读者要熟悉低压电器的使用方法及原理。

习　题

1．什么是低压电器？它是根据怎样的电压等级确定的？
2．叙述接触器的用途及分类。
3．叙述交流接触器的组成及各部分的作用。
4．交流接触器的主要技术参数有哪些，各个参数是如何定义的。
5．交流接触器和直流接触器是如何划分的，在结构上有什么不同？
6．如何选用接触器？
7．接触器在运行维护中有哪些注意事项？
8．电流继电器、电压继电器和中间继电器各有什么作用？
9．时间继电器常用的有几种？叙述其工作原理，如何调整延时，各有什么特点？
10．叙述热继电器的作用、主要结构及工作原理。
11．热继电器的主要技术参数有哪些？各有什么含义？
12．如何选用热继电器，在什么情况下选用带断相保护的热继电器？
13．温度继电器有什么作用？
14．液位继电器有什么作用？
15．什么是固态继电器，如何分类，在使用中的注意事项有哪些？
16．速度继电器的作用是什么？在什么情况下使用？简述其工作原理。
17．简述刀开关，组合开关，负荷开关的作用、主要结构及使用注意事项。
18．倒顺开关的作用如何？画图说明在电路图中如何表示开关的通断状态。
19．低压断路器有什么作用？主要组成部分有哪些？各有什么作用？
20．常用的熔断器有哪几种？主要的技术参数有哪些？如何选用熔断器？
21．按钮由哪几部分组成？有什么作用？常用按钮的规格是什么？
22．万能转换开关的主要用途是什么？在电路图中其通断状况如何表示？
23．行程开关有几种，各有什么特点？作用如何？
24．接近开关的作用是什么，按工作原理分有几种类型？常用的是哪种？
25．光电开关的作用是什么？和接近开关有什么不同？有几种类型？
26．简述变频器的工作原理，常见的故障有哪些，如何排除？
27．低压电器触点系统有哪些常见的故障？原因是什么？如何排除？
28．低压电器电磁系统有哪些常见的故障？原因是什么？如何排除？
29．接触器常见的故障有哪些？原因是什么？如何排除？
30．熔断器、空气阻尼式时间继电器、刀开关和低压断路器常见的故障有哪些？原因是什么？如何排除？

第 2 章　电气控制线路基础

2.1　电气控制系统图

电气控制线路是由许多电气元件按照一定的要求和规律连接而成的。将电气控制系统中各电气元件及它们之间的连接线路用一定的图形表达出来，这种图形就是电气控制系统图，一般包括电气原理图、电器布置图和电气安装接线图 3 种。

2.1.1　常用电气图的图形符号、文字符号和接线端子标记

在国家标准中，电气图中的文字符号分为基本文字符号（单字母或双字母）和辅助文字符号。基本文字符号中的单字母符号按英文字母将各种电气设备、装置和元器件划分为 23 个大类，每个大类用一个专用单字母符号表示。如“K”表示继电器、接触器类，“F”表示保护器件类等，单字母符号应优先采用。双字母符号是由一个表示种类的单字母符号与另一字母组成的，其组合应以单字母符号在前，另一字母在后的次序列出。

2.1.2　电气原理图

电气原理图用图形符号和文字符号表示电路中各个电气元件的连接关系和电气工作原理，它并不反映电气元件的实际大小和安装位置。

以图 2.1 所示的 CW6132 型普通车床为例说明电气原理图的绘制原则。

电气原理图一般分为主电路和辅助电路两部分。主电路是电气控制线电路中强电流通过部分，由电机等负载和其相连的电气元件（如刀开关、熔断器、热继电器的热元件、接触器的主触点等）组成。辅助电路就是控制线路中除主电路以外的部分，其流过的电流较小。辅助电路包括控制电路、信号电路、照明电路和保护电路等，由按钮、接触器和继电器的线圈及辅助触点、照明灯、信号灯等电气元件组成。

1. 绘制电气原理图的规则

（1）原理图中所有元件均按照国标的图形符号和文字符号表示，不画实际的外形。

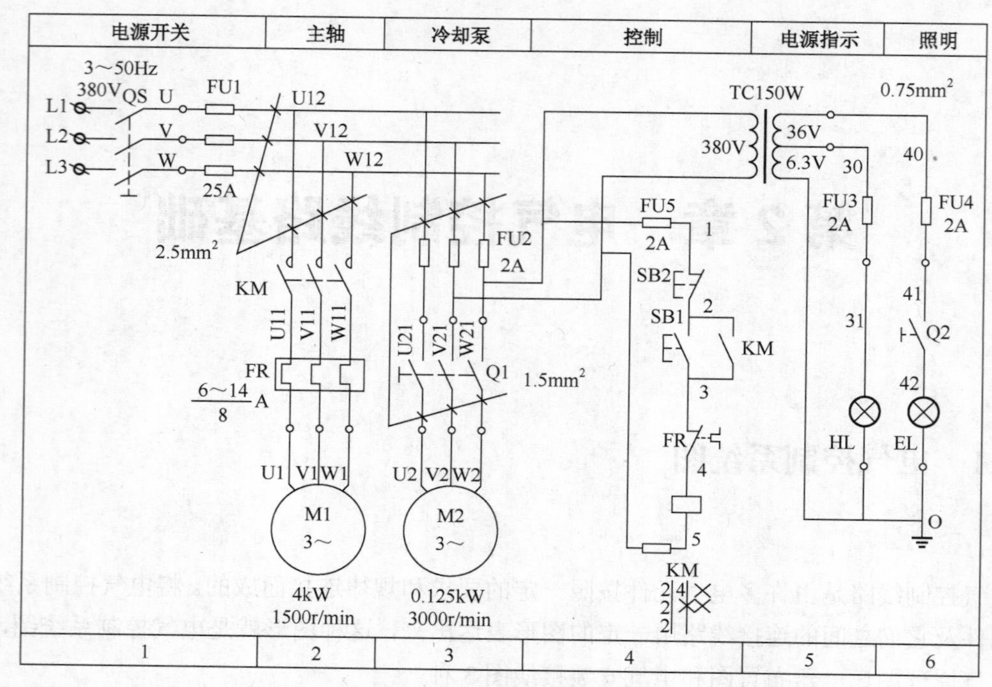

图 2.1　CW6132 型普通车床的电气原理图

（2）原理图中主电路用粗实线绘制在图纸的左部或者上部，辅助电路用细实线绘制在图纸右部或者下部。电气元件和部件在控制线路中的位置，应根据便于阅读的原则安排，布局遵守从左到右、从上到下的顺序排列，可水平布置，也可垂直布置。

（3）同一个元件的不同部分，如接触器的线圈和触点，可以绘制在原理图中的不同位置，但必须使用同一文字符号表示。对于多个同类电器，采用文字符号加序号表示，如 KM1、KM2 等。

（4）原理图中所有电器的可动部分（如接触器触点和按钮）均按照没有通电或者无外力的状态下画出。对于继电器、接触器的触点，按吸引线圈不通电状态画；控制器按手柄处于零位时的状态画；按钮、行程开关触点按不受外力作用时的状态画。

（5）原理图中尽量减少线条和避免线条交叉，各导线相连接时用实心圆点表示。

（6）原理图中绘制要层次分明，各元件及其触点安排合理，在完成功能和性能的前提下，尽量少用元件，减少能耗，同时要保证线路的运行可靠性、施工和维修的方便性。

2．图幅区域的划分

为方便阅图，在电气原理图中可将图幅分成若干个图区，图区行的代号用英文字母表示，一般可省略，列的代号用阿拉伯数字表示，其图区编号写在图的下面，并在图的顶部标明各图区电路的作用。

3．符号位置的索引

在继电器、接触器线圈下方均列有触点表以说明线圈和触点的从属关系，即“符号位置索引”。也就是在相应线圈的下方，给出触点的图形符号（有时也可省去），对未使用的触点用“×”表明（或不作表明）。

2.1.3　电气元件布置图

电气元件布置图是控制线路或者电气原理图中相应的电气元件的实际安装位置图，在生产和维护过程中使用该图作为依据。电气元件布置图需要绘制出各种安装尺寸和公差，并且依据电气元件的外形尺寸按比例绘制，在绘制过程中必须严格按照产品手册标准来绘制，以利于加工和安装等工作，同时需要绘制出适当的接线端子板和插接件，并按一定的顺序标出进出线的接线号。

电气元件布置规则如下。

（1）必须遵循相关国家标准设计和绘制电气元件布置图。

（2）相同类型的元器件布置时，应把重量大和体积大的元件安装在控制柜或面板的下方。

（3）发热元件应安装在控制柜或面板的上方或后方，以利于散热，但热继电器一般安装在接触器的下面，以方便与电动机和接触器连接。

（4）强电和弱电应该分开走线，注意弱电的屏蔽问题和强电的干扰。

（5）需要经常维护、整定和检修的电气元件、操作开关、监视仪器仪表，其安装位置应高低适宜，以便工作人员操作。

（6）电气元件的布置应考虑电气间隙、爬电距离，并尽可能做到整齐、美观。

图 2.2 所示为 CW6132 型车床控制盘电气元件布置图；图 2.3 所示为 CW6132 型车床电气设备操作台安装布置图。

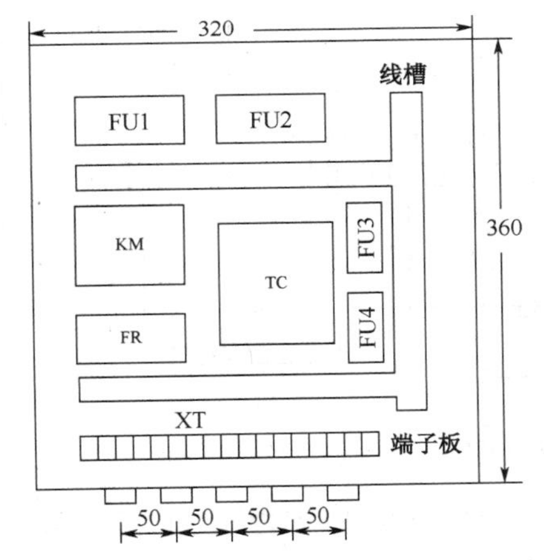

图 2.2　CW6132 型车床控制盘电气元件布置图

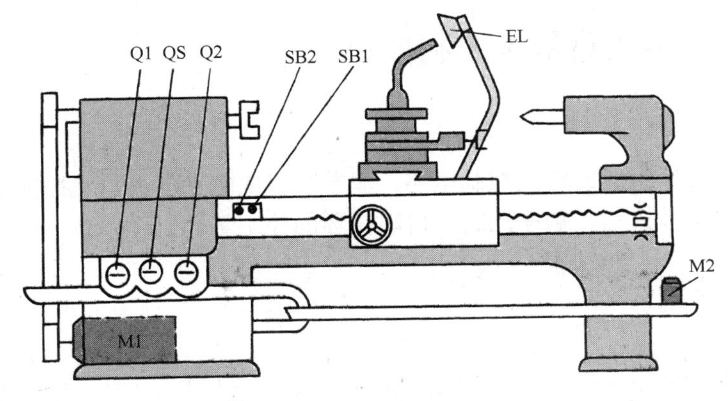

图 2.3　CW6132 型车床电气设备操作台安装布置图

2.1.4 电气元件接线图

电气元件接线图主要用于电器的安装接线、线路检查、线路维修和故障处理，通常接线图与电气原理图和元件布置图一起使用。

电气元件接线图绘制原则如下。

（1）各电气元件均按实际安装位置绘出，元件所占图面按实际尺寸以统一比例绘制。

（2）一个元件中所有部件均画在一起，并用点画线框起来，即采用集中表示法。

（3）各电气元件的图形符号和文字符号必须与电气原理图一致，并符合国家标准。

（4）不在同一安装板或电气柜上的电气元件或信号的电气连接一般应通过端子排连接，各元器件代号和接线端子序号必须和原理图一致。

（5）互相连接的接线图中的互连关系，可用连续线、中断线或线速表示。走向相同、功能相同的多根导线可绘制成一股线。画连接线时，应标明导线的规格、型号、颜色、根数和穿线管的尺寸。

图 2.4 所示为 CW6132 型车床电气互相连接的接线图。

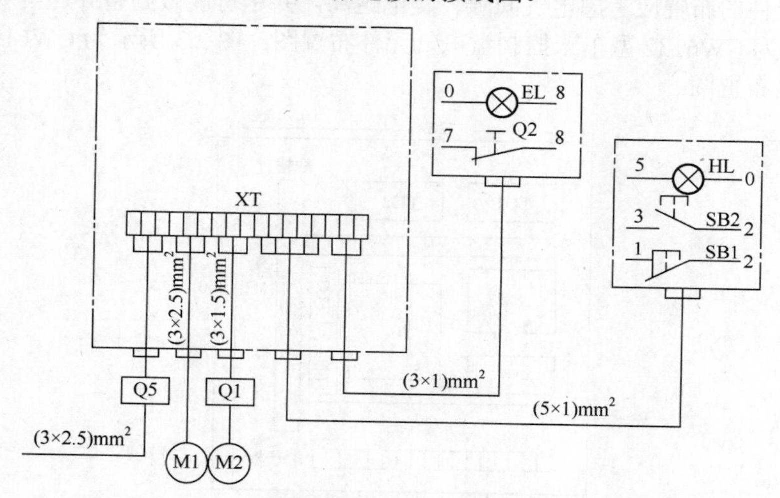

图 2.4　CW6132 型车床电气互相连接的接线图

2.2 电气控制线路基本控制规律

由继电器接触器所组成的电气控制电路，基本控制规律有自锁与互锁的控制、点动与连续运转的控制、多地联锁控制、顺序控制与自动循环的控制等。

2.2.1 直接启动

电动机从静止状态加速到稳定运行状态的过程称为电动机的启动，若电动机的定子绕组直接施加额定电压启动，称为直接启动。

1. 点动控制

图 2.5 所示为电动机点动控制线路的原理图，由主线路和控制电路两部分组成。

主电路中刀开关 Q 为电源开关，起隔离电源的作用；熔断器 FU1 对主电路进行短路保护；主电路由接触器 KM 的主触点接通或断开。由于点动控制，电动机运行时间短，有操作人员在近处监视，所以一般不设过载保护环节。

控制电路中熔断器 FU2 用于短路保护；常开按钮 SB 控制接触器 KM 电磁线圈的通断。

线路控制动作是：①按下 SB→KM 线圈通电→KM 主触点闭合→电动机 M 得电启动并进入运行状态；②松开 SB→KM 线圈断电→KM 主触点断开→电动机 M 失电停转。

由以上分析可知，按下按钮时电动机转动，而松开按钮时电动机停止转动，这种控制就称为点动控制，多用于短时转动场合，如机床的对刀调整和车床床鞍或滑板的快速短暂移动。

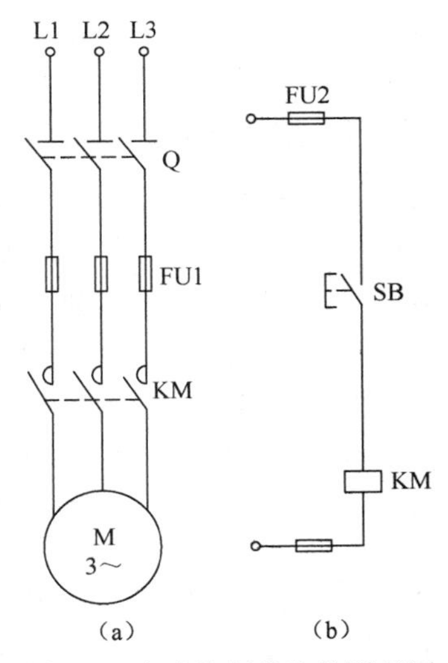

图 2.5　点动控制线路的原理图

2. 连续控制

图 2.6 所示为电动机全压启动连续运转控制线路。图中 Q 为电源开关；FU1、FU2 为主电路与控制电路熔断器；KM 为接触器；FR 为热继电器；SB1、SB2 分别为停止按钮与启动按钮；M 为三相笼型感应电动机。

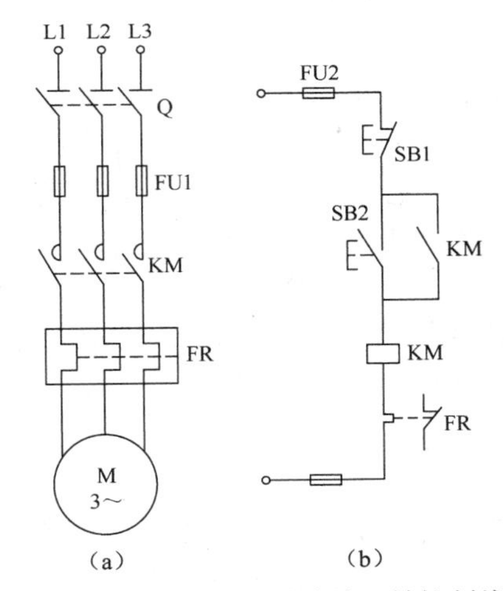

图 2.6　电动机全压启动连续运转控制线路

电动机控制如下。

（1）启动时，按下启动按钮 SB2，接触器 KM 线圈通电，其主触点闭合，电动机接通三相电源启动。同时，与启动按钮 SB2 并联的接触器常开辅助触点 KM 闭合，使 KM 线圈经 SB2 触点与接触器 KM 自身常开辅助触点 KM 通电。当松开 SB2 时，KM 线圈仍通过自身常开辅助触点继续保持通电，从而使电动机获得连续运转。这种依靠接触器自身辅助触点保持线圈通电的电路，称为自锁电路，而这对常开辅助触点称为自锁触点。

（2）电动机需停转时，可按下停止按钮 SB1，接触器 KM 线圈断电释放，KM 常开主触点与辅助触点均断开，切断电动机主电路及控制电路，电动机停止旋转。

2.2.2 电动机的正反转控制

1. 按钮控制的正反转控制电路

图 2.7（a）所示为三相笼型异步电动机实现正、反转的控制线路。图 2.7（a）中，KM1、KM2 分别为正、反转接触器，它们的主触点接线相序不同，KM1 按 U−V−W 相序接线，KM2 按 W−V−U 相序接线，即将 U、W 两相对调，所以两个接触器分别工作时，电动机的旋转方向不一样，可实现电动机的可逆运转。

图 2.7（b）所示的控制线路虽然可以完成正、反转的控制任务，但是这个线路是有缺点的，在按下正转按钮 SB2 时，KM1 线圈通电并且自锁，接通正序电源，电动机正转。若发生错误操作，在按下 SB2 后又按下反转按钮 SB3，KM2 线圈通电并自锁，此时在主电路中将发生 U、V、W 两相电源短路事故。

为了避免误操作引起电源短路事故，要求保证图 2.7（b）中的两个接触器不能同时工作。这种在同一时间内两个接触器只允许一个工作的控制作用称为联锁或互锁。图 2.7（c）为带接触器联锁保护的正、反转控制线路。在正、反两个接触器中互串一个对方的动断触点，这对动断触点称为互锁触点或联锁触点。由于这种联锁是依靠电气元件来实现的，所以也称为电气联锁。

1）线路工作原理分析

按下正转启动按钮 SB2 时，正转接触器 KM1 线圈通电，主触点闭合，电动机正转。与此同时，由于 KM1 的动断辅助触点断开而切断了反转接触器 KM2 的线圈电路。因此，即使按反转启动按钮 SB3，也不会使反转接触器的线圈通电工作。同理，在反转接触器 KM2 动作后，也保证了正转接触器 KM1 的线圈电路不能再工作。

2）联锁控制的规律

（1）当要求甲接触器工作时，乙接触器就不能工作，此时应在乙接触器的线圈电路中串入甲接触器的动断触点。

（2）当要求甲接触器工作时，乙接触器就不能工作，而乙接触器工作时甲接触器也不能工作，此时要在两个接触器线圈电路中互串对方的动断触点。

图 2.7（c）所示的接触器联锁正、反转控制线路也有个缺点，在正转过程中要求反转时必须先按下停止按钮 SB1，让 KM1 线圈断电，互锁触点 KM1 闭合，这样才能按反转按钮使电动机反转，即只能实现电动机的“正—停—反”控制，这给操作带来了不便。

2. 双重联锁正、反转控制

为了解决图 2.7（c）中电动机从一个转向不能直接过渡到另一个转向的问题，在生产上常采用复式按钮和触点联锁的双重联锁控制线路，如图 2.7（d）所示。

在图 2.7（d）中，不仅由接触器的动断触点组成电气联锁，还添加了由复式按钮 SB2 和 SB3 动断触点组成的机械联锁。这样，当电动机由正转变为反转时，只需按下反转按钮 SB3，便可通过 SB3-1 的动断触点断开 KM1 电路，KM1 起联锁作用的触点闭合，接通 KM2 线圈控制实现电动机反转，即可以实现电动机的“正—反—停”控制。

需要强调的是，复式按钮不能代替联锁触点的作用。例如，当主电路中正转接触器 KM1 的触点发生熔焊（即静触点和动触点烧蚀在一起）现象时，由于相同的机械连接，KM1 的触点在线圈断电时不复位，KM1 的动断触点处于断开状态，可防止反转接触器 KM2 通电使主触点闭合而造成电源短路故障，这种保护作用仅采用复式按钮是做不到的。

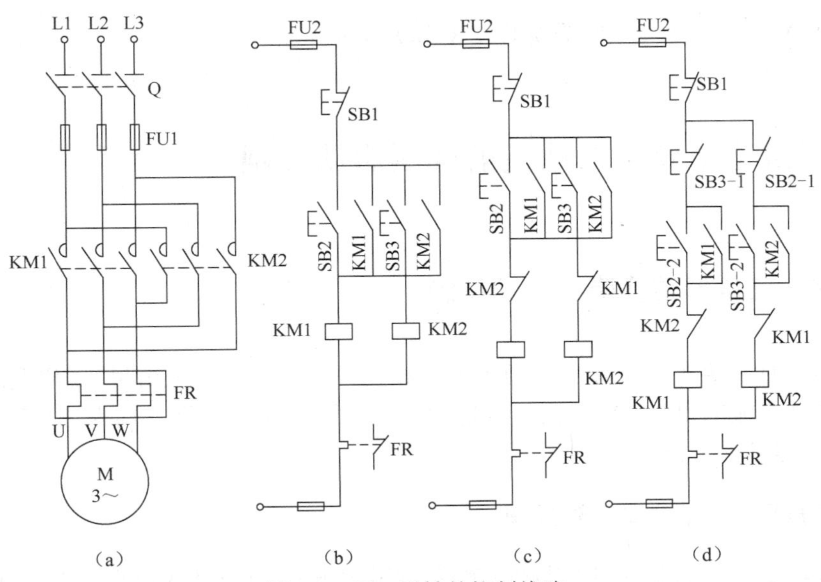

图 2.7　正、反转的控制线路

这种线路既有“电气联锁”，又有“机械联锁”，因此称为“双重联锁”，此种线路既能实现电动机直接正、反转的功能，又保证了电路能够可靠工作，常用在电力拖动控制系统中。

3．自动往返正反转控制

自动往返正反转控制电路如图 2.8 所示。

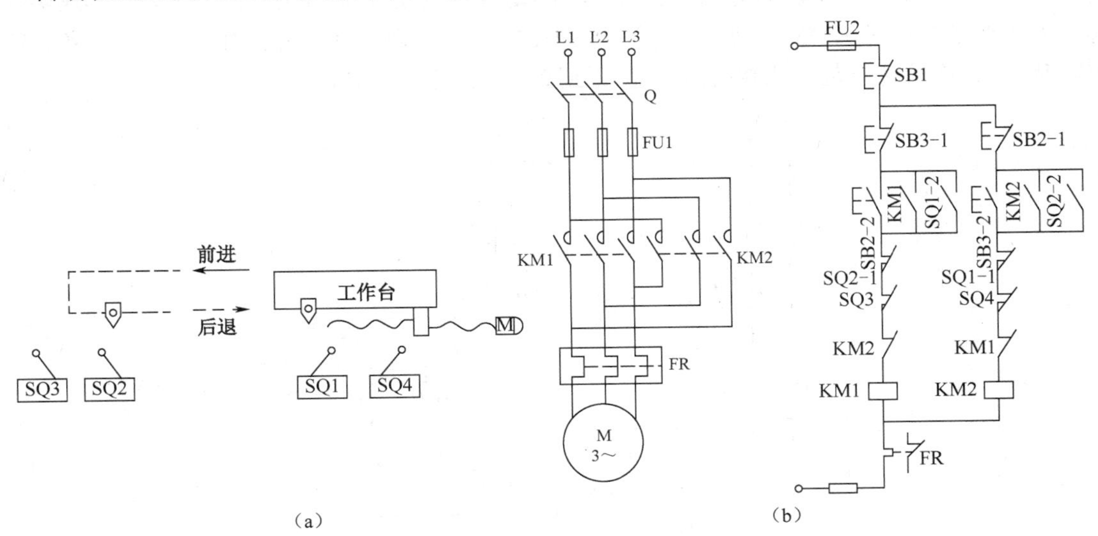

图 2.8　自动往返正反转控制电路

生产实践中，有些机械的工作台需要自动往返控制，如龙门刨床的工作台前进、后退。自动正反转控制，采用复合行程开关 SQ1、SQ2 实现自动往返控制的。将 SQ1-2 的常开触点并联在 SB2-2 两端，SQ2-2 的常开触点并联在 SB3-2 的两端，即成自动往返控制电路。电路工作原理可自行分析。图 2.8（b）中 SQ3、SQ4 安装在工作台往返运动的极限位置上，以防止行程开关 SQ1、SQ2 失灵，工作台继续运动不停止而造成事故，起到极限保护作用。行程开关

SQ1、SQ2、SQ3、SQ4 的安装位置如图 2.8（a）所示。

2.3 三相笼型异步电动机的降压启动控制

2.3.1 星-三角形转换降压启动控制

对于正常运行时定子绕组接成三角形的三相笼型电动机，可采用星-三角形降压启动方法来达到限制启动电流的目的。Y 系列的笼型异步电动机 4.0kW 以上者均为三角形连接，都可以采用星-三角形启动的方法。

1．星-三角形降压启动的工作原理

在启动时，先将电动机定子绕组接成星形，使电动机每相绕组承受的电压为电源的相电压，是额定电压的$1/\sqrt{3}$，启动电流为三角形直接启动电流时的 1/3；当转速上升到接近额定转速时，再将定子绕组接线方式由星形改接成三角形，电动机就可进入全电压正常运行状态。

2．三接触器式星-三角形降压启动控制线路

三接触器式星-三角形降压启动的控制线路如图 2.9 所示。图中 UU′、VV′、WW′为电动机的三相绕组，当 KM3 的动合触点闭合，KM2 的动合触点断开时，相当于 U′、V′、W′连接在一起，为星形连接；当 KM3 的动合触点断开，KM2 的动合触点闭合时，相当于 U 与 V′、V 与 W′、W 与 U′连接在一起，三相绕组头尾相连接，为三角形连接。

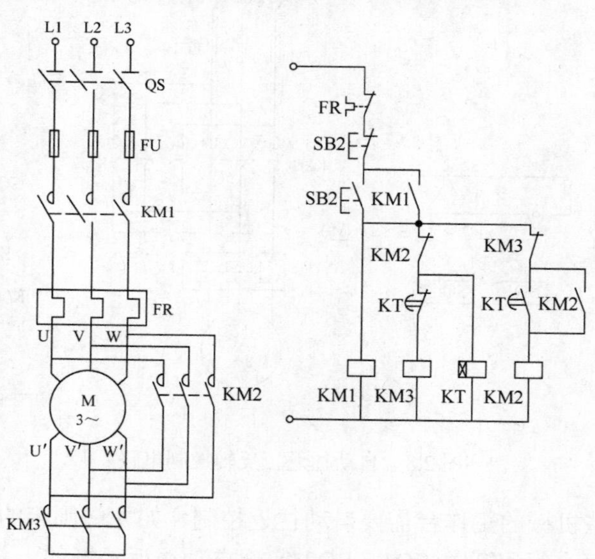

图 2.9 星-三角形降压启动控制线路

线路的工作原理分析：按下启动按钮 SB2，接触器 KM1 线圈、KM3 线圈及通电延时型时间继电器 KT 线圈通电，电动机接成星形启动；同时通过 KM1 的动合辅助触点自锁，时间继电器开始定时。当电动机接近于额定转速，即时间继电器 KT 延时时间已到，KT 延时断开的动断触点断开，切断 KM3 线圈电路，KM3 断电释放，其主触点和辅助触点复位。同时，KT 延时闭合的动合触点闭合，使 KM2 线圈通电自锁，主触点闭合，电动机连接成三角形运行。时间继电器 KT 线圈也因 KM2 动断触点断开而失电，时间继电器触点复位，为下一次启动做好准备。图中的 KM2、KM3 动断触点是联锁控制，防止 KM2、KM3 线圈同时通电而造成电源短路。

图 2.9 所示的控制线路适用于电动机容量较大（一般为 13kW 以上）的场合。当电动机的容量较小［（4～13）kW］时，通常采用两个接触器的星-三角形降压启动控制线路。

2.3.2　定子绕组串接电阻或电抗器降压启动控制

1．定子绕组串接电阻降压启动的工作原理

电动机启动时在定子绕组中串接电阻，使定子绕组的电压降低，从而限制了启动电流。待电动机转速接近额定转速时，再将串接电阻短接，使电动机在额定电压下正常运行。这种启动方式由于不受电动机接线形式的限制，结构简单、经济，因此获得广泛应用。

2．线路的工作原理

图 2.10（a）所示为定子绕组串接电阻降压启动的控制线路。该线路利用时间继电器控制降压电阻的切除。时间继电器的延时时间按启动过程所需时间调整确定。当合上刀开关 Q，按下启动按钮 SB2 时，KM1 立即通电吸合，使电动机在定子串接电阻的情况下启动，与此同时，时间继电器 KT 通电开始计时，当达到时间继电器的整定值时，其延时闭合的动合触点闭合，使 KM2 线圈通电，KM2 的主触点闭合，将启动串接电阻短接，电动机在额定电压下进入稳定的正常运转状态。

由图 2.10（b）可知，线路在启动结束后，KM1、KT 线圈一直通电，这不仅消耗电能，而且减少电器的使用寿命，这是不必要的。图 2.10（c）是在此控制线路图上进行改进得到的。方法是：在接触器 KM1 和时间继电器 KT 的线圈电路中串入 KM2 的动断触点，KM2 有自锁触点，如图 2.10（c）所示。这样当 KM2 线圈通电时，其动断触点断开使 KM1、KT 线圈断电。

定子绕组所串接电阻一般采用由电阻丝绕制的板式电阻或铸铁电阻，它的阻值小、功率大，允许通过较大的电流。每相串接的降压电阻可用以下经验公式计算。

（1）电阻值的计算公式：

$$R=\frac{220}{I_{\mathrm{N}}}\left(\frac{I_{\mathrm{st}}}{I'_{\mathrm{st}}}\right)^2-1 \tag{2.1}$$

式中，I_{N} 为电动机额定电流；I_{st} 为额定电压下未串电阻时的启动电流，一般取 I_{st}=（5～7）I_{N}；I'_{st} 为串联电阻后所要求达到的电流，一般取 I'_{st}=（2～3）I_{N}。

（2）降压电阻功率的计算公式：

$$P=RI_{\mathrm{st}}^2 \tag{2.2}$$

由于启动电阻只在启动时应用，而启动时间又很短，所以实际选用的电阻功率可比计算值小 3～4 倍。

定子绕组串接电阻降压启动的方法虽然设备简单，但能量损耗较大。为了节省能量可采用电抗器代替电阻，但其成本较高，它的控制线路与电动机定子绕组串接电阻的控制线路相同。

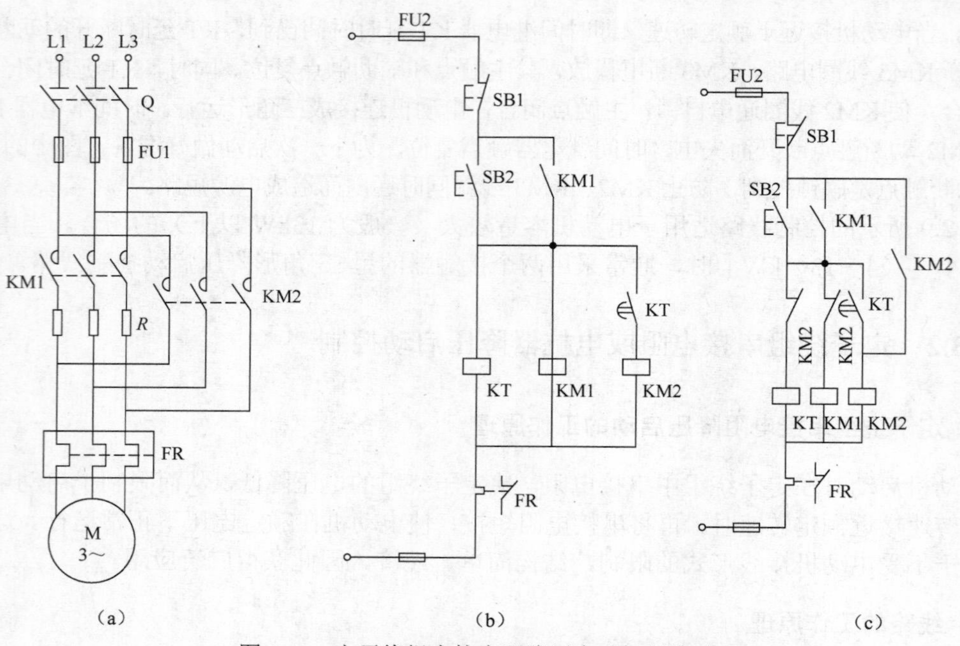

图 2.10　定子绕组串接电阻降压启动控制线路

2.3.3　自耦变压器降压启动控制

自耦变压器降压启动的控制线路如图 2.11 所示。

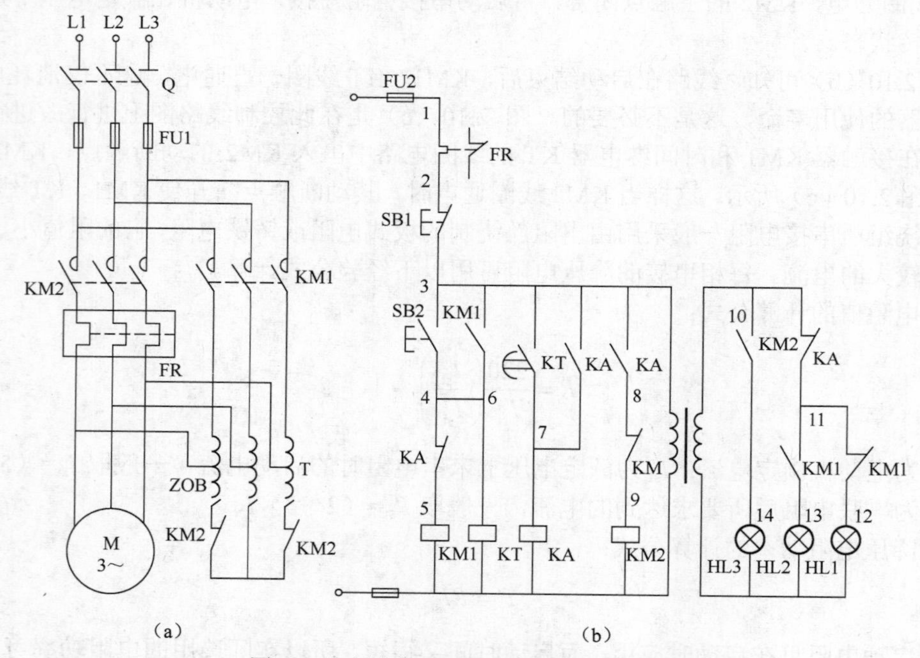

图 2.11　自耦变压器降压启动的控制线路

自耦变压器降压启动工作原理：

（1）自耦变压器 T 接入，降压启动，HL1 灯灭，HL2 灯亮。

（2）延时一段时间后→触点 KT（3、7）闭合→KA 线圈得电并自锁→触点 KA（4、5）断开→KM1 线圈失电释放→自耦变压器 T 切除；在触点 KA（4、5）断开的同时，触点 KA（10、11）断开→HL2 灯灭，而触点 KA（3、8）闭合→KM2 线圈得电→触点 KM2（10、14）闭合，HL3 灯亮，电动机全压运行。

2.3.4 延边三角形降压启动控制

延边三角形降压启动控制电路如图 2.12 所示。

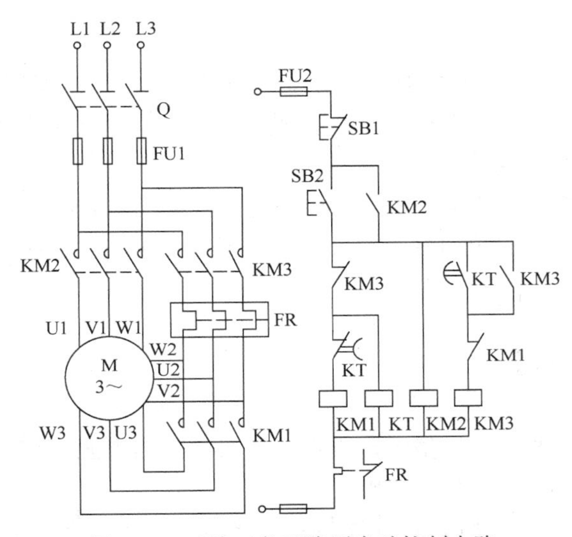

图 2.12　延边三角形降压启动控制电路

延边三角形降压启动控制工作原理：按下 SB2 延时一定时间→KT 的动断触点断开→KM1 线圈失电释放；与此同时，KT 的动合触点闭合→KM3 线圈得电吸合并自锁，接触器 KM1 与 KM3 之间设有电气互锁，此时电动机转入正常运行。

2.3.5 笼型异步电动机启动方式的小结

有时为了减小启动时对机械设备的冲击，对允许直接启动的电动机往往也采用降压启动。三相笼型异步电动机降压启动的方法有定子绕组串接电阻（电抗器）、Y-△连接、延边三角形和自耦变压器启动等。表 2.1 所示为笼型异步电动机的启动方法及特点。

表 2.1　笼型异步电动机启动方法及特点

启动方法	使用场合	特点
直接启动	电机容量小于 10kW	不需启动设备，启动电流大
定子绕组串接电阻启动	电机容量不大，启动不频繁且要求平稳	启动转矩增加较大，加速平滑，电路简单，电阻损耗大
Y-△启动	电机正常工作为△接，轻负载启动	启动电流，转矩较小
延边三角形启动	电机正常工作为△接，要求启动转矩较大	启动电流，转矩较 Y-△启动大，电机接线复杂
自耦变压器启动	电机容量较大，要求限制对电网的冲击电流	启动转矩大，加速平稳，损耗低，设备较庞大、成本高

三相异步电动机所采用的降压启动方式的实质都是在电源电压不变的条件下，设法降低定

子绕组的电压，以减小启动电流。它们都是在启动时定子绕组为某一种连接方式，再用时间继电器自动地转换为另一种连接方式全压运行。

上述几种降压启动方式一般只适用于空载或轻载启动。对于需要满载或重载启动的情况，则应采用高启动转矩的特殊电动机。

2.4 三相笼型异步电动机的制动控制

在生产过程中，有些设备电动机断电后由于惯性作用，停机时间拖得很长，影响生产效率，还会造成停机位置不准确，工作不安全。为了缩短辅助工作时间、提高生产效率和准确的停机位置，必须对电动机采取有效的制动措施。

停机制动有两种类型：一是电磁铁操纵机械进行制动的电磁机械制动；二是电气制动，即电动机产生一个与转子原来的转动方向相反的转矩来进行制动。常用的电气制动有反接制动和能耗制动。

2.4.1 反接制动控制

反接制动就是通过改变三相异步电动机定子绕组中三相电源相序，产生一个与转子惯性转动方向相反的反向启动转矩而进行制动停转的。

反接制动的关键在于将电动机三相电源相序进行切换，且当转速下降接近于零时，能自动将电源切断。如何在电动机转速接近零时切断电源呢？控制电路是采用速度继电器来判断电动机的零速点并及时切断三相电源的。速度继电器 KS 的转子与电动机的轴相联，当电动机正常转动时，速度继电器的动合触点闭合；当电动机停车转速接近于零时，其动合触点断开，切断接触器线圈电路。图 2.13 所示为反接制动控制电路。

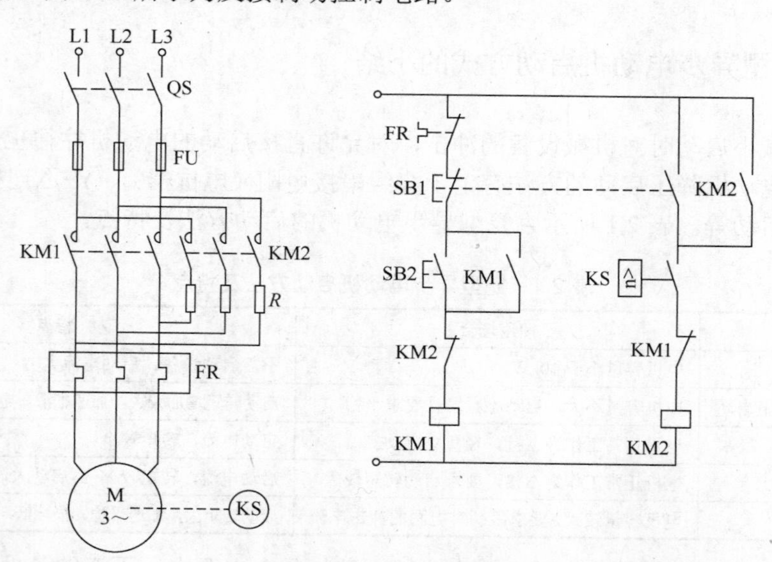

图 2.13 反接制动控制电路

1. 电路的构成

主电路：接触器 KM1 用来控制电动机 M 正常运转，接触器 KM2 用来改变电动机 M 的电源相序。因为电动机反接制动电流很大，所以在制动电路中串接了降压电阻 *R*，以限制反向制动电流。

控制电路：由两条控制回路构成。一条是控制电动机 M 正常运转的回路，另一条是控制电动机 M 反接制动的回路。

2. 电路的工作过程

启动：按下 SB2→KM1 线圈得电→电动机 M 开始转动，同时 KM1 辅助动合触点闭合 KM1 辅助动断触点断开，进行互锁。M 处于正常运转，KS 的触点闭合，为反接制动作准备。

制动：按下复合按钮 SB1→KM1 线圈失电，KM2 线圈由于 KS 的动合触点在转子惯性转动下仍然闭合而得电并自锁，电动机进入反接制动；当电动机转速接近于零时，KS 的触点复位断开→KM2 线圈失电→制动结束，停机。

反接制动的优点是制动转矩大，制动效果显著；但其制动准确性差，冲击较强烈，制动不平稳，且能量消耗大。它适用于制动要求迅速、系统惯性大、制动不频繁的场合。

2.4.2 能耗制动控制

能耗制动也称为动力制动。原理是：当三相感应电动机脱离三相交流电源后，迅速在定子绕组上加一直流电源，使定子绕组产生恒定的磁场。此时电动机转子在惯性作用下继续旋转切割定子绕组产生的恒定磁场，在转子中产生感应电流。这个感应电流使转子产生与其旋转方向相反的电磁转矩，该转矩是一个制动转矩，使电动机转速迅速下降到零。图 2.14 所示为能耗制动控制电路。

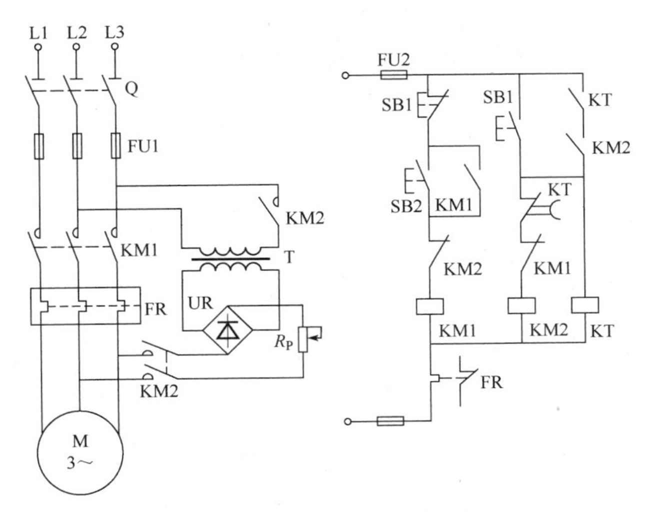

图 2.14 能耗制动控制电路

1. 电路的构成

主电路：接触器 KM1 控制电动机 M 正常运转，接触器 KM2 用来实现能耗制动。KT 为时间继电器，T 为整流变压器，UR 为桥式整流电路。

控制电路：由两条控制回路构成。一条是控制电动机 M 正常运转的回路，另一条是控制电动机 M 能耗制动的回路。

2．电路的工作原理

启动：按下 SB2→KM1 线圈得电→电动机 M 开始转动，同时 KM1 辅助动合触点闭合自锁，KM1 辅助动断触点断开，进行互锁。电动机 M 处于正常运转。

制动：按下复合按钮 SB1 一 KM1 线圈失电→电动机 M 脱离三相交流电源，同时 KM1 动断点闭合使 KM2、KT 线圈得电→KM2 主触点闭合→接入直流电源进行制动→转速接近于零时，KT 延时时间到→KT 延时断开的动断触点断开→KM2、KT 线圈失电，制动过程结束。

该电路中，将 KT 动合瞬动触点与 KM2 自锁触点串联，是考虑时间继电器线圈断线或其他故障，致使 KT 的延时断开动断触点打不开而导致 KM2 线圈长期得电，造成电动机定子长期通入直流电源。引入 KT 动合瞬动触点后，则避免了上述故障的发生。

能耗制动与反接制动相比，制动平稳、准确、能量消耗少，但制动转矩较弱，特别在低速时制动效果差，并且还要提供直流电源，设备费用高。实际使用中，应根据设备的工作要求选用合适的制动方法。

2.5 其他典型控制环节

2.5.1 多地点控制启、停的联锁控制

大型设备中，为了操作方便，经常要求能在多个地点对同一台电动机进行控制。

图 2.15 所示为电动机的三地点控制电路。在这个电路中，把启动按钮 SB2、SB4、SB6 并联起来，把停止按钮 SB1、SB3、SB5 串联起来，并将这三组启动、停止按钮分别放置于三个不同地点。这样，就可以在三个地点对同一台电动机进行控制。

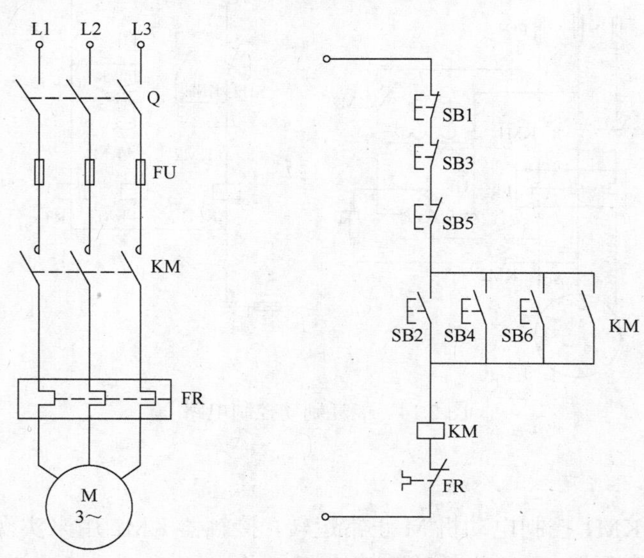

图 2.15 电动机的三个地点控制电路

可见，多地点控制的接线原则应为启动按钮并联，停止按钮串联。

2.5.2　按顺序工作时的联锁控制

在生产实践中，在多台电动机拖动的设备上，常需要电动机按先后顺序工作。例如，机床中要求润滑电动机启动后，主轴电动机才能启动。

图 2.16（a）所示为两台电动机顺序启动控制电路。图中有两种控制电路：图 2.16（b）所示为顺序启动（M2 必须在 M1 工作后才能启动），同时停车；图 2.16（c）所示为顺序启动，逆序停车（M1 必须在 M2 停车后才能停车）。

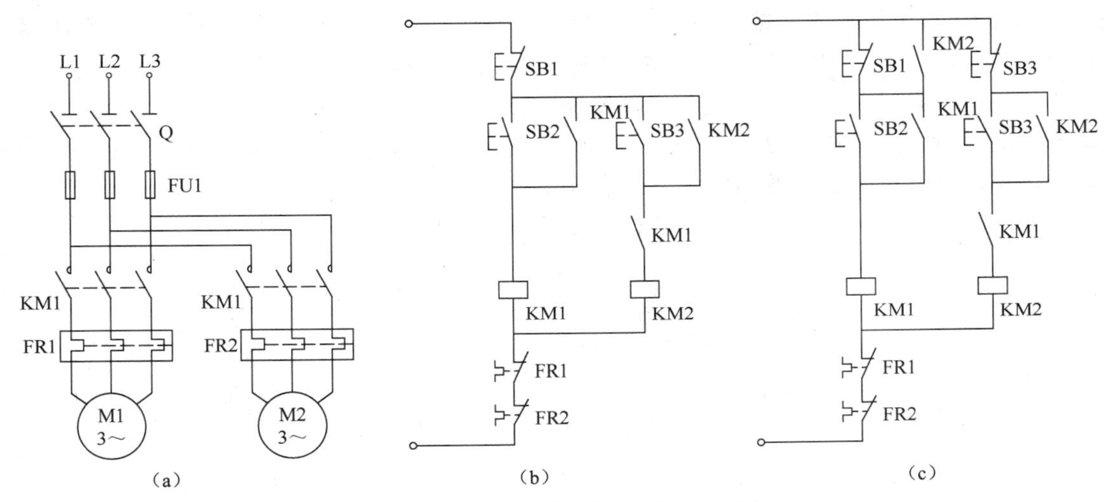

图 2.16　两台电动机顺序启动控制电路

1．电路的构成

主电路：电动机 Ml 和 M2 各由热继电器 FR1、FR2 进行保护，接触器 KM1 控制电动机 M1 的启动、停止，接触器 KM2 控制电动机 M2 的启动、停止，KM1、KM2 经熔断器 FU 和开关 Q 与电源连接。

2．电路的工作原理

如图 2.16（b）所示，电动机 M1 先启动，然后电动机 M2 才能启动。

电路（b）的分析：

启动：按下按钮 SB2→KM1 线圈得电→ KM1 主触点闭合（KM1 动合辅助触点闭合）→电动机 M1 启动→按下按钮 SB3→KM2 线圈得电→KM2 主触点闭合→电动机 M2 启动。

停止：按下按钮 SB1→KM1、KM2 线圈同时失电→电动机 Ml、M2 停止运转。

如图 2.16（c）所示，电动机 M1 先启动，然后电动机 M2 才能启动。电动机 M2 先停止，然后电动机 M1 才能停止。

电路（c）的分析：

启动：同电路（b）。

停止：由于 KM2 的动合辅助触点与电动机 M1 的停止按钮 SB1 并联，所以当 KM2 线圈得电时，其动合辅助触点闭合，此时按下 SB1 按钮，仍然无法使 KM1 线圈失电。只有先使 KM2 线圈失电释放（先停止电动机 M2）后，KM2 动合辅助触点断开，此时按下 SB1 按钮才能使 KM1 线圈失电，电动机 M1 停止。

2.5.3 正常工作与点动的联锁控制

一些生产机械经常要求既能连续工作又能实现调整时的点动工作。

图 2.17（a）所示为基本的点动控制线路，只是增加了过载保护。图 2.17（b）所示的电路可以实现连续运转与点动控制。SB2 为正常启动按钮，有自锁。SB3 按钮按下或松开实现点动控制。图 2.17（c）所示为实现点动、连续双方式运行的控制电路，其中 KA 为中间继电器。工作原理是：需要点动方式时，按下 SB3 按钮，KM 线圈通电，KM 主触点闭合，电动机会启动运行，按下 SB1 电动机会停止运行。需要连续方式时，按下 SB2 按钮，KA 线圈通电，KA 的动合辅助触点闭合，与 SB2 形成自锁，同时接通 KM 线圈回路，给 KM 线圈通电，电动机会启动，实现连续运行，按下 SB1 电动机会停止运行。

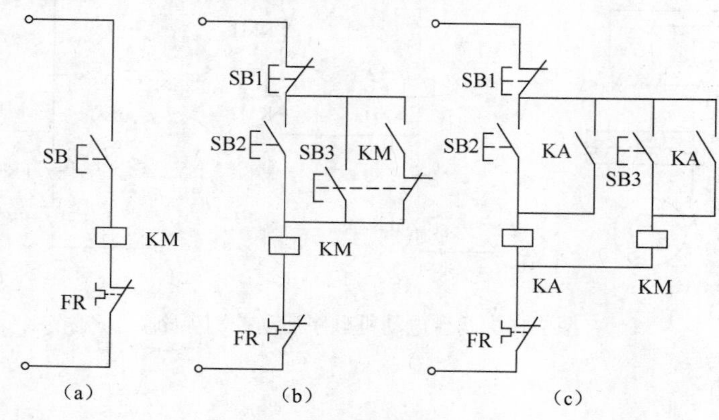

图 2.17 点动、连续控制线路

2.5.4 电液控制

组合机床是一种高效率的专用机床，动力滑台是组合机床用来实现进给运动的一种通用部件，其中液压滑台在生产机械中被广泛使用。液压传动系统容易获得很大的力矩，运动传递平稳、均匀，准确可靠，控制方便，易于实现自动化。

液压滑台是非常典型的电液控制装置，它由滑台、滑座和液压缸三部分组成。由于它自身不带油箱、油泵等装置，因此需要单独设置专门的液压站与其配套。液压动力滑台由电动机带动油泵送出压力油，经电气和液压元件的控制，推动油缸中的活塞来带动工作台。

1. 液压动力滑台的液压系统工作分析

液压动力滑台二次进给液压系统如图 2.18 所示。该液压系统由限压式变量泵Ⅰ，油缸Ⅱ，三位五通液压阀Ⅲ，三位五通电磁阀Ⅳ，调速阀Ⅴ、Ⅵ，二位二通电磁阀Ⅶ，二位二通行程阀Ⅷ，单向阀Ⅸ、XIII、XIV、XV、XVI压力继电器Ⅹ，顺序阀Ⅺ，背压阀Ⅻ等构成。

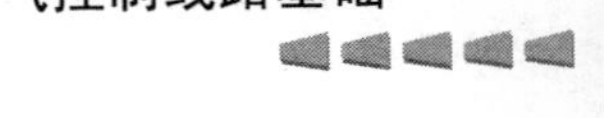

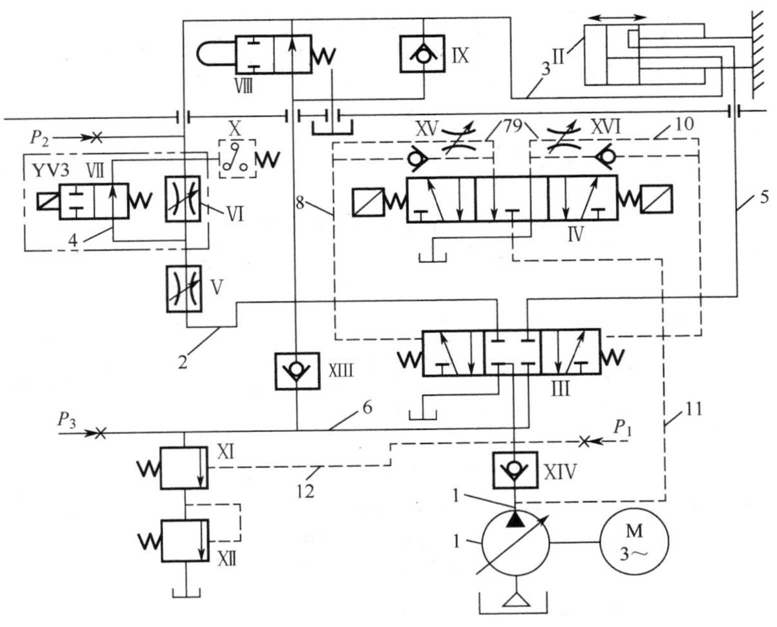

图 2.18　液压动力滑台二次进给液压系统图

（1）快速趋进。油泵电动机启动后，压力油沿着管 1→辅助油路 11→进入阀Ⅳ→管 7→单向阀 XV →管 8→阀Ⅲ的左腔，把三位五通阀推向右端，右端回油沿管 10→单向阀 X Ⅵ→管 9→三位五通电磁阀Ⅳ流回油箱，从而接通了工作油路，油泵的压力油经单向阀 X Ⅳ→三位五通液压阀Ⅲ→管 2→行程阀Ⅷ→管 3 进入油缸左腔，油缸带动滑台向左运动。油缸右腔的回路经管 5→三位五通液压阀Ⅲ→管 6→单向阀 X Ⅲ→管 2→管 3 又进入油缸左腔。同时，由于快速趋进油压低，变量泵的输出流量最大，滑台获得最大速度快速趋近。

（2）一次工进。当快速趋进终了时，滑台上的挡铁压下行程阀Ⅷ，切断管 2 与管 3 之间的通道。来自油泵的压力油经管 1→单向阀 X Ⅳ→管 2→调速阀 5→管 4→阀Ⅶ→管 3 进入油缸的左腔，滑台由快速趋进转入一次工进，进给速度由调速阀Ⅴ来控制。油缸右腔的回油经管 5→阀Ⅲ→顺序阀Ⅺ→背压阀Ⅻ流回油箱。

（3）二次工进。当滑台一次进给终了，挡铁压下行程开关 SQ2，电磁阀 YV3 通电，将管 4 和管 3 之间的通道切断，使油泵的压力油经由调速阀Ⅴ、阀Ⅵ和管 3 进入油缸右腔，滑台由一次工进转为二次工进。

（4）死挡铁停留。当工进终了时，滑台碰上死挡铁，停止前进，油路的工作状态与二次工进时相同。

（5）快速退回。滑台死挡铁停留一段时间后，管 3 压力升高，压力继电器 BP 动作，发出信号使阀Ⅳ、阀Ⅲ均改变状态。

（6）原位停止。滑台快速退回原位时，挡铁压下原位行程开关 SQ1，阀Ⅳ的电磁铁断电，在其两边弹簧力平衡状态下，回到中间位。

2．液压动力滑台电液配合的控制电路

根据加工工艺要求，液压动力滑台可组成多种工作循环，如一次工进、二次工进、死挡铁

停留、跳跃式进给、分级进给等。具有一次工进及死挡铁停留的工作循环是组合机床比较常用的工作循环之一，其液压系统如图 2.18 去除虚线部分所示。下面以一次工进及死挡铁停留的工作循环分析控制电路工作原理。

液压系统工作时，各类阀门的动作顺序如表 2.2 所示。电气控制电路如图 2.19 所示。

表 2.2　各类阀门的动作顺序

工步＼元件	YV1	YV2	行程阀	BP
原位	–	–	–	–
快进	+	–	–	–
工进	+	–	+	–
死挡铁停留	+	–	+	–/+
快退	–	+	+/–	–

注：“+”表示受外力作用动作；“–”表示无外力作用动作。

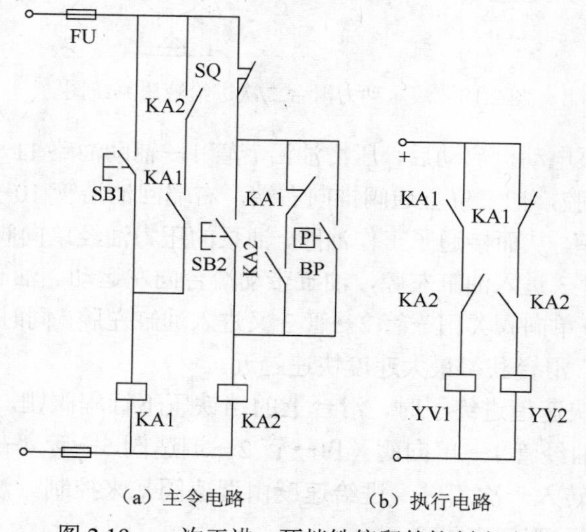

图 2.19　一次工进、死挡铁停留的控制电路

（1）滑台快进。在油泵电动机启动后，油泵输出高压油。按下向前按钮 SB1，KA1 通电并自锁，同时电磁阀 YV1 通电，液压控制阀Ⅲ动作，压力油打入进给油缸左腔，滑台实现快速趋进。

（2）一次工进。滑台快速趋进到压下行程阀Ⅷ时，快速趋进转为一次工进。这时油路工作状态的改变是由行程阀来实现的，所以电路工作状态并未改变。

（3）死挡铁停留。当工进终了时，滑台被死挡铁挡住，进给油路压力升高，使压力继电器 BP 动作，发出滑台快退信号。这时油路工作状态和工进时相同。

（4）快速退回。死挡铁停留，进油路压力升高，压力继电器 BP 动作，使 KA2 通电并自锁，同时 KA1、YV1 断电，YV2 通电。阀Ⅳ、阀Ⅲ改变工作状态，使压力油打入油缸右腔，滑台向后快速退回。

（5）原位停止。滑台快速退回原位时，压下 SQ，KA2、YV2 断电，滑台停在原位。此时的电路、油路均处于原位状态，滑台工作循环结束。

2.6　电气控制保护环节简介

为了保证电力拖动控制系统中电动机及各种电器和控制电路能正常运行，消除可能出现的有害因素，并在出现电气故障时，尽可能使故障缩小到最小范围，以保障人身和设备的安全，必须对电气控制系统设置必要的保护环节。

1．短路保护

当电动机绕组和导线的绝缘损坏，或者控制电器及线路损坏发生故障时，线路将出现短路现象，产生很大的短路电流，使电动机、电器、导线等电气设备严重损坏。因此在发生短路故障时，保护电器必须立即动作，迅速将电源切断。

常用的短路保护电器是熔断器和自动空气断路器。熔断器的熔体与被保护的电路串联，当电路正常工作时，熔断器的熔体不起作用。当电路短路时，很大的短路电流流过熔体，使熔体立即熔断，切断电动机电源。同样，若电路中接入自动空气断路器，当出现短路时，自动空气断路器会立即动作，切断电源使电动机停转。

2．过载保护

当电动机负载过大，启动操作频繁或缺相运行时，会使电动机的工作电流长时间超过其额定电流，电动机绕组过热，温升超过其允许值，导致电动机的绝缘材料变脆，使用寿命缩短，严重时会使电动机损坏。因此当电动机过载时，保护电器应动作切断电源，使电动机停转，避免电动机在过载下运行。

常用的过载保护电器是热继电器。当电动机的工作电流等于额定电流时，热继电器不动作，电动机正常工作；当电动机短时过载或过载电流较小时，热继电器不动作，或经过较长时间才动作；当电动机过载电流较大时，串接在主电路中的动断触点会在短时间内断开，先后切断控制电路和主电路的电源，使电动机停转。

3．欠电压保护

当电网电压降低时，电动机便在欠电压下运行，电动机转速下降，定子绕组电流增加。因为电流增加的幅度尚不足以使熔断器和热继电器动作，所以这两种电器起不到保护作用，如不采用保护措施，随着时间延长会使电动机过热损坏。另一方面，欠电压将引起一些电器释放，使电路不能正常工作，也可能导致人身、设备事故。因此应避免电动机在欠电压下运行。

实际欠电压保护的电器是接触器和电磁式电压继电器。在机床电气控制线路中，只有少数线路专门装设了电磁式电压继电器以起欠电压保护作用，而大多数控制线路由于接触器已兼有欠电压保护功能，所以不必再加设欠电压保护电器。一般当电网电压降低到额定电压的 85%以下时，接触器或电压继电器动作，切断主电路和控制电路电源，使电动机停转。

4．零电压保护

生产机械在工作时若发生电网突然停电，则电动机停转，生产机械运动部件也随之停止运

转。一般情况下操作人员不可能及时拉开电源开关。如不采取措施，当电源电压恢复正常时，电动机便会自行启动，很可能造成人身、设备事故，并引起电网过电流和瞬间网络电压下降。因此必须采取零电压保护措施。

在电气控制线路中，用接触器和中间继电器进行零电压保护。当电网停电时，接触器和中间继电器电流消失，触点复位，切断主电路和控制电路电源。当电源电压恢复正常时，若不重新按下启动按钮，则电动机不会自行启动，实现了零电压保护。

5. 过电流保护

不正确的启动和过大的负载转矩都会引起电动机过电流，这种过电流一般小于短路电流。电动机运行中产生过电流比发生短路的可能性更大，在频繁启动和正反转的重复短时工作制电动机中尤其如此。

过电流保护通常采用过电流继电器与接触器配合动作的方法，将过电流继电器线圈串联在被保护电路中，电路电流达到其整定值时，过电流继电器动作，其动断触点串联在接触器控制回路中，由接触器去切断电源。

6. 弱磁保护

电动机磁通的过度减少会引起电动机的超速甚至发生“飞车”，因此需要采取弱磁保护。弱磁保护是通过电动机励磁回路串入欠电流继电器来实现的，在电动机运行中，如果励磁电流消失或降低太多，欠电流继电器就会释放，其触点切断接触器线圈的电源，使电动机断电停车。

7. 超速保护

生产机械设备运行速度超过规定所允许的速度时，将造成设备损坏和人身危险，所以应设置超速保护装置来控制电动机转速或及时切断电动机电源。

表 2.3 所示为电动机的各种保护。

表 2.3　电动机的各种保护

保护名称	故障原因	采用的保护元件
短路保护	电源负载短路	熔断，自动开关
过电流保护	错误启动，过大的负载转矩频繁正反向启动	过电流继电器
过热保护	长期过载运行	热继电器、热敏电阻、自动开关、热脱扣器
零电压、欠电压保护	电源电压突然消失或降低	零电压，欠电压继电器或接触器、中间继电器
弱磁保护	直流励磁电流突然消失或减小	欠电流继电器
超速保护	电压过高，弱磁场	过电压继电器，离心开关，测速发电机

图 2.20 所示为电气控制线路中常用保护环节。实际应用时一般根据情况采用上述保护环节中的一部分，不一定选用全部保护环节。但短路保护、过载保护、零电压保护三个环节是不可缺少的。

图 2.20 中起保护作用的各元件分别为：

短路保护——熔断器 FU1 和 FU2；

过载保护——热继电器 FR；
过电流保护——过电流继电器 KI1、KI2；
零电压保护——中间继电器 KA；
欠电压保护——欠电雁继电器 KV；
联锁保护——通过 KM1 和 KM2 互锁实现。

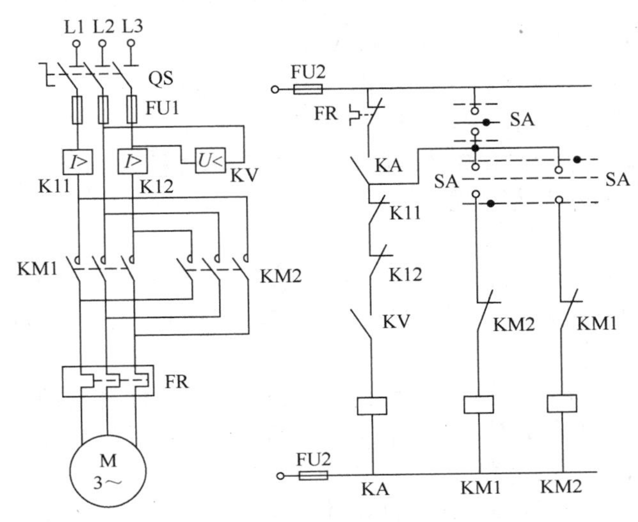

图 2.20　电气控制线路中常用的保护环节

本章小结

本章所讲的主要内容是电动机的基本控制线路，能够知道电动机的点动和连续运转控制、正反转控制、位置控制和自动往返控制、顺序控制和多点控制等各种基本控制线路；掌握电动机的自锁和联锁、短路保护和过载保护、过（欠）电压（流）等保护措施，以便在传统的继电器控制线路和可编程控制系统中加以识别和采用。

习　　题

1．什么是“自锁”？自锁线路怎样构成？怎样用万用表检查自锁线路？
2．什么是“互锁”？互锁线路怎样构成？怎样用万用表检查互锁线路？
3．点动控制是否要安装过载保护？
4．电动机连续运转的控制线路有哪些保护环节？
5．用万用表的电阻挡检查单向启动连续运转的线路时，发现不用按下启动按钮，即可在控制电路的电源端测得接触器线圈的电阻值，试分析原因。
6．试车时，接触器动作正常，而电动机“嗡嗡”响而不能启动，故障的原因是什么？如何检查？

7．画出双重联锁正反转控制的主电路和控制电路，并分析电路的工作原理。

8．画出自动往返的控制线路，并分析线路的工作原理。若行程开关本身完好，挡块操作可以使触点切换，而自动往返控制线路接通时，两个行程开关不起限位作用，故障的原因是什么？

9．实现多地控制时多个启动按钮和停止按钮如何连接？

10．笼型感应电动机降压启动的方法有哪些？各有什么特点？使用条件是什么？

11．画出星-三角形降压启动的电路图，并分析工作过程。

12．简述软启动器的工作原理，软启动器的控制功能有哪些？

13．画出反接制动的主电路和控制电路，分析工作过程。

14．分析可逆运行的反接制动控制电路的工作过程。

15．画出能耗制动的主电路和控制电路，并分析工作过程。若在试车时，能耗制动已结束，但电动机仍未停转，应如何调整电路？

16．三相异步电动机的调速方法有哪些？

17．画出变极调速控制线路并分析其工作过程。

18．设计两台电动机的顺序控制线路。要求：Ml 启动后，M2 才能启动，M2 停止 M1 才能停止。

19．设计一个控制电路，三相笼型感应电动机启动时，M1 先启动，经 10s 后 M2 自行启动，运行 30s 后 M1 停止并同时使 M3 自行启动，再运行 30s 后电动机全部停止。

20．设计一个小车运行的电路图，其动作程序如下。

（1）小车由原位开始前进，到终端后自动停止。

（2）在终端停留 6min 后自动返回原位停止。

（3）要求能在前进或后退途中任意位置都能停止或再次启动。

第 3 章　三相异步电动机的电力拖动

3.1　三相异步电动机的机械特性

三相异步电动机的机械特性是指在一定条件下，电动机的转速 n 与电磁转矩 T 之间的关系 $n=f(T)$。由于异步电动机的转速 n 与转差率 s 及旋转磁场的同步速 n_1 之间的关系为 $n=(1-s)n_1$，因此异步电动机的机械特性往往用 $T=f(s)$ 的形式表示。简称为 T-S 曲线。

从电机学中已知，电磁转矩

$$T=\frac{pP_{\mathrm{M}}}{\omega_1} \tag{3.1}$$

式中，p 为极对数，$\omega_1=2\pi f_1$，P_{M} 为电磁功率，它有两种表达式，即

$$P_{\mathrm{M}}=m_1E_2'I_2'\cos\theta_2 \tag{3.2}$$

$$P_{\mathrm{M}}=m_1I_2'^2\frac{r_2'}{s} \tag{3.3}$$

$$\cos\theta_2=\frac{\dfrac{r_2'}{s}}{\sqrt{\left(\dfrac{r_2'}{s}\right)^2+x_2'^2}} \tag{3.4}$$

式中，r_2' 和 x_2' 分别为折算到定子边的转子电阻和漏抗；$\cos\theta_2$ 为转子边的功率因数。

由式（3.2）与式（3.3）可知，电磁转矩也有两种表达式：一种是物理表达式；另一种是参数表达式，分述如下。

3.1.1　机械特性的物理表达式

将式（3.2）代入式（3.1），并考虑到

$$E_2'=E_1=\sqrt{2}\pi f_1N_1K_{\omega1}\Phi_{\mathrm{m}} \tag{3.5}$$

$$T=\frac{pm_1}{\sqrt{2}}N_1K_{\omega1}\Phi_{\mathrm{m}}I_2'\cos\theta_2=C_{\mathrm{T}}\Phi_{\mathrm{m}}I_2'\cos\theta_2 \tag{3.6}$$

式中，$C_T = \dfrac{pm_1}{\sqrt{2}} N_1 K_{\omega 1}$ 是常数；N_1 为定子绕组每相串联匝数；$K_{\omega 1}$ 为基波绕组系数。

将式（3.6）和直流电机电磁转矩的表达式相比，三相异步电动机的电磁转矩除了和气隙磁通及转子电流有关外，还和转子电路的功率因数有关。这是由于在异步电动机中，转子电流滞后于转子电势，在同一极性气隙磁场下面的各转子有效导体中，电流方向不完全相同。所以异步电动机的电磁转矩与气隙磁通和转子电流的有功分量成正比。此式常用于从物理意义上分析异步电动机在各种运行状态下之间的数量与方向关系。

3.1.2 机械特性的参数表达式

1. 机械特性参数表达式的推导

由异步电动机的 T 形等效电路（图 3.1），略去激磁电流可得

$$I_2' = \frac{u_1}{\sqrt{(r_1 + \frac{r_2'}{s})^2 + (x_1 + x_2')^2}} \tag{3.7}$$

将式（3.7）和式（3.3）代入式（3.1），得

$$T = \frac{m_1 p}{\omega_1} u_1^2 \frac{\frac{r_2'}{s}}{(r_1 + \frac{r_2'}{s})^2 + (x_1 + x_2')^2} \tag{3.8}$$

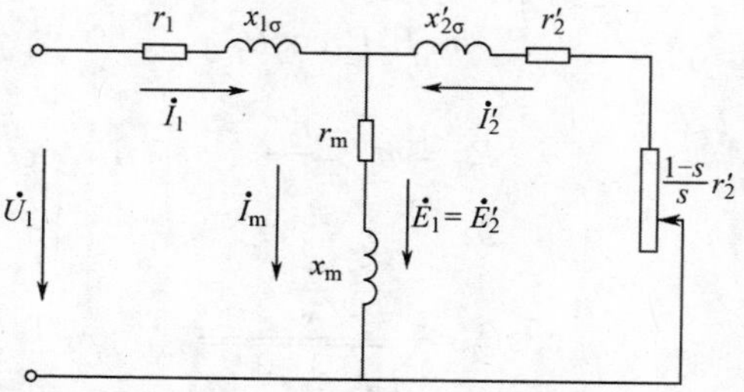

图 3.1 异步电动机的 T 形等效电路

式（3.8）表明了电动机的电磁转矩与电源相电压、频率、电机定转子参数及转差率之间的关系。对于一台已经制造好了的电动机，其参数 r_1、r_2'、x_1、x_2'、p、m_1 等均不变，若 u_1、f_1 不变，则 T=$f(s)$或 T=$f(n)$，称为机械特性的参数表达式。图 3.2 所示为按式（3.8）绘制的机械特性曲线，即三相异步电动机的 T-S 曲线。图中第一象限的部分 $n<n_1$，$T>0$，为电动机运行状态；第二象限部分，$n>n_1$，$T<0$，为发电回馈制动状态。图 3.2 中的 S_m 为临界转差率，其值大约在 0.2 左右。由图 3.2 可知，在电动机运行状态，当转差率 $0<S<S_m$ 时，随着 S 的增加，T 也增加，到 $S=S_m$ 时，转矩 T 达到最大值 T_{max}。而当 $S>S_m$ 以后，S 增加时，电磁转矩反而减小。T-S 曲线的形状可分析如下。式（3.8）可以写成

$$T = m_1 p (\frac{u_1}{\omega_1})^2 \frac{s\omega_1 r_2'}{(sr_1 + r_2')^2 + s^2\omega_1^2 (L_1 + L_2')^2} \tag{3.9}$$

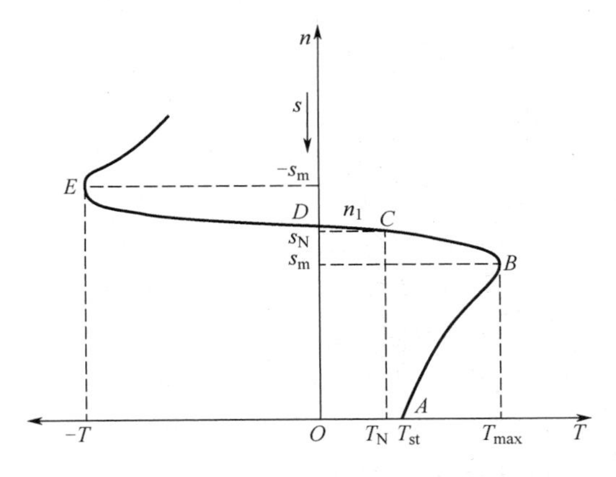

图 3.2 异步电动机的机械特性

式中，$L_1=\dfrac{x_1}{\omega_1}$，$L_2'=\dfrac{x_2'}{\omega_1}$分别为定、转子的漏电感。

当 s 很小时，忽略上式分母中 s 各项，则有

$$T \approx m_1 p(\frac{u_1}{\omega_1})^2 \frac{s\omega_1}{r_2'} \propto s \tag{3.10}$$

说明高速时，T-S 曲线近似为一条直线，如图 3.2 中 DCB 段所示。当 $s\approx 1$时，可忽略式（3.9）分母中的r_2'，则有

$$T \approx m_1 p(\frac{u_1}{\omega_1})^2 \frac{\omega_1 r_2'}{s[r_1^2+\omega_1^2(L_1+L_2')^2]} \propto \frac{1}{s} \tag{3.11}$$

说明 s 接近于 1 时，T-S 曲线为对称于原点的一段双曲线，如图 3.2 中 BA 段所示，s 为中间数值时，T-S 曲线从直线过渡到双曲线。另外 T-S 曲线上T_{max} 和 $s=1$时的启动转矩是异步电动机两个重要的参数，分述如下。

2. 最大转矩和临界转差率

T_{max} 是电动机所能提供的极限转矩，对式（3.8）求导数，并令$\dfrac{\mathrm{d}T}{\mathrm{d}S}=0$，得到

$$s_m = \pm\frac{r_2'}{\sqrt{r_1^2+(x_1+x_2')^2}} \tag{3.12}$$

将式（3.12）代入式（3.8），可得最大转矩 T_{max} 为

$$T_{max} = \pm\frac{pm_1}{\omega_1}u_1^2\frac{1}{2[\pm r_1+\sqrt{r_1^2+(x_1+x_2')^2}]} \tag{3.13}$$

式中，+对应电动状态；-适用于发电状态。通常 $r_1 << (x_1+x_2')$。

式（3.12）和式（3.13）可近似变为

$$s_m \approx \pm\frac{r_2'}{x_1+x_2} \tag{3.14}$$

$$T_{max} \approx \pm \frac{pm_1}{\omega_1} u_1^2 \frac{1}{2(x_1 + x_2')} \tag{3.15}$$

由式（3.14）、式（3.15）可见，发电和电动两种情况下，s_m 和 T_{max} 的绝对值是相等的。由式（3.12）到式（3.15）可看出如下几点。

（1）当电机各参数及电源频率不变时，T_{max} 与电源电压 U_1^2 成正比，但 s_m 与 U_1 无关。

（2）T_{max} 与 r_2' 值无关，而 s_m 与 r_2' 值成正比。因此，改变转子电阻的大小，可以改变产生最大转矩的转差率。也就是说，选择不同的转子电阻值，可以在某一特定的转速时电动机产生的转矩为最大。这一性质对于绕线式异步电动机是有重要意义的。

（3）当电源电压和频率不变时，s_m 和 T_{max} 都近似地与（$x_1 + x_2'$）成反比。

应该指出，T_{max} 是电动机可能产生的最大转矩，如果负载转矩大于最大转矩，则电动机将因为承担不了而停转。为了保证电动机不会因短时过载而停转，一般电动机都具有一定的过载能力。过载能力用最大转矩 T_{max} 与电动机额定转矩 T_N 之比来表示，即

$$\lambda_T = \frac{T_{max}}{T_N} \tag{3.16}$$

一般电动机的过载能力 $\lambda_T = 1.6 \sim 2.2$，起重、冶金机械专用的电动机，$\lambda_T = 2.2 \sim 2.8$。λ_T 是三相异步电动机的一个很重要的参数，它反映了电动机短时过载的极限。

3．启动转矩

s=1 时的电磁转矩，称为启动转矩，它是三相异步电动机接交流电源开始启动时的电磁转矩。将 s=1 代入式（3-8）得

$$T_{st} = \frac{pm_1}{\omega_1} u_1^2 \frac{r_2'}{(r_1 + r_2')^2 + (x_1 + x_2')^2} \tag{3.17}$$

由上式可知，启动转矩仅与电动机本身参数和电源有关，是在一定条件下电动机本身的一个参数，而与电动机所带的负载无关。对于绕线转子电动机，若在一定范围内增大转子电阻（转子电路外接电阻）可以增大启动转矩，以改善启动性能；而对于笼型异步电动机，其转子电阻不能用串接电阻的方法改变，即在额定电压下 T_{st} 是一个恒值。这时 T_{st} 与 T_N 之比称为启动转矩倍数 K_T，即

$$K_T = \frac{T_{st}}{T_N} \tag{3.18}$$

K_T 是三相笼型异步电动机的一个重要参数，它反映了电动机的启动能力。显然只有当 T_{st} 大于负载转矩 T_L 时，电动机才能启动；如要求满载启动时，则 K_T 必须大于1。启动转矩倍数 K_T 的数值可由产品目录中查到，一般 K_T =0.9～1.3。除 T_{st} 和 T_{max} 以外，在 T–S 曲线上还有两个比较重要的点。一个是 $n = n_1(s = 0)$，即同步速点。此时转子感应电势为零，所以 I_2=0，T=0。既然电动机没有电磁转矩，也就不可能以 $n = n_1$ 的速度运转。所以这一点也称为理想空载点。另一个点是额定运行点，此时 $n = n_N, s = s_N$，对于某一台电动机，其额定运行点是一定的。

4．稳定运行范围

关于电机拖动系统稳定运行的条件前面已经讨论过，其结论完全适合于异步电动机拖动系

统，即拖动系统的平衡稳定运行既决定于电动机的机械特性，又决定于负载转矩特性。

对于恒转矩负载（图 3.3 中的负载转矩特性 1），不难判定它在 A 点能够平衡稳定运转，而在 B 点却只能平衡而不能稳定运转，所以线性段对恒转矩负载为稳定运行区，非线性段为不稳定运行区。

对于通风机类负载，（图 3.3 中的负载特性 2），C 点虽然处于特性曲线的非线性段，但仍满足稳定运行条件，所以整条特性曲线都可以平衡稳定运行。

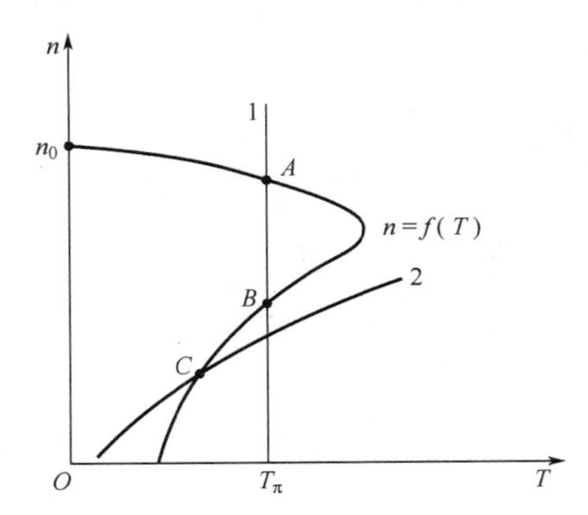

图 3.3　异步电动机拖动系统稳定运行点

5．固有机械特性和人为机械特性

三相异步电动机的固有机械特性是指异步电动机在额定电压和额定频率下，按规定的接线方式接线，定、转子外接电阻为零时的转速 n 与电磁转矩 T 的关系。图 3.4 所示为三相异步电动机的固有机械特性。图中曲线 1 是气隙磁场按正方向旋转时的固有特性，曲线 2 是气隙磁场按反方向旋转的固有特性。气隙磁场的旋转方向取决于定子电压的相序。人为机械特性是指人为地改变电机参数或电源参数而得到的机械特性。由式（3.8）可知，可以改变的量有：加到定子端的电源电压 U_1、电源频率 f_1、极对数 P、定子电路的电阻或电抗、转子电路的电阻或电抗等。所以三相异步电动机的人为机械特性种类很多，这里介绍几种常见的人为机械特性。

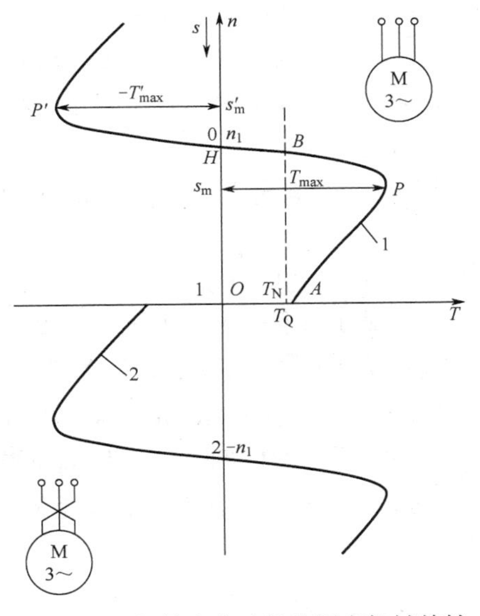

图 3.4　三相异步电动机的固有机械特性

（1）降低定子电压时的人为机械特性

当定子电压U_1降低时，由式（3.8）可知，电动机的电磁转矩将与U_1^2成正比地降低，但产生最大转矩的临界转差率s_m与电压无关，因此同步速n_1也不变。可见降低电压的人为特性是一组通过同步速点的曲线簇。图 3.5 绘出了$U_1 = U_N$的固有特性和$U_1 = 0.8U_N$及$U_1 = 0.5U_N$时的人为机械特性。

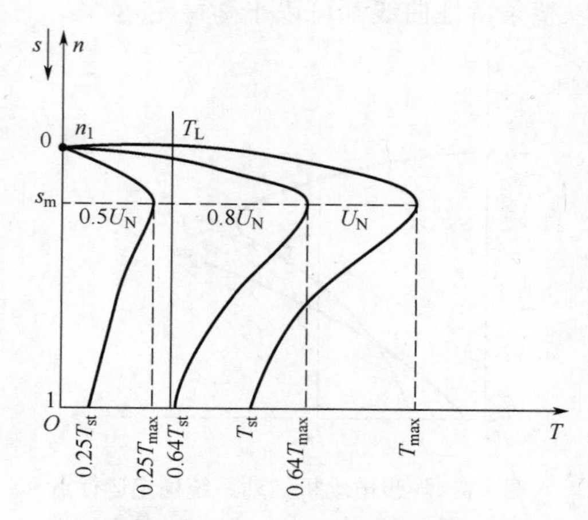

图 3.5　降低定子电压时的人为机械特性

由图 3.5 可知，当电动机在某一负载下运行时，若降低电压，将使电机转速降低，转差率增大；而转子电流将因转子电势$E_{2s} = sE_2$的增大而增大，从而引起定子电流的增大。若电流超过额定值，则电动机的最终温升将超过允许值，导致电动机使用寿命缩短，如果电压降低过多，致使最大转矩小于负载转矩，则会发生电动机的停转。

（2）转子电路中串对称电阻时的人为机械特性

在绕线转子异步电动机转子电路内，三相分别串接大小相等的电阻，由前述分析可知，此时电动机的同步转速n_1不变，最大转矩T_{max}也不变，临界转差率s_m则随外接电阻R_s的增大而增大。人为机械特性是一组通过同步点的曲线簇，如图 3.6（b）所示。图 3.6（a）为其电路图。

在一定范围内增加转子电阻，显然可以增大电机的启动转矩，若所串接的附加电阻如图中的R_{s3}，使$s = s_m = 1$，对应的启动转矩T_{st}等于最大转矩T_{max}。如果再增大转子电阻，启动转矩反而会减小。

转子电路串接附加电阻，适用于绕线转子异步电动机的启动、制动和调速。这在以后还要讨论。

（3）定子电路串接电阻或电抗的人为机械特性

在笼型异步电动机定子电路三相分别串接对称电抗X_{st}，由式（3.12）、式（3.13）和式（3.17）可知，n_1不变，T_{max}、T_{st}及s_m将随T_{st}的增大而减小。如图 3.7（b）所示。定子电路串接电抗一般用于笼型异步电动机的降压启动，以限制电动机的启动电流。

定子串接三相对称电阻的电路图和人为机械特性，与上述串接X_{st}的相似。串接电阻的目的同样是为了限制启动电流。此外，关于改变电源频率，改变定子绕组极对数的人为机械特性，将在异步电动机的调速一节中予以介绍。

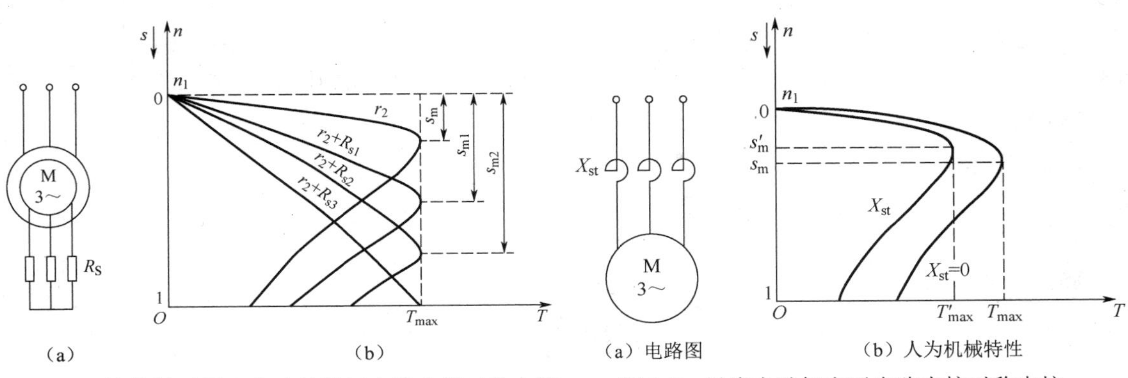

图 3.6　绕线转子异步电动机转子电路串接对称电阻　　图 3.7　异步电动机定子电路串接对称电抗

3.1.3　机械特性的实用表达式

用电动机参数表示的机械特性方程式，即机械特性的参数表达式，在进行某些理论分析时是非常有用的，它清楚地表示了转矩、转差率与电动机参数之间的关系。但是电动机的定子转子参数都是些设计数据，在电动机产品目录或铭牌上是查不到的。因此，对于某一台具体的电动机，要利用参数表达式来绘制机械特性进行分析计算就很不方便，这就需要利用电动机的一些技术数据和额定值来表示并绘制机械特性，这就是机械特性的实用表达式。

将式（3.13）除式（3.8），并考虑到式（3.12），化简后得

$$T=\frac{2T_{max}(1+s_m\dfrac{r_1}{r_2})}{\dfrac{s}{s_m}+\dfrac{s_m}{s}+2s_m\dfrac{r_1}{r_2'}} \tag{3.19}$$

如忽略 r_1，得

$$T=\frac{2T_{max}}{\dfrac{s}{s_m}+\dfrac{s_m}{s}} \tag{3.20}$$

式（3.20）即为机械特性的实用表达式。只要知道 T_{max} 和 s_m 的值，就可以求出 T 与 s 的关系。T_{max} 和 s_m 的值，可由产品目录中给出的过载能力 λ_T、额定功率 P_N (kW)及额定转速求出。

有了实用表达式，只要给定一系列的 s 值，就可画出 T-S 曲线。式（3.20）还可进行机械特性的其他计算，其应用极为广泛。

当三相异步电动机在额定负载以下运行时，它的转差率很小，我们知道额定转差率 s_N 仅为 0.02～0.05。如忽略 $\dfrac{s}{s_m}$，式（3.20）就变成为

$$T=\frac{2T_{max}}{s_m}s \tag{3.21}$$

经过简化，使机械特性呈线性变化关系，式（3.21）称为机械特性的近似计算公式，使用起来更为方便。但式（3.21）只能用于转差率在 $0<s<s_m$ 的范围内。使用该式时对应于最大转矩的转差率 s_m 可按下式计算

$$s_m=2\lambda_T s_N$$

【例 3.1】一台三相异步电动机额定值为：P_N=95kW；n_N=960r/min；U_N=380V；Y 接法，$\cos\varphi_N = 0.86$、$\eta_N = 90.5\%$；过载能力 $\lambda_T = 2.4$。试求电动机机械特性的实用表达式。

【解】

额定转差率

$$s_N = \frac{n_1 - n_N}{n_1} = \frac{1000-960}{1000} = 0.04$$

额定转矩

$$T_N = 9550\frac{P_N}{n_N} = (9550\frac{95}{960})\ \text{N}\cdot\text{m} = 945\text{N}\cdot\text{m}$$

最大转矩 $T_{max} = \lambda_T T_N = (2.4\times 945)\text{N}\cdot\text{m} = 2268\text{N}\cdot\text{m}$

s=s_N 时，T=T_N，由式（3.20）可知

$$T_N = \frac{2T_{max}}{\dfrac{s_m}{s_N}+\dfrac{s_N}{s_m}}$$

解得

$$s_m = s_N(\lambda_T + \sqrt{\lambda_T^2 - 1}) = 0.04\times(2.4+\sqrt{2.4^2-1}) = 0.1832$$

机械特性的实用表达式

$$T = \frac{2T_{max}}{\dfrac{s}{s_m}+\dfrac{s_m}{s}} = \left[\frac{2\times 2268}{\dfrac{s}{0.183}+\dfrac{0.183}{s}}\right]\text{N}\cdot\text{m} = \frac{4536}{\dfrac{s}{0.183}+\dfrac{0.183}{s}}\text{N}\cdot\text{m}$$

3.2 三相异步电动机的启动

三相异步电动机的启动就是使电动机从静止状态转动起来。启动过程是指电动机从静止状态加速到某一稳定转速的过程。

3.2.1 对异步电动机启动性能的要求

对异步电动机启动性能有如下要求。

（1）具有足够大的启动转矩 T_{ST}，以保证生产机械能够正常地启动。

（2）在保证一定大小的启动转矩的前提下，电动机的启动电流 I_{1ST} 越小越好。

（3）启动设备力求结构简单，运行可靠，操作方便。

（4）启动过程的能量损耗越小越好，启动时间 t_{ST} 越短越好。

以上启动性能中最主要的是要求在启动电流比较小的情况下得到较大的启动转矩。这是因为过大的启动电流的冲击，对于电网和电动机本身都是不利的。对电网而言，它可能引起电网电压的大幅度下降。因为电动机的启动电流流过具有一定内阻抗的发电机、变压器和供电线路

会造成电压降落，特别是对于那些小容量的电网更为显著。电网电压的降低会影响接在同一电网上其他负载（主要是其他异步电动机）的正常运行。对电动机本身来说，当工作在频繁启动的情况下，过大的启动电流将会造成电动机严重发热，以致加速绝缘老化，大大缩短电动机的使用寿命；同时在大电流的冲击下，电动机绕组（尤其是端部）受电动力作用易发生位移和变形，甚至烧毁，另一方面启动转矩小会拖长启动时间。

3.2.2　异步电动机的固有启动特性

不论是鼠笼式电动机还是绕线式电动机，如果不采取措施直接接入电源启动，这样的启动特性就称为固有启动特性，主要指启动电流和启动转矩。启动电流 I_{1st} 可根据图 3.1 计算。略去激磁电流，令 S=1 得

$$I_{1st}=\frac{u_1}{\sqrt{\left(r_1+r_2'\right)^2+\left(x_1+x_2'\right)^2}} \tag{3.22}$$

由于额定运行时 s_N=0.02～0.05，而启动时 s=1，所以在额定电压下启动时，启动电流为额定电流的 5～7 倍。这是由于启动时气隙旋转磁场以同步速切割转子，在转子上感应有较大的电势，产生较大的转子电流，从而定子绕组也有较大的电流。启动转矩如式（3.17）所示。启动转矩倍数 $K_T=0.9\sim1.3$。

为什么异步电动机的启动电流很大，而启动转矩却不大呢？这是由于启动时 $s=1$，由式（3.4）可知，启动时功率因数很低，大约在 0.2 左右；另一方面 I_{1st} 大，所以定子漏阻抗压降大，电势 E_1 减小，主磁通 Φ_m 要相应减小。综上所述，异步电动机的固有启动特性并不理想。

由式（3.17）可知，如适当增加转子电阻，可以改善启动特性。在绕线电机的转子回路中能够通过集电环接入附加电阻。因此，在既要求限制启动电流又要求有较大启动转矩的场合，通常采用绕线转子异步电动机。鼠笼式异步电动机转子回路无法外接附加电阻，考虑到运行效率，也不易设计成有较大的转子电阻，为了改善启动性能又保留鼠笼式电动机的结构优点，可以采用特殊结构形式的转子。电动机界进行了大量研究工作，其中，以深槽式电动机和双鼠笼式电动机效果较好，其工作原理留待后文叙述.

3.2.3　鼠笼式异步电动机的启动

鼠笼式电动机有直接启动和降压启动两种方法。

1. 直接启动——小容量电动机启动方法

直接启动也称为全压启动。这种启动方法最简便，不需要复杂的启动设备，但因启动电流较大，只允许在小容量电动机中使用。在一般电网容量下，7.5kW 的电动机就认为是小容量，所以 $P_N\leqslant$7.5kW 的异步电动机可以直接启动。但是所谓小容量也是相对的，如果电网容量大就可以允许容量较大的电动机直接启动。因此，对容量较大的电动机，若能满足下列要求，也可允许直接启动。

$$\frac{I_{1st}}{I_N}\leqslant\frac{1}{4}\left[3+\frac{\text{电源总容量(kVA)}}{\text{启动电机容量(kW)}}\right]$$

式中，$I_{1st}/I_N = K_I$ 为笼型异步电动机的启动电流倍数，其值可根据电动机的型号和规格从有关手册中查得。

2．降压启动——大中容量电动机轻载启动方法

对于不允许直接启动的笼型异步电动机，为限制启动电流，只有降低加在绕组上的电压 U_1。但是由于 T 和 U_1^2 成正比，因此，这种方法只适用于空载或轻载启动的负载。降压启动时，可以采用近几年得到应用的电机软启动器，也可以采用传统的降压启动方法。

3．定子电路串接电阻器或电抗器降压启动

（1）启动线路

定子串接电阻启动的原理线路图如图 3.8 所示。

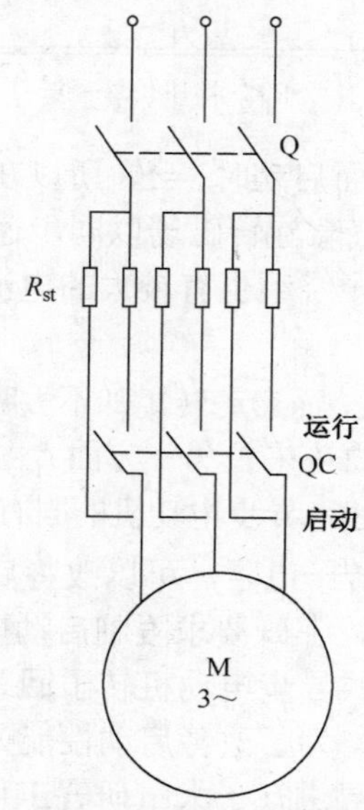

图 3.8　笼型异步电动机电阻降压启动的原理线路图

启动时，先将转换开关 QC 投向“启动”侧，然后合上主开关 Q，电动机开始启动。此时启动电阻 R_{st} 串入定子电路中，较大的启动电流在 R_{st} 上产生了较大的电压降，从而降低了加到定子上的电压，限制了启动电流。当转速升高到一定数值时，把 QC 转换到“运行”侧，切除启动电阻，电动机全压启动，启动结束后将运行于某一稳定转速。

在定子电路中串接电抗 X_{st} 启动，效果相同，都能起到减小启动电流的目的。接线原理图同图 3.8，只要将 X_{st} 取代 R_{st} 即可。定子串接电阻启动能耗较大，所以只在电动机容量较小时使用。容量较大的异步电动机多用串接电抗启动。

（2）启动电流和启动转矩

设加在定子绕组上的电压为 U_1'，并令

$$\alpha = \frac{u_N}{u_1'}$$

在式（3.22）中，令

$$\sqrt{(r_1 + r_2')^2 + (x_1 + x_2')^2} = \sqrt{r_k^2 + x_k^2} = z_k$$

直接启动时

$$I_{1st}=\frac{u_N}{z_k}$$

降压启动时

$$I'_{1st}=\frac{u'_1}{z_k}=\frac{u_N}{\alpha z_k}=\frac{I_{1st}}{\alpha}$$

由式（3.17）得

$$T'_{st}=\frac{T_{st}}{\alpha^2}$$

式中，$r_k=r_1+r_2$，$x_k=x_1+x_2$，分别为每相的短路电阻和电抗。由上述可知，降压后，启动电流降低到全压时的 $1/\alpha$，启动转矩将会降到全压时的$1/\alpha^2$。

（3）启动电阻或电抗的计算

启动时，定子绕组串入的电阻为 R_{st}，则

$$\frac{u_N}{I'_{1st}}=\sqrt{(R_{st}+r_k)^2+x_k^2}$$

将 $I'_{1st}=\dfrac{I_{1st}}{I_\alpha}$ 代入上式化简后可得

$$\sqrt{(R_{st}+r_k)^2+x_k^2}=a\frac{u_N}{I_{1st}}=a\sqrt{r_k^2+x_k^2}$$

$$R_{st}=\sqrt{\alpha^2r_k^2+(a^2-1)x_k^2}-r_k$$

如定子串电抗启动，则 x_{st} 的计算公式为

$$x_{st}=\sqrt{\alpha^2x_k^2+(a^2-1)r_k^2}-x_k$$

最后还应校核启动转矩 T_{st}，应使之满足以下关系

$$T'_{st}=\frac{T_{st}}{a^2}\geqslant 1.1T_{Lst}$$

式中，T_{Lst} 为启动时的负载转矩，如不满足，则应考虑选用其他启动方法。

（4）r_k 和 x_k 的估算

由上述可知，要计算 R_{st} 或 X_{st}，应预先知道电动机的短路参数 r_k 和 x_k。r_k 和 x_k 可根据电动机的铭牌值上给定的额定线电压和线电流估算。

当定子 Y（星形）接法时

$$Z_k=\frac{U_{1N}}{\sqrt{3}I_{1st}}=\frac{U_{1N}}{\sqrt{3}K_1I_{1N}}$$

当定子 D（三角形）接法时

$$Z_k=\frac{U_{1N}}{I_{1st}/\sqrt{3}}=\frac{\sqrt{3}U_{1N}}{K_1I_{1N}}$$

设电动机直接启动时的功率因数为 $\cos\varphi_{st}$，则

$$r_k=Z_k\cos\varphi_{st}$$

$$x_k=Z_k\sin\varphi_{st}=Z_k\sqrt{1-\cos\varphi_{st}^2}$$

按一般电动机的平均数值，可认为 $\cos\varphi_{st}=0.25\sim0.4$。

4．自耦变压器降压启动

（1）启动线路

这种启动方法是利用自耦变压器降低加到电动机定子绕组上的电压，以减小启动电流。图 3.9（a）为其接线图。

启动时，把开关 QC 投向“启动”位置，这时自耦变压器一次绕组加全电压，而电动机定子电压仅为抽头部分的电压值，电动机降压启动。待转速接近稳定时，再把开关转换到“运行”位置，这样就把自耦变压器切除，电动机全电压运行，启动结束。

（2）启动电流和启动转矩

自耦变压器降压启动时，其一相电路如图 3.9（b）所示，设自耦变压器的变比为 K_a，由电机学可知

$$u_2' = \frac{u_N}{k_a} \tag{3.23}$$

由图 3.9（b）可知

$$I_{2st}' = K_a I_{1st}' \tag{3.24}$$

I_{1st}' 为由电网供给的启动电流

$$I_{1st}' = \frac{I_{2ST}'}{K_a} = \frac{u_2'}{K_a Z_k} = \frac{u_N}{k^2{}_a z_k} = \frac{I_{1st}}{k_a^2} \tag{3.25}$$

式中，I_{1st} 为额定电压下直接启动时的启动电流。

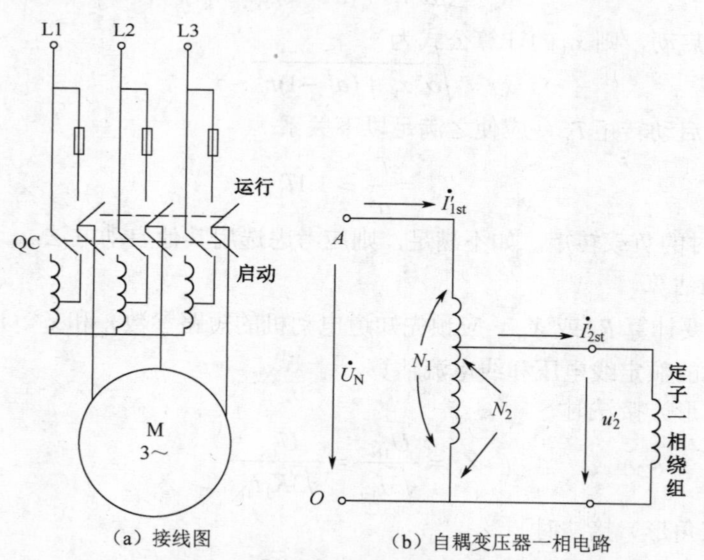

图 3.9　异步电动机自耦变压器降压启动接线图

启动转矩与加在电子绕组上的电压平方成正比，因此

$$T_{st}' = \frac{T_{st}}{k_a{}^2} \tag{3.26}$$

式（3.25）和式（3.26）表明，采用自耦变压器降压启动与直接启动相比较，电压降低到

$1/K_a$，启动电流和启动转矩都降低到全压启动时的 $1/K_a^2$。与定子串电抗（或电阻）的启动方法比较，在同样的启动电流下，采用自耦变压器降压启动时，电动机可产生较大的启动转矩。因此这种降压启动可带较大的负载。

自耦变压器启动适用于容量较大的低压电动机作降压启动用。由于这种方法可获得较大的启动转矩，加上自耦变压器副边一般有三个抽头，可以根据允许的启动电流和所需的启动转矩选用，因此这种启动方法在 10kW 以上的三相笼型异步电动机得到广泛应用。其缺点是启动设备体积较大，初投资大，需维护检修。

一般情况下，工厂常用的自耦变压器启动是采用成品的补偿器。常用的手动操作的补偿器有 QJ_3 和 QJ_2 两种系列。QJ_2 型的三个抽头分别为电源电压的 55%、64%和 73%；QJ_3 型的 40%、60%和 80%。自耦变压器容量的选择与电动机的容量、启动时间和连续启动次数有关。

5. 星-三角形 Y-△启动

对于正常运行时定子绕组接成三角形的三相笼型电动机，可采用星-三角形降压启动方法来达到限制启动电流的目的。用这种方法启动的异步电动机，运行时定子绕组必须是△接法，启动时改接成 Y。

1）启动线路

图 3.10 所示为 Y-△启动时的原理线路图。启动时，将 QC 投向“启动”侧，再将 Q 合上，定子绕组结成 Y，每相的电压为 $U_N/\sqrt{3}$，实现降压启动，待转速接近额定值时，将 QC 投向“运行”侧，使定子绕阻接成△全压运行，启动结束。

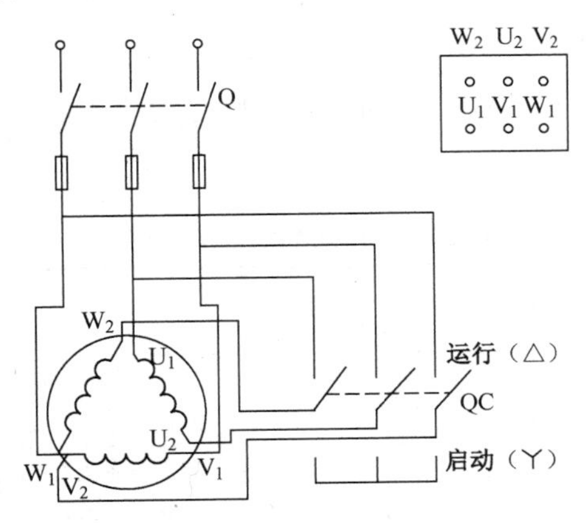

图 3.10　异步电动机 Y-△启动原理线路图

2）启动电流和启动转矩

图 3.11 所示为△接法时电网供给的启动电流为

$$I_{1st}=\sqrt{3}\frac{u_N}{z_k} \tag{3.27}$$

Y 接法时电网供给的启动电流为

$$I_{1st}^{'}=\frac{u_N}{\sqrt{3}z_k} \tag{3.28}$$

$$\frac{I_{1st}'}{I_{1st}}=\frac{1}{3} \tag{3.29}$$

则式（3.29）表明，用 Y-△降压启动时，启动电流和启动转矩都降为直接启动时的 1/3。

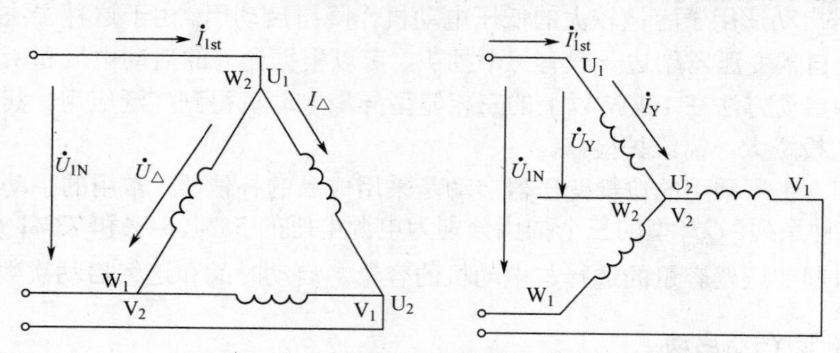

图 3.11　Y 形和△形接法时的电压和电流

Y-△启动操作方便，启动设备简单，应用较为广泛。但由于以下几点使它的应用有一定的限制：① 只适用于正常运行为△连接电动机，为便于推广 Y-△启动方法，Y 系列中，容量为 4kW 以上的电动机，绕组都是△连接，额定电压为 380V。② 由于启动转矩减小到直接启动时的 1/3，因此只适用于空载或轻载启动。③ 这种启动方法的电动机定子绕组必须引出 6 个出线端，这对于高电压电动机有一定的困难，所以 Y-△启动只限于 500V 以下的低压电动机上。

6．降压启动方法的比较

表 3.1 所示为上述几种降压启动方法的主要数据，为便于说明问题，现将直接启动也列于表内。

表 3.1　降压启动方法比较

启动方法	U'_1/U_N	I'_{st}/I_{st}	T'_{st}/T_{st}	优缺点
直接启动	1	1	1	启动最简单，但启动电流大； 启动转矩小，只适用于小容量轻载启动
串接电阻或电抗启动	$\frac{1}{\alpha}$	$\frac{1}{\alpha}$	$\frac{1}{\alpha^2}$	启动设备较简单，启动转矩较小； 适用于轻载启动
自耦变压器启动	$\frac{1}{K}$	$\frac{1}{K^2}$	$\frac{1}{K^2}$	启动转矩较大，有三种抽头可选； 启动设备较复杂，可带较大负载启动
Y-△启动	$\frac{1}{\sqrt{3}}$	$\frac{1}{3}$	$\frac{1}{3}$	启动设备简单，启动转矩较小； 适用于轻载启动；只用于△连接电动机

表中 U_1'/U_N、I_{1st}'/I_{st} 和 T_{st}'/T_{st} 分别为启动电压、启动电流和启动转矩的相对值。U_1'/U_N 表示降压启动加于定子一相绕组上的电压与直接启动时加于定子的额定相电压之比；I_{1st}'/I_{1st} 表示降压启动时电网向电动机提供的线电流与直接启动时的线电流之比；T_{st}'/T_{st} 为降压启动时电动机产生的启动转矩与直接启动时启动转矩之比。

【例 3.2】一台三相笼型异步电动机，P_N=75kW，n_N=1470r/min，U_{1N}=380V，定子△接，

I_{1N}=137.5A、η_N=2%、$\cos\varphi_{1N}$=0.90，启动电流倍数 K_I=6.5，启动转矩倍数 K_T=1.0，拟带半载启动，电源容量为 1000kV·A，选择适当的启动方法。

【解】1）直接启动。电源允许电动机直接启动的条件是

$$K_I = \frac{I_{1st}}{I_{1N}} \leqslant \frac{1}{4} \times \left[3 + \frac{\text{电源总容量}}{\text{电动机容量}}\right] = \frac{1}{4} \times \left[3 + \frac{1000}{75}\right] \approx 4$$

因 K_I＝6.5>4，因此该电动机不能采用直接启动法启动。

2）半载指 50%额定负载转矩，尚属轻载，拟用降压启动

（1）定子串接电抗（电阻）启动

从上述可知，电源允许该电动机的启动电流倍数 $K'_I=I'_{1st}/I_{1N}=4$，而电动机直接启动的电流倍数 $K_I=I_{1st}/I_{1N}=6.5$。定子串接电抗（电阻）降压满足启动电流条件时，对应的 a 为

$$a = \frac{I_{1st}}{I'_{1st}} = \frac{K_I}{K'_I} = \frac{6.5}{4} = 1.625$$

对应的启动转矩为

$$T'_{st} = \frac{1}{a^2} T_{st} = \frac{1}{a^2} K_T T_N = \frac{1}{(1.625)^2} \times 1 \times T_N = 0.38 T_N$$

取 a =1.625，虽满足了电源对启动电流的要求，但因 $T'_{st}=0.38T_N<T_{Lst}=0.5T_N$，启动转矩不能满足要求，因此不能用定子串接电抗（或电阻）的启动方法。

（2）Y-△启动

$$I'_{1st} = \frac{1}{3} I_{1st} = \frac{1}{3} K_I I_{1N} = \frac{1}{3} \times 6.5 I_{1N} = 2.17 I_{1N} < 4 I_{1N}$$

$$T'_{st} = \frac{1}{3} T_{st} = \frac{1}{3} K_T T_N = \frac{1}{3} \times 1 \times T_N = 0.33 T_N < 0.5 T_N$$

同样，启动电流可满足启动要求，而启动转矩不满足，因此不能用 Y-△启动法。

（3）自耦变压器启动

设选用 QJ_2 系列，其电压抽头为 55%、64%、73%。如选用 64%挡抽头时，变比 K＝1/0.64=1.56

$$I'_{1st} = \frac{1}{K^2} I_{1st} = \left(\frac{1}{1.56}\right)^2 \times 6.5 I_{1N} = 2.66 I_{1N} < 4 I_{1N}$$

$$T_{st}' = \frac{1}{K^2} T_{st} = \left(\frac{1}{1.56}\right)^2 \times 1 \times T_N = 0.4 T_N > T_{Lst} = 0.5 T_N$$

启动转矩不能满足要求。

如选用 73%挡抽头时，变比 $K = \dfrac{1}{0.73} = 1.37$

$$I'_{1st} = \left(\frac{1}{1.36}\right)^2 \times 6.5 I_{1N} = 3.46 I_{1N} < 4 I_{1N}$$

$$T_{st}' = \left(\frac{1}{1.37}\right)^2 \times 1 \times T_N = 0.53 T_N > T_{Lst} = 0.5 T_N$$

根据计算结果，可以选用电压抽头为 73%的自耦变压器降压启动。

3.2.4 特种笼型转子异步电动机的启动

普通笼型电动机，虽然结构简单、运行可靠，但其启动性能较差，只能应用在空载或轻载启动的生产机械上。例如，在一般的金属切削机床、鼓风机、泵等的拖动上使用。

为了改善普通笼型电动机的启动性能，既要有较大的启动转矩，又要有较小的启动电流。除采用绕线型异步电动机外，常采用特殊结构形式转子的笼型电动机。使它在启动时，如同绕线转子异步电动机那样具有较大的转子电阻，以改善启动性能；而在运行时，又如普通笼型转子电动机那样具有较高的效率。最为常见的有深槽式和双笼型两种异步电动机，它们都是利用交流电流的"集肤效应"达到启动时转子电阻较大，而正常运行时转子电阻自动变小的要求。

1．深槽式异步电动机

这种电动机的转子槽深而窄，通常槽深与槽宽之比为 10∶12，当转子导条中通过电流时，槽漏磁通的分布如图 3.12（a）所示。由图可知，与导条底部相交链的漏磁通比槽口部分所交链的漏磁通要多，因此，若把槽导条看成是由许多单元导体并联组成的，则越靠近槽底的导体单元的漏电抗越大，而越接近槽口部分的导体单元的漏电抗则越小。在启动时，n=0，s=1，转子电流频率 $f_2=sf_1=f_1$，转子漏电抗很大，因此各导体单元中电流的分配将主要决定于漏电抗。漏电抗越大则电流越小。这样在气隙主磁通所感应的相同电动势的作用下，导条中靠近槽底处的电流密度将很小，而靠近槽口处的则较大，沿槽高的电流密度分布如图 3.12（b）所示。电流的这种集肤效应，其效果相当于减小了转子导体的高度和截面，如图 3.12（c）所示。因此，在启动时转子电阻增大了，满足了启动的要求。

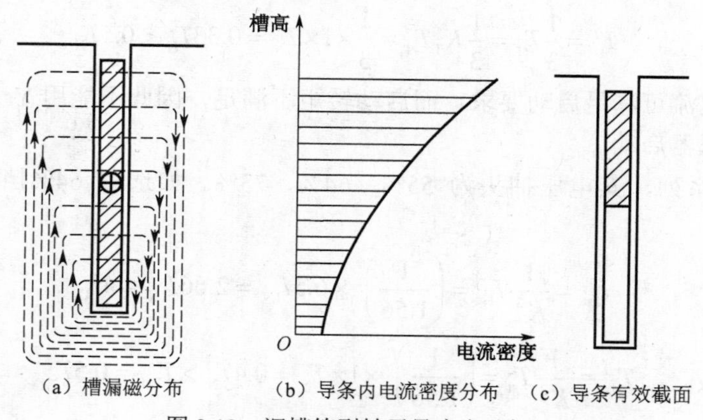

（a）槽漏磁分布　（b）导条内电流密度分布　（c）导条有效截面

图 3.12　深槽笼型转子异步电动机

当启动完毕，电动机正常运行时，转差率 s 很小，转子电流频率 f_2 很低，一般为 1～2Hz，因此转子漏抗很小，集肤效应基本消失，导条内的电流分布均匀，转子电阻恢复到正常值，使电动机正常运行时铜耗小，效率高。

由于深槽转子的漏磁通增多，所以正常运行时转子漏电抗 X_2 较大，这就使得深槽异步电动机的过载能力和功率因数比普通型笼型异步电动机的要低。

2．双笼型异步电动机

它的转子上有两套导条，图 3.13（a）所示为外笼 1 和内笼 2，这两套笼型绕组一般都有各自的端环。两笼间由狭长的缝隙隔开，显然，与内笼相连的漏磁通比外笼的要多得多，也即内笼的漏电抗比外笼的大得多。外笼通常用电阻系数大的黄铜或青铜制成，且导条截面较小，因此电阻较大；而内笼截面较大，用紫铜等电阻系数较小的材料制成，因此电阻较小。启动时，转差率 s=1，转子电流频率较高，转子电抗大于电阻，两笼的电流分配取决于两者的漏抗大小。因为内笼具有较大的漏抗，转子电流被排挤到外笼中，启动时外笼起主要作用，所以外笼也称为启动笼。其对应的机械特性如图 3.13（b）曲线 1 所示；启动结束，电机进入正常运行，s 很小，转子电流频率 f_2 很低，转子漏抗远小于转子电阻，电流在两笼间的分配主要决定于电阻，因内笼电阻小，因此内笼在运行时起主要作用。所以，内笼是运行笼，其对应的机械特性如图 3.13（b）曲线 2 所示。

在不同的转速下把曲线 1 和曲线 2 对应的转矩相加，即可得到双笼型异步电动机的机械特性，如图 3.13（b）曲线 3 所示。可见双笼型电动机具有较好的启动特性。如在制造时变更内、外笼的参数，便可得到不同形状的机械特性。

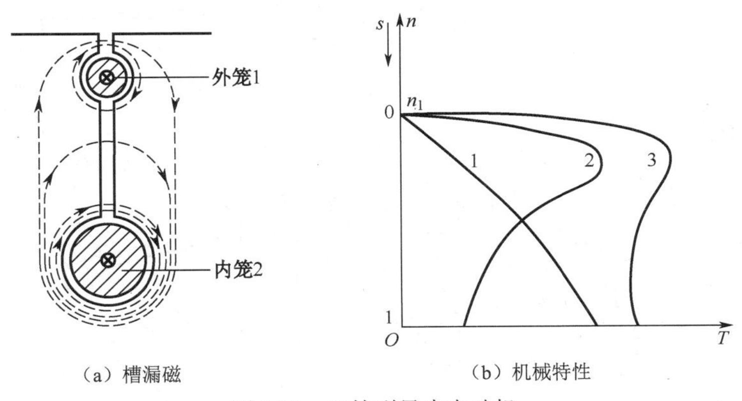

（a）槽漏磁　　（b）机械特性

图 3.13　双笼型异步电动机

和深槽式电动机一样，双笼型异步电动机的功率因数和过载能力稍低，而且用铜量较多，制造工艺较复杂，价格较贵。因此，一般只用于小容量重载启动的场合。

3.2.5　三相绕线转子异步电动机的启动

这种电动机的启动方法，适用于大中容量异步电动机重载启动。这是因为，当绕线转子异步电动机转子串入适当电阻启动时，既可增大启动转矩，又可限制启动电流，可以同时解决笼型异步电动机启动时存在的两个问题。绕线转子异步电动机启动有转子串接频敏变阻器和转子串接电阻两种启动方法。

1．转子串接频敏变阻器启动

所谓频敏变阻器，实质上就是一个铁耗很大的三相电抗器。从结构上看，它好像是一个没有二次绕组的三相芯式变压器，只是它的铁芯不是硅钢片而是用厚度为 30～50mm 的钢板叠成的，这样可以增大铁耗。三个绕组分别绕在三个铁芯柱上，并接成星形，然后接到转子滑环上，如图 3.14（a）所示。图 3.14（b）所示为频敏变阻器每一相的等值电路，其中 r_1 为频敏变阻器绕组的电阻，x_m 为带铁芯绕组的电抗，r_m 为反映铁耗的等值电阻，因其铁片厚，铁耗大，因此 r_m 值较一般电抗器大。

图 3.14（a）所示的工作原理是：电动机启动时，触点 2Q 断开，转子串入频敏变阻器，然后触点 1Q 闭合，接通电源，电动机启动。当电动机启动时，转子电流频率 $f_2=f_1$，频敏变阻器内的与频率平方成正比的涡流损耗较大，即铁耗大，对应的 r_m 大，使转子电路电阻增大，从而使启动电流减小，启动转矩增大。启动过程中，随转速上升，f_2 逐渐降低，频敏变阻器的铁耗及其相对应的等值电阻 r_m 也就随之减小. 这就相当于在启动过程中逐步切除转子电路串入的电阻。启动结束后，转子电路直接短路。

因为频敏变阻器的等值电阻 r_m 是随频率 f_2 的变化而自动变化的，因此称为“频敏变阻器”，它相当于一种无触点的变阻器。在启动过程中，它能自动、无级地减小电阻，如果它的参数选择适当，可以在启动过程中保持启动转矩近似不变，使启动过程加快。这时电动机的机械特性如图 3.14（c）曲线 2 所示。图 3.14（c）中曲线 1 为电动机的固有机械特性。

频敏变阻器结构简单，运行可靠，使用维护方便，因此使用广泛。

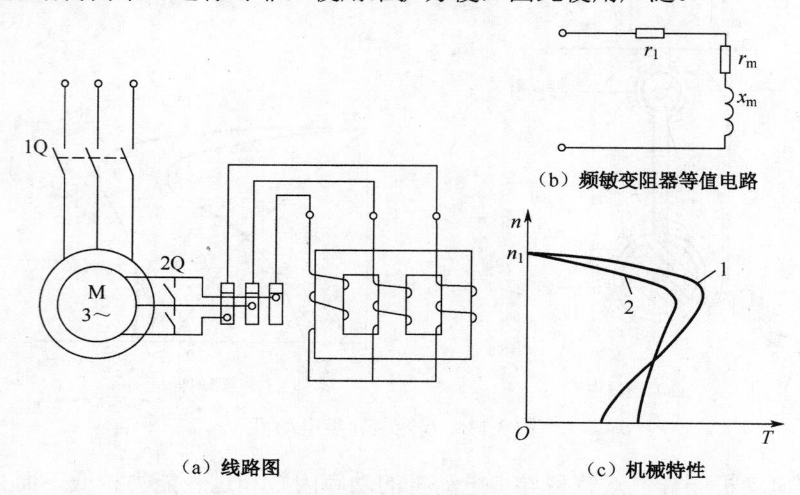

图 3.14　绕线三相异步电动机转子串入对称频敏变阻器的启动

2．转子串接电阻启动

为加快启动过程，使整个启动过程中尽量保持较大的加速转矩，和直流电动机一样，绕线式异步电动机也采用逐段切除启动电阻的转子串电阻分级启动。它有转子串接对称电阻和不对称电阻两种情况，前者必须同时切换三相电阻，以保持启动过程中三相始终是对称的；而后者每相启动电阻并不同时切换，而是各相轮流依次切换。下面就转子串接对称电阻的情况，介绍启动过程和启动电阻的计算。

图 3.15 所示为绕线型三相异步电动机转子串入对称电阻分级启动的接线图及与之相对应的三级启动的机械特性。

1）启动过程

串入转子电路的启动电阻分成 n 段，在启动过程中逐步切除。在图 3.15（b）中，曲线 1 对应于转子电阻 $R_1=r_2+R_{s1}+R_{s2}+R_{s3}$ 的人为机械特性；曲线 2 对应于转子电阻 $R_2=R_{s2}+R_{s3}+r_2$ 的人为特性；曲线 3 对应于电阻 $R_3=r_2+R_{s3}$；曲线 4 为固有机械特性。

开始启动时，$n=0$，全部电阻接入，这时的启动电阻为 R_1，随转速上升。转速沿曲线 1 变化，转矩 T 逐渐减小，当减到 T_2 时，接触器触点 1K 闭合，R_{s1} 切除，电动机的运行点由曲线 1（b 点）跳变到曲线 2（c 点），转矩由 T_2 跃升为 T_1；电动机的转速和转矩又沿曲线 2 变化，待转矩又减到 T_2 时，触点 2K 闭合，电阻 R_{s2} 被切除，电机运行点由曲线 2（d 点）跳变到曲线 3（e 点），电动机的转速和转矩又沿着曲线 3 变化，最后 3K 闭合，启动电阻全部切除，转子绕组直接短路，电动机运行点沿固有特性变化，直到电磁转矩 T 与负载转矩 T_L 相平衡，电动机稳定运行，如图 3.15（b）中的 h 点所示。

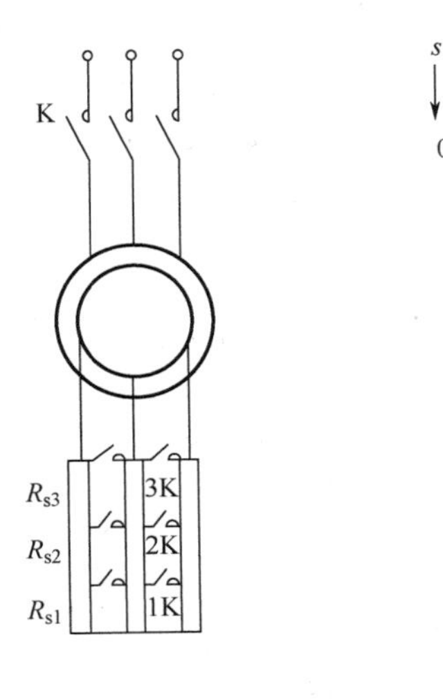

（a）接线图

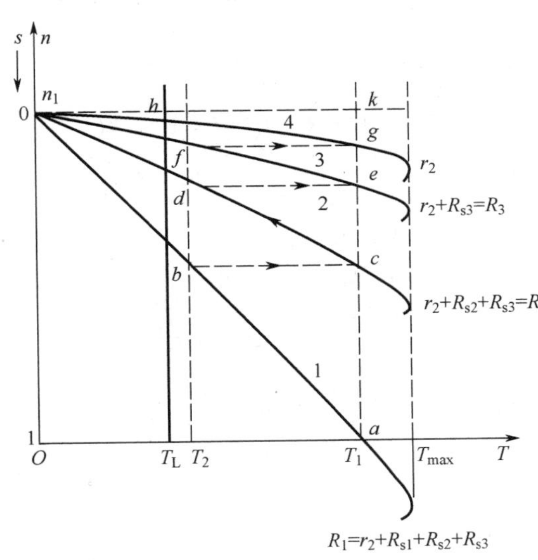

（b）机械特性

图 3.15　绕线三相异步电动机转子串入对称电阻分级启动

2）启动电阻的计算

根据式（3.21），n 为常数，即 s 为常数时，转矩 T 与 s_m 成反比，即

$$T = 2T_{max} s / s_m \infty 1 / s_m$$

而 $s_m \infty R$，因此在一定转速下，电磁转矩 T 的大小与转子电路的总电阻成反比，即

$$T \infty \frac{1}{R} \tag{3.30}$$

这是计算启动电阻的依据。

在图 3.15 中，曲线 4 与曲线 3 相对应的转子电阻为 r_2 和 R_3，根据 g 和 f 两点的转速相等，由式（3.30）得

$$\frac{T_1}{T_2} = \frac{R_3}{r_2}$$

对于 d，e 两点则得

$$\frac{T_1}{T_2} = \frac{R_2}{r_3}$$

对于三级启动显然可得

$$\frac{R_1}{R_2} = \frac{R_2}{R_3} = \frac{R_3}{r_2} = \frac{T_1}{T_2} = \gamma$$

式中，γ 为启动转矩比，即相邻两级极启动总电阻之比。

已知转子每相电阻 r_2 和启动转矩比 γ 时，各级总电阻为

$$R_3=\gamma r_2$$

$$R_2=\gamma R_3=\gamma^2 r_2$$

$$R_1=\gamma R_2=\gamma^3 r_2$$

在一般情况下，当启动级数为 m 时，则最大启动总电阻为

$$R_1=\gamma^m r_2$$

以下确定 γ 和 m。

在图 3.15 中，曲线 4 和曲线 1 在 $T=T_1$ 时，由上式可得

$$\frac{R_1}{r_2}=\frac{s_a}{s_g}=\frac{1}{s_g} \tag{3.31}$$

从固有特性曲线 4 和直线 n_1k 构成的相似三角形可得

$$\frac{T_1}{T_N}=\frac{s_g}{s_N}$$

$$s_g=\frac{s_N T_1}{T_N}$$

把上式代入式（3.31）得

$$\frac{R_1}{r_2}=\frac{T_N}{s_N T_1}$$

如推广到一般情况，$R_1=\gamma^m r_2$，代入上式可得

$$\gamma^m=\frac{T_N}{s_N T_1}$$

$$\gamma=\sqrt[m]{\frac{T_N}{s_N T_1}} \tag{3.32}$$

如启动级数 m 未知时，将式（3.32）两边求对数

$$m=\frac{\lg(\frac{T_N}{s_N T_1})}{\lg\gamma}$$

至此可归纳出计算启动电阻的步骤。

当启动级数 m 已知时，则

（1）预选 T_1，计算 γ。

（2）验算 T_2，$T_2=T_1/\gamma$，是否满足 $T_2\geqslant$（1.1～1.2）T_L，如不满足，则应重选较大的 T_1 值或增加级数 m，重新计算 γ。

（3）计算 r_2，用 r_2 和 γ 计算各级电阻值。

$$r_2=s_N E_{2N}/(\sqrt{3}I_{2N})$$

式中，E_{2N} 为转子额定电势，可在电动机铭牌上查得，这个值即为定子加额定电压转子开路时两集电环间的电压；I_{2N} 为转子额定电流。

当启动级数 m 未知时，则

（1）预选 T_1 和 T_2，求 γ。

（2）计算 m

$$m = \frac{\lg(\frac{T_N}{s_N T_1})}{\lg\gamma}$$

取接近的整数，再修正 γ 和 T_2。

（3）计算 r_2，由 r_2 和 γ 值计算各级电阻值。至于启动电阻每段的电阻值，可由相邻两级总电阻值相减求得

$$R_m = R_m - r_2$$
$$R_{s(m-1)} = R_{m-1} - R_m$$
$$\cdots$$
$$R_{s2} = R_2 - R_3$$
$$R_{s1} = R_1 - R_2$$

【例 3.3】某起重冶金用绕线转子异步电动机的部分技术数据为：P_N=15kW、n_N=712 r/min、$\lambda_T = 2.9$、E_{2N}=178V、I_{2N}=53.5A。如果负载转矩 $T_L = 0.8T_N$，试求三级启动电阻值。

【解】1） $T_1 \leqslant 0.85T_{max} = 0.85 \times 2.9T_N = 2.47T_N$

预选 $T_1 = 2.4T_N$

$$\gamma = \sqrt[m]{\frac{T_N}{s_N T_1}} = \sqrt[3]{\frac{T_N}{0.0507 \times 2.4T_N}} = 2.02$$

$$s_N = \frac{n_1 - n_N}{n_1} = \frac{750 - 712}{750} = 0.0507$$

2）验算 T_2

$$T_2 = \frac{T_1}{\gamma} = \frac{2.4T_N}{2.02} = 1.19T_N > 1.2T_L = 1.2 \times 0.8T_N = 0.96T_N$$

满足要求。

3）计算各段电阻值

$$\gamma_2 = \frac{s_N E_{2N}}{\sqrt{3}I_{2N}} = (\frac{0.0507 \times 178}{\sqrt{3} \times 53.5})\Omega = 0.097\Omega$$

各级总电阻值

$$R_3 = \gamma r_2 = 2.02 \times 0.097\Omega = 0.196\Omega$$
$$R_2 = \gamma R_3 = 2.02 \times 0.196\Omega = 0.396\Omega$$
$$R_1 = \gamma R_2 = 2.02 \times 0.396\Omega = 0.80\Omega$$

各段电阻值

$$R_{s3} = R_3 - r_2 = 0.196 - 0.097 = 0.099\Omega$$
$$R_{s2} = R_2 - R_3 = 0.396 - 0.196 = 0.20\Omega$$
$$R_{s1} = R_1 - R_2 = 0.8 - 0.396 = 0.404\Omega$$

每相启动总电阻

$$R_s = R_{s1} + R_{s2} + R_{s3} = (0.099 + 0.20 + 0.404)\Omega = 0.703\Omega$$

上面介绍的是绕线转子异步电动机转子串入对称电阻启动的情况。这种情况所用的开关元

件和电阻器较多，特别是启动级数较多时（通常启动级数 M 为3～5级），设备庞大。有时绕线转子异步电动机在启动和调速时，转子串接不对称电阻。启动时转子每相所串的电阻总是不等的，分为大、中间和最小三种，每次切换时只将电阻最大那一相的电阻切除一段，并使这一相的电阻变为最小，按此规律切除启动电阻，最后一级的两段电阻将同时切除。在启动加速级（即机械特性数目）相同时，不对称电阻系统启动时所用的开关元件和电阻器大约是对称电阻系统时的1/3。由于这种控制方式比较经济、简单，因此广泛应用于起重和冶金机械上。

3.2.6 异步电动机启动时间和启动时能耗的计算

1．启动时间的计算

三相异步电动机拖动系统的启动过程和直流电机拖动系统一样，也有电磁过渡过程和机械过渡过程，但是电磁过渡过程很快，对电动机的加速影响不大，所以只研究机械过渡过程。

下面介绍用解析法来推导启动过渡过程时间的公式，并由此分析影响启动时间的因素和缩短启动时间的途径。

设异步电动机是空载启动，即 $T_{\rm L}=0$。这时电机拖动系统的运动方程式为

$$T=\frac{GD^2}{375}\frac{{\rm d}n}{{\rm d}t}$$

考虑到异步电动机机械特性的实用表达式为

$$T=\frac{2T_{\max}}{\dfrac{s}{s_{\rm m}}+\dfrac{s_{\rm m}}{s}}$$

所以

$$\frac{GD^2}{375}\frac{{\rm d}n}{{\rm d}t}=\frac{2T_{\max}}{\dfrac{s}{s_{\rm m}}+\dfrac{s_{\rm m}}{s}}$$

而 $n=(1-s)n_1$，$\dfrac{{\rm d}n}{{\rm d}t}=-n_1\dfrac{{\rm d}s}{{\rm d}t}$，代入上式得

$$\frac{2T_{\max}}{\dfrac{s}{s_{\rm m}}+\dfrac{s_{\rm m}}{s}}=-\frac{GD^2}{375}\frac{{\rm d}n}{{\rm d}t}$$

$${\rm d}t=-\frac{GD^2n_1}{2\times 375T_{\max}}\left(\frac{s}{s_{\rm m}}+\frac{s_{\rm m}}{s}\right){\rm d}s$$

$$=-\frac{T_{\rm m}}{2}\left(\frac{s_{\rm m}}{s}+\frac{s}{s_{\rm m}}\right){\rm d}s$$

式中，$T_{\rm m}$ 为异步电机拖动系统的机电时间常数，$T_{\rm m}=GD^2n_1/375T_{\max}$

将式（3.32）两边积分，求得启动时间为

$$t_{\rm st}=\frac{T_{\rm m}}{2}\int_{s_1}^{s_2}\left(\frac{s_{\rm m}}{s}+\frac{s}{s_{\rm m}}\right){\rm d}s=\frac{T_{\rm m}}{2}\int_{s_1}^{s_2}\left(\frac{s_{\rm m}}{s}+\frac{s}{s_{\rm m}}\right){\rm d}s \tag{3.33}$$

式中，s_1 和 s_2 分别为加速时转差率的起始值和终了值。

将上式整理后可得计算启动时间的一般公式为

$$t_{st}=\frac{T_m}{2}[\frac{s_1^2-s_2^2}{2s_m}+s_m\ln\frac{s_1}{s_2}] \tag{3.34}$$

如果拖动系统是空载启动，则 $s_1=1$，$s_2\approx 0$，对应启动时间 $t_{st}\to\infty$。但在工程实践中，当 $s_2=0.05$ 时即认为启动过程结束。以此条件代入式（3.34），得空载启动时间为

$$t_{st0}=\frac{T_m}{2}(\frac{1-0.05^2}{2s_m}+s_m\ln\frac{1}{0.05})\approx T_m(\frac{1}{4s_m}+1.5s_m) \tag{3.35}$$

由式（3.34）和式（3.35）可知，当系统的机电时间常数一定时，启动时间与临界转差率 s_m 值有关。由式（3.35）不难看出，必然存在一个最佳临界转差率 s_{mj}，它所对应的启动时间 t_{st} 为最短。现求 t_{st} 最短时的 s_{mj} 值，令 $dt_{st0}/ds_m=0$，最后可得

$$s_{mj}=\sqrt{\frac{1}{4\times 1.5}}\approx 0.407$$

这就是说，当 $s_m=0.407$ 时，空载启动时间为最短，s_m 大于或小于 0.407，启动时间都将延长。图 3.16 所示为 s_m 不同值时的三条机械特性曲线。由图可知，当 $s_m=s_{mj}=0.407$ 时的那条机械特性，由 $n=0$ 到 $n=n_1$ 的启动范围内，特性所包围的面积为最大，所以其平均转矩最大，启动时间为最短。

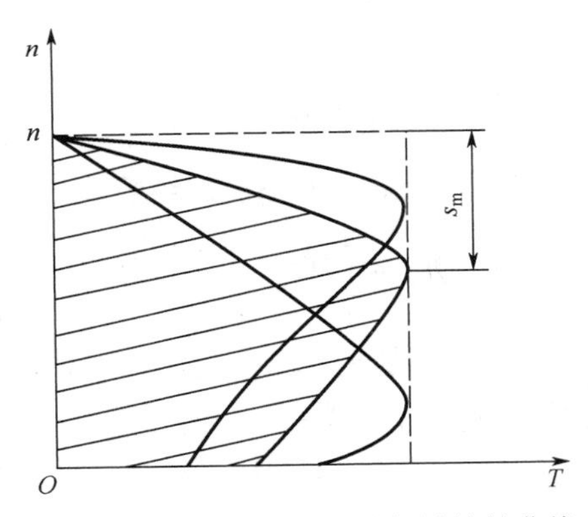

图 3.16　不同 s_m 值对应的机械特性曲线

由于普通笼型转子异步电动机的 s_m=0.1～0.15，与最佳值 0.407 相差较远，所以启动时间较长。因此对于那些要经常启动制动作周期性运转的生产机械，为提高生产率，应采用转子电阻较高的高转差率异步电动机拖动，以缩短启动时间。

若拖动电机为绕线转子异步电动机，则可以采用在转子电路中串接电阻的方法以提高 s_m 值，从而缩短启动时间。

2. 启动时的能量损耗

异步电动机启动时的电流较大，会产生较大的能量损耗。下面分析异步电动机启动时的能量损耗，以了解启动时能耗的大小与哪些因素有关，从而寻求减小能量损耗的措施。异步电动机启动时同样存在着铁耗和机械损耗，但与定、转子的铜耗相比，要小得多，为突出主要问题，

使分析简化，只考虑铜损耗，即定、转子电路电阻上的损耗。异步电动机启动时，定子和转子中的铜耗可用下式求得

$$\Delta W_{st}=\int_0^{t_{st}}3I_1^2r_1\mathrm{d}t+\int_0^{t_{st}}3I_2'^2r_2'\mathrm{d}t$$

如果忽略空载电流，则 $I_1=I_2'$，代入上式得

$$\Delta W_{st}=\int_0^{t_{st}}3I_2'^2(r_1+r_2')\mathrm{d}t \tag{3.36}$$

当电动机拖动系统是在空载情况下启动时，即负载转矩 $T_L=0$，拖动系统的运动方程式为

$$T=\frac{GD^2}{375}\frac{\mathrm{d}n}{\mathrm{d}t}$$

因 $n=n_1(1-s)$，$\frac{\mathrm{d}n}{\mathrm{d}t}=-n_1\frac{\mathrm{d}s}{\mathrm{d}t}t$ 代入上式可得

$$\mathrm{d}t=-\frac{GD^2}{375T}n1\mathrm{d}s \tag{3.37}$$

另外转子电路中的能量损耗还可以用下列关系来推得

$$T=\frac{P_m}{\Omega_1}=\frac{3I_2'^2r_2'/s}{\Omega_1}$$

式中，T、P_m 和 Ω_1 分别为异步电动机的电磁转矩、电磁功率和旋转磁场的同步机械角速度。

由上式可知

$$3I_2'^2r_2'=T\Omega_1s \tag{3.38}$$

将式（3.38）和式（3.37）一并代入式（3.36），经整理后得

$$\Delta W_{st}=\int_{s_1}^{s_2}\mathrm{J}\Omega_1^2(1+\frac{r_1}{r_2'})s\mathrm{d}s$$

这就是异步电动机启动过程中从 s_1 加速到 s_2 时能量损耗的计算公式。如果电动机是从静止状态（$s_1=0$）启动到同步转速（$s_2=0$），则

$$\Delta W_{st}=\frac{\mathrm{J}\Omega_1^2}{2}(1+\frac{r_1}{r_2'})$$

上式表明，启动时的损耗与电动机拖动系统的动能储存量成正比，并随转子电阻的增加而减小。

通过上述分析可以看出，要减小启动时的能量损耗，其措施如下。

（1）减小拖动系统动能的储存量。对于经常启动和制动的电动机，可选用转动惯量较小的专用电动机，如起重冶金工业用异步电动机；也可采用两台一半功率的电动机组成双机拖动系统。

（2）降低同步转速 n_1。拖动系统采用多速电动机，启动过程采用变极启动，启动时定子绕组接成多极对数（即 n_1 较低），启动一段时间后换接成少极对数（即 n_1 较高），这样可降低启动过程的能耗；如拖动系统的异步电动机采用变频启动，则加到定子绕组的电源频率由低到高逐渐上升，对应的同步转速 $n_1=60f_1/p$ 也由低到高，这样将大大减少启动过程的能耗。

（3）提高转子电路的电阻。异步电动机转子电路的电阻增大，可使启动过程中的定子电路能量损耗降低。对于绕线转子异步电动机，启动时可在转子电路串接电阻；对于笼型转子，可采用高转子电阻的，即高转差率异步电动机。高转差率异步电动机不仅可以减少启动过程中的能量损耗，还可以缩短启动过程的时间。

【例 3.4】 有一台双速笼型异步电动机，P=1 时，P_{N1}=100kW，n_{N1}=2930 r/min，$\lambda_{T1}=2.2$；P=2 时，P_{N2}=75kW，n_{N2}=1460 r/min，$\lambda_{T2}=2.2$，已知拖动系统的转动惯量 $J=1.47\text{kg}\cdot\text{m}^2$，$r_1/r_2'=1.2$，铁耗和机械损耗可以忽略。试求：

（1）单级启动到最高转速时电动机的能量损耗与启动时间；

（2）分两级启动到最高转速时，电机的能量损耗与启动时间。

【解】 1）单级启动时

（1）能耗 ΔW_{st}

$$s_1=s_g=1,\ \ s_2=S_{N1}=\frac{n_{11}-n_{N1}}{n_{11}}=\frac{3000-2930}{3000}=0.023\approx 0$$

所以

$$\begin{aligned}\Delta W_{st}&=\frac{1}{2}J\Omega_1^2(1+\frac{r_1}{r_2'})\times(s_1^2-s_2^2)\\&=\frac{1}{2}J\Omega_1^2(1+\frac{r_1}{r_2'})=\frac{1}{2}\times1.47\times(\frac{2\pi\times3000}{60})^2\times(1+1.2)\text{J}\\&=159430\text{J}\end{aligned}$$

（2）启动时间 t_{st1}

$$s_{m1}=s_{N1}[\lambda_{T1}+\sqrt{\lambda_{T1}^2-1}]=0.023\times4.15=0.096$$

$$T_{max1}=\lambda_{T1}\times T_{T1}=(2.2\times9550\times\frac{100}{2930})\text{N}\cdot\text{m}=717\ \text{N}\cdot\text{m}$$

$$T_{m1}=\frac{GD^2n_{11}}{375T_{max1}}=(\frac{4\times9.8\times1.47\times3000}{375\times717})\text{s}=0.64\text{s}$$

$$\begin{aligned}t_{st1}&=\frac{T_{m1}}{2}[\frac{s_1^2-s_2^2}{2s_{m1}}+s_{m1}\ln\frac{s_1}{s_2}]\\&=\frac{0.64}{2}\times[\frac{1^2-0.023^2}{2\times0.096}+0.096\times\ln\frac{1}{0.023}]\text{s}\\&=1.80\text{s}\end{aligned}$$

2）两级启动时

（1）能耗 ΔW_{st2}

第一级：$0\sim150\ \text{r/min}$

$$s_1=1,\ \ s_2=s_{N2}=\frac{n_{12}-n_{N2}}{n_{N2}}=\frac{1500-1460}{1500}=0.027\approx0$$

$$\Delta W_{st2}'=\frac{1}{2}\times1.47\times(1+1.2)\times(\frac{2\pi}{60})^2\times1500^2\times(1^2-0^2)\text{J}=39890\text{J}$$

第二级：$1500\sim3000\ \text{r/min}$

$$s_1 = \frac{n_{12} - n_{11}}{n_{12}} = \frac{3000 - 1500}{3000} = 0.5$$

$$s_2 = s_{N2} = 0.023 \approx 0$$

$$\Delta W_{st2}'' = \frac{1}{2} \times 1.47(1+1.2) \times (\frac{2\pi}{60})^2 \times 30000^2 \times (0.5^2 - 0^2)\text{J} = 39890\text{J}$$

总的能耗 $\Delta W_{st2} = \Delta W_{st2}' + \Delta W_{st2}'' = (39890 + 39890)\text{J} = 79780\text{J}$

由此可见，分级启动比单级启动的能耗几乎小一半。

（2）启动时间 t_{st2}

第一级：0～1500 r / min

$$s_{m2} = s_{N2}[\lambda_{T2} + \sqrt{\lambda_{T2}^2 - 1}] = 0.027 \times 4.15 = 0.112$$

$$T_{max2} = \lambda_{T2}(9550\frac{P_{N2}}{n_{N2}}) = 2.2 \times (9550\frac{75}{1460})\text{N}\cdot\text{m} = 1079\text{N}\cdot\text{m}$$

$$T_{m2} = \frac{GD^2 n_{12}}{375T_{max}} = \frac{4 \times 9.8 \times 1.47 \times 1500}{375 \times 1079} = 0.214\text{s}$$

$$t_{st2}' = \frac{T_{m2}}{2}[\frac{s_1^2 - s_2^2}{2s_{m2}} + s_{m2}\ln\frac{s_1}{s_2}]$$

$$= \frac{0.214}{2} \times [\frac{1^2 - 0.027^2}{2 \times 0.112} + 0.112 \times \ln\frac{1}{0.027}]\text{s} = 0.52\text{s}$$

第二级：1500～3000 r / min 的启动时间为

$$t_{st2}'' = \frac{T_{m2}}{2}[\frac{s_1^2 - s_2^2}{2s_{m1}} + s_{m1}\ln\frac{s_1}{s_2}]$$

$$= \frac{0.64}{2} \times [\frac{0.5^2 - 0.023^2}{2 \times 0.096} + 0.096 \times \ln\frac{0.5}{0.023}]\text{s} = 0.5\text{s}$$

总的启动时间 $t_{st2} = t_{st2}' + t_{st2}'' = (0.52 + 0.50)\text{s} = 1.02\text{s}$

可见，两级启动比单级启动所需的时间也短一些。

3.3 三相异步电动机的制动

与直流电动机一样，三相异步电动机也有电动和制动两种运行状态。电动运行状态的特点是电磁转矩 T 与转速 n 同方向。这时电动机从电网吸取电功率，输出机械功率，机械特性位于第一象限和第三象限。制动运行状态的特点是电磁转矩 T 与转速 n 反方向，转矩 T 对电动机起制动作用。制动时，电动机将轴上吸收的机械能转换成电能，该电能或者消耗于转子电路中，或者反馈回电网。制动时的机械特性位于第二和第四象限。

异步电动机制动的目的仍然是使电力拖动系统快速停车或者使拖动系统尽快减速；对于位能性负载，用制动可获得稳定的下降速度。

异步电动机的制动方法同样有能耗制动、反接制动和回馈制动三种。

3.3.1　能耗制动

能耗制动原理：

异步电动机能耗制动的线路图如图 3.17（a）所示。制动时，接触器触点 1K 断开，电动机脱离电网，然后立即将接触器 2K 的常开触点闭合，在定子绕组中通入直流电流 I_{-}，于是在电动机内产生一个恒定磁场。当转子由于惯性而仍在旋转时，转子切割此恒定磁场，从而在转子导体中感应电势产生电流，由图 3.17（b）可以判定，转子电流与恒定磁场所产生的电磁转矩的方向与转子转向相反，为一制动转矩，使转速下降。当转速 $n=0$，转子电势和电流均为零，制动过程结束。这种方法将转子的动能变为电能消耗于转子电阻上（对绕线转子电动机包括转子的串接电阻），所以称为能耗制动。

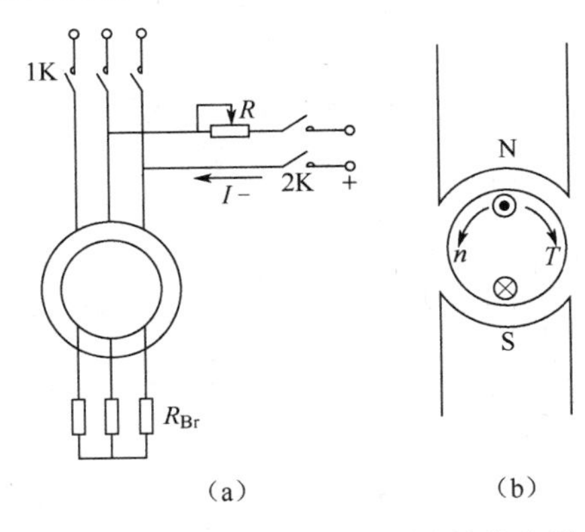

图 3.17　异步电动机能耗制动的线路图

3.3.2　机械特性曲线

异步电动机能耗制动机械特性表达式的推导比较复杂。然而经理论推导可以证明，异步电动机能耗制动的机械特性方程式与异步电动机接在三相交流电网上正常运行时的机械特性是相似的。机械特性曲线如图 3.18 所示。这里主要介绍以下特点。

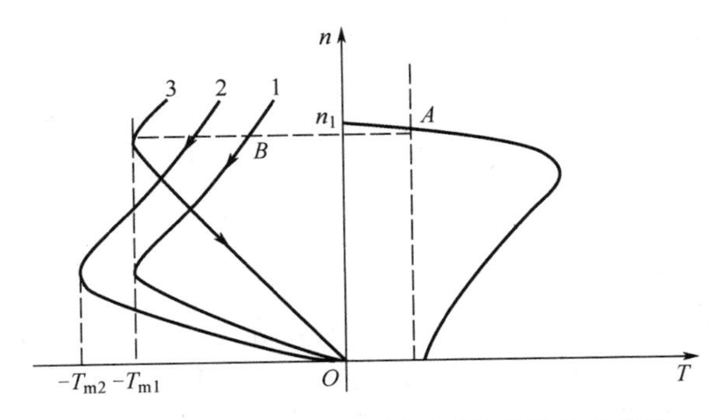

图 3.18　异步电动机能耗制动时的机械特性曲线

（1）当直流励磁一定，而转子电阻增加时，产生最大制动转矩时的转速也随之增加，但是产生的最大转矩值不变，如图 3.18 曲线 1 和曲线 3 所示。

（2）转子电路电阻不变，而增大直流励磁时，则产生的最大制动转矩增大，但产生最大转矩时的转速不变，如图 3.18 曲线 1 和曲线 2 所示。推导结果表明，能耗制动时，最大转矩 T_{max} 与定子输入的直流电流 I_{-}平方成正比，这和异步电动机改变定子电压的人为机械特性变化规律相同。这是因为改变定子电压就改变了电动机气隙磁通的大小，而改变直流电流也就改变制动时恒定磁场的数值。两者实质相同，所以特性曲线的变化规律也相同。

3.3.3 制动过程

由机械特性曲线可以分析异步电动机能耗制动的过程。设电动机原来在电动状态的 A 点稳定运行，制动瞬间，由于机械惯性，电动机转速来不及变化，工作点 A 平移至特性曲线 1（转子未串入制动电阻）上的 B 点，对应的转矩为制动转矩，使电动机沿曲线 1 减速，直到原点，$n=0$ 时 $T=0$。如果负载是反抗性的，则电动机将停转，实现了快速制动停车；如果负载是位能性的，则需要在制动到 $n=0$ 时及时地切断电源，才能保证准确停车。否则电动机将在位能性负载转矩的拖动下反转，特性曲线延伸到第四象限，直到电磁转矩与负载转矩相平衡时，重物获得稳定的下放速度。

比较图 3.18 三条制动特性曲线可知，转子电阻较小时，在高速时的制动转矩较小，因此对笼型异步电动机，为了增大高速时的制动转矩，就必须增大直流励磁电流；而对绕线转子异步电动机，则可采用转子串电阻的方法，使得在高速时获得较大的制动转矩。

3.3.4 能耗制动经验公式

在绕线转子异步电动机的拖动系统中，采用能耗制动时，可用下列两式计算异步电动机定子直流励磁电流 I_{-}和转子电路所串电阻 R_{Br}。

$$I_{-}=(2\sim3)I_0 \tag{3.39}$$

$$R_{Br}=(0.2\sim0.4)\frac{E_{2N}}{\sqrt{3}I_{2N}}-r_2 \tag{3.40}$$

式中，I_0 为异步电动机的空载电流，一般取 $I_0=(0.2\sim0.5)\ I_{1N}$；r_2 为转子每相绕组的电阻。利用上面两式计算所得的数据，可保证电动机拖动系统的快速停车，并能使最大制动转矩 $T_{max}=(1.25\sim2.2)T_N$。

3.3.5 反接制动

所谓反接制动状态，就是转子旋转方向和定子旋转磁场方向相反的工作状态。它有两种情况：一是保持定子旋转磁场方向不变，使转子反转，称为转子反转的反接制动；二是转子转向不变，使定子旋转磁场的方向改变，而定子磁场方向改变只有借助于定子两相电源反接，因此称为定子两相反接的反接制动。

1. 转子反转的反接制动

转子反转的反接制动用于位能性负载，使重物获得稳定的下放速度。

1）制动原理及其机械特性

图 3.19（a）所示为异步电动机转子反转的反接制动原理线路图。电动机拖动系统原来运行于固有机械特性曲线 1 上的 A 点，并以转速 n_A 提升重物 G，如图 3.19（b）所示。

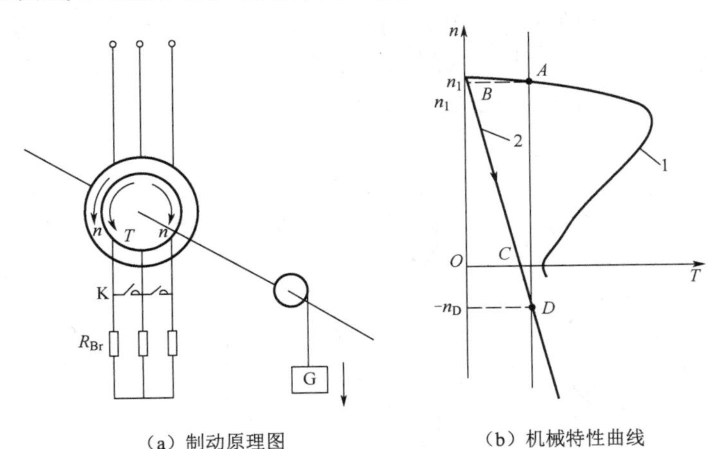

（a）制动原理图　　（b）机械特性曲线

图 3.19　异步电动机转子反转的反接制动制动原理图及机械特性曲线

若使接触器 K 的常开触点断开，转子中就串入制动电阻 R_{Br}，这时拖动系统将过渡到具有较大电阻的机械特性曲线 2 上运行。R_{Br} 接入转子电路的瞬间，转速不能突变，拖动系统将由 A 点过渡到 B 点，转速将下降，直到转速为零的 C 点，对应的电磁转矩 T_c 仍然小于负载转矩 T_L，重物将迫使电动机的转子反向旋转，直到 D 点，这时 $T_D=T_L$，拖动系统将以 n_D 的转速稳定运行，重物 G 将以某一速度匀速下降。在这种情况下，电动机的电磁转矩方向与电机的实际转向相反，负载转矩为拖动转矩，拉着电动机反转，而电磁转矩起制动作用，因此这种制动又称为倒拉反接制动。这时电磁转矩方向与电动状态时的一样，即转矩为正，而转速为负值，因此特性在第四象限。

由上述可知，要实现转子反转的反接制动状态，必须同时具备两个条件，这就是绕线转子异步电动机转子电路串入足够大的电阻和电动机在位能负载的反拖下，用这种方式的目的是限制重物的下放速度。

2）能量关系

转子反转的反接制动时的转差率 $s=n_1-(-n)/n_1>1$，这时从轴上输出的机械功率 $P_\Omega=m_1I_2'^2(r_2'+R_{Br}')(1-s)/s$，由于 $s>1$，显然 $P_\Omega<0$，说明此时轴上输出为负，即输入机械功率。不难理解，这是由位能性负载提供的。

此时的电磁功率 $P_m=m_1I_2'^2(r_2'+R_{Br}')/s>0$，即电磁功率仍由定子侧经气隙传递到转子这时的转子铜耗 $P_{cu2}=m_1I_2'^2(r_2'+R_{Br}')=m_1I_2'^2(r_2'+R_{Br}')/s-m_1I_2'^2(r_2'+R_{Br}')(1-s)/s=P_m+|P_\Omega|$。它表明，这种制动状态，由位能负载提供的机械功率 P_Ω 和由电源输入的电磁功率 P_m 全部消耗在该电动机的转子电路的电阻上。其中一部分消耗在转子绕组本身的电阻上，另一部分则消耗于转子外接的制动电阻 R_{Br} 上。

2．定子两相反接的反接制动

（1）制动原理与机械特性

设拖动系统原来运行于电动状态，如工作在如图 3.20（b）所示的固有机械特性曲线 1 的 A

点，现在把定子两相绕组出线端对调，如图 3.20（a）所示。由于定子电压的相序反了，旋转磁场反向，其对应的同步转速为$-n_1$，电磁转矩变为负值，起制动作用。其机械特性如图 3.20（b）中的曲线 2 所示。在改变定子电压相序的瞬间，工作点由 A 点过渡到 B 点，这时系统在电磁转矩和负载转矩共同作用下，迫使转子的转速迅速下降，直到 C 点，转速为零，制动结束。对于绕线转子异步电动机，为了限制两相反接瞬间电流和增大电磁制动转矩，通常在定子两相反接的同时；在转子中串入制动电阻 R_{Br}，这时对应的机械特性如图 3.20（b）中的曲线 3 所示。

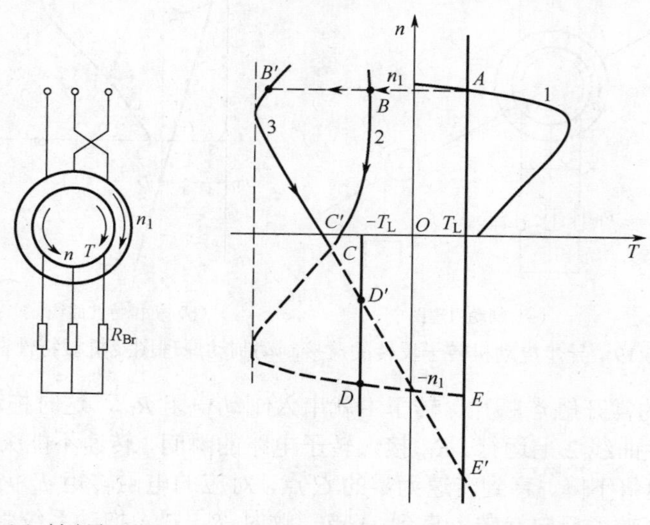

（a）制动原理图　　（b）机械特性曲线

图 3.20　异步电动机定子两相反接的反接制动

定子两相反接的反接制动就是指从反接开始至转速为零的这一制动过程，即图 3.20（b）中曲线 2 的 BC 段或曲线 3 的 $B'C'$段。

如果制动的目的只是想快速停车，则必须采取措施，在转速接近于零时，立即切断电源。否则，电机拖动系统的机械特性曲线将进入第三象限。如果电动机拖动的是反抗性负载，而且在 C 点的电磁转矩大于负载转矩，则将反向启动到 D 点，稳定运行，这是反向电动状态；如果拖动的是位能性负载，则电动机在位能负载拖动下，将一直反向加速到 E 点，$T=T_L$，才能稳定运行。这种情况下，电机转速高于同步转速，电磁转矩与转向相反，这就是后面要讲的回馈制动状态。

（2）能量关系

前面已讲过，定子两相反接的反接制动是一个位于第二象限的过程，这时转子的旋转方向与定子旋转磁场方向相反，即 n 与 n_1 反向，对应的转差率 $s=(-n_1-n)/(-n_1)>1$，因此能量关系与转子反转的反接制动时的相同。拖动系统所储存的动能被电动机吸收，变为轴上输入的机械功率，与由定子传递给转子的电磁功率一起，全部消耗在转子电路的电阻上。

3.3.6　回馈制动

1．回馈制动的概念

如果用一原动机，或者其他转矩（如位能性负载）去拖动异步电动机，使电动机转速高于同步转速，即 $n>n_1, s=n_1-n/s<0$，这时异步电动机的电磁转矩 T 将与转速 n 相反，起制动作用。电动机向电网输送电功率，这种状态称为回馈制动或再生制动。如果在拖动转矩作用下，

能使电动机转速不变，那就是异步发电机了。

2．机械特性和制动的应用

制动时，电磁转矩 T 与转速 n 反方向，机械特性在第二、第四象限。由于回馈制动时，$n>n_1$，$s<0$，所以当电机正转即 n 为正值时，回馈制动状态的机械特性是第一象限正向电动状态特性曲线在第二象限的延伸，如图 3.21（b）曲线 1 所示；同样当电动机反转即 n 为负值时，回馈制动机械特性是第三象限反向电动状态特性曲线在第四象限中的延伸，如图 3.21（b）曲线 2、曲线 3 所示。

在生产实践中，异步机的回馈制动有两种情况：一种是出现在位能性负载的下放重物时；另一种是出现在电动机改变极对数或改变电源频率的调速过程中。

（1）下放重物时的回馈制动

异步机从提升重物（电动状态 A 点）到下放重物（回馈制动状态 D 点）的过程为：首先将电动机定子两相反接，这时定子旋转磁场的同步速为 $-n_1$，机械特性如图 3.21（b）中曲线 2 所示。由于拖动系统机械惯性的缘故，工作点由 $A\to B$，电磁转矩 T 为负值，即 T 与负载转矩 T_L 方向相同，并与转速 n 反向，这就使系统的转速很快降为零（对应 C 点）。在 $n=0$ 处，启动转矩仍为负值，电动机沿机械特性反向加速，直到同步点（$-n_1$），此时虽 $T=0$，但在重物产生的负载转矩 T_L 作用下继续沿特性反向加速，最后在 D 点稳定运行。电机以 $-n_D$ 的转速使重物匀速下放。如在转子电路中串入制动电阻 R_{Br}，对应特性如图 3.21（b）中曲线 3 所示，回馈制动工作点为 D' 点，制动转速将升高，重物下放速度将增大。为不致因电机转速太高而造成事故，回馈制动时在转子电路内不允许串入太大的电阻。

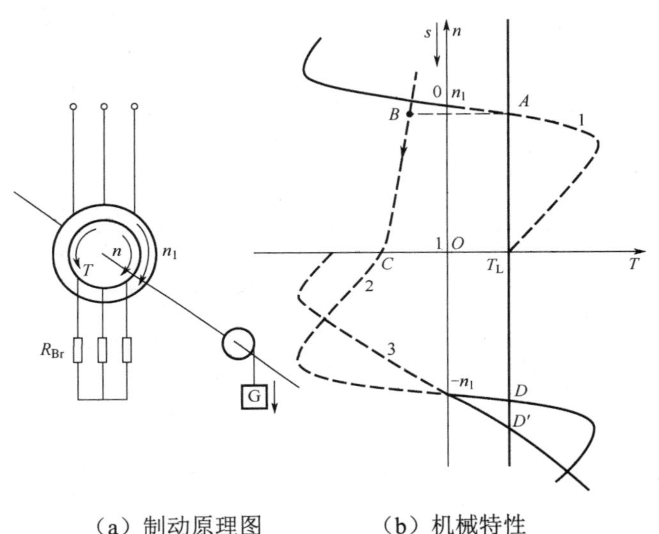

（a）制动原理图　　（b）机械特性

图 3.21　异步电机回馈制动

（2）变极调速过程中的回馈制动

变极调速过程的回馈制动情况，如图 3.22 所示。假设电动机原来在机械特性曲线 1 上的 A 点稳定运行，当电动机的极对数增加时，其对应的同步转速将降低为 n'_1，机械特性为曲线 2。在变极的瞬间，由于系统的机械惯性，工作点由 A 点到 B 点，对应的电磁转矩为负值，即 T 与 T_L 同向并与转速 n 反向，因为 $n_B>n'_1$，电动机处于回馈制动状态，迫使电动机快速下降，直到 n'_1 点。沿特性曲线 2 的 B 点到（n'_1）点为电机的回馈制动过程。在这个过程中，电动机不断吸收系统中释放的动能，并转换电能到电网。这一机电过程与直流拖动系统增磁或降压时的过程完全相似。电动机沿特性曲线 2 的（n'_1）点到 C 点为电动状态的减速过程，C 点为拖动系统的最后稳定运行点。

（3）变频调速过程中的回馈制动

异步电动机如果采用改变电源频率的方法调速，当频率降低时，和上述变极调速方法类似，在频率降低瞬间，同步速降低，$n>n_1$，在这种情况下采用回馈制动还是能耗制动，与变频装置的类型有关，在后续课程中再作介绍。

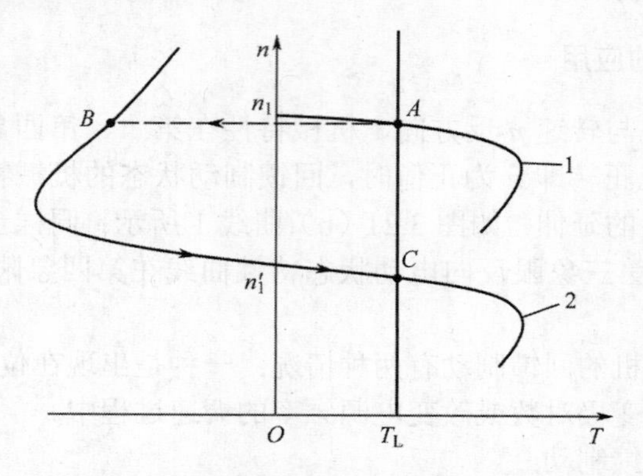

图 3.22　异步电动机在变极或变频时的机械特性

以上介绍了三相异步电动机的三种制动方法。为了便于掌握，现将三种制动方法及其能量关系、优缺点及应用场合做一比较，如表 3.2 所示。

表 3.2　异步电动机各种制动方法的比较

比较	能耗制动	反接制动		回馈制动
		定子两相反接	转速反向	
方法（条件）	断开交流电源的同时在定子两相中通入直流电	突然改变定子电源的相序，使旋转磁场反向	定子按提升方法接通电源，转子串入较大电阻，电动机被重物拖着反转	在某一转矩作用下，使电动机转速超过同步转速，即 $n>n_1$
能量关系	吸收系统储存的动能并转换成电能，消耗在转子电路的电阻上	吸收系统储存的机械能，并转换成电能，连同定子传递给转子的电磁功率一起全部消耗在转子电路的电阻上		轴上输入机械功率并转换成定子的电功率，由定子回馈给电网
优点	制动平稳，便于实现准确停车	制动强烈,停车迅速	能使位能负载,以稳定转速下降	能向电网回馈电能比较经济
缺点	制动较慢，需增设一套直流电源	能量损耗较大，控制较复杂，不易实现准确停车	能量损耗大	在 $n<n_1$ 时不能实现回馈制动
应用场合	① 要求平稳、准确停车的场合 ② 限制位能性负载的下降速度	要求迅速停车和要求反转的场合	限制位能性负载的下降速度，并在 $n<n_1$ 的情况下采用	限制位能性负载的下降速度，并在 $n>n_1$ 的情况下采用

本章小结

本章要求了解有关异步电动机调速的基本概念；掌握三相异步电动机的机械特性方程及画法；掌握异步电动机各种人为机械特性曲线的画法和变化的规律；重点掌握三相异步电动机的启动、制动、调速过程及绕线式异步电动机的分段启动电阻和各种制动方法中限流电阻的计算。

本章重点为三相异步电动机的机械特性及启动、制动过程。

三相异步电动机拖动与直流电动机拖动相比，三相异步电动机可靠性高、维护少，随着电力电子技术的发展，异步电动机调速的精度达到甚至超过直流电动机调速精度，三相异步电动机的应用会更加广泛。利用机械特性曲线可以分析在异步电动机拖动中的各种运行情况，包括电动机的启动、制动和调速情况。为了限制启动电流采用了降压启动方式，在制动的三种方法涵盖异步电动机的各种运行状态，包括正向启动和制动、反向启动和制动、能耗制动及回馈再生发电状态。这些组成了异步电动机的四象限运行。

习　题

1．什么是三相异步电动机的固有机械特性和人为机械特性？

2．三相异步电动机的定子电压、转子电阻及定、转子漏电抗对最大转矩、临界转差率及启动转矩有什么影响？

3．一台额定频率为 60Hz 的三相异步电动机，用在频率为 50Hz 的电源上（电压大小不变），问电动机的最大转矩和启动转矩有什么变化？

4．三相异步电动机在额定负载下运行，如果电源电压低于其额定电压，则电动机的转速、主磁通及定、转子电流将如何变化？

5．为什么通常把三相异步电动机机械特性曲线的直线段认为是稳定运行段；而把机械特性的曲线段认为是不稳定运行段？曲线段是否有稳定运行点？

6．三相异步电动机，当降低定子电压、转子串接对称电阻时的人为机械特性各有什么特点？

7．三相异步电动机直接启动时，为什么启动电流很大，而启动转矩却不大？

8．三相笼型异步电动机在什么条件下可以直接启动？不能直接启动时，应采用什么方法启动？

9．三相笼型异步电动机采用自耦变压器降压启动时，启动电流和启动转矩与自耦变压器的变比有什么关系？

10．什么是三相异步电动机的 Y-△降压启动？它与直接启动相比，启动转矩和启动电流有何变化？

11．三相绕线转子异步电动机转子回路串接适当的电阻时，为什么启动电流减小，而启动转矩增大，如果串接电抗器，会有同样的结果吗？为什么？

12．为使三相异步电动机快速停车，可采用哪几种制动方法？如何改变制动的强弱？试用机械特性说明其制动过程。

第4章　常用机床电气控制线路及常见故障的排查

4.1　普通车床的电气控制

4.1.1　车床的主要结构及运动形式

车床的主运动是工件的旋转运动，它是由主轴通过卡盘或顶尖带动工件旋转的。普通车床结构如图4.1所示，进给运动是溜板带动刀具作纵向或横向的直线移动，也就是使切削能连续进行下去的运动。纵向运动是指相对于操作者的左右运动，横向运动是指相对于操作者的前后运动。车螺纹时要求主轴的旋转速度和进给的移动距离之间保持一定的比例，

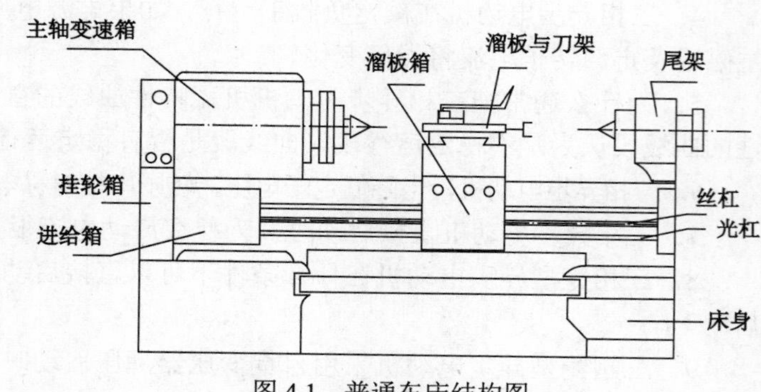

图4.1　普通车床结构图

所以主运动和进给运动要由同一台电动机拖动，主轴箱和车床的溜板箱之间通过齿轮传动来连接，刀架再由溜板箱带动，沿着床身导轨作直线走刀运动。车床的辅助运动包括刀架的快进与快退、尾架的移动与工件的夹紧与松开等。为了提高工作效率，车床刀架的快速移动由一台单独的进给电动机拖动。

4.1.2　电气线路分析

CA6140型普通车床控制电路图如图4.2所示。

1．主电路分析

M1为主轴电动机，拖动主轴的旋转并通过传动机构实现车刀的进给。电动机M1只需做正转，而主轴的正反转是由摩擦离合器改变传动链来实现的。电动机M1的容量小于10kW，

所以采用直接启动。

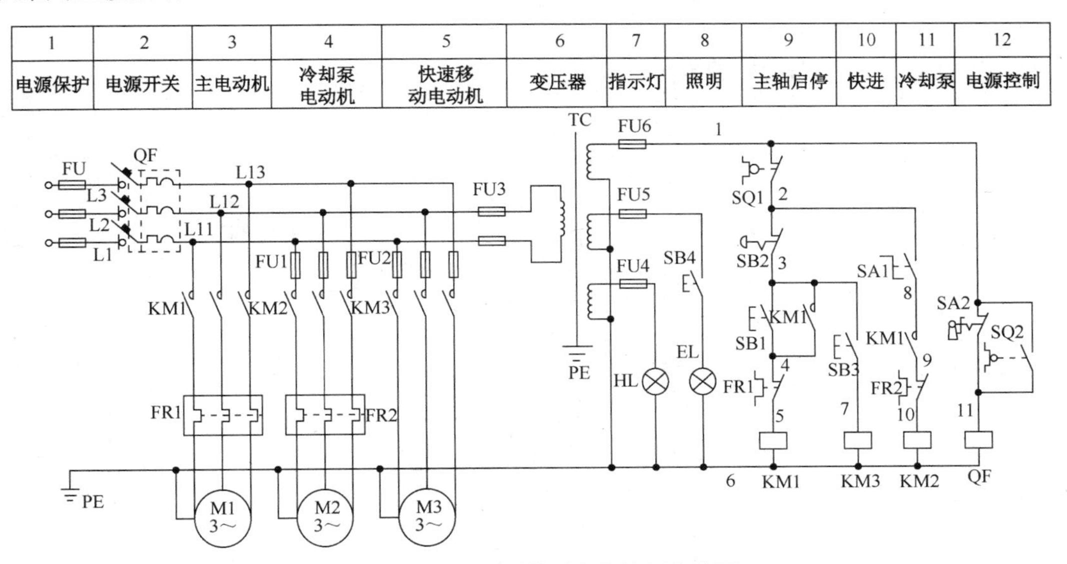

图 4.2　CA6140 型普通车床控制电路图

M2 为冷却泵电动机，进行车削加工时，刀具的温度高，需用冷却液来进行冷却。为此，车床备有一台冷却泵，电动机拖动冷却泵，喷出冷却液，实现刀具的冷却。

M3 为快速移动电动机。M2、M3 的容量都很小，分别加装熔断器 FU1 和 FU2 作短路保护。热继电器 FR1 和 FR2 分别作 M1 和 M2 的过载保护，快速移动电动机 M3 是短时工作的，所以不需要过载保护。带钥匙的低压短路器 QF 是电源总开关。

2．控制电路分析

控制电路的供电电压是 127V，它是通过控制变压器 TC 将 380V 的电压降为 127V 得到的。控制变压器的一次侧由 FU3 作短路保护，二次侧由 FU6 作短路保护。

CA6140 型普通机床控制电路的基本环节一般包括以下几方面。

（1）电源开关的控制。

（2）主轴电动机 M1 的控制。

（3）冷却泵电动机的控制。

（4）快速移动电动机 M3 的控制。

3．照明和信号电路的分析

照明电路采用 36V 安全交流电压，信号回路采用 6.3V 的交流电压，均由控制变压器二次侧提供。FU5 是照明电路的短路保护，照明灯 EL 的一端必须接地保护。FU4 为指示灯的短路保护，合上电源开关 QF，指示灯 HL 亮，表明控制电路有电。

4.2　磨床的电气控制

磨床是用砂轮对工件的表面进行磨削加工的一种精密机床。磨床的种类很多，有平面磨床、外圆磨床、内圆磨床、螺纹磨床等，其中平面磨床应用最为普遍。平面磨床是磨削平面的机床。

4.2.1　磨床的主要结构及运动形式

M7130 卧轴矩台平面磨床的外形图如图 4.3 所示。

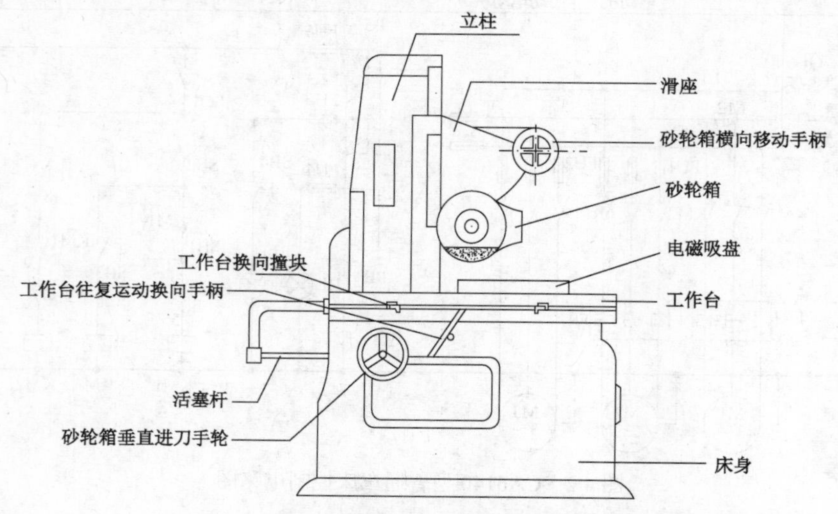

图 4.3　M7130 卧轴矩台平面磨床的外形图

1．M7130 卧轴矩台平面磨床的主要结构

在床身中装有液压传动装置，工作台通过活塞杆由液压驱动作往复运动，床身导轨由自动润滑装置进行润滑。工作台表面有 T 形槽，用以固定电磁吸盘，再用电磁吸盘来吸持加工工件。工作台往复运动的行程长度可通过调节装在工作台正面槽中的换向撞块的位置来改变，换向撞块是通过碰撞工作台往复运动换向手柄来改变油路方向，以实现工作台往复运动的。

在床身上固定有立柱，沿立柱的导轨上装有滑座，砂轮箱能沿滑座的水平导轨做横向移动。砂轮轴由装入式砂轮电动机直接拖动，在滑座内部也装有液压传动机构。

滑座可在立柱导轨上做上下垂直移动，并可由垂直进刀手轮操作。砂轮箱的水平轴向移动可由横向移动手轮操作，也可由液压传动做连续或间断横向移动，连续移动用于调节砂轮位置或整修砂轮，间断移动用于进给。

2．卧轴矩台平面磨床的运动形式

卧轴矩台平面磨床的主运动是砂轮的旋转运动。进给运动有垂直进给，即滑座在立柱上的上下运动；横向进给，即砂轮箱在滑座上的水平运动；纵向进给，即工作台沿床身的往复运动。工作台每完成一次往复运动，砂轮箱便作一次间断性的横向进给；当加工完整个平面后，砂轮箱做一次间断性垂直进给。

4.2.2　磨床电气线路分析

1．主电路分析

M7130 型平面磨床电气控制电路图如图 4.4 所示。在主电路中，M1 为砂轮电动机，拖动砂轮的旋转；M2 为冷却泵电动机，拖动冷却泵供给磨削加工时需要的冷却液；M3 为液压泵

电动机，拖动油泵，供出压力油，经液压传动结构来完成工作台往复运动并实现砂轮的横向自动进给，并承担工作台的润滑。

1	2	3	4	5	6	7	8	9	10	11
电源 砂轮电动机	冷却 电动机	液压泵 电动机	砂轮 电动机	液压泵 电动机	变压器 照明	去磁 插头	整流电源	去磁充磁	欠磁 保护	电磁吸盘

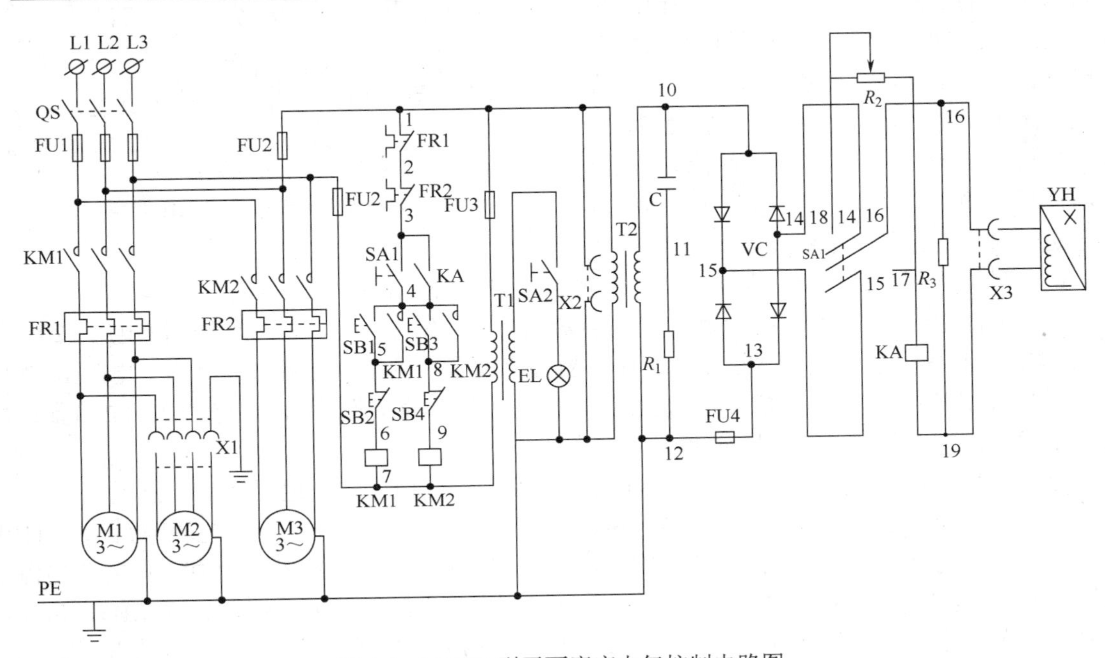

图 4.4 M7130 型平面磨床电气控制电路图

主电路的控制要求是：M1、M2、M3 只需进行单方向的旋转，且磨削加工无调速要求；在砂轮电动机 M1 启动后才开动冷却泵电动机 M2；三台电动机共用 FU1 作短路保护，分别用 FR1、FR2 作过载保护。

在主电路中 M1、M2 由接触器 KM1 控制，由于冷却泵箱和床身是分开安装的，所以冷却泵电动机 M2 经插头插座 X1 和电源连接，当需要冷却液时，将插头插入插座。M3 由接触器 KM2 控制。

2. 控制电路分析

在控制电路中，SB1、SB2 为砂轮电动机 M1 和冷却泵电动机 M2 的启动和停止按钮，SB3、SB4 为液压泵电动机 M3 的启动和停止按钮。只有在转换开关 SA1 扳到退磁位置，其常开触点 SA1（3、4）闭合，或者欠电流继电器 KA 的常开触点 KA（3、4）闭合时，控制电路才起作用。按下 SB1，接触器 KM1 的线圈通电，其常开触点 KM1（4、5）闭合进行自锁，其主触点闭合砂轮电动机 M1 及冷却泵电动机 M2 启动运行。按下 SB2，KM1 线圈断电，M1、M2 停止。按下 SB3，接触器 KM2 线圈通电，其常开触点 KM2（4、8）闭合进行自锁，其主触点闭合液压泵电动机 M3 启动运行。按下 SB4，KM2 线圈断电，M3 停止运行。

3. 电磁吸盘（YH）控制电路的分析

电磁吸盘是用来吸持和进行磨削加工工件的。整个电磁吸盘是钢制的箱体，在它中部凸起的芯体上绕有电磁线圈，如图 4.5 所示。电磁吸盘的线圈通以直流电，使芯体被磁化，磁力线经钢制吸盘体、钢制盖板、工件、钢制盖板、钢制吸盘体闭合，将工件牢牢吸住。电磁吸盘的线圈不能用交流电，因为通过交流电会使工件产生振动并且使铁芯发热。钢制盖板由非导磁材料构成的隔磁层分成许多条，其作用是使磁力线通过工件后再闭合，不直接通过钢制盖板闭合。电磁吸盘与机械夹紧装置相比，它的优点是不损伤工件，操作快速简便，磨削中工件发热可自由伸缩、不会变形。缺点是只能对导磁性材料的工件（如钢、铁）才能吸持，对非导磁性材料的工件（如铜、铝）没有吸力。

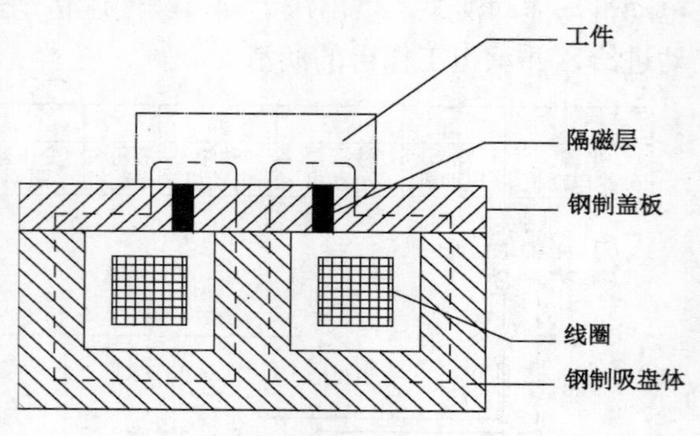

图 4.5　电磁吸盘的工作原理

电磁吸盘控制电路由降压整流电路、转换开关和欠电流保护电路组成。

降压整流电路由变压器 T2 和桥式全波整流装置 VC 组成。变压器 T2 将交流电压 220V 降为 127V，经过桥式整流装置 VC 变为 110V 的直流电压，供给电磁吸盘的线圈。电阻 R_1 和电容 C 是用来限制过电压的，防止交流电网的瞬时过电压和直流回路的通断在 T2 的二次侧产生过电压对桥式整流装置 VC 产生危害。

电磁吸盘由转换开关 SA1 控制，SA1 有“励磁”“断电”和“退磁”三个位置。

将 SA1 扳到“励磁”位置时，SA1（14、16）和 SA1（15、17）闭合，电磁吸盘加上 110V 的直流电压，进行励磁，当通过 YH 线圈的电流足够大时，可将工件牢牢吸住，同时欠电流继电器 KA 吸合，其触点 KA（3、4）闭合，这时可以操作控制电路的按钮 SB1 和 SB3，启动电动机对工件进行磨削加工，停止加工时，按下 SB2 和 SB4，电动机停转。在加工完毕后，为了从电磁吸盘上取下工件，将 SA1 扳到“退磁”位置，这时 SA1（14、18）、SA1（15、16）、SA1（4、3）接通，电磁吸盘中通过反方向的电流，并用可变电阻 R_2 限制反向去磁电流的大小，达到既能退磁又不致反向磁化。退磁结束后，将 SA1 扳至“断电”位置，SA1 的所有触点都断开，电磁吸盘断电，取下工件。若工件的去磁要求较高时，则应将取下的工件，再在磨床的附件——交流退磁器上进一步去磁。使用时，将交流去磁器的插头插在床身的插座 X2 上，将工件放在去磁器上即可去磁。

当转换开关 SA1 扳到“励磁”位置时，SA1 的触点 SA1（3、4）断开，KA（3、4）接通，若电磁吸盘的线圈断电或电流太小吸不住工件，则欠电流继电器 KA 释放，其常开触点 KA（3、4）断开，M1、M2、M3 因控制回路断电而停止。这样就避免了工件因吸不牢而被高速旋转的砂轮碰击飞出的事故。

如果不需要启动电磁吸盘，则应将 X3 上的插头拔掉，同时将转换开关 SA1 扳到退磁位置，这时 SA1（3、4）接通，M1、M2、M3 可以正常启动。

与电磁吸盘并联的电阻 R_3 为放电电阻，为电磁吸盘断电瞬间提供通路，吸收线圈断电瞬间释放的磁场能量。因为电磁吸盘是一个大电感，在电磁吸盘从工作位置转换到放松位置的瞬间，线圈产生很高的过电压，易将线圈的绝缘损坏，也将在转换开关 SA1 上产生电弧，使开关的触点损坏。

4．照明电路分析

照明变压器 T1 将 380V 的交流电压降为 36V 的安全电压供给照明电路。EL 为照明灯，一端接地，另一端由开关 SA2 控制，FU3 为照明电路的短路保护。

4.3　摇臂钻床的电气控制

4.3.1　摇臂钻床的主要结构和运动形式

Z35 摇臂钻床结构示意图如图 4.6 所示。

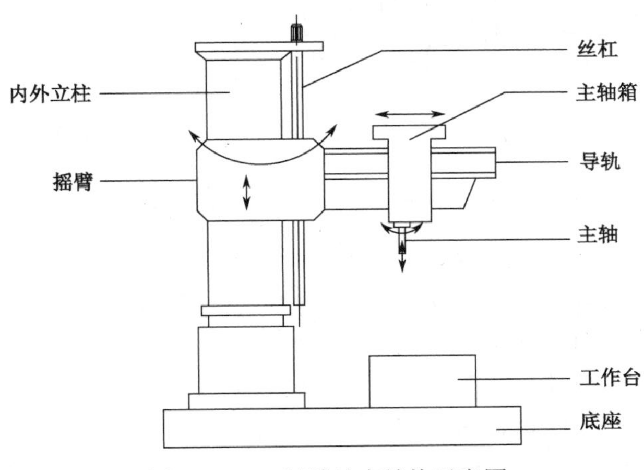

图 4.6　Z35 摇臂钻床结构示意图

4.3.2　Z35 摇臂钻床电气线路

1．主电路分析

Z35 摇臂钻床电气原理图如图 4.7 所示。在主电路中，M1 为冷却泵电动机，提供冷却液，由于容量较小，由转换开关 SA2 直接控制。M2 为主轴电动机，由接触器 KM1 控制，热继电器 FR 作过载保护。M3 为摇臂升降电动机，由接触器 KM2 和 KM3 控制其正反转的点动运行，不装过载保护。M4 为立柱放松夹紧的电动机，由接触器 KM4 和 KM5 控制其正反转点动运行，不装过载保护。在主电路中，整个机床用 FU1 作短路保护，M3、M4 及其控制回路共用 FU2 作短路保护。

2．控制电路分析

控制电路的电源是 127V 的交流电，由变压器 TC 将 380V 交流电降为 127V 得到。Z35 摇臂钻床控制电路采用十字开关 SA1 操作，十字开关由十字手柄和 4 个微动开关组成，十字手柄有 5 个位置：“上”“下”“左”“右”“中”。十字开关每次只能扳到一个方向，接通一个方向的电路。

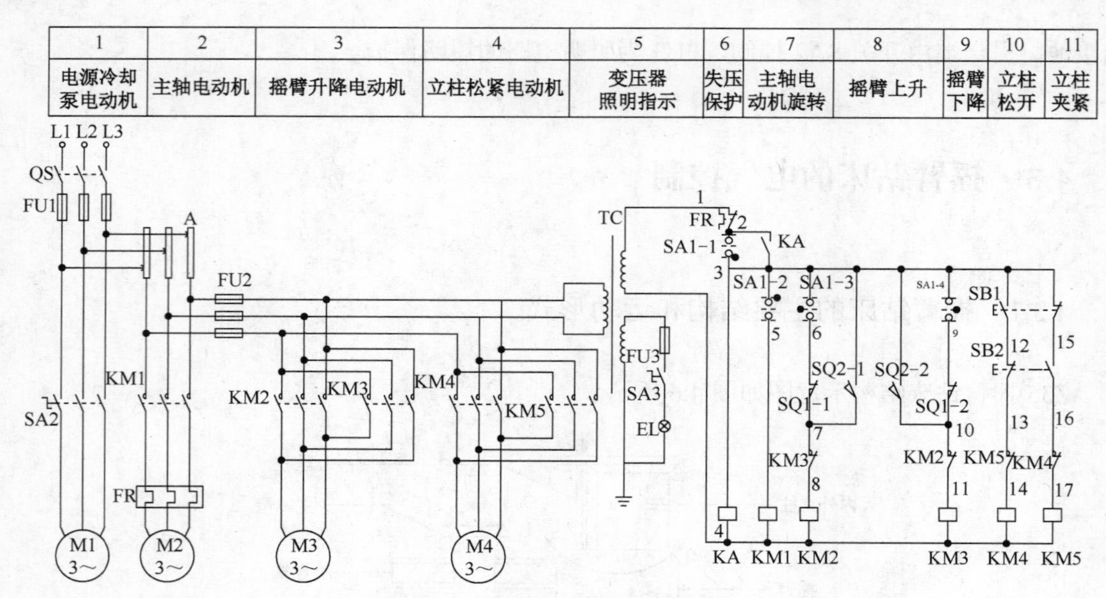

图 4.7 Z35 摇臂钻床电气原理图

1）零压保护

合上电源首先将十字开关扳向左边，微动开关 SA1-1 接通，零压继电器 KA 线圈通电吸合并自锁。当机床工作时，再将十字手柄扳向需要的位置。若电源断电，零压继电器 KA 释放，其自锁触点断开；当电源恢复时，零压继电器不会自动吸合，控制电路不会自动通电，这样可防止电源中断又恢复时，机床自行启动的危险。

2）主轴电动机运转

将十字开关扳向右边，微动开关 SA1-2 接通，接触器 KM1 线圈通电吸合，主轴电动机 M2 启动运转。主轴的正反转由主轴箱上的摩擦离合器手柄操作。摇臂钻床的钻头的旋转和上下移动都由主轴电动机拖动。将十字开关扳到中间位置，SA1-2 断开，主轴电动机 M2 停止。

3）摇臂的升降

（1）立柱和主轴箱的松开与夹紧

摇臂放松夹紧结构示意图如图 4.8 所示。立柱的松开与夹紧是靠电动机 M4 的正反转通过液压装置来完成的。当需要立柱松开时，可按下按钮 SB1，接触器 KM4 因线圈通电而吸合，电动机 M4 正转，通过齿轮离合器，M4 带动齿轮式油泵旋转，从一定的方向送出高压油，经一定的油路系统和传动机构将外立柱松开。松开后可放开按钮 SB1，电动机停转，即可用手推动摇臂连同外立柱绕内立柱转动。当转动到所需位置时，可按下 SB2，接触器 KM5 因线圈通电而吸合，电动机 M4 反转，通过齿轮式离合器，M4 带动齿轮式离合器反向旋转，从另一方送出高压油，在液压推动下将立柱夹紧。夹紧后可放开按钮 SB2，接触器 KM5 因线圈断电而

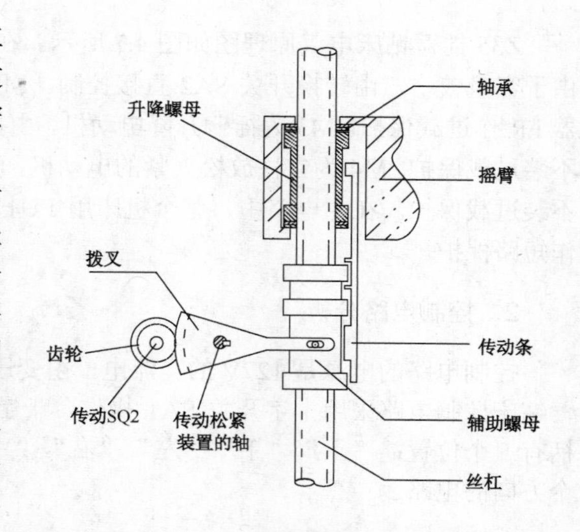

图 4.8 摇臂放松夹紧结构示意图

释放，电动机 M4 停转。Z35 摇臂钻床的主轴箱在摇臂上的松开与夹紧和立柱的松开与夹紧由同一台电动机 M4 和同一液压结构进行。

（2）照明电路分析

照明电路的电压是 36V 安全电压，由变压器 TC 提供。照明灯一端接地，保证安全。照明灯由开关 SA3 控制，由熔断器 FU3 作短路保护。

4.4　铣床的电气控制

铣床可以用来加工平面、斜面和沟槽等，装上分度头后还可以铣切直齿齿轮和螺旋面，如果装上圆工作台还可以铣切凸轮和弧形槽。铣床的种类很多，有卧铣、立铣、龙门铣、仿形铣及各种专用铣床。

4.4.1　万能铣床的主要结构与运动形式

X62W 卧式万能铣床外形图如图 4.9 所示。

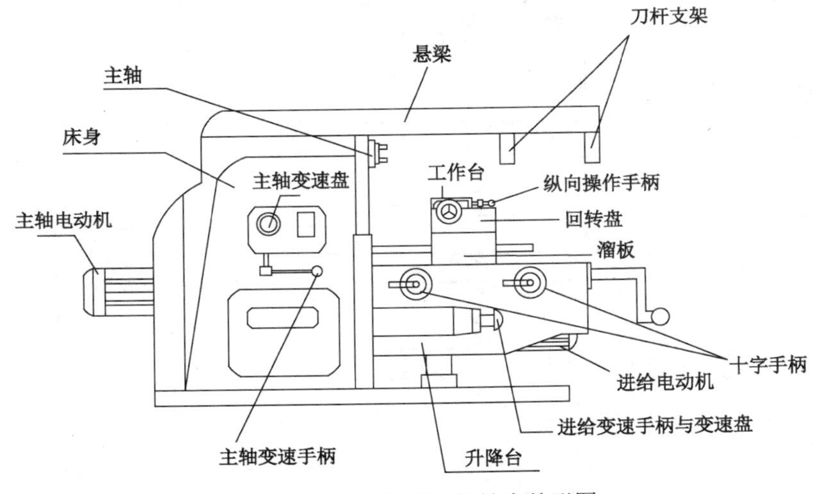

图 4.9　X62W 卧式万能铣床外形图

4.4.2　X62W 万能铣床电气线路分析

1. 主电路分析

X62W 万能铣床电气原理图如图 4.10 所示。主电路中 M1 为主轴电动机；M2 为进给电动机；M3 为冷却泵电动机。电动机 M1 是通过换相开关 SA4，与接触器 KM1、KM2 进行正反转控制、反接制动和瞬时冲动控制，并通过机械机构进行变速；工作台进给电动机 M2 要求能正反转、快慢速控制和限位控制，并通过机械机构使工作台能上下、左右、前后运动；冷却泵电动机 M3 只要求正转控制。

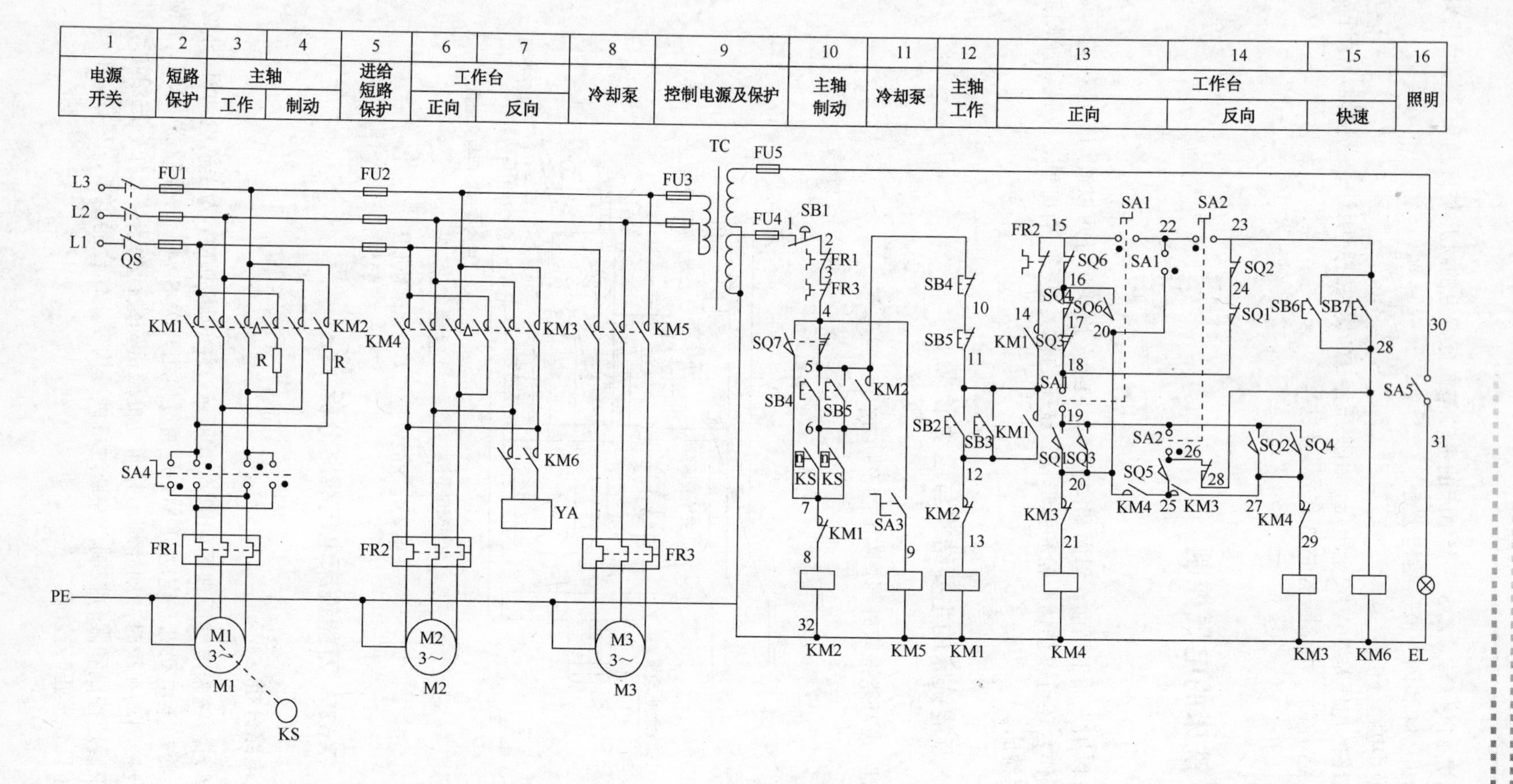

图 4.10　X62W 万能铣床电气原理图

2．控制电路分析

1）主轴电动机 M1 的控制

SB2、SB3 是分别装在机床两边的启动按钮，可进行两地操作，SB4、SB5 是制动停止按钮，SA4 是电源换相开关，改变 M1 的转向，KM1 是主轴电动机启动接触器，KM2 是反接制动接触器，SQ7 是与主轴变速手柄联动的冲动行程开关。

2）工作台移动控制

3）圆工作台的运动控制

4）照明电路

4.5　镗床的电气控制

4.5.1　镗床的主要结构与运动形式

卧式镗床外形图如图 4.11 所示。

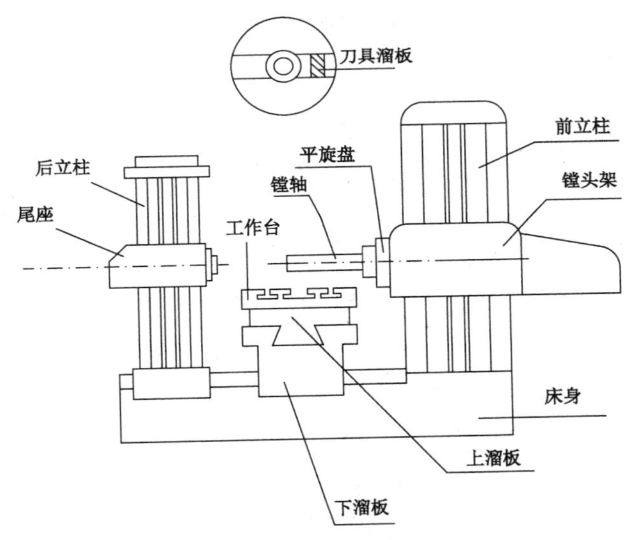

图 4.11　卧式镗床外形图

镗床的主运动是镗轴和平旋盘的旋转运动。进给运动是镗轴的轴向进给，平旋盘刀具溜板的径向进给，镗头架的垂直进给，工作台的纵向进给和横向进给。辅助运动由工作台的旋转运动、后立柱的轴向移动及尾座的垂直移动。卧式镗床的主运动和各种常速进给运动都是由一台电动机拖动的。主轴拖动要求能够正反转且为恒功率调速，一般采用单速或多速笼型三相感应电动机拖动。为了使主轴停车迅速准确，主轴电动机应设有电气制动环节。为便于变速时齿轮顺利地啮合，控制电路中设有变速低速冲动环节。卧式镗床的各部分快速进给运动是由快速进给电动机来拖动的。

4.5.2　镗床的电气线路分析

T68 型卧式镗床电气控制原理图如图 4.12 所示。

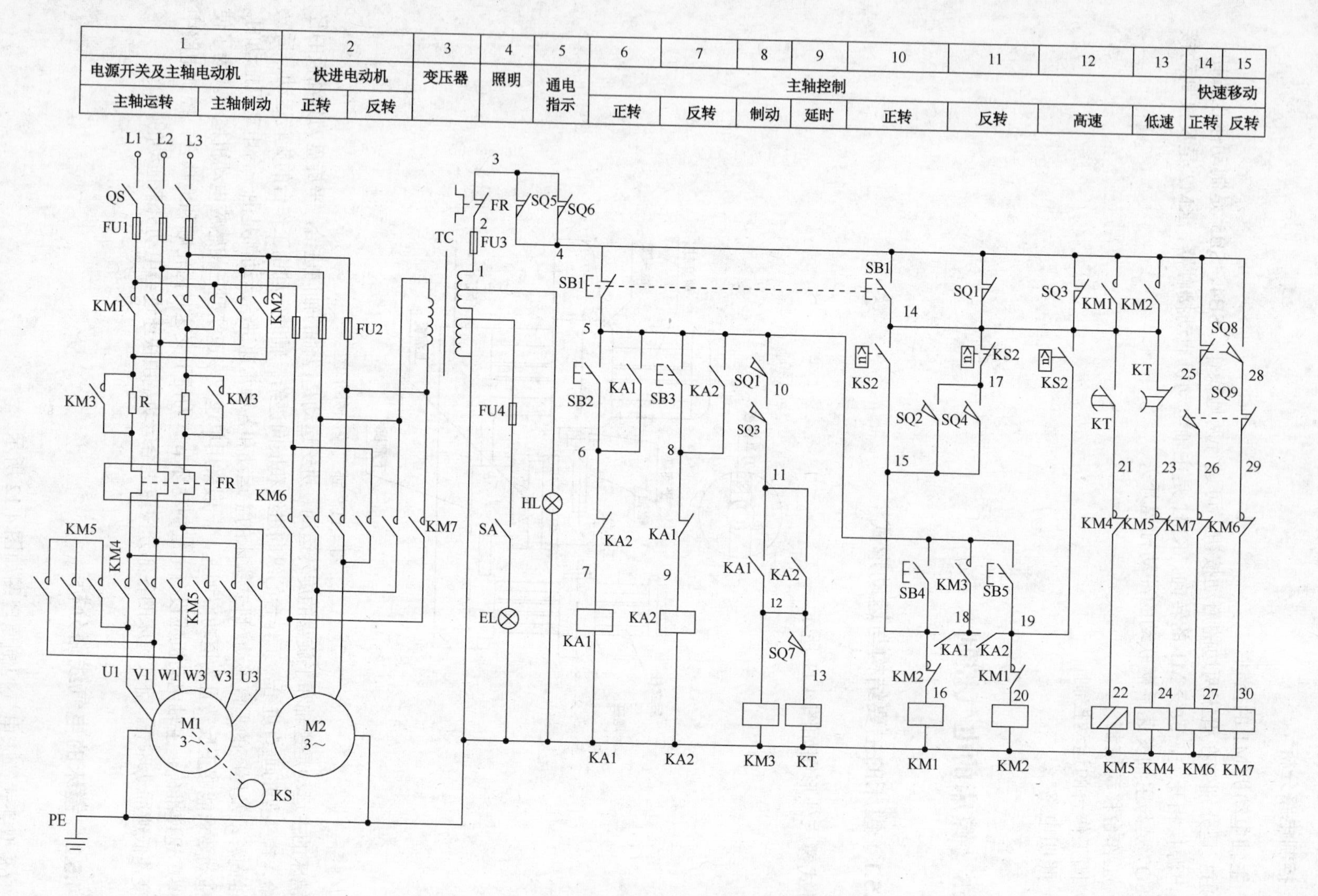

图 4.12　T68 型卧式镗床电气控制原理图

1. 开车前的准备

（1）合上电源开关把电源引入，电源指示灯 HL 亮，再把照明开关 SA 合上，局部照明工作灯 EL 亮。

（2）预先选择好所需的主轴转速和进给量，SQ1 是主轴变速行程开关，平时此行程开关是给压下的，其常开触点闭合，常闭触点断开，主轴变速时复位。行程开关 SQ2 是在主轴变速手柄推不上时被压下的。SQ3 是进给变速行程开关，平时此行程开关是给压下的，其常开触点闭合，常闭触点断开，进给变速时复位。SQ4 是在进给变速手柄推不上时压下的。

（3）再调整好主轴箱和工作台的位置。调整后行程开关 SQ5 和 SQ6 的常闭触点均处于闭合状态。

2. 主轴电动机的控制电路的基本环节

（1）主轴电动机的正反转和点动控制。

（2）主轴电动机的高速、低速转换的控制。

（3）主轴电动机停车制动的控制。

（4）主轴电动机主轴变速与进给变速的控制。

（5）快速进给电动机的控制。

（6）联锁保护装置。

本章小结

本章通过对常用机床的电气控制线路分析，学习阅读生产设备的电气控制技术资料的方法和步骤，理解典型的电动机基本控制线路在生产设备中的应用；掌握常用机床的电气控制线路的工作原理，为生产设备的电气控制线路的设计、安装、调试、维护奠定基础。

习　　题

1. 简述 CA6140 型普通车床的主要结构和运动形式。

2. 分析 CA6140 型普通车床的电气控制线路，该电路具有哪些保护措施？如何实现？

3. 叙述平面磨床的主要结构及运动形式并分析 M7130 型平面磨床的控制电路。

4. 在平面磨床的控制中，用电磁吸盘吸持工件有什么好处？叙述将工件从电磁吸盘上取下来的操作步骤。电磁吸盘的文字符号是什么？

5. 电磁吸盘的控制回路由哪几部分组成？R_2、R_3 的作用是什么？

6. 电磁吸盘没有吸力的原因有哪些？吸力不足的原因有哪些？

7. 电磁吸盘退磁效果差，退磁后工件难以取下的原因是什么？

8. 简述摇臂钻床的主要结构和运动形式。

9. 分析摇臂钻床电气线路的摇臂升降的控制过程。

10. 分析 Z35 摇臂钻床电气线路，并说明以下几点。

（1）如何实现摇臂的升降和主轴的旋转运动不能同时进行？

（2）控制电路中设置零压继电器的作用是什么？

（3）十字开关的通断情况。

（4）SQ1、SQ2 起什么作用？

11. 简述 X62W 万能铣床的主要结构与运动形式。

12. X62W 万能铣床电气控制的特点是什么？

13. 简述 X62W 万能铣床停车制动的控制过程。主轴停车时没有制动的原因是什么？主轴停车后产生短时反向旋转的原因是什么？按下停止按钮后主轴不停的原因是什么？

14. 什么是冲动控制，其作用是什么？简述主轴电动机变速时的冲动控制。主轴不能变速冲动的原因是什么？

15. X62W 万能铣床的工作台有几个方向的进给？简述工作台各个方向的进给控制，各个方向进给之间如何实现联锁保护？

16. X62W 万能铣床电路中有哪些联锁保护？

17. 简述镗床主要结构与运动形式。

18. 简述 T68 镗床的主轴电动机的高速、低速转换的控制，如何保证主轴电动机的高速、低速转换后主轴电动机的转向不变。

19. 简述 T68 镗床的主轴电动机停车制动的控制，分析主轴电动机不能制动的原因。

20. 简述主轴电动机主轴变速与进给变速的冲动控制，分析主轴变速手柄拉出后，主轴电动机不能产生冲动的原因。

21. 结合具体条件，选几台常用机床，认识机床电气柜及有关电气的安装。根据电气安装实物绘出机床电气原理图，并说明其工作原理。

第 5 章　变频器的基础知识

5.1　概述

变频器（Variable-Frequency Drive，VFD）是应用变频技术与微电子技术，通过改变电动机工作电源频率方式来控制交流电动机的电力控制设备。或者说，是将固定频率的交流电转换成频率、电压连续可调的交流电，供给电动机运转的电源装置。变频器的问世使电气传动领域发生了一场技术革命，即交流调速取代直流调速。交流调速技术具有节能、改善工艺流程、提高产品质量及便于自动控制等诸多优点，被国内外公认为最有发展前途的调速方式。

5.1.1　变频器技术的发展

交流变频器自 20 世纪 60 年代左右在西方工业化国家问世以来，到现在已经在中国得到了大面积的普及，并已形成 60 亿元以上的年销售规模。

1．电力电子器件是变频器发展的基础

变频器的主电路是以电力电子器件作为开关器件的。电力电子器件的发展分为以下 4 个发展阶段。

第一代电力电子器件是出现于 1956 年的晶闸管（半控型器件），早期的变频器就是由晶闸管等分立电子元器件组成的，可靠性差，频率低。

第二代电力电子器件是以门极可关断晶闸管（GTO）和电力晶体管（GTR）为代表（电流自关断器件），其开关频率仍然不高，一般在 5kHz 以下。此时，脉宽调制（PWM）技术也得到应用，这时的逆变电路能够得到接近正弦波的输出电压和电流，而且 8 位微处理器成为变频器的控制核心，能够实现异步电机的变频调速，工作性能有了极大提高。

第三代电力电子器件是以电力 MOS 场效应晶体管（MOSFET）和绝缘栅双极型晶体管（IGBT）为代表（电压自关断器件），其开关频率可达到 20kHz 以上，其优良的特性很快取代了 GTR。

第四代是以智能功率模块（IPM）为代表的，IPM 是以 IGBT 为开关器件，但集成有驱动电路和保护电路，使得变频器的容量和电压等级不断扩大提高。

2．计算机技术与自动控制理论是变频器发展的支柱

8 位微处理器到 16 位（甚至 32 位）微处理器的发展，使得变频器的功能也从单一的变频

调速功能发展到为包含算术、逻辑运算及智能控制在内的综合功能；自动控制理论的发展使变频器在改善压频比控制性能的同时，推出了多种控制模式（如矢量控制、直接转矩控制、自适应控制等）。

3. 市场需求是变频器发展的动力

我国50%～60%的发电量用于交流电动机，而容量在3kW以上，额定电压一般为（3～10）kV的电动机占电动机总装机容量的40%～50%。由于我国中压变频技术仍没有形成产业化，落后于国外发达国家，所以这部分电动机在负载工况变化时，缺少经济可靠的调速手段，天天都在浪费着大量的电能，因此国内潜伏着巨大的中压大功率变频器市场。国家计委预计在今后15年内，使我国变频器总需求的投资额在500亿元以上，而其中60%～70%是中压大功率变频器。

4. 变频器技术发展趋势

根据变频器在不同行业的应用特点，很多厂家都推出非常新颖的变频器，并将个性化发挥得淋漓尽致。所谓变频器个性化，就是指变频器本体按照各自特定的方式发展自己的风格，并完善变频器本体，从而形成相对稳定而独特的变频器特性。变频器的发展趋势有以下几方面。

（1）网络智能化

智能化的变频器在使用上能为用户提供极大的方便，无须进行复杂的功能设定，能实现故障诊断与排除，利用互联网可以遥控监视，实现多台变频器联动，形成最优化的变频器综合管理控制系统。

（2）专门化

根据某一类负载的特性，有针对性的制造专门化的变频器，利于对此类负载的电动机进行有效控制，还可以节约成本。

（3）一体化

变频器将相关的功能部件有选择性的集成到内部组成一体化机，可以缩小系统体积，减少电路连接，也能够使系统功能增强，可靠性增加。

（4）环保无公害

变频器将注重节能和无公害，尽量减少使用过程中的噪声和谐波对电网及其他电气设备的污染和干扰。

总之，变频器技术的发展趋势是朝着智能、操作简便、功能齐全、安全可靠、环保低噪、低成本、小型化的方向发展的。

5.1.2 变频器技术的分类

以前的高压变频器，由可控硅整流、可控硅逆变等器件构成，缺点很多，谐波大，对电动机和电网都有影响。近年来，发展起来的一些新型器件将改变这一现状，如IGBT、IGCT、SGCT等。由它们构成的高压变频器，性能优异，可以实现PWM逆变，甚至是PWM整流。不仅具有谐波小，功率因数也有很大程度的提高。

1. 按转换的环节分类

（1）交–直–交变频器，是先把工频交流通过整流器转换成直流，然后再把直流转换成频率电压可调的交流，又称为间接式变频器，是目前广泛应用的通用型变频器。

（2）交-交变频器，是把频率固定的交流电直接转换成频率任意可调的交流电，而且转换前后的相数相同，又称为直接式变频器。

2．按直流电源性质分类

（1）电压型变频器，特点是中间直流环节的储能元件采用大电容，负载的无功功率将由它来缓冲，直流电压比较平稳，直流电源内阻较小，相当于电压源，因此称为电压型变频器，常选用于负载电压变化较大的场合。

（2）电流型变频器，特点是中间直流环节采用大电感作为储能环节，缓冲无功功率，即扼制负载电流频繁而急剧的变化，使电压接近正弦波，由于该直流内阻较大，因此称为电流源型变频器（电流型），常选用于负载电流变化较大的场合。

3．按控制方式分类

（1）U/f 控制变频器，U/f 控制是使变频器的输出在改变频率的同时也改变电压，通常是使 U/f 为常数，这样可使电动机磁通保持一定，在较宽的调速范围内，电动机的转矩、效率、功率因数不下降。这种方式的控制电路成本较低，多用于精度要求不高的通用变频器。

（2）转差频率控制变频器，也称为 SF 控制，检测出电动机的转速，构成速度闭环，速度调节器的输出为转差频率，然后以电动机速度对应的频率与转差频率之和作为变频器的给定输出频率。由于通过控制转差频率来控制转矩和电流，与 U/f 控制相比其加减速特性和限制过电流的能力得到提高。另外，它有速度调节器，利用速度反馈进行速度闭环控制，速度的静态误差小，适用于自动控制系统。由于在转差频率控制中需要速度检出器，通常用于单机运转，即一台变频器控制一台电动机。

（3）矢量控制变频器，交流电机的矢量控制技术是基于交流电机的动态模型，通过建立交流电机的空间矢量图，采用磁场定向的方法将定子电流分解为与磁场方向一致的励磁分量和与磁场方向正交的转矩分量，并分别对磁通和力矩进行控制，而使异步电机可以像他励直流电动机一样控制。随着计算机技术飞速发展，功能强大的数字信号处理器（DSP）的广泛应用使得矢量控制逐渐走向了实用化。

（4）直接转矩控制变频器，直接转矩控制系统是继矢量控制之后发展起来的另一种高性能的交流变频调速系统，把转矩直接作为控制量来控制。直接转矩控制是直接在定子坐标系下分析交流电动机的模型，控制电动机的磁链和转矩。它不需要将交流电动机转换成等效直流电动机，因而省去了矢量旋转变换中的许多复杂计算，它不需要模仿直流电动机的控制，也不需要为解耦而简化交流电动机的数学模型。

4．按电压的调制方式分类

（1）正弦波脉宽调制（SPWM）变频器，指输出电压的大小是通过调节脉冲占空比来实现的，且载频信号用等腰三角波，而基准信号采用正弦波。中、小容量的通用变频器几乎全都采用此类变频器。

（2）脉幅调制（PAM）变频器，指将变压与变频分开完成，即在把交流电整流为直流电的同时改变直流电压的幅值，而后将直流电压逆变为交流电压时改变交流电频率的变压变频控制方式。

5. 按输入电源的相数分类

（1）三进三出变频器，变频器的输入侧和输出侧都是三相交流电。绝大多数变频器都属此类。

（2）单进三出变频器，变频器的输入侧为单相交流电，输出侧是三相交流电，俗称单相变频器。该类变频器通常容量较小，且适合在单相电源情况下使用，如家用电器里的变频器均属此类。

6. 按负载转矩特性分类

（1）P 型机变频器，适用于变转矩负载的变频器。

（2）G 型机变频器，适用于恒转矩负载的变频器。

（3）P/G 合一型变频器，同一种机型既可以使用变转矩负载，又可以适用于恒转矩负载；同时在变转矩方式下，其标称功率大一档。

7. 按应用场合分类

（1）通用变频器，特点是其通用性，可应用在标准异步电机传动、工业生产及民用、建筑等各个领域。通用变频器的控制方式，已经从最简单的恒压频比控制方式向高性能的矢量控制、直接转矩控制等发展。

（2）专用变频器，特点是其行业专用性，它针对不同的行业特点集成了可编程控制器及很多硬件外设，可以在不增加外部板件的基础上直接应用于行业中。例如，恒压供水专用变频器就能处理供水中变频与工频切换、一拖多控制等。

变频器还有其他的分类方式，例如，按工作原理可分为 U/f 控制变频器（VVVF 控制）、SF 控制变频器（转差频率控制）、VC 控制变频器（Vector Control 矢量控制）；按电压等级分为高压变频器、中压变频器、低压变频器；此外，变频器还可以按照输出电压调节方式分类、按控制方式分类、按主开关元器件分类、按输入电压高低分类等。

5.1.3 变频器的应用

变频器调速已经被公认为是最理想、最有发展前途的调速方式之一，它的主要应用体现在以下几个方面。

1. 在节能方面的应用

（1）节能的前景：在 2003 年的中国电力消耗中，60%～70%为动力电，而在总容量为 5.8 亿千瓦的电动机总容量中，只有不到 2000 万千瓦的电动机是带变频控制的。

（2）节能的原理：（以风机水泵为例）根据流体力学原理，轴功率与转速的三次方成正比。当所需风量减少，风机转速降低时，其功率按转速的三次方下降。因此，精确调速的节电效果非常可观。与此类似，许多变动负载电动机一般按最大需求来生产电动机的容量，因而设计裕量偏大。而在实际运行中，轻载运行的时间所占比例却非常高。如果采用变频调速，可大大提高轻载运行时的工作效率。因此，变动负载的节能潜力巨大。

2. 在自动控制系统方面的应用

由于变频器内置有 32 位或 16 位的微处理器，具有多种算术、逻辑运算和智能控制功能，输出频率精度高达 0.01%～0.1%，还设置有完善的检测和保护环节。因此，变频器在自动化控制系统中获得了广泛的应用。例如，化纤工业中的卷绕、拉伸、计量、导丝；玻璃工业中的平板玻璃退火炉、玻璃窑搅拌、拉边机；电弧炉自动加料、配料系统及电梯的智能控制等。

3. 在产品工艺和质量方面的应用

变频器还广泛用于传动、起重、挤压和机床等各种机械设备控制领域，它可以提高工艺水平和产品质量，减少设备的冲击和噪声，延长设备的使用寿命。采用变频调速控制后，使机械系统简化，操作和控制更加方便，从而提高了整个设备的功能。

4. 在家用电器方面的应用

除了工业相关行业，在普通家庭中，节约电费、提高家电性能、保护环境等方面也受到越来越多的关注，变频家电成为变频器的另一个广阔市场。例如，带有变频控制的冰箱、洗衣机、家用空调等，在节电、减小电压冲击、降低噪声、提高控制精度等方面有很大的优势。

5.2 变频器常用电力电子器件

电力电子器件是组成变频器的关键器件，表 5.1 所示为变频器常用的电力电子器件。

表 5.1 变频器常用的电力电子器件

<table>
<tr><th colspan="2">类型</th><th>器件名称</th><th>简称</th></tr>
<tr><td colspan="2">不可控器件</td><td>电力二极管</td><td>D</td></tr>
<tr><td colspan="2">半控器件</td><td>晶闸管，旧称可控硅</td><td>T,SCR</td></tr>
<tr><td rowspan="5">全控器件</td><td rowspan="2">电流控制器件</td><td>双极型晶体管，电力晶体管</td><td>BJT，GTR</td></tr>
<tr><td>门极可关断晶闸管</td><td>GTO</td></tr>
<tr><td rowspan="3">电压控制器件</td><td>功率场效应晶体管</td><td>P-MOSFET</td></tr>
<tr><td>绝缘栅双极晶体管</td><td>IGBT</td></tr>
<tr><td>集成门极换流晶闸管</td><td>IGCT</td></tr>
<tr><td colspan="2">电力电子模块</td><td>智能功率模块</td><td>IPM</td></tr>
</table>

5.2.1 电力二极管

电力二极管是指可以承受高电压、大电流，具有较大耗散功率的二极管，它与其他电力电子器件相配合，作为整流、续流、电压隔离、钳位或保护元件，在各种变流电路中发挥着重要作用。

1. 电力二极管的结构与伏安特性

电力二极管的内部结构也是一个 PN 结，其面积较大，电力二极管引出两个极，分别称为阳极 A 和阴极 K，如图 5.1 所示。

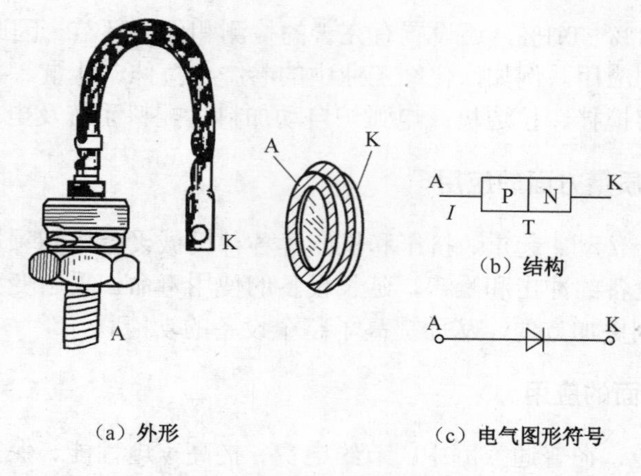

（a）外形　（b）结构　（c）电气图形符号

图 5.1　电力二极管的外形、结构和电气图形符号

电力二极管与普通二极管一样，具有单向导电性。电力二极管的阳极和阴极间的电压和流过管子的电流之间的关系称为伏安特性。其伏安特性曲线如图 5.2 所示。

当从零逐渐增大二极管的正向电压时，开始阳极电流很小，这一段特性曲线很靠近横坐标轴。当正向电压大于 0.5V 时，正向阳极电流急剧上升，二极管正向导通，如果电路中不接限流元件，二极管将被烧毁。

当二极管加上反向电压时，起始段的反向漏电流也很小，而且随着反向电压的增加，反向漏电流只略有增大，但是当反向电压增大到反向不重复峰值电压值时，反向漏电流开始急剧增加。如果对反向电压不加限制，二极管将被击穿而损坏。

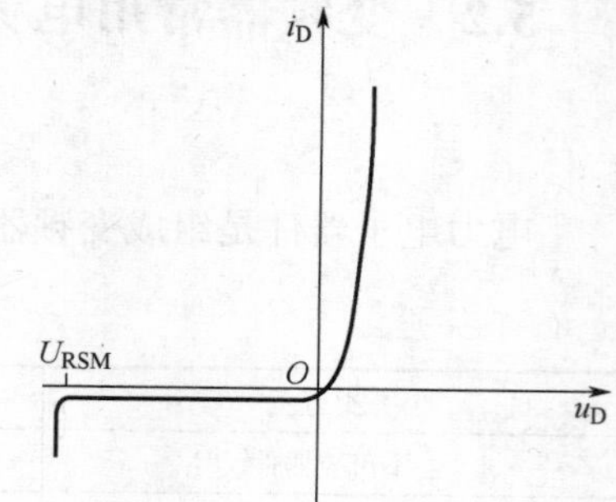

图 5.2　电力二极管的伏安特性曲线

2．电力二极管的主要参数

（1）额定电流（正向平均电流）I_F

额定电流是指在指定的管壳温度和散热条件下，其允许流过的最大工频正弦半波电流的平均值。

I_F 是按照电流的发热效应来定义的，使用时应按有效值相等的原则来选取电流定额，并应留有一定的裕量。

（2）反向重复峰值电压 U_{RRM}

反向重复峰值电压是指对电力二极管所能重复施加的反向最高峰值电压。使用时，应当留有两倍的裕量。

（3）正向平均电压 U_F

正向平均电压是指在指定温度下，流过某一指定的稳态正向电流时对应的正向压降。

（4）最高工作结温 T_{JM}

最高工作结温是指管芯 PN 结的平均温度。T_{JM} 是指在 PN 结不致损坏的前提下所能承受的最高平均温度。T_{JM} 通常在 125～175℃范围之内。

3．电力二极管的参数选择及使用注意事项

1）参数选择

额定正向平均电流 I_F 的选择原则为

$$I_F = (1.5 \sim 2)\frac{I_{DM}}{1.57} \quad (5.1)$$

额定电压 U_{RRM} 的选择原则为

$$U_{RRM} = (2 \sim 3)U_{DM} \quad (5.2)$$

2）电力二极管使用注意事项

必须保证规定的冷却条件，如强迫风冷。如果不能满足规定的冷却条件，必须降低使用的容量。如果规定风冷元件使用在自冷却条件时，只允许用到额定电流的 1/3 左右。平板形元件的散热器一般不应自行拆装。严禁用兆欧表检查元件的绝缘情况。如需检查整机的耐压，应将元件短接。

5.2.2　晶闸管

晶闸管（Silicon Controlled Rectifier，SCR）是硅晶体管的简称，包括普通晶闸管、双向晶闸管、可关断晶闸管、逆导晶闸管和快速晶闸管等。

1．晶闸管的外形及图形符号

晶闸管的种类很多，从外形上看主要有螺栓形和平板形，3 个引出端分别称为阳极 A、阴极 K 和门极 G，如图 5.3 所示。

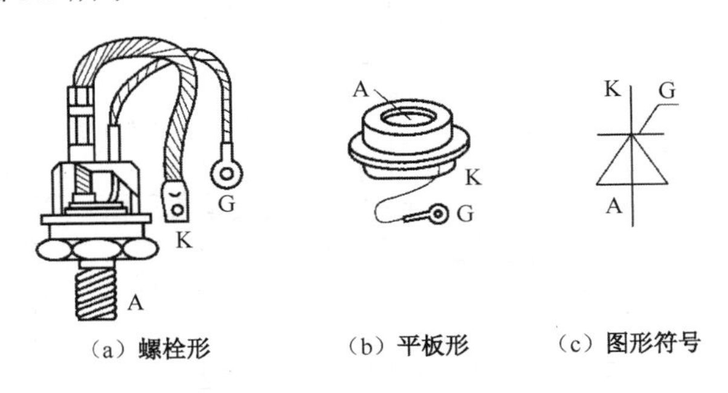

图 5.3　晶闸管的外形及图形符号

2．晶闸管的工作原理

晶闸管是四层（P_1、N_1、P_2、N_2）3 端器件，有 J_1、J_2、J_3 三个 PN 结 ，如图 5.4 所示。晶闸管具有单向导电特性和正向导通的可控性。需要导通时必须同时具备以下两个条件。

（1）晶闸管的阳极、阴极之间加正向电压。

（2）晶闸管的门极、阴极之间加正向触发电压，且有足够的门极电流。

晶闸管承受正向阳极电压时，为使晶闸管从关断变为导通，必须使承受反向电压的 PN 结失去阻断作用。

每个晶体管的集电极电流是另一个晶体管的基极电流。两个晶体管相互复合，当有足够的门极电流 I_g 时，就会形成强烈的正反馈，即

$$I_g \uparrow \to I_{b2} \uparrow \to I_{c2} \uparrow = I_{b1} \uparrow \to I_{c1} \to I_{b2} \uparrow$$

两个晶体管迅速饱和导通，即晶闸管饱和导通。晶闸管一旦导通，门极即失去控制作用，因此门极所加的触发电压一般为脉冲电压。晶闸管从阻断变为导通的过程称为触发导通。要使导通的晶闸管阻断，必须将阳极电流降低到维持电流的临界极限值以下。

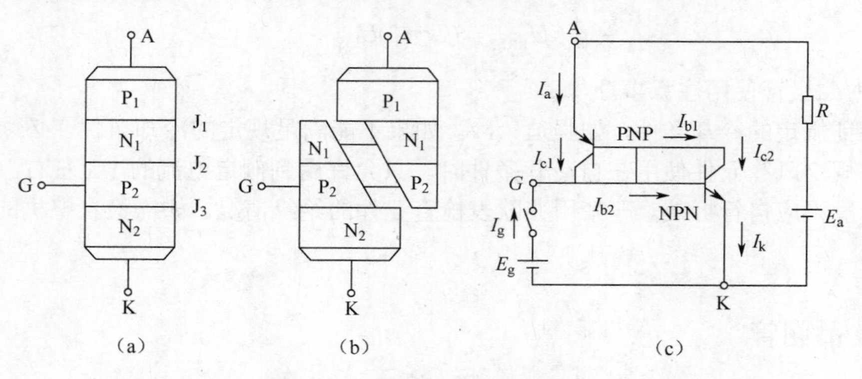

图 5.4　晶闸管的内部工作原理

3．晶闸管的阳极伏安特性

晶闸管的阳极与阴极之间的电压和电流之间的关系，称为阳极伏安特性。其伏安特性曲线如图 5.5 所示。

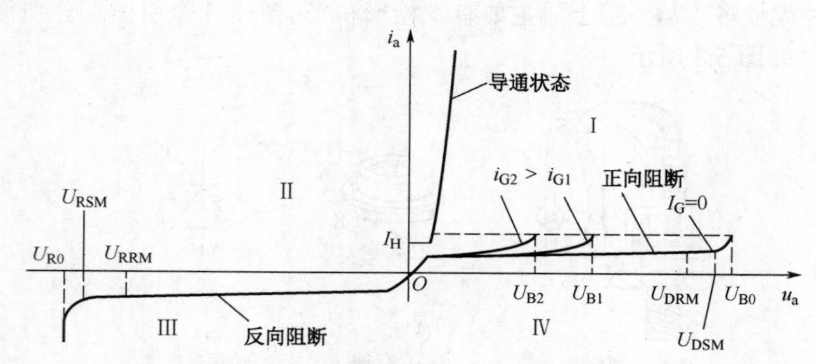

图 5.5　晶闸管的阳极伏安特性曲线

4．晶闸管的参数

（1）通态平均电压 $U_{T(AV)}$

当流过正弦半波的额定电流达到稳定的额定结温时，晶闸管的阳极与阴极之间电压降的平均值称为通态平均电压。

（2）额定电压 U_{TN}

选择时应注意留有充分的裕量，一般应按工作电路中可承受到的通态峰值电压 U_{TM} 的 2～3 倍来选择晶闸管的额定电压，即

$$U_{TN} = (2 \sim 3)U_{TM} \tag{5.3}$$

（3）额定电流 $I_{T(AV)}$

由于晶闸管的过载能力差，在实际应用时额定电流一般取 1.5～2 倍的安全裕量，即

$$I_{T(AV)} = (1.5 \sim 2)I_T / 1.57 \tag{5.4}$$

式中，I_T 为正弦半波电流的有效值。

（4）其他参数

维持电流 I_H：在室温和门极断开时，器件从较大的通态电流降至维持通态所必需的最小电流称为维持电流。一般在十几到几百毫安。

擎住电流 I_L：晶闸管刚从断态转入通态就去掉触发信号，能使器件保持导通所需要的最小阳极电流。对同一晶闸管来说，通常 I_L 为 I_H 的 2～4 倍。

通态浪涌电流 I_{TSM}：由于电路异常情况引起的，并使晶闸管结温超过额定值的不重复性最大正向通态过载电流，用峰值表示。

断态电压临界上升率 du/dt：在额定结温和门极开路情况下，不使器件从断态到通态转换的最大阳极电压上升率称为断态电压临界上升率。

通态电流临界上升率 di/dt：在规定条件下，晶闸管在门极触发导通时所能承受不导致损坏的最大通态电流上升率称为通态电流临界上升率。

5．晶闸管的门极伏安特性及主要参数

（1）门极伏安特性

门极伏安特性是指门极电压与电流的关系，晶闸管的门极和阴极之间只有一个 PN 结，因此电压与电流的关系和普通二极管的伏安特性相似。其伏安特性曲线如图 5.6 所示。

（2）门极主要参数

门极不触发电压 U_{GD} 和门极不触发电流 I_{GD}：不能使晶闸管从断态转入通态的最大门极电压称为门极不触发电压 U_{GD}，相应的最大门极电流称为门极不触发电流 I_{GD}。

门极触发电压 U_{GT} 和门极触发电流 I_{GT}：在室温下，对晶闸管加上一定的正向阳极电压时，使器件从断态转入通态所必需的最小门极电流称为门极触发电流 I_{GT}，相应的最小门极电压称为门极触发电压 U_{GT}。

门极正向峰值电压 U_{GM}、门极正向峰值电流 I_{GM} 和门极峰值功率 P_{GM}：在晶闸管触发过程中，不至于造成门极损坏的最大门极电压、最大门极电流和最大瞬时功率分别称为门极正向峰值电压 U_{GM}、门极正向峰值电流 I_{GM} 和门极峰值功率 P_{GM}。

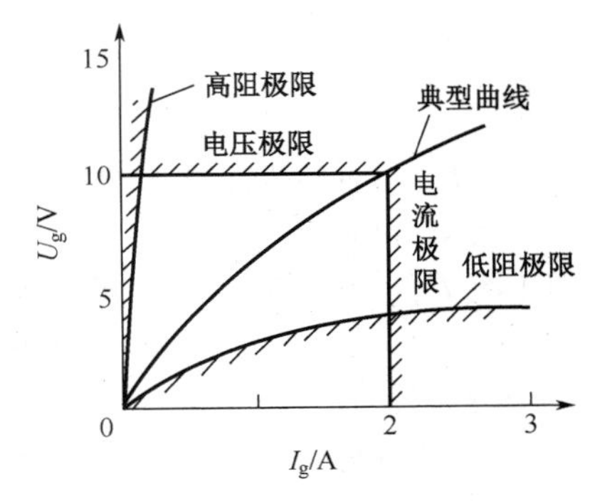

图 5.6　晶闸管门极伏安特性曲线

5.2.3　门极可关断（GTO）晶闸管

门极可关断（Gate Turn-Off，GTO）晶闸管，具有普通晶闸管的全部优点，但它还具有自关断能力，属于全控器件。在质量、效率及可靠性方面有着明显的优势，成为被广泛应用的自关断器件之一。

1．GTO 晶闸管的结构

门极可关断晶闸管的结构与普通晶闸管相似，也为 PNPN 4 层半导体结构、三端（阳极 A、阴极 K、门极 G）器件。其内部结构、等效电路及符号如图 5.7 所示。

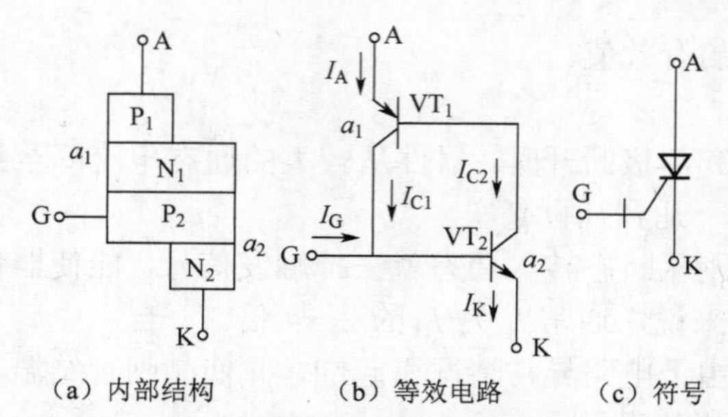

图 5.7　GTO 晶闸管的内部结构、等效电路及符号

由 $P_1N_1P_2$ 和 $N_1P_2N_2$ 构成的两只晶体管 VT_1、VT_2 分别具有共基极电流增益 α_1 和 α_2。$\alpha_1+\alpha_2=1$ 是器件临界导通的条件。

2. GTO 晶闸管的工作原理

当 GTO 晶闸管的阳极加有正向电压，门极加有正向触发电流 I_G 时，通过 $N_1P_2N_2$ 晶体管的放大作用使 I_{C2} 和 I_K 增加，I_{C2} 又作为晶体管 $P_1N_1P_2$ 的基极电流，经晶体管 $P_1N_1P_2$ 放大使 I_{C1} 和 I_A 增加。I_{C1} 又作为 $N_1P_2N_2$ 晶体管的基极电流，使 I_{C2} 和 I_K 进一步增加。增强式强烈的正反馈过程，使 GTO 晶闸管很快饱和导通。

为了表征门极对 GTO 晶闸管关断的控制作用，引入门极控制增益，可表示为

$$\beta=\frac{I_A}{I_G}=\frac{\alpha_2}{1-(\alpha_1+\alpha_2)} \tag{5.5}$$

式中，$I_G<0$时的表示关断增益。

当 GTO 晶闸管已处于导通状态且阳极电流为 I_A 时，对门极加负的关断脉冲，形成$-I_G$，相当于将 I_{C1} 的电流抽出，使 $N_1P_2N_2$ 晶体管的基极电流减少，从而使 I_{C2} 和 I_K 减少，I_{C2} 的减少又使 I_A 减少，也使 I_{C2} 减少，这也是一个正反馈过程，但它是衰减式的。当 I_A 和 I_K 的减少使 $(\alpha_1+\alpha_2)<1$ 时，等效晶体管 $P_1N_1P_2$ 和 $N_1P_2N_2$ 退出饱和，GTO 晶闸管不再满足维持导通的条件，阳极电路很快下降到零而关断。

3. GTO 晶闸管的特性

1）阳极伏安特性

GTO 晶闸管的阳极伏安特性与普通晶闸管相似。其伏安特性曲线如图 5.8 所示。

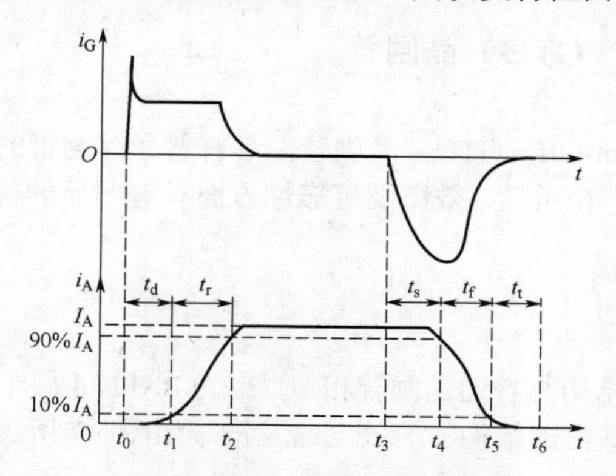

图 5.8　GTO 晶闸管的阳极伏安特性曲线

图 5.8 中 i_G 是门极电流，i_A 是阳极电流，其开通过程与普通晶闸管相似。关断过程是通过在 GTO 晶闸管的门极施加关断脉冲实现的。如果将开通触发时刻定为 t_0，阳极电流上升到稳态电流的 10%时刻定为 t_1，阳极电流上升到稳态电流的 90%时刻定为 t_2，施加关断触发脉冲时刻定为 t_3，阳极电流下降到稳态电流的 10%时刻定为 t_5，阳极电流下降到漏电流时刻定为 t_6。

2）GTO 晶闸管的动态特性

图 5.9 所示为 GTO 晶闸管开通和关断过程中门极电流和阳极电流的波形曲线。

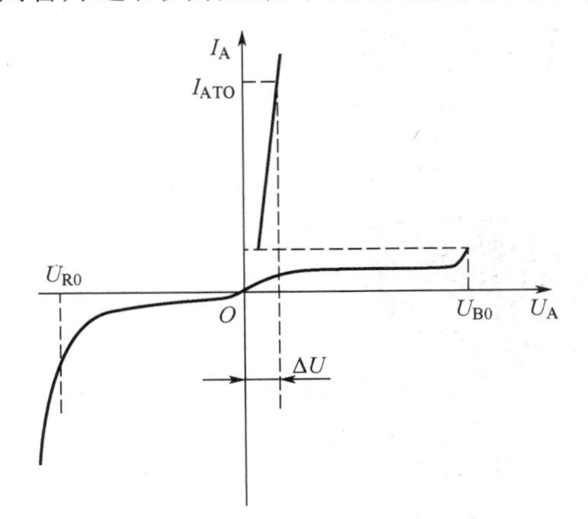

图 5.9　GTO 晶闸管的开通和关断过程中门极、阳极电流波形曲线

4．GTO 晶闸管的主要参数

（1）开通时间 t_{on}

开通时间是指延迟时间与上升时间之和。延迟时间一般为 1～2s，上升时间则随通态阳极电流的增大而增大。

（2）关断时间 t_{off}

关断时间一般指储存时间和下降时间之和，不包括尾部时间。下降时间一般小于 2s。

（3）最大可关断阳极电流 I_{ATO}

通常将最大可关断阳极电流作为 GTO 晶闸管的额定电流。应用中，最大可关断阳极电流还与工作频率、门极负电流的波形、工作温度及电路参数等因素有关，它不是一个固定不变的数值。

（4）关断增益 β_{off}

最大可关断阳极电流 I_{ATO} 与门极负脉冲电流最大值 I_{GM} 之比称为电流关断增益。其表达式为

$$G_{off}=\frac{I_{TGQM}}{\left|I_{GM}\right|} \tag{5.6}$$

关断增益 G_{off} 比晶体管的电流放大系数 β 小得多，一般只有 5 左右。

5.2.4　电力晶体管

电力晶体管（Giant Transistor，GTR）是一种高反压晶体管，具有自关断能力，并有开关

时间短、饱和压降低和安全工作区宽等优点。它被广泛用于交直流电机调速、中频电源等电力变流装置中。

1. GTR 的结构

图 5.10（a）所示为 GTR 的结构示意图。图 5.10（b）所示为 GTR 模块的外形；图 5.10（c）所示为其等效电路。与普通的双极结型晶体管基本原理是一样的，主要特性是耐压高、电流大、开关特性好，通常采用至少由两个晶体管按达林顿接法组成的单元结构，采用集成电路工艺将许多这种单元并联而成。

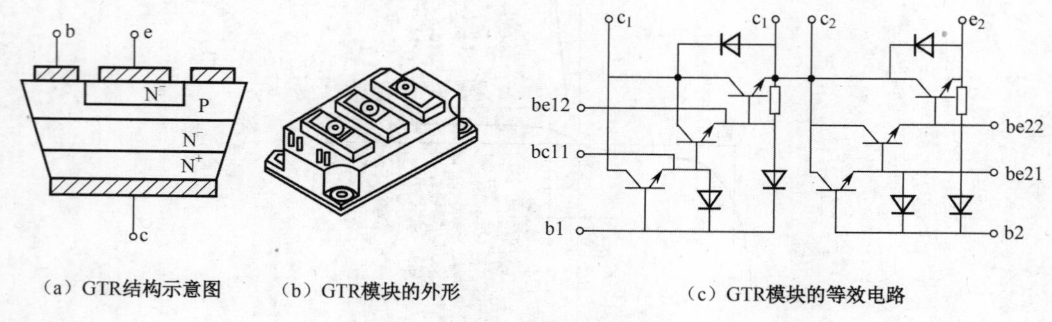

（a）GTR结构示意图　（b）GTR模块的外形　（c）GTR模块的等效电路

图 5.10　GTR 结构模块外形及等效电路

2. GTR 的主要参数

（1）开路阻断电压U_{CEO}

基极开路时，集电极-发射极间能承受的电压值。GTR 的电压定额应满足

$$U_{CEO}>(2\sim3)U_{TM} \tag{5.7}$$

式中，U_{TM}为晶体管所能承受的最高电压。

（2）集电极最大持续电流I_{CM}

当基极正向偏置时，集电极能流入的最大电流。实际应用中按下面标准确定

$$I_{CM}>(2\sim3)I_{CP} \tag{5.8}$$

（3）电流增益 h_{FE}

集电极电流与基极电流的比值称为电流增益，也称为电流放大倍数或电流传输比。

（4）集电极最大耗散功率 P_{CM}

集电极最大耗散功率指 GTR 在最高允许结温时所消耗的功率，它受结温限制，其大小由集电结工作电压和集电极电流的乘积决定。

（5）开通时间 t_{on}

开通时间包括延迟时间 t_d 和上升时间 t_r。

（6）关断时间 t_{off}

关断时间包括存储时间 t_s 和下降时间 t_f。

3. 二次击穿现象

当集电极电压 U_{CE} 逐渐增加到某一数值时，集电结的反向电流 I_C 急剧增加，出现击穿现象。

首次出现的击穿现象称为一次击穿，这种击穿是正常的雪崩击穿。这一击穿可用外接串联电阻的方法加以控制，只要适当限制晶体管的电流（或功耗），流过集电结的反向电流就不会太大，如果进入击穿区的时间不长，一般不会引起 GTR 的特性变坏。但是，一次击穿后若继续增大偏压 U_{CE}，而外接限流电阻又不变，反向电流 I_C 将继续增大，此时若 GTR 仍在工作，GTR 将迅速出现大电流，并在极短的时间使器件内出现明显的电流集中和过热点。电流急剧增长，此现象便称为二次击穿。一旦发生二次击穿，轻者使 GTR 电压降低、特性变差，重者使集电结和发射结熔通，使晶体管被永久性损坏。

4．GTR 的驱动电路模块

1）对驱动电路的要求

（1）驱动电路应对主电路和控制电路有电气隔离作用。

（2）电力晶体管开通时，驱动电流应有足够陡的前沿，并有一定的过冲，以加速开通过程，减小损耗。

（3）功率晶体管导通期间，在任何负载下基极电流都应使晶体管饱和导通，为降低饱和压降，应使晶体管过饱和，而缩短存储时间，应使晶体管临界饱和。两种情况要综合考虑。

（4）关断时，应提供幅值足够大的反向基极电流，并加反偏截止电压，以加快关断速度，减小关断损耗。

（5）驱动电路应有较强的抗干扰能力，并有一定的保护功能。

2）驱动电路的隔离

主电路和控制电路之间的电气隔离一般采用光隔离或磁隔离。常用的光隔离有普通、高速、高传速比几种类型，如图 5.11 所示。

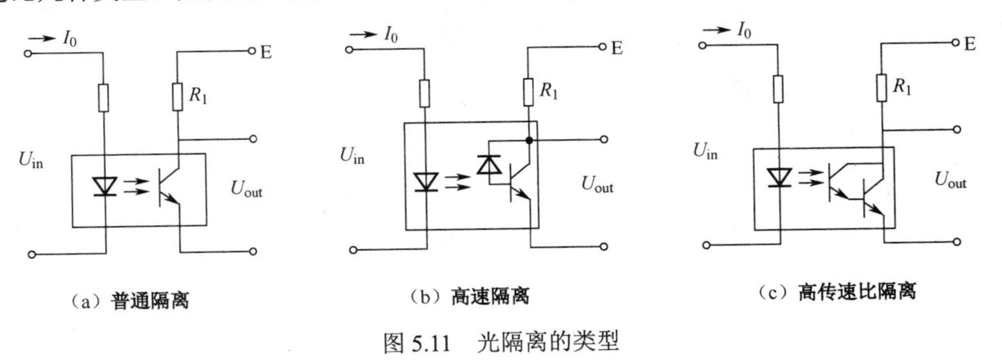

（a）普通隔离　（b）高速隔离　（c）高传速比隔离

图 5.11　光隔离的类型

磁隔离的元件通常是隔离变压器，为避免脉冲较宽时铁芯饱和，通常采用高频调制和解调的方法。

5.2.5　电力场效应晶体管

电力场效应晶体管简称电力 MOSFET（Power MOS Field-Effect Transistor，P-MOSFET），它是对功率小的电力 MOSFET 的工艺结构进行改进，在功率上有所突破的单极性半导体器件，属于电压控制型，具有驱动功率小、控制线路简单、工作频率高的特点。

1．电力场效应管的结构和符号

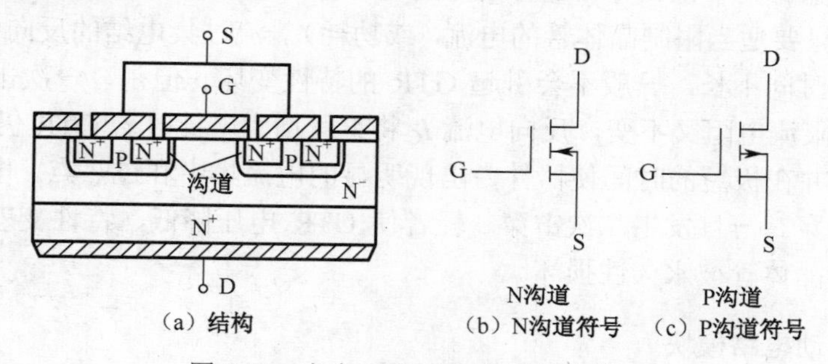

（a）结构　（b）N沟道符号　（c）P沟道符号

图 5.12　电力 MOSFET 的结构和符号

电力 MOSFET 的栅极 G、源极 S 和漏极 D 位于芯片的同一侧，导电沟道平行于芯片表面，是横向导电器件，这种结构限制了它的电流容量。电力 MOSFET 采取两次扩散工艺，并将漏极移到芯片的另一侧表面上，使从漏极到源极的电流垂直于芯片表面流过，这样有利于减小芯片面积和提高电流密度。电力 MOSFET 的导电沟道也分为 N 沟道和 P 沟道。

2．电力场效应管的工作原理

当漏极接电源正极，源极接电源负极，栅-源极之间的电压为零或为负时，P 型区和 N 型漂移区之间的 PN 结反向，漏-源极之间无电流流过。如果在栅极和源极间加正向电压 U_{GS}，由于栅极是绝缘的，不会有电流。但栅极的正电压所形成的电场的感应作用却会将其下面的 P 型区中的少数载流子电子吸引到栅极下面的 P 型区表面。当 U_{GS} 大于某一电压值 U_T 时，栅极下面的 P 型区表面的电子浓度将超过空穴浓度，使 P 型反型成 N 型，沟通了漏极和源极。此时，若在漏极之间加正向电压，则电子将从源极横向穿过沟道，然后垂直（即纵向）流向漏极，形成漏极电流 I_D。电压 U_T 称为开启电压，U_{GS} 超过 U_T 越多，导电能力就越强，漏极电流 I_D 也就越大。

3．电力 MOSFET 的特性

1）转移特性

转移特性是指电力 MOSFET 的输入栅源电压 U_{GS} 与输出漏极电流 i_D 之间的关系，如图 5.13 所示。当 $U_{GS}<U_T$ 时，随着 U_{GS} 增大 i_D 也越大，当 i_D 较大时，i_D 与 U_{GS} 的关系近似于线性，曲线的斜率被定义为跨导 g_m，即

$$g_m = \frac{\Delta i_D}{\Delta U_{GS}} \tag{5.9}$$

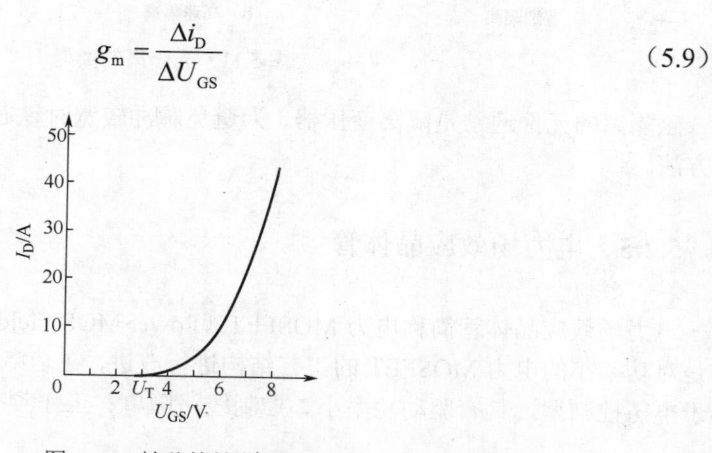

图 5.13　转移特性曲线

2）输出特性

输出特性是指以栅源电压 U_{GS} 为参变量，漏极电流 i_D 与漏源电压 U_{DS} 之间关系的曲线簇，如图 5.14 所示。输出特性分为三个区域：可调电阻区Ⅰ、饱和区Ⅱ和雪崩区Ⅲ。

可调电阻区Ⅰ：在此区间内，器件的阻值是变化的。

饱和区Ⅱ：在此区间内，当 U_{GS} 不变时，i_D 几乎不随 U_{DS} 的增加而增加，近似为 1 常数。

雪崩区Ⅲ：当 U_{DS} 增加到某一数值时，漏极 PN 结反偏电压过高，发生雪崩击穿，漏极电流 i_D 突然增加，造成器件的损坏。使用时应避免出现这种情况。

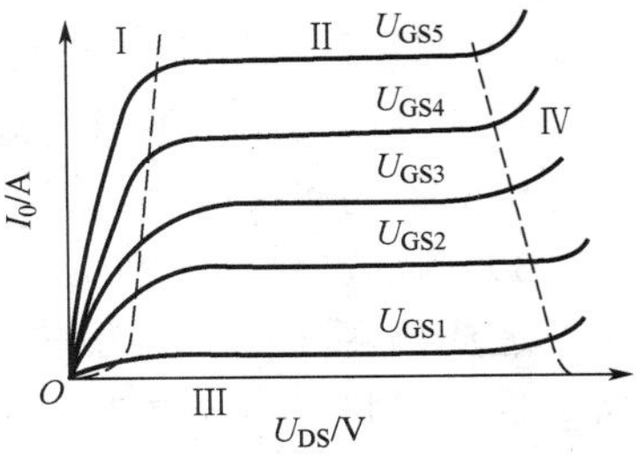

I_0/A　Ⅰ　Ⅱ　Ⅲ　Ⅳ　U_{GS5}　U_{GS4}　U_{GS3}　U_{GS2}　U_{GS1}　O　U_{DS}/V

图 5.14　输出特性曲线

3）开关特性

图 5.15 所示为电力 MOSFET 的测试电路及开关过程波形。

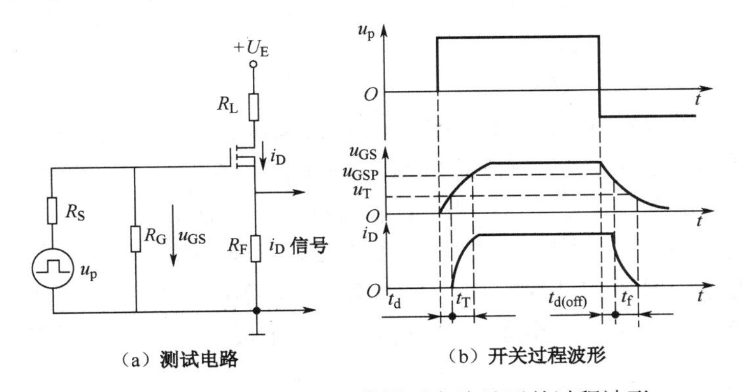

（a）测试电路　　（b）开关过程波形

图 5.15　电力 MOSFET 的测试电路及开关过程波形

图 5.15（a）中，u_p 为栅极控制电压信号源；R_S 为信号源内阻；R_G 为栅极电阻；R_L 为漏源负载电阻；R_F 为检测漏极电流的电阻。图 5.15（b）中，信号源产生阶跃脉冲电压，当其前沿到来时，极间电容 C_{in} 充电，栅源电压 U_{GS} 按指数曲线上升，当 U_{GS} 上升到开启电压 U_T 时，开始出现漏极电流 i_D，从 u_p 前沿到 i_D 出现这段时间称为开通延迟时间 t_d。然后，i_D 随 U_{GS} 增大而上升，U_{GS} 从 U_T 上升到使 i_D 达到稳态值所用时间称为上升时间 t_r，开通时间 t_{on} 表示为

$$t_{on}=t_d+t_r \tag{5.10}$$

当信号源脉冲电压 u_p 下降到零时，电容 C_{in} 通过信号源内阻 R_S 和栅极电阻 R_G 开始放电，U_{GS} 按指数规律下降，当下降到 U_{GSP}，i_D 才开始减小，这段时间称为延迟关断时间 t_s。然后，C_{in} 继续放电，U_{GS} 从 U_{GSP} 继续下降，i_D 减小，到 $u_P<U_T$ 时沟道消失，i_D 下降到零，这段时间称为下降时间 t_f。关断时间 t_{off} 表示为

$$t_{off}=t_s+t_f \tag{5.11}$$

由上述分析可知，电力 MOSFET 的开关时间与电容 C_{in} 的充放电时间常数有很大关系。C_{in} 大小无法改变，但是可以改变信号源内阻 R_S 的值，从而缩短时间常数，提高开关速度。

4．电力 MOSFET 的主要参数

（1）漏源击穿电压 βU_{DS}

漏源击穿电压 βU_{DS} 决定了电力 MOSFET 的最高工作电压，使用时应注意结温的影响。结

温每升高 100℃，βU_{DS} 约增加 10%。

2）漏极连续电流 I_D 和漏极峰值电流 I_{DM}

在器件内部温度不超过最高工作温度时，电力 MOSFET 允许通过的最大漏极连续电流和脉冲电流称为漏极连续电流 I_D 和漏极峰值电流 I_{DM}。当结温高时，应降低电流定额数值使用。

3）栅源击穿电压 βU_{GS}

造成栅源之间绝缘层击穿的电压称为栅源击穿电压 βU_{GS}。栅-源之间绝缘层很薄，当 U_{GS}>20V 时将发生介质击穿。

4）极间电容

电力 MOSFET 的极间电容包括 C_{GS}、C_{DS} 和 C_{GD}。电力 MOSFET 不存在二次击穿问题，这是它的一个优点。漏-源间的耐压、漏极最大允许电流和最大耗散功率决定了电力 MOSFET 的安全工作区。在实际使用中，应注意留有适当的裕量。

5.2.6 绝缘栅双极型晶体管

绝缘栅双极型晶体管（Insulated Gate Bipolar Transistor，IGBT）是 20 世纪 80 年代中期发展起来的一种新型器件。它综合了 GTR 和 MOSFET 的优点，既有 GTR 耐高电压、电流大的特点，又兼有单极型电压驱动器件 MOSFET 输入阻抗高、驱动功率小等优点。目前在 20kHz 及以下中等容量变流装置中得到广泛应用，已取代了 GTR 和功率 MOSFET 的一部分市场，成为中小功率电力电子设备的主导器件。近年来，开发的第三代、第四代 IGBT 可使装置工作频率提高到（50～100）kHz，电压和电流容量进一步提高，大有全面取代上述全控型器件的趋势。

1. IGBT 的结构与基本工作原理

图 5.16 所示为 IGBT 的结构剖面图，其等效电路与图形符号如图 5.17 所示。

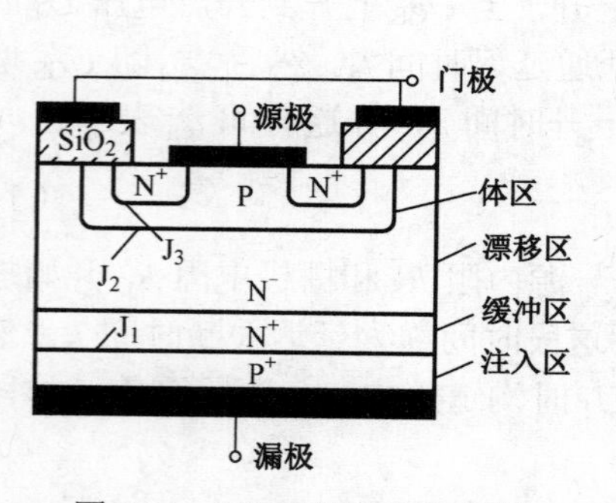

图 5.16 IGBT 的结构剖面图

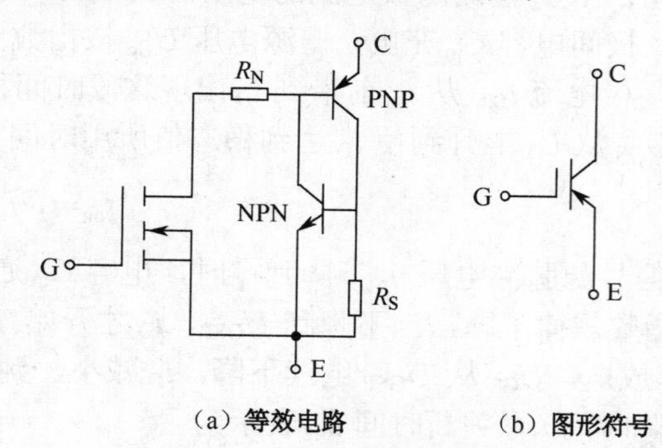

图 5.17 IGBT 等效电路与图形符号

IGBT 是在电力 MOSFET 的基础上增加了一个 P^+ 层，形成 PN 结 J_1，并由此引出集电极 C，其他两个极分别为栅极 G 和发射极 E。IGBT 结构类似于以 GTR 为主导器件、MOSFET 为驱动器件的达林顿结构。

IGBT 的开通和关断是由栅极电压来控制的。当栅极加正电压时，MOSFET 内形成沟道，IGBT 导通；当栅极加负电压时，MOSFET 内的沟道消失，IGBT 关断。

2．IGBT 的静态特性

（1）转移特性

用来描述 IGBT 集电极电流 i_C 与栅-射电压 U_{GE} 之间的关系，如图 5.18（a）所示。它与电力 MOSFET 的转移特性相似。

（2）输出特性

描述以栅射电压为参变量时，集电极电流 i_C 与集射极间电压 U_{CE} 之间的关系，如图 5.18（b）所示。它与 GTR 的输出特性相似，不同的是控制变量：IGBT 为栅射电压 U_{GE}；GTR 为基极电流 i_B。

IGBT 的正向输出特性分为三个区域：正向阻断区、有源区和饱和区。当 $U_{CE}<0$ 时，IGBT 处于反向阻断工作状态，P^+N 处于反偏，无集电极电流出现。与电力 MOSFET 相比，IGBT 的通态压降小得多，1000V 的 IGBT 有 2～5V 的通态压降。

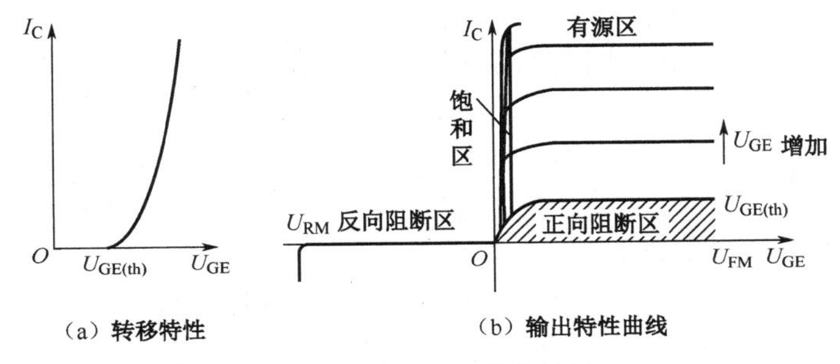

（a）转移特性　　（b）输出特性曲线

图 5.18　IGBT 的静态特性

3．IGBT 的动态特性

IGBT 的动态特性包括开通过程和关断过程，如图 5.19 所示。

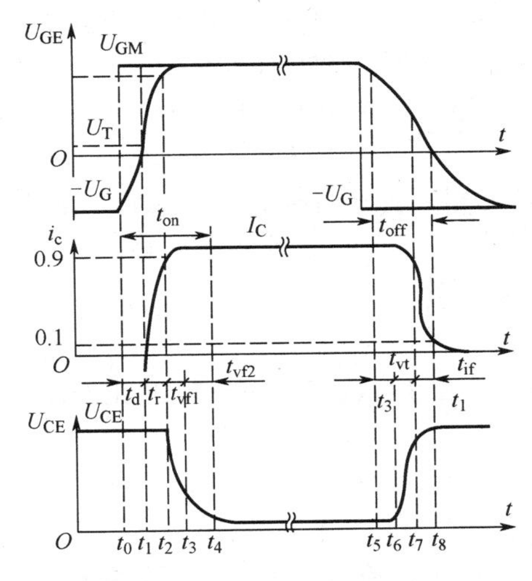

图 5.19　IGBT 的开通过程和关断过程

（1）开通过程

IGBT 的开通过程与功率 MOSFET 的开通过程相类似。

（2）关断过程

要使 IGBT 关断时，给栅极施加反向脉冲电压 $-U_{GM}$。

4．IGBT 的主要参数

（1）集-射极额定电压 U_{CES}

这个电压值是厂家根据器件的雪崩击穿电压而规定的，是栅极-发射极短路时 IGBT 所能承受的电压值。

（2）栅极-发射极额定电压 U_{GES}

IGBT 靠加到栅极的电压信号控制其开通和关断，而 U_{GES} 就是栅极控制信号的额定电压值。目前，IGBT 的 U_{GES} 值大部分为+20V，使用中不能超过该值。

（3）集电极额定电流 I_C

该参数给出了 IGBT 在导通时能流过管子的持续最大电流。

（4）集-射极饱和电压 U_{CEO}

该参数给出 IGBT 在正常饱和导通时集电极-发射极之间的电压降。

（5）开关频率

开关频率是以导通时间 t_{on}、下降时间 t_f 和关断时间 t_{off} 给出的，据此可估计出 IGBT 的开关频率。

5．IGBT 的驱动电路

栅极驱动电路要满足以下要求。

（1）IGBT 对栅极电荷非常敏感，驱动电路必须很可靠；要保证有一个低阻抗值的放电回路。

（2）用内阻小的驱动源对栅极电容充放电，以保证栅极控制电压有足够陡的前后沿，使 IGBT 的开关损耗尽量小。

（3）驱动电路要能传递几十千赫兹的脉冲信号。

（4）驱动电平的选择要综合考虑。应取小一些，一般为 12～15V。

（5）在关断过程中，为尽快抽取 PNP 的存储电荷，应施加一负偏压，一般取-10～-1V。

（6）在大电感负载下，IGBT 的开关时间不能太短。

（7）由于 IGBT 在电力电子设备中多用于高压场合，因此驱动电路与控制电路在电位上应严格隔离。

（8）栅极驱动电路应简单实用，其自身带有对 IGBT 的保护功能，有较强的抗干扰能力。

5.2.7 集成门极换流晶闸管

集成门极换流晶闸管（Integrated Gate Commutated Thyristor，IGCT）是 1996 年问世的一种新型半导体开关器件。

1．IGCT 的结构

IGCT 是将门极驱动电路与门极换流晶闸管（GCT）集成为一个整体形成的。门极换流晶闸管（GCT）是基于 GTO 晶闸管结构的一种新型电力半导体器件，它不仅有与 GTO 晶闸管相同的高阻断能力和低通态压降，而且有与 IGBT 相同的开关性能，即它是 GTO 晶闸管和 IGBT 相互取长补短的结果，是一种较理想的兆瓦级、中压开关器件，非常适用于 6kV 和 10kV 的中压开关电路。图 5.20 所示为 IGCT 的原理框图和图形符号。

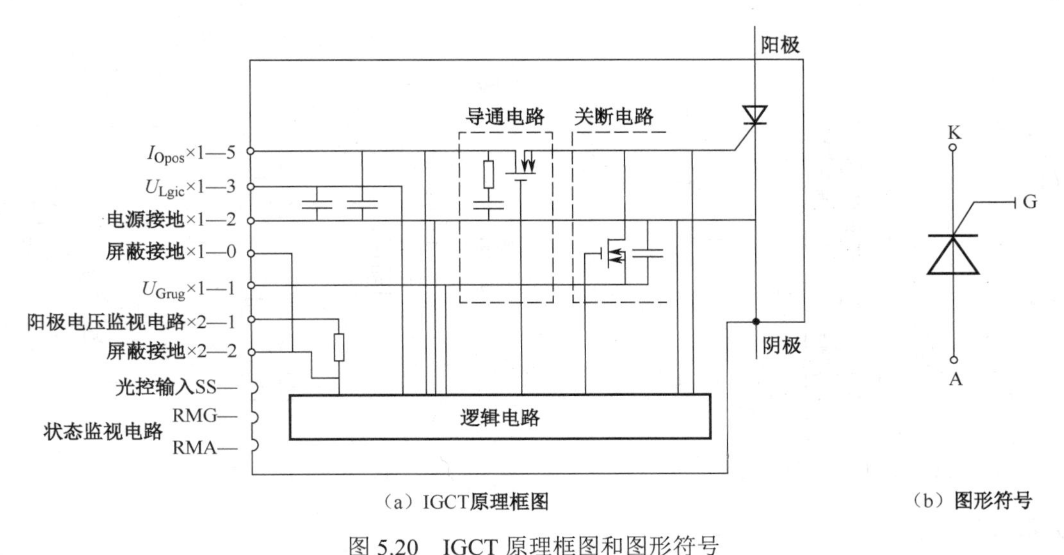

（a）IGCT原理框图　　（b）图形符号

图 5.20　IGCT 原理框图和图形符号

IGCT 和 GTO 晶闸管相比，IGCT 的关断时间降低了 30%，功耗降低了 40%。IGCT 不需要吸收电路，IGCT 在使用时只需将它连接到一个 20V 电源和一根光纤上就可以控制它的导通和关断。

2．IGCT 的特点

IGCT 具有快速开关功能、具有导电损耗低的特点，在各种高电压、大电流应用领域中的可靠性更高。IGCT 装置中的所有元件装在紧凑的单元中，降低了成本。IGCT 采用电压源型逆变器，与其他类型变频器的拓扑结构相比，结构更简单，效率更高。

优化的技术只需更少的器件，相同电压等级的变频器采用 IGCT 的数量只需低压 IGBT 的 1/5。并且，由于 IGCT 损耗很小，所需的冷却装置较小，因而内在的可靠性更高，更少的器件还意味着更小的体积。因此，使用 IGCT 的变频器比使用 IGBT 的变频器简洁、可靠性高。

尽管 IGCT 变频器不需要限制的缓冲电路，但是 IGCT 本身不能控制 du/dt（这是 IGCT 的主要缺点），所以为了限制短路电流上升率，在实际电路中常串入适当电抗。

5.2.8　智能功率模块

智能功率模块（Intelligent Power Module，IPM）是一种混合集成电路，是 IGBT 智能化功率模块的简称。它以 IGBT 为基本功率开关器件，将驱动、保护和控制电路的多个芯片通过焊丝（或铜带）连接，封入同一模块中，形成具有部分或完整功能的、相对独立的单元。例如，构成单相或三相逆变器的专用模块，适用于电动机变频调速装置。

1．IPM 的结构

图 5.21 所示为内部只有一支 IGBT 的 IPM 产品的内部框图，模块内部主要包括欠压保护电路、IGBT 驱动电路、过流保护电路、短路保护电路、温度传感器及过热保护电路、门电路和 IGBT。

图 5.22 所示为另一种内部带有制动电路和两个 IGBT 的半桥式 IPM 模块内部结构。IPM 模块内部结构大体相同，都是集功率变换、驱动及保护电路于一体。使用时，只需为各桥臂提供开关控制信号和驱动电源，特别适用于正弦波输出的变压变频（VVVF）式变频器中。

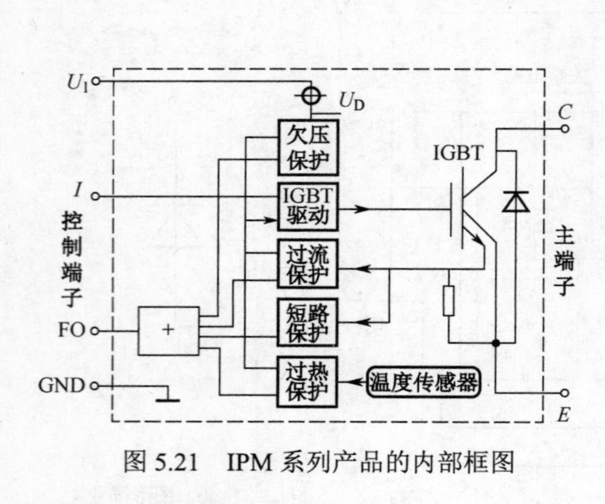

图 5.21 IPM 系列产品的内部框图

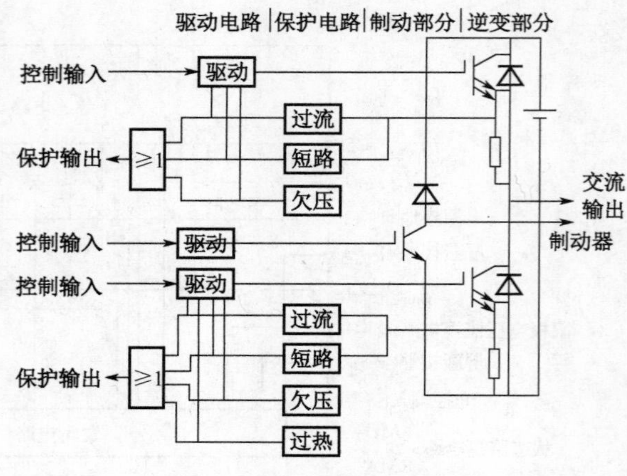

图 5.22 IPM 模块内部结构

2. IPM 的特点

IPM 内含驱动电路，可以按最佳的 IGBT 驱动条件进行设定；IPM 内含过电流保护、短路保护，使检测功耗小、灵敏准确；IPM 内含欠电压保护，当控制电源电压小于规定值时进行保护；IPM 内含过热保护，可以防止 IGBT 和续流二极管过热；IPM 还内含制动电路。由于 IPM 模块内部具有多种保护功能，即便是内部的 IGBT 元件承受过大的电流、电压，IPM 模块也不会被损坏。所以使用 IPM 模块，不但可以提高系统的可靠性，而且可以实现系统小型化，缩短设计时间。

5.3 交-直-交变频技术

交-直-交变频器（Variable Voltage Variable Frequency，VVVF 电源）是由 AC/DC、DC/AC 两类基本的变流电路组合形成的，又称为间接交流变流电路，最主要的优点是输出频率不再受输入电源频率的制约。现在使用的变频器绝大多数是交-直-交变频器，交-直-交变频器的主电路如图 5.23 所示。由图可知，主电路包括 3 个组成部分：整流电路、中间电路和逆变电路。

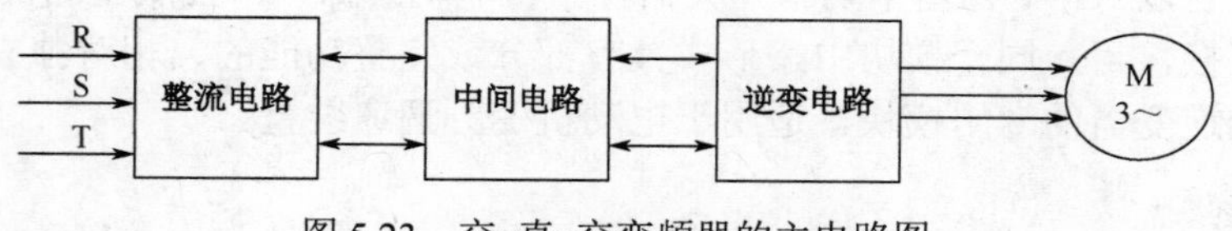

图 5.23 交-直-交变频器的主电路图

5.3.1 整流电路

整流电路的功能是将交流电转换为直流电。整流电路按照使用的器件不同分为不可控整流电路和可控整流电路。

1. 不可控整流电路

不可控整流电路使用的器件是功率二极管，不可控整流电路按照输入交流电源的相数不同分为单相整流电路、三相整流电路和多相整流电路。下面以变频器中应用最多的三相整流电路为例说明其工作原理。

图 5.24 所示为三相桥式整流电路，为分析电路工作原理方便，以负载电阻为例。

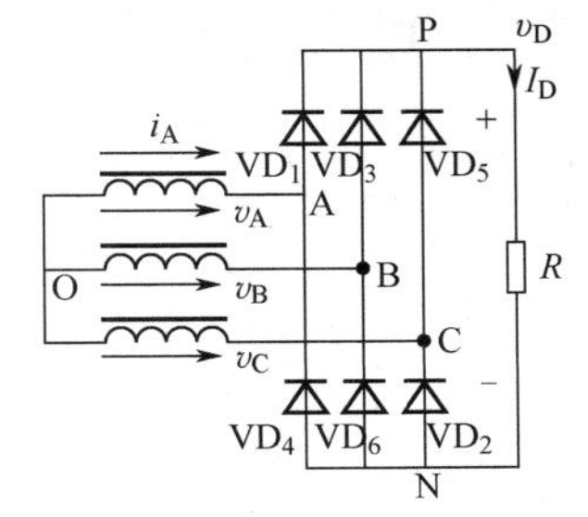

图 5.24　三相桥式整流电路

三相桥式整流电路共有 6 只整流二极管，其中 VD_1、VD_3、VD_5 三只管子的阴极连接在一起，称为共阴极组；VD_4、VD_6、VD_2 三只管子的阳极连接在一起，称为共阳极组。

三相对称交流电压 V_A、V_B、V_C 的波形如图 5.25（a）所示，V_A、V_B、V_C 接入电路后，共阴极组的哪只二极管阳极电位最高，哪只二极管就优先导通；共阳极组的哪只二极管阴极电位最低，哪只二极管就优先导通。同一时间内只有 2 只二极管导通，即共阴极组的阳极电位最高的二极管和共阳极组的阴极电位最低的二极管构成导通回路，其余 4 只二极管承受反向电压而截止。在三相交流电压自然换相点换相导通。

把三相交流电压波形在一个周期内 6 等分，如图中 ωt_1、ωt_2、…、ωt_6 所示。在 0～ωt_1 期间，电压 $V_C>V_A>V_B$，因此电路中 C 点电位最高，B 点最低，于是 VD_5 和 VD_6 先导通，负载电阻上的电压 $V_D=V_{CB}$。

在自然换相点 ωt_1 之后，电压 $V_A>V_C>V_B$，于是二极管 VD_5 和 VD_1 换相，负载电阻上的电压 $V_D=V_{AB}$。

在自然换相点 ωt_2 之后，电压 $V_A>V_B>V_C$，二极管 VD_1 和 VD_2 导通，其余截止，负载电阻上的电压 $V_D=V_{AC}$。

以此类推，得到电压波形如图 5.25（b）所示。共阴极组三只二极管 VD_1、VD_3、VD_5 在 ωt_1、ωt_3、ωt_5 换流导通；共阳极组三只二极管 VD_2、VD_4、VD_6 在 ωt_2、ωt_4、ωt_6 换流导通。一个周期内，每只二极管导通 1/3 周期，即导通角为 120°。

通过计算可得到负载电阻R上的平均电压为

$$U_d=2.34U_2 \tag{5.12}$$

式中，U_2 为相电压的有效值。

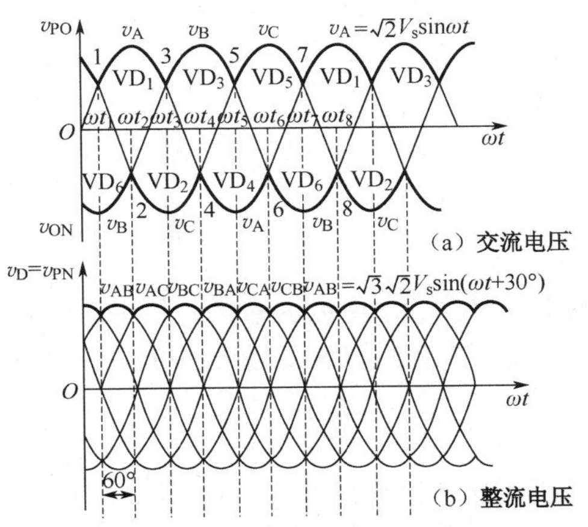

图 5.25　三相桥式整流电路的电压波形

2．可控整流电路

三相桥式全控整流电路应用最为广泛，将三相桥式整流电路中的二极管换成晶闸管，就成为三相桥式全控整流电路，如图 5.26 所示。

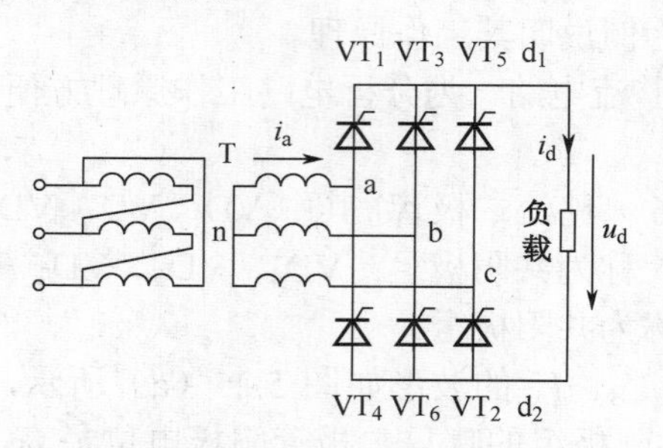

图 5.26　三相桥式全控整流电路

其中 3 个晶闸管（VT_1、VT_3、VT_5）连接在一起组成共阴极组，3 个晶闸管（VT_4、VT_6、VT_2）连接在一起组成共阳极组。

当 $\alpha=0°$ 时，三相交流电源电压 u_a、u_b、u_c 正半波的自然换相点为 1、3、5，负半波的自然换相点为 2、4、6。根据晶闸管的导通条件，当晶闸管阳极承受正向电压时，在它的门极和阴极两端也加正的触发电压，晶闸管才能导通。因此我们让触发电路先后向各自所控制的 6 个晶闸管的门极（对应自然换相点）输出触发脉冲，即在三相电源电压正半波的 1、3、5 点向共阴极组晶闸管 VT_1、VT_3、VT_5 输出触发脉冲；在三相电源电压负半波的 2、4、6 点向阳极组晶闸管 VT_4、VT_6、VT_2 输出触发脉冲，负载上所得到的整流输出电压 u_d 波形如图 5.27 所示。图 5.27 为由三相电源线电压 u_{ab}、u_{ac}、u_{bc}、u_{ba}、u_{ca} 和 u_{cb} 的正半波所组成的包络线。

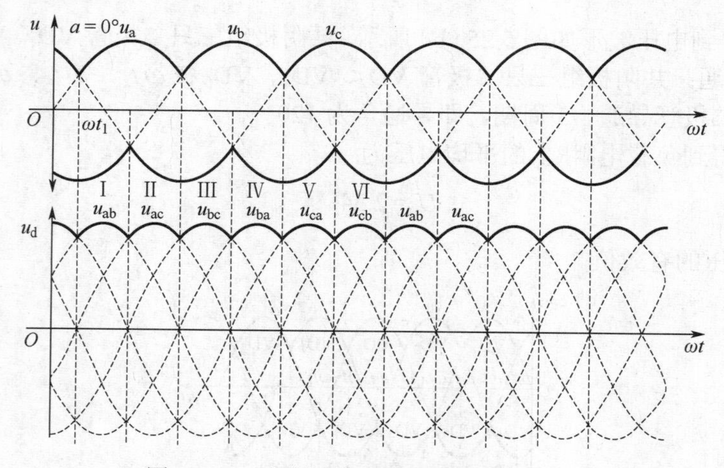

图 5.27　三相桥式全控整流电路电压波形

在 ωt_1～ωt_2 区间，a 点电位最高，b 点电位最低，此时共阴极组的 VT_1 和共阳极组的 VT_6 同时被出发导通。电流由 a 相经 VT_1 流向负载，又经 VT_6 流入 b 相。整流输出电压为

$$u_d=u_a-u_b=u_{ab} \tag{5.13}$$

经 60° 后进入 ωt_2～ωt_3 区间，a 点电位仍然最高，所以 VT_1 继续导通，但 c 相晶闸管 VT_2 的阴极电位变为最低。在 ωt_2 时刻，VT_2 导通而 VT_6 截止。整流输出电压为

$$u_d = u_a - u_c = u_{ac} \quad (5.14)$$

再经 60° 后进入 $\omega t_3 \sim \omega t_4$ 区间，b 点电位最高，在 ωt_3 时刻，VT_3 导通，c 相晶闸管 VT_2 的阴极电位变仍然最低，整流输出电压为

$$u_d = u_b - u_c = u_{bc} \quad (5.15)$$

其他区间以此类推，并具有以下控制原则。

（1）三相全控桥整流电路任一时刻必须有两只晶闸管同时导通，才能形成负载电流，其中一只在共阳极组，另一只在共阴极组。

（2）整流输出电压 u_d 波形是由电源线电压 u_{ab}、u_{ac}、u_{bc}、u_{ba}、u_{ca} 和 u_{cb} 的轮流输出所组成的。晶闸管的导通顺序为：（VT_6 和 VT_1）→（VT_1 和 VT_2）→（VT_2 和 VT_3）→（VT_3 和 VT_4）→（VT_4 和 VT_5）→（VT_5 和 VT_6）。

（3）6 只晶闸管中每管导通 120°，每间隔 60° 有一只晶闸管换流。

（4）触发方式：可采用单宽脉冲触发，也可采用双窄脉冲触发。

5.3.2　中间电路

变频器的中间电路有滤波电路和制动电路等不同的形式。

1. 滤波电路

虽然利用整流电路可以从电网的交流电源得到直流电压或直流电流，但是这种电压或电流含有频率为电源频率 6 倍的纹波，则逆变后的交流电压、电流也产生纹波。因此，必须对整流电路的输出进行滤波，以减少电压或电流的波动，这种电路称为滤波电路。

（1）电容滤波

通常用大容量电容对整流电路输出电压进行滤波。由于电容量比较大，一般采用电解电容。

二极管整流器在电源接通时，电容中将流过较大的充电电流（也称浪涌电流），有可能烧坏二极管，必须采取相应措施。图 5.28 为几种抑制浪涌电流的方式。

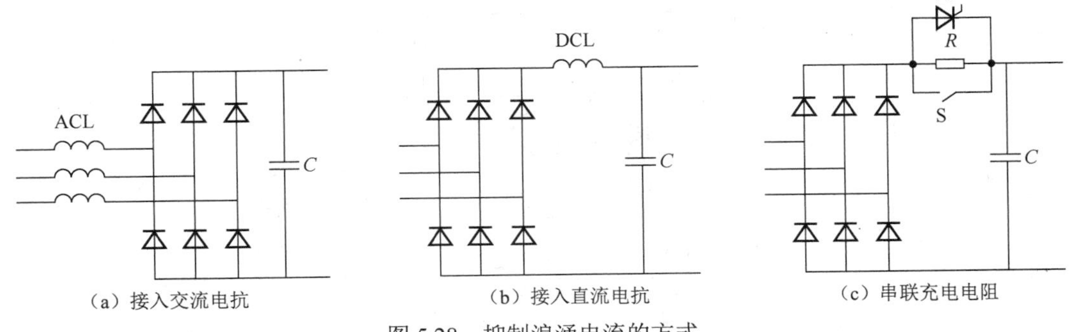

（a）接入交流电抗　（b）接入直流电抗　（c）串联充电电阻

图 5.28　抑制浪涌电流的方式

采用大电容滤波后再送给逆变器，这样可使加于负载上的电压值不受负载变动的影响，基本保持恒定。该变频电源类似于电压源，因而称为电压型变频器。电压型变频器的电路框图如图 5.29 所示。

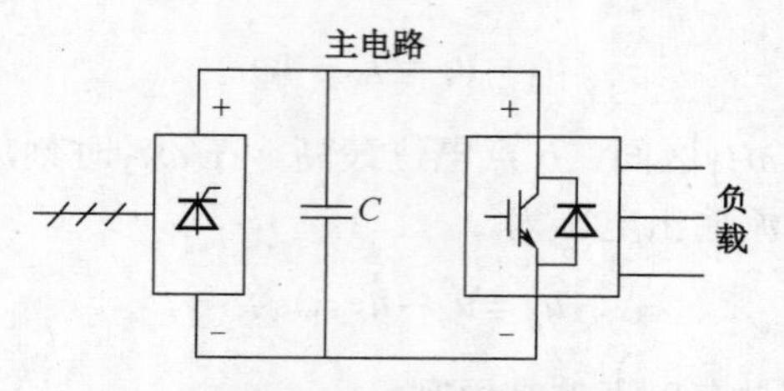

图 5.29　电压型变频器的电路框图

（2）电感滤波

采用大容量电感对整流电路输出电流进行滤波称为电感滤波。由于经电感滤波后加于逆变器的电流值稳定不变，所以输出电流基本不受负载的影响，电源外特性类似电流源，因而称为电流型变频器。图 5.30 所示为电流型变频器的电路框图。

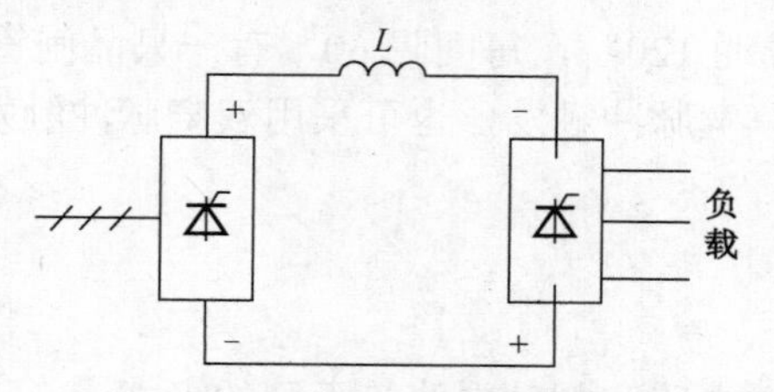

图 5.30　电流型变频器的电路框图

2．制动电路

利用设置在直流回路中的制动电阻吸收电动机的再生电能的方式称为动力制动或再生制动。图 5.31 为制动电路的原理图。制动电路介于整流器和逆变器之间，图中的制动单元包括晶体管 VT_B、二极管 VD_B 和制动电阻 R_B。如果回馈能量较大或要求强制动，还可以选用接于 H、G 两点上的外接制动电阻 R_{EB}。

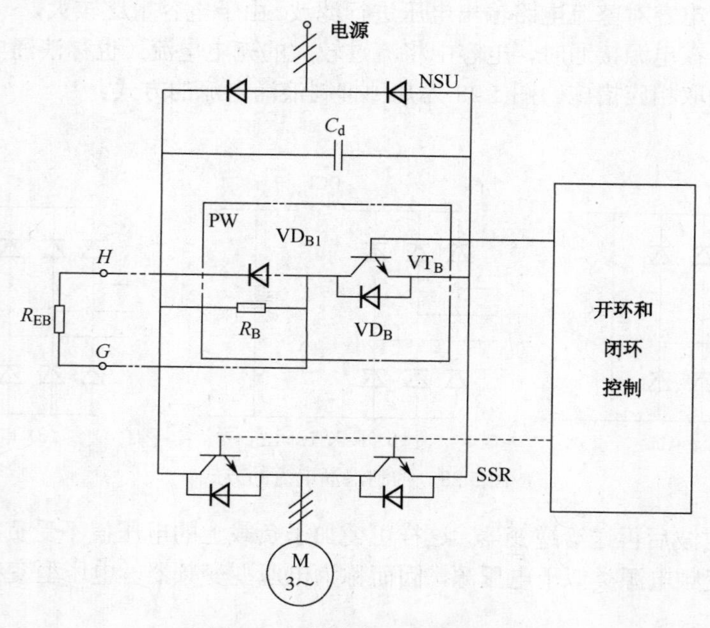

图 5.31　制动电路的原理图

5.3.3 逆变电路

1．逆变电路的工作原理

逆变电路也称为逆变器，图 5.32 所示为单相桥式逆变器，4 个桥臂由开关构成，输入直流电压 E，逆变器负载是电阻 R。当将开关 S_1、S_4 闭合，S_2、S_3 断开时，电阻上得到左正右负的电压；间隔一段时间后将开关 S_1、S_4 打开，S_2、S_3 闭合，电阻上得到右正左负的电压。我们以频率 f 交替切换 S_1、S_4 和 S_2、S_3，在电阻上就可以得到图 5.33 所示的电压波形。

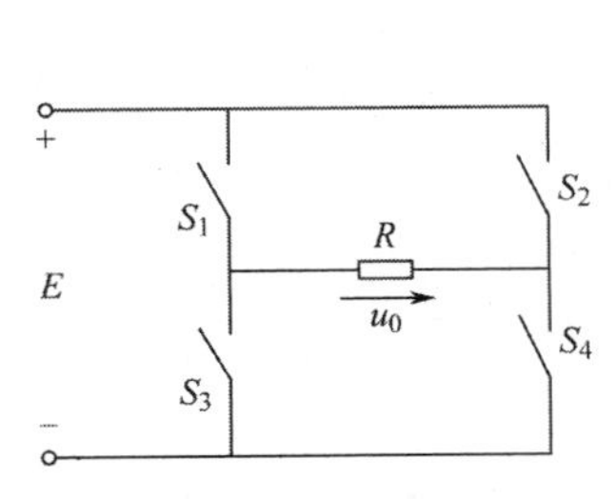

图 5.32 单相桥式逆变电路

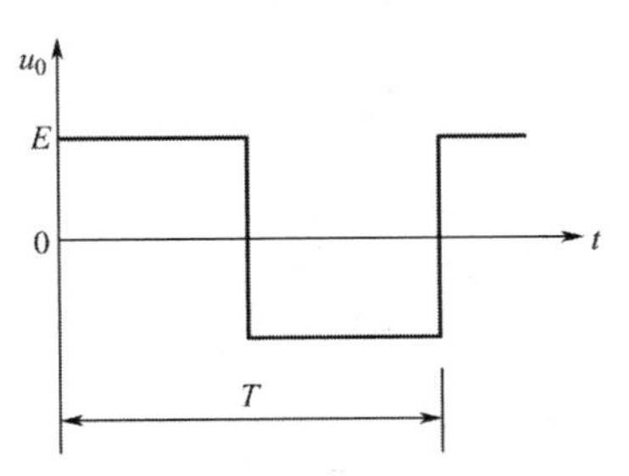

图 5.33 单相桥式逆变电路电压波形

2．逆变电路的基本形式

（1）半桥逆变电路

图 5.34 所示为半桥逆变电路原理图，直流电压 U_d 加在两个串联的足够大的电容两端，并使得两个电容的连接点为直流电源的中点，即每个电容上的电压为 $U_d/2$。由两个导电臂交替工作使负载得到交变电压和电流，每个导电臂由一个功率晶体管与一个反并联二极管所组成。

电路工作时，两个电力晶体管 VT_1、VT_2 基极加交替正偏和反偏的信号，两者互补导通与截止。若电路负载为感性，其工作波形如图 5.35 所示，输出电压为矩形波，幅值为 $U_d/2$。负载电流 i_o 波形与负载阻抗角有关。当 VT_1、VT_2 导通时，负载电流与电压同方向，直流侧向负载提供能量；而当 VD_1、VD_2 导通时，负载电流与电压反方向，负载中电感的能量向直流侧反馈，反馈回的能量暂时存储在直流侧电容器中，电容器起缓冲作用。

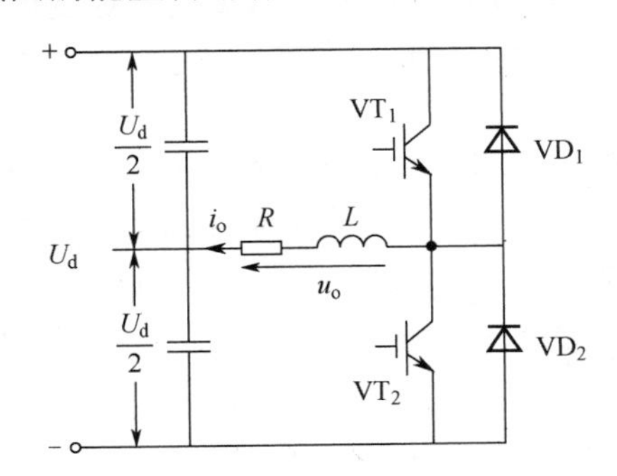

图 5.34 半桥逆变电路的原理图

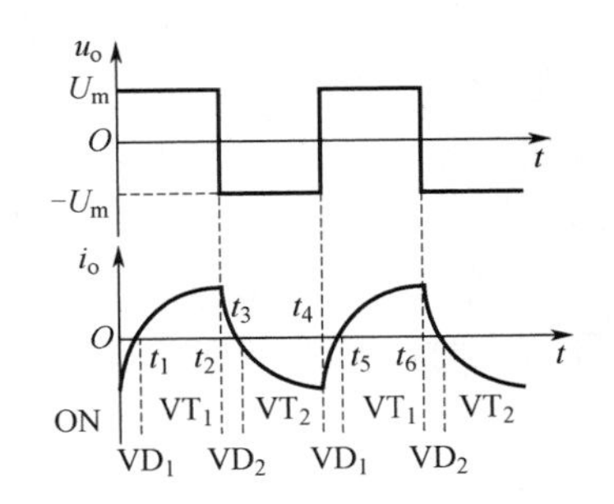

图 5.35 半桥逆变电路工作波形

（2）全桥逆变电路

全桥逆变电路原理如图 5.36 所示。直流电压 U_d 接有大电容 C，电路中的 4 个桥臂，桥臂 1、4 和桥臂 2、3 组成两对，工作时，设 t_2 时刻之前 VT_1、VT_4 导通，负载上的电压极性为左正右负，负载电流 i_o 由左向右。t_2 时刻给 VT_1、VT_4 加关断信号，给 VT_2、VT_3 导通信号，则

VT_1、VT_4关断，但感性负载中的电流 i_o 方向不能突变，于是 VD_2、VD_3导通续流，负载两端电压的极性为右正左负。当 t_3时刻 i_o降至零时，VD_2、VD_3截止，VT_2、VT_3导通，i_o开始反向。同样在 t_4时刻给 VT_2、VT_3加关断信号，给 VT_1、VT_4导通信号后，VT_2、VT_3关断，i_o方向不能突变，由 VD_1、VD_4导通续流。t_5时刻 i_o降至零时，VD_1、VD_4截止，VT_1、VT_4导通，i_o反向，如此反复循环，两对交替各导通 180°。其输出电压 u_O 和负载电流 i_o 如图 5.37 所示。

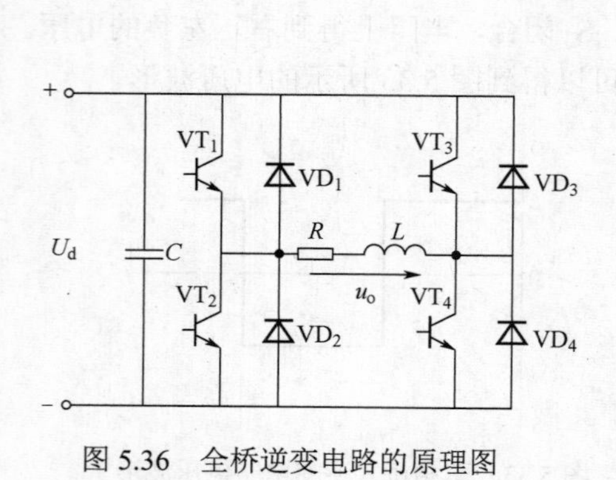

图 5.36　全桥逆变电路的原理图

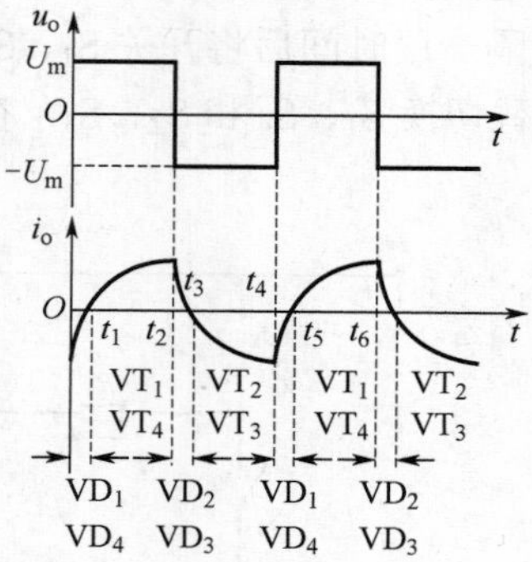

图 5.37　全桥逆变电路工作波形

5.3.4　SPWM 控制技术

1．概述

脉幅调制（Pulse Amplitude Modulation，PAM）型，是一种改变电压源的电压 U_d 或电流源的电流 I_d 的幅值，进行输出控制的方式。

脉宽调制（Pulse Width Modulation，PWM）型，是靠改变脉冲宽度来控制输出电压，通过改变调制周期来控制其输出频率。

2．SPWM 控制的基本原理

正弦波脉宽调制（Sinusoidal PWM，SPWM）型，SPWM 控制方式就是对逆变电路开关器件的通断进行控制，使输出端得到一系列幅值相等而宽度不等的脉冲，用这些脉冲来代替正弦波所需要的波形。

采样控制理论有这样一个结论：冲量相等而形状不同的窄脉冲加在具有惯性的环节上时，其效果基本相同。冲量是指窄脉冲的面积，效果基本相同是指环节的输出响应波形基本相同。例如，图 5.38 所示的三种窄脉冲形状不同，但面积相同（假如都等于 1）。当它们分别加在同一个惯性环节上时，其输出响应基本相同，且脉冲越窄，其输出差异越小。

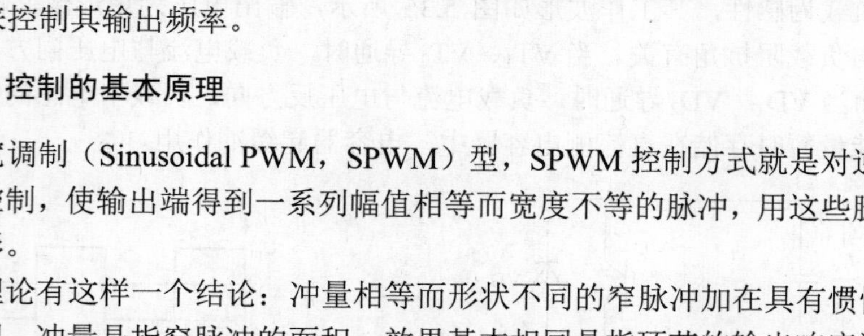

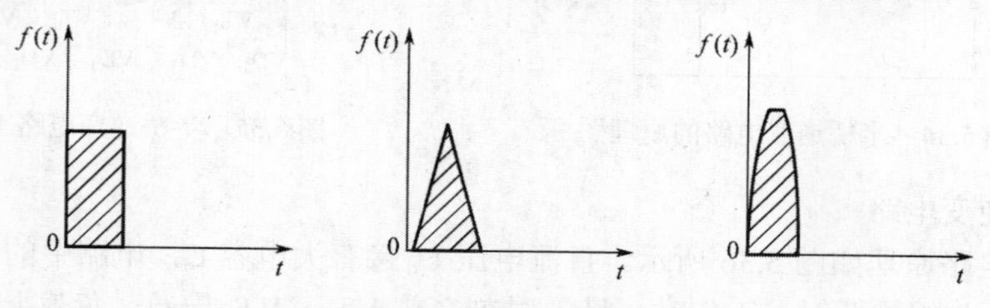

图 5.38　冲量相等形状不同的三种窄脉冲

根据上述理论，正弦波可用一系列等幅不等宽的脉冲来代替，如图 5.39 所示。

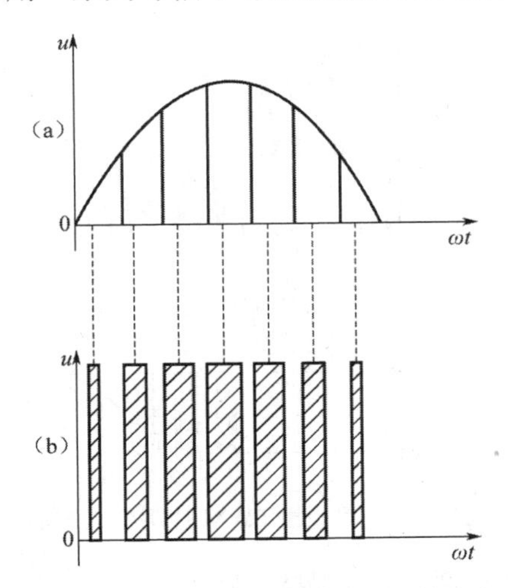

图 5.39　PWM 控制的基本原理示意图

用一系列等幅不等宽的脉冲来代替一个正弦半波，将正弦半波 N 等分，可看成 N 个彼此相连的脉冲序列，宽度相等，但幅值不等，用矩形脉冲代替，等幅，不等宽，中点重合，面积（冲量）相等，宽度按正弦规律变化。

SPWM 波形就是脉冲宽度按正弦规律变化而和正弦波等效的 PWM 波形，要改变等效输出正弦波幅值，按同一比例改变各脉冲宽度即可。

图 5.40 所示为单相桥式 PWM 逆变电路，负载为电感性，功率晶体管作为开关器件，控制方法为：在正半周期，让晶体管 VT_2、VT_3 一直处于截止状态，而让 VT_1 一直保持导通，晶体管 VT_4 交替通断。当 VT_1 和 VT_4 都导通时，负载上所加的电压为直流电源电压 U_d。当 VT_1 导通而使 VT_4 关断时，由于电感性负载中的电流不能突变，负载电流将通过二极管 VD_3 续流，忽略晶体管和二极管的导通压降，负载上所加电压为零。这样输出到负载上的电压就有零和 U_d 两种电平。同样，在负半周期，让晶体管 VT_1、VT_4 一直处于截止状态，而让 VT_2 一直保持导通，晶体管 VT_3 交替通断。当 VT_2 和 VT_3 都导通时，负载上所加的电压为直流电源电压$-U_d$，当 VT_3 关断时，VD_4 续流，负载电压为零。因此在负载上可以得到$-U_d$ 和零两种电平。

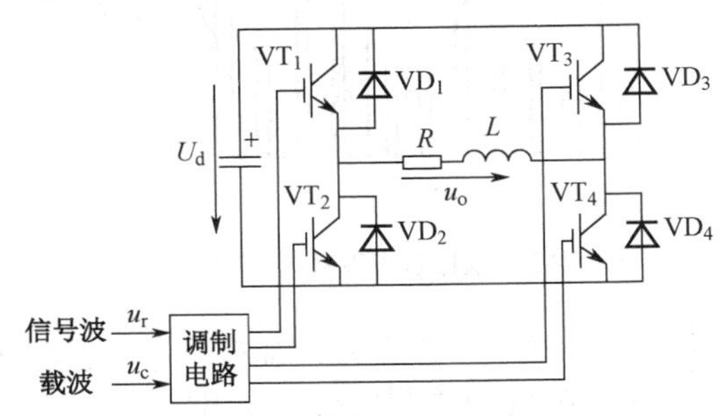

图 5.40　单相桥式 PWM 逆变电路

3．SPWM 逆变电路的控制方式

1）单极性方式

单极性控制方式波形如图 5.41 所示，载波 u_c 在调制信号波 u_r 的正半周为正极性的三角波，在负半周为负极性的三角波。

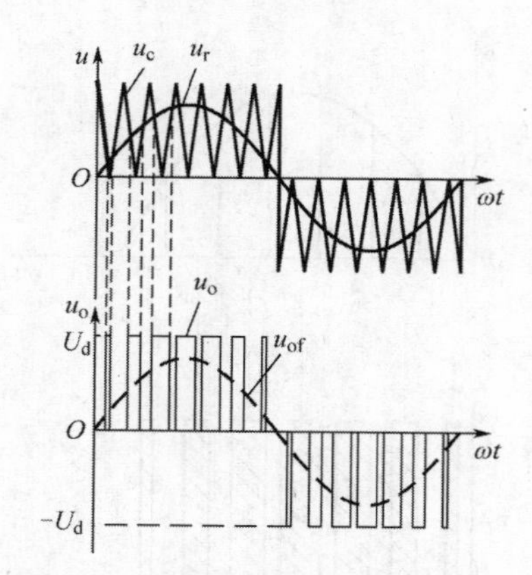

图 5.41　单极性 PWM 控制方式波形

在 u_r 的正半周，VT_1 保持导通，VT_2 保持关断，当 $u_r>u_c$ 时使 VT_4 导通，VT_3 关断，$u_o=U_d$；当 $u_r<u_c$ 时使 VT_4 关断，VT_3 导通，$u_o=0$。在 u_r 的负半周，VT_1 保持关断，VT_2 保持导通，当 $u_r<u_c$ 时使 VT_4 关断，VT_3 导通，$u_o=U_d$，当 $u_r>u_c$ 时使 VT_4 导通，VT_3 关断，$u_o=0$。

2）双极性方式

双极性控制方式波形如图 5.42 所示，在 u_r 的半个周期内，三角波载波是在正负两个方向变化的，所得到的 PWM 波形也是在两个方向变化的。

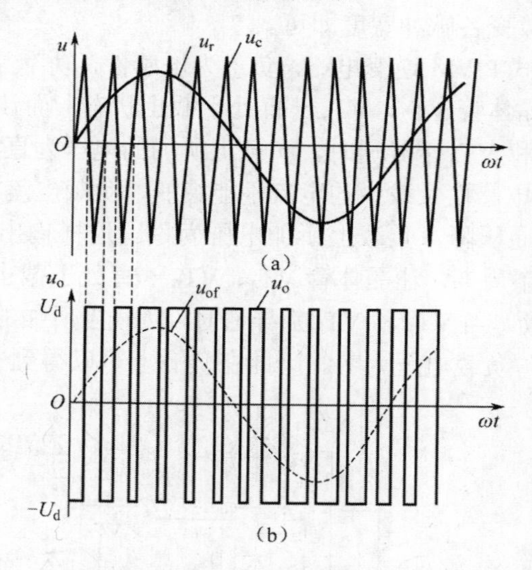

图 5.42　双极性 PWM 控制方式波形

在 u_r 的一个周期内，输出的 PWM 波形只有 $\pm U_d$ 两种电平。当 $u_r>u_c$ 时，给晶体管 VT_1 和 VT_4 加导通信号，给晶体管 VT_2 和 VT_3 加关断信号，输出电压 $u_o=U_d$。由此可知，同一半桥上、下两个桥臂晶体管的驱动信号极性相反，处于互补工作方式。

4．SPWM 逆变电路的调制方式

在 SPWM 逆变器中，三角波电压频率 f_t 与调制波电压频率（即逆变器的输出频率）f_r 之比

$N=f_t/f_r$ 称为载波比，也称为调制比。根据载波比的变化与否，PWM 调制方式可分为同步式、异步式和分段同步式。

（1）同步调制方式

载波比 N 等于常数时称为同步调制方式。同步调制方式在逆变器输出电压每个周期内所采用的三角波电压数目是固定的，因而所产生的 SPWM 脉冲数是一定的。其优点是在逆变器输出频率变化的整个范围内，皆可保持输出波形的正、负半波完全对称，只有奇次谐波存在，而且能严格保证逆变器输出三相波形之间具有 120° 相位移的对称关系。缺点是当逆变器输出频率很低时，每个周期内的 SPWM 脉冲数过少，低频谐波分量较大，使负载电动机产生转矩脉动和噪声。

（2）异步调制方式

在逆变器的整个变频范围内，载渡比 N 不是一个常数。一般在改变调制波频率 f_r 时保持三角波频率 f_t 不变，因而提高了低频时的载波比，这样逆变器输出电压每个周期内 PWM 脉冲数可随输出频率的降低而增加，相应地可减少负载电动机的转矩脉动与噪声，改善了调速系统的低频工作特性。但异步调制方式在改善低频工作性能的同时，又失去了同步调制的优点。当载波比 N 随着输出频率的降低而连续变化时，它不可能总是 3 的倍数，势必使输出电压波形及其相位都发生变化，难以保持三相输出的对称性，因而引起电动机工作不平稳。

（3）分段同步调制方式

实际应用中，多采用分段同步调制方式，它集同步和异步调制方式之所长，而克服了两者的不足。在一定频率范围内采用同步调制，以保持输出波形对称的优点，在低频运行时，使载波比有级的增大，以采纳异步调制的长处，这就是分段同步调制方式。具体来说，把整个变频范围划分为若干频段，在每个频段内都维持 N 恒定，而对不同的频段取不同的 N 值，频率低时，N 值取大些。采用分段同步调制方式，需要增加调制脉冲切换电路，从而增加控制电路的复杂性。

5．SPWM 波形成的方法

（1）自然采样法

自然采样法即计算正弦信号波和三角载波的交点，从而求出相应的脉宽和间歇时间，生成 SPWM 波形。图 5.43 所示为截取一段正弦与三角波相交的实时状况。检测出交点 A 是发出脉冲的初始时刻，B 点是脉冲结束时刻。T_C 为三角波的周期；t_2 为 AB 之间的脉宽时间，t_1 和 t_3 为间歇时间。显然，$T_C=t_1+t_2+t_3$。

（2）数字控制法

数字控制法是由计算机存储预先计算好的 SPWM 数据表格，控制时根据指令调出，由计算机的输出接口输出。

（3）采用 SPWM 专用集成芯片

用计算机产生 SPWM 波，其效果受到指令功能、运算速度、存储容量等限制，有时难以有很好的实时性，因此，完全依靠软件生成 SPWM 波实际上很难适应高频变频器的要求。

随着微电子技术的发展，已开发出一批用于发生 SPWM 信号的集成电路芯片。目前已投入市场的 SPWM 芯片进口的有 HEF4725、SLE4520，国产的有 THP4725、ZPS-101 等。有些单片机本身就带有 SPWM 端口，如 8098、80C196MC 等。

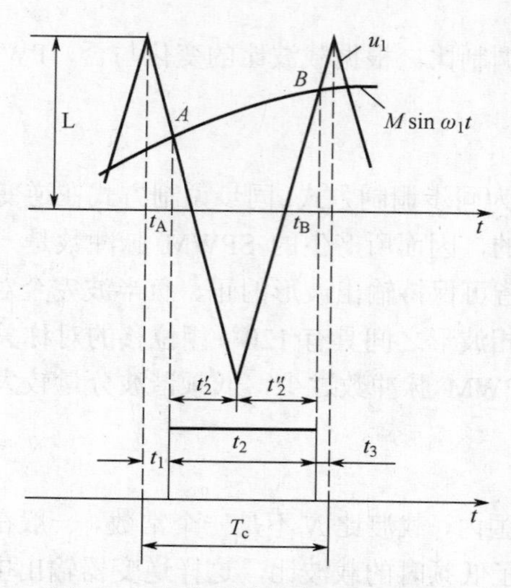

图 5.43　自然采样法生成 SPWM 波

5.4　交-交变频技术

交-交变频电路是一种可直接将某固定频率交流转换成可调频率交流的频率变换电路，无需中间直流环节。与交-直-交间接变频相比，提高了系统变换效率，又由于整个变频电路直接与电网相连接，各晶闸管元件上承受的是交流电压，因此可采用电网电压自然换流，无需强迫换流装置，简化了变频器主电路结构，提高了换流能力。

交-交变频电路广泛应用于大功率低转速的交流电动机调速转动，交流励磁变速恒频发电动机的励磁电源等。实际使用的交-交变频器多为三相输入——三相输出电路，但其基础是三相输入——单相输出电路。

5.4.1　单相输出交-交变频电路

1．电路组成及基本工作原理

图 5.44 所示为单相输出交-交变频电路的原理框图，电路由 P（正）组和 N（负）组反并联的晶闸管变流电路构成，两组变流电路接在同一个交流电源，Z 为负载。

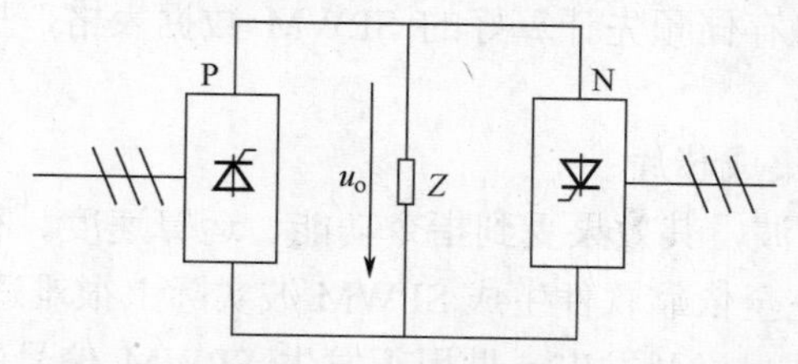

图 5.44　单相输出交-交变频电路的原理框图

两组变流器都是相控电路，P 组工作时，负载电流自上而下，设为正向；N 组工作时，负载电流自下而上，设为负向。让两组变流器按一定的频率交替工作，负载就得到该频率的交流电。为了使输出电压的波形接近正弦波，可以按正弦规律对控制角 α 进行调制，即可得到如图 5.45 所示的波形。调制方法是：在半个周期内让变流器的控制角 α 按正弦规律从 90° 逐渐减小到 0° 或某个值，然后再逐渐增大到 90° 。这样每个控制区间内的平均输出电压就按正弦规律从零逐渐增至最高，再逐渐降低到零。另外半个周期可对 N 组进行同样的控制。

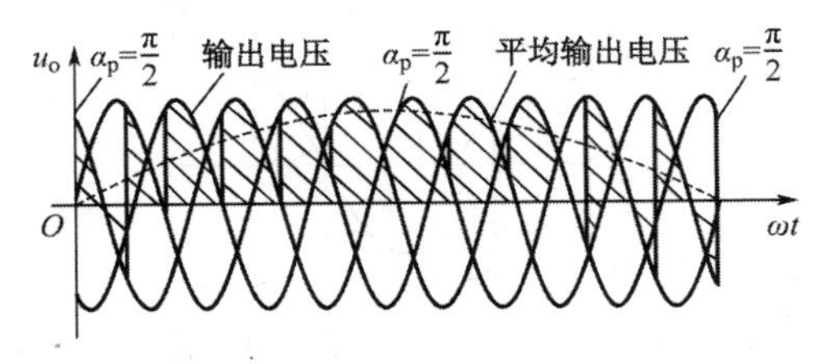

图 5.45　单相输出交-交变频电路输出交流电压波形

由图 5.45 可知，输出电压 u_o 的波形并不是平滑的正弦波，而是由若干段电源电压拼接而成的。在输出交流电压的一个周期内，所包含的电源电压段数越多，其波形就越接近正弦波。因此，实际应用的变流电路通常采用 6 脉波的三相桥式电路或者 12 脉波的变流电路。

对于三相负载，其他两相也各用一套反并联的可逆电路，输出平均电压相位依次相差 120° 。这样，如果每个整流电路都用桥式，共需 36 只晶闸管。因此，交-交变频器虽然在结构上只有一个变换环节，但所用的器件多，总设备投资大。另外，交-交变频器的最大输出频率为 30Hz，其应用受到限制。

2．感阻性负载时的相控调制

如果把交-交变频电路理想化，忽略变流电路换相时输出电压的脉动分量，就可以把电路等效为图 5.46 所示的正弦波交流电源和二极管的串联。其中交流电源表示变流电路可输出交流正弦电压，二极管体现了变流电路只允许电流单方向流过。

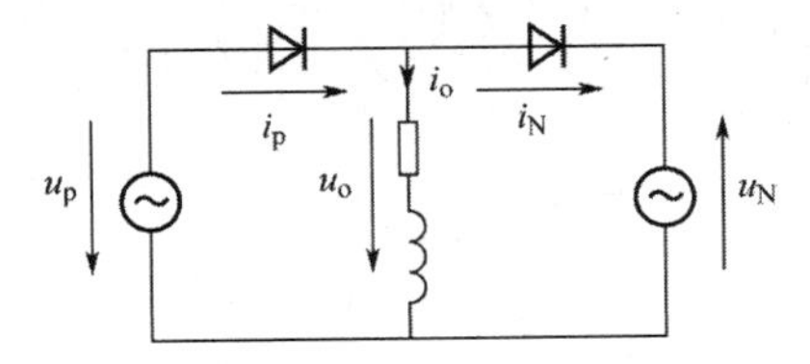

图 5.46　理想化交-交变频电路

图 5.47 所示为一个周期内负载电压、电流波形及正负两组变流电路的电压、电流波形。由于变流电路的单向导电性，在 t_1～t_3 期间的负载电流正半周，只能是正组变流电路工作，负组电路被封锁。其中在 t_1～t_2 期间，输出电压和电流均为正，因此正组变流电路工作在整流状态，输出功率为正。在 t_2～t_3 期间，输出电压已反向，但输出电流仍为正，正组变流电路工作在逆变状态，输出功率为负。在 t_3～t_5 期间，负载电流负半周，负组变流电路工作，正组电路被封锁。其中在 t_3～t_4 期间，输出电压和电流均为负，负组变流电路工作在整流状态，输出功率为正。在 t_4～t_5 期间，输出电流为负而电压仍为正，负组变流电路工作在逆变状态，输出功率为负。

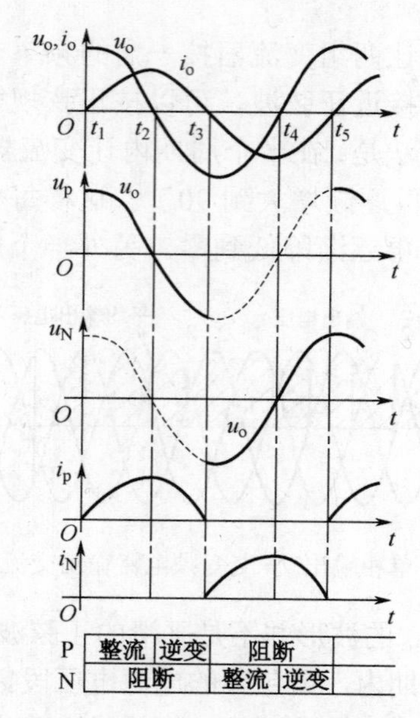

图 5.47 理想化交-交变频电路的整流与逆变状态

由上述可知，在感阻负载情况下，在一个输出电压周期内交-交变频电路有 4 种工作状态。哪组变流电路工作是由输出电流的方向决定的，与输出电压极性无关。变流电路工作在整流状态还是逆变状态，则是根据输出电压方向与电流方向是否相同来确定的。

图 5.48 所示为单相交-交变频电路输出电压和电流的波形图。如果考虑到无环流工作方式下负载电流过零的死区时间，一周期的波形可分为 6 段。

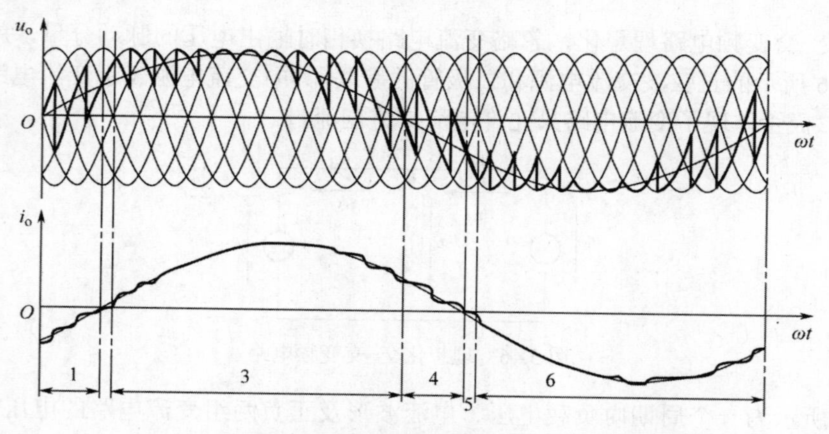

图 5.48 单相交-交变频电路输出电压和电流的波形图

在输出电压和电流的相位差小于 90° 时，一周期内电网向负载提供能量的平均值为正，电动机工作在电动状态；当二者相位差大于 90° 时，一周期内电网向负载提供能量的平均值为负，即电网吸收能量，电动机工作在发电状态。

3. 输入输出特性

（1）输出上限频率

就常用的 6 脉波三相桥式电路而言，一般认为，输出上限频率不高于电网频率的 1/3～1/2。

电网为 50Hz 时，交-交变频电路的输出上限频率约为 20Hz。

2）输入功率因数

交-交变频电路采用的是相位控制方式，因此其输入电流的相位总是滞后于输入电压，需要电网提供无功功率。在输出电压的一个周期内，α 角是以 90° 为中心而前后变化的。输出电压比越小，半周期内 α 的平均值越靠近 90°，位移因数越低。另外，负载的功率因数越低，输入功率因数也越低。

4. 交-交变频器的特点

通过以上的分析可知，交-交变频器有以下特点。

（1）因为是直接变换，没有中间环节，所以比一般的变频器效率要高。

（2）由于其交流输出电压是直接由交流输入电压波的某些部分包络所构成的，因而其输出频率比输入交流电源的频率低得多，输出波形较好。

（3）由于变频器按电网电压过零自然换相，因此可采用普通晶闸管。

（4）由于输出上限频率不高于电网频率的 1/3～1/2，因受电网频率限制，通常输出电压的频率较低。

（5）交-交变频电路采用的是相位控制方式，因此其输入电流的相位总是滞后于输入电压，需要电网提供无功功率。功率因数较低，特别是在低速运行时更低，需要适当补偿。

5.4.2　三相输出交-交变频电路

三相输出交-交变频电路主要应用于大功率交流电机调速系统，三相输出交-交变频电路是由三组输出电压相位各差 120° 的单相交-交变频电路组成的，所以其控制原理与单相交-交变频电路相同。下面简单介绍一下三相交-交变频电路接线方式。

1. 公共交流母线进线方式

图 5.49 是公共交流母线进线方式的三相交-交变频电路简图。

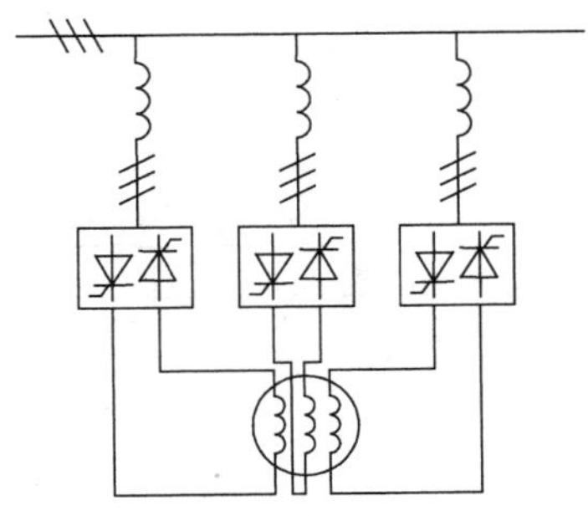

图 5.49　公共交流母线进线方式的三相交-交变频电路简图

它由三组彼此独立的、输出电压相位相互错开 120° 的单相交-交变频电路构成，它们的电源进线接在公共的交流母线上。因为电源进线端公用，所以三组单相交-交变频电路的输出端必须隔离。这种电路主要用于中等容量的交流调速系统。

2．输出星形连接方式

图 5.50 所示为输出星形连接方式的三相交–交变频电路简图。3 组单相交–交变频电路的输出端是星形连接，电动机的三个绕组也是星形连接，电动机的中性点和变频器的中性点接在一起，电动机要引出 6 根线。因为 3 组单相交–交变频电路的输出端连接在一起，所以其电源进线就必须隔离，因此 3 组单相交–交变频电路分别用 3 个变压器供电。

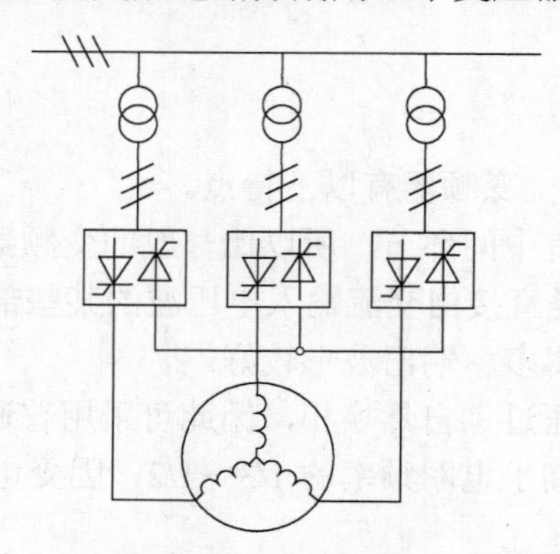

图 5.50　输出星形连接方式的三相交–交变频电路简图

交–交变频电路的优点是：只用一次变流，效率较高；可方便地使电动机实现四象限工作；低频输出波形接近正弦波。缺点是：接线复杂；受电网频率和变流电路脉波数的限制，输出频率较低；输入功率因数较低；输入电流谐波含量大，频谱复杂。

由于以上优缺点，交–交变频电路主要用于 1000kW 以下的大容量、低转速的交流调速电路中。既可用于异步电动机传动，也可用于同步电动机传动。

5.4.3　矩形波交–交变频

1．矩形波交–交变频电路及工作原理

三相零式交–交变频电路如图 5.51 所示。

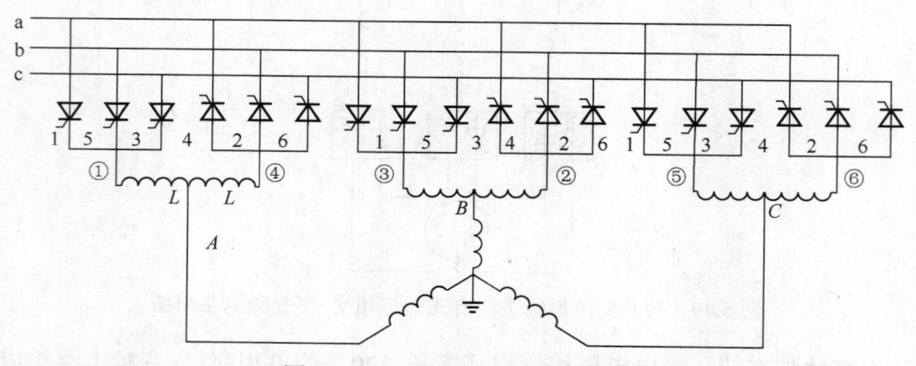

图 5.51　三相零式交–交变频电路

图 5.51 电路中，每一相由两个三相零式整流器组成，提供正向电流的是共阴极组①、③、⑤；提供反向电流的是共阳极组②、④、⑥。为了限制环流，采用了限环流电感 L。

由于采用了零线结构，各相彼此独立。假设负载是纯电阻性，则电流波形与电压波形完全一致，因此可以只分析输出电压波形。

假设三相电源电压 u_a、u_b、u_c 完全对称。当给定一个恒定的触发控制角 α 时，例如，$\alpha=90°$，得正组①的输出电压波形如图 5.52 所示。

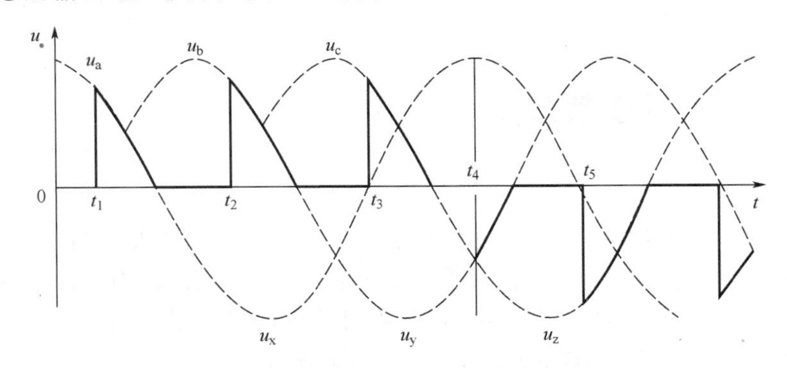

图 5.52　输出电压为矩形波的波形

在 t=0 时，正组①的三只晶闸管同时获得触发角等于 90° 的工作指令。在 $t=t_1$ 时，A 相满足导通条件，晶闸管 1 导通，u_a 输出。晶闸管 1 导电角 60°，u_a 过零，晶闸管 1 关闭。当 $t=t_2$ 时，B 相满足条件，晶闸管 5 导通，输出 u_b 的 60° 片段。当 $t=t_3$ 时，C 相满足条件，晶闸管 3 导通，输出 u_c 的 60° 片段。而当 $t=t_4$ 时，发出换相指令，组④的三个晶闸管同时获得触发角等于 90° 的工作指令，组①的触发脉冲被封锁掉，组①退出工作状态。如触发脉冲是脉冲列，或是触发脉冲的宽度为 120°，则 $t=t_4$ 时，晶闸管 2 符合导通条件，负载上出现导电角为 30° 的 u_y 片段。$t=t_5$ 时，晶闸管 6 导通，输出 60° 的 u_z 片段，依次类推。

2. 换相与换组过程

假设电流是连续的，不考虑重叠角。当 t=0 时，组①的 3 只晶闸管同时获得触发延迟角 α=60° 的工作指令。晶闸管 1 符合导通条件，负载上出现 u_a 的一段，延迟时间持续到导通角为 120°。当导通角为 120°，晶闸管 5 导通，输出电压为 u_b 段。当晶闸管 5 被触发导通后，晶闸管 1 受到线电压 u_{ba} 的封锁作用，阴极电位高于阳极电位，晶闸管 1 关断。这就是电源侧的自然换相。

由于电路中采用了限环流电感，可以将换组指令的内容规定为：封锁发往组①的触发脉冲；开放发往组④的触发脉冲。图 5.53 所示为组①和组④的输出电压波形。

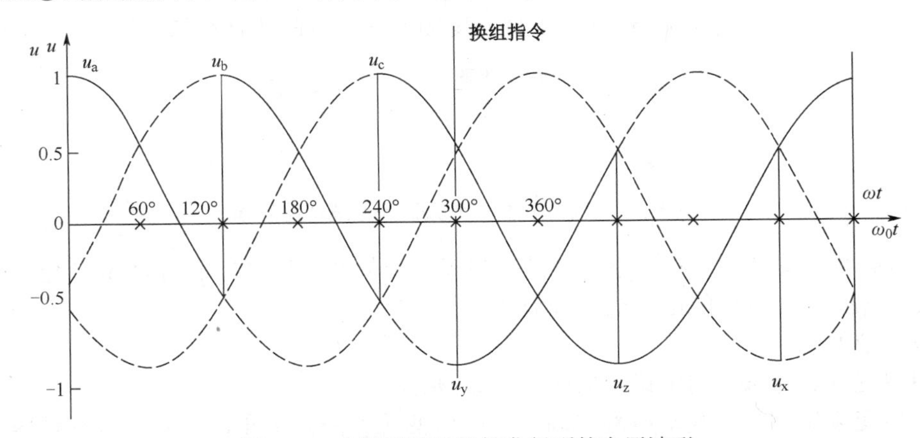

图 5.53　电流连续时组触发得到的电压波形

交-交变频就是把电网频率的交流电转换成可调频率的交流电，此类变频器能量转换效率较高，多应用于大功率的三相异步电动机和同步电动机的低速变频调速。但由于交-交变频输出频率低（一般为电网频率的1/3～1/2）和功率因数低，使其应用受到限制。

5.5 高（中）压变频器

高（中）压变频器通常是指电压等级在1kV以上的大容量变频器。按照国际惯例，供电电压大于1kV而小于10kV时称为中压；大于等于10kV时称为高压。因此，相应额定电压的变频器应分别称为中压变频器和高压变频器，但我国习惯上将1kV以上的电气设备均称为高压设备。本书中将1kV以上的变频器统称为高（中）压变频器。

5.5.1 高（中）压变频器概述

高（中）压变频器近20年的发展十分迅猛，现在的高（中）压变频器的设计、制造和检测技术都非常成熟，使用面越来越广。

1. 高（中）压变频器的分类

高（中）压变频器按主电路的结构方式分为交-交方式和交-直-交方式。

交-交变频器的主电路由3组反并联晶闸管可逆桥式变流器所组成，分为有环流和无环流两种方式，控制晶闸管根据电网正弦变化实现自然换相。交-交变频的高（中）压变频器一般容量都在数千千瓦以上，多用在冶金、钢铁企业。

高（中）压交-直-交方式与低压交-直-交方式变频器的结构有较大差别，为适应高电压大电流的需要，高（中）压变频器的元器件多采用串并联，变流器单元也采用串并联。

2. 高（中）压变频调速系统的基本形式

高（中）压变频调速系统常见的基本形式有直接高-高型、高-中型和高-低-高型等三种。

（1）直接高-高型

直接高-高型（也有的称为直接中-中型）变频调速系统的电路结构如图5.54所示。

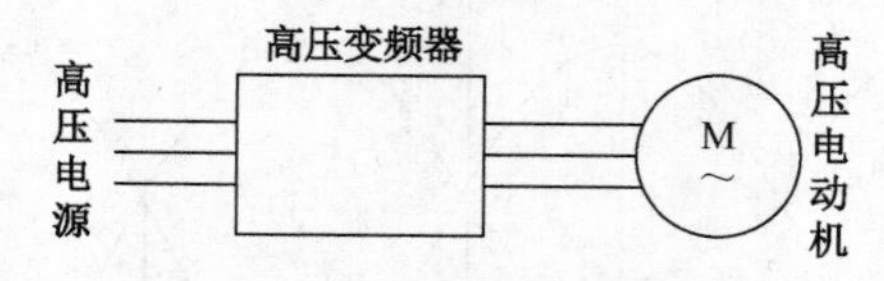

图5.54　直接高-高型变频调速系统电路结构

直接高-高型方案是指变频器不经过升压和降压变频器，直接把电网的6kV电压变为频率可调的6kV电压，供6kV的电动机变频调速。

（2）高-中型

高-中型变频调速系统的电路结构如图5.55所示。

高-中型变频调速系统是把电网的高压经降压变压器降为中压，送入中压变频器。中压变频器的输出驱动电动机。

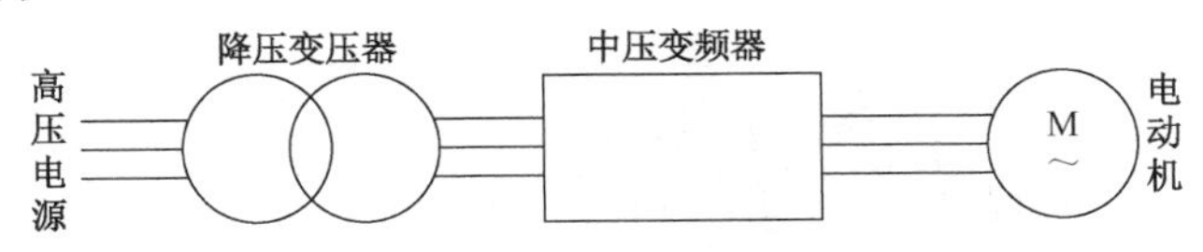

图 5.55　高-中型变频调速系统电路结构

（3）高-低-高型

高-低-高型（有的也称为中-低-中型）变频调速系统的电路结构如图 5.56 所示。

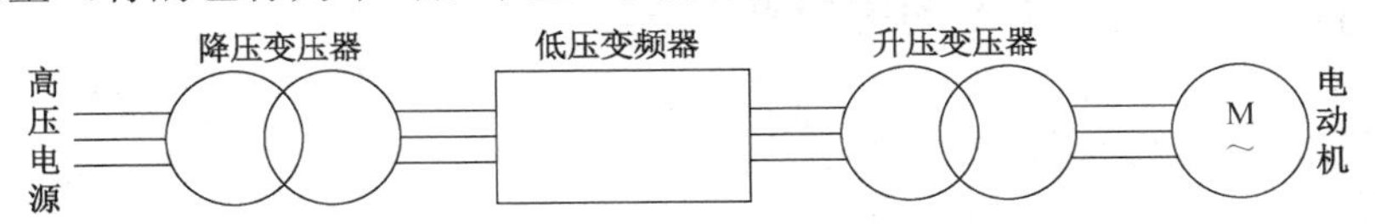

图 5.56　高-低-高型变频调速系统电路结构

高-低-高型变频调速系统是把电网的高压或中压经降压变压器降为低压，然后再经升压变压器将低压升为中压，供给电动机运行。

3．高（中）压变频器的应用

高（中）压变频器可与标准的中、大功率交流异步电动机或同步电动机配套，组成交流变频调速系统。根据高压变频器的特点，主要应用于以下场合。

（1）拖动风机或水泵

可调节风量或流水量，取代老式的依靠阀门或挡板改变流量的方式，达到节能的效果。总的效率可提高 25%～50%。

（2）压缩机、鼓风机、轧机或其他工作机械

可精确地调节速度或流量，保证工艺质量；可直接与工作机械耦合，省去减速机等中间机械环节，减少投资和中间费用；可接受计算机或 PLC 的模拟或数字信号，进行实时控制，且控制性能优越。

（3）要求启动性能好的机械

实现“软”启动。电动机速度从零开始启动：可使电动机电流限制在规定值以下（一般为额定电流的 1.5～2 倍），以选定的加速度平稳升速，直到指定速度。

4．高（中）压变频器的技术要求

（1）可靠性要求高

由于高（中）压变频器的输入和输出电压高，所以设备的可靠性和安全性是至关重要的。

（2）对电网的电压波动容忍度大

高（中）压变频器的容量较大，开停机和运行时可能对电源电压造成影响。因此既要求电网供电线路有合理的设计，也要求变频器对电网的波动范围的容忍度要大一些。

（3）降低谐波对电网的影响

高（中）压变频器输入谐波畸变必须控制在标准规定的范围内，不应对电网中其他负载的正常工作造成影响。

（4）改善功率因数

大功率电动机常常是工厂中的供电大户，其变频器的输入功率因数和效率将直接决定使用

变频器系统的经济效益。

（5）抑制输出谐波成分

高（中）压变频器如果输出谐波成分过高，则不仅会造成电动机的过热，产生大的噪声，影响电动机的使用寿命，而且电动机必须“降额”使用。

（6）抑制共模电压和 du/dt 的影响

变频器的共模电压和 du/dt 会使电动机的绝缘受到“疲劳”损害，影响使用寿命。

5.5.2 高（中）压变频器的主电路结构

1. 晶闸管电流型变频器

图 5.57 所示为晶闸管电流型变频器的主电路。

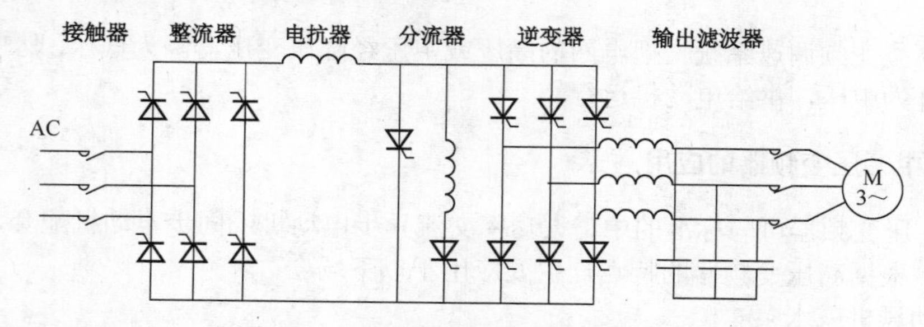

图 5.57 晶闸管电流型变频器的主电路

晶闸管电流型变频器采用晶闸管三相桥式整流电路将交流转换为直流，然后再经晶闸管三相桥式逆变电路将直流转换为频率可调的交流，将其输出以控制电动机运行和调速。由于在它的直流母线上串联有平波电抗器，因此该变频器称为电流型变频器。

晶闸管电流型变频器属于“负载换向式”，它通过负载所供给的超前电流使晶闸管关断，以实现自然换向。由于同步电动机可以通过励磁电流的调整达到功率因数超前，实现起来比较容易，因此，负载换向式电流型变频器特别适用于同步电动机的变频调速系统。

2. GTO 电流型变频器

GTO 电流型变频器的主电路如图 5.58 所示。

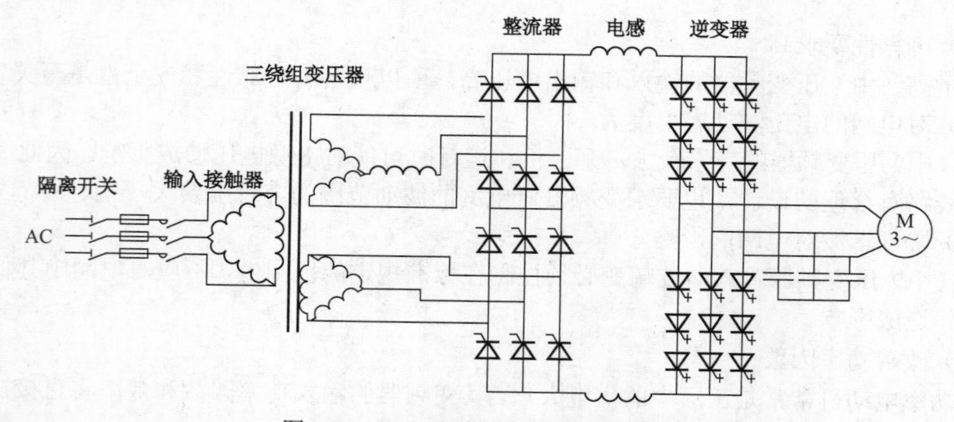

图 5.58 GTO 电流型变频器的主电路

图 5.58 所示电路中，变压器二次绕组采用 Y 和△不同连接组别，是为了获得互差 60°的 6 相电压，既可以减少整流后的电压纹波，也可以降低电网的谐波。整流部分采用 SCR 器件，逆变部分采用了可关断晶闸管 GTO，开关频率为 180Hz。电路可以说是电流源和 PWM 技术的结合（简称“CSI-PWM 技术”）。由于采用脉宽调制方式，输出谐波降低，滤波器可大大减小，但不能省去。实际使用中常加电容滤波器，为防止电容与电动机的电感在换向过程中产生谐振，其数值需仔细选择。

3．IGBT 并联多重化 PWM 电压型变频器

图 5.59 所示为并联多重化 PWM 电压型变频器的主电路图。

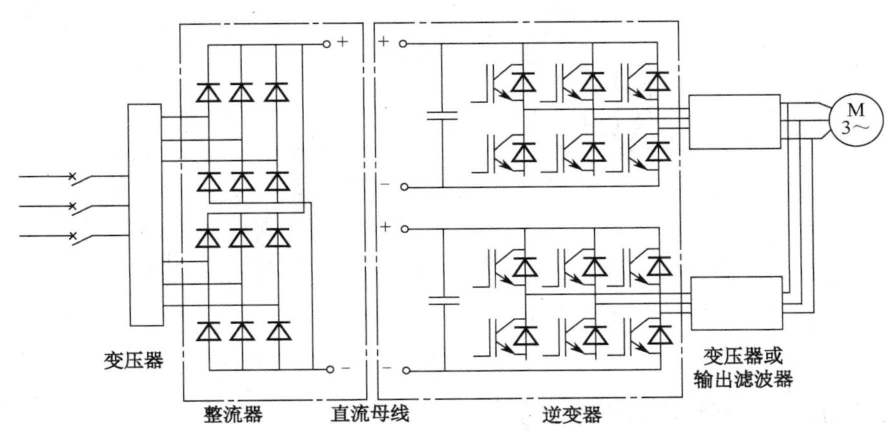

图 5.59　并联多重化 PWM 电压型变频器的主电路图

图 5.59 所示为采用二极管构成二组三相桥式整流电路，按 12 脉波组态，输出为二重式，每组由 6 个 IGBT 构成一个桥式逆变单元。输出滤波器用来去除 PWM 的调制波中的高频成分并减少 d*u*/d*t*、d*i*/d*t* 的影响，由于频率高，滤波器的体积很小。

4．三电平高（中）压变频器

IGBT 三电平高（中）压变频器的主电路如图 5.60 所示。

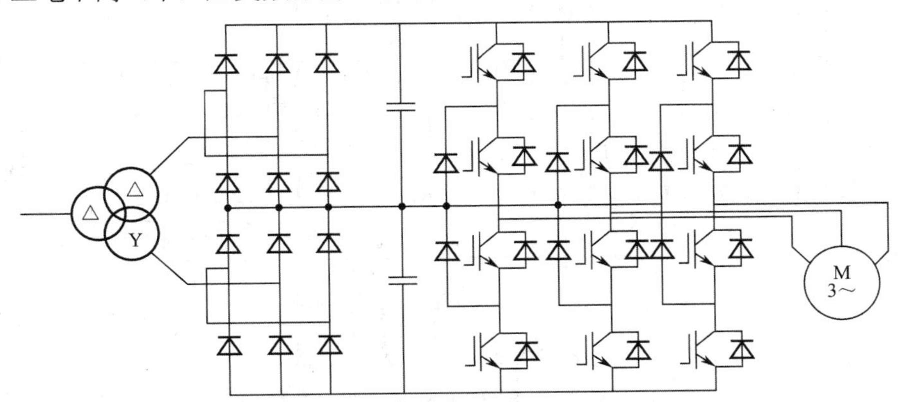

图 5.60　IGBT 三电平高（中）压变频器的主电路

图 5.60 中，变频器的整流部分由两个三相桥电路串联，输出 12 脉波的直流电压，大大减

少了电网侧的谐波成分。同时，直流侧采用两个相同的电解电容串联滤波，在中间的连接处引出一条线与逆变电路中的钳位二极管相接，若将该节点视为参考点（电压为零），则加到逆变器的电平有三个：U_d、0、$-U_d$。所以逆变器部分是由 IGBT 和钳位二极管组成的三电平电压型逆变器。

图 5.61 所示为三电平变频器输出相电压、相电流波形。图中阶梯形 PWM 波为电压波形，近似正弦波为电流波形（U_d 为峰值电压）。这种变频器输出的线电压有 5 个电平，输出谐波小，du/dt 小，使电动机电流波形的失真度从 17%降低为 2%左右。

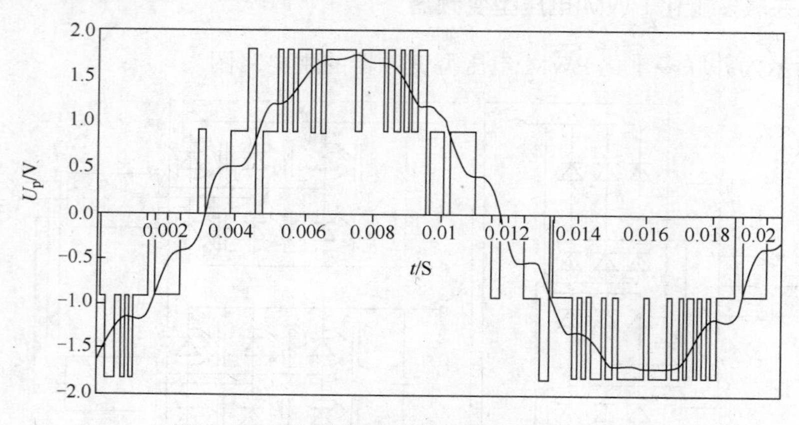

图 5.61　三电平变频器输出电压、电流波形

5. IGBT 功率单元多级串联电压型变频器

功率单元串联的方法解决了用低电压的 IGBT 实现高压变频的困难，它既保留了 IGBT 和 PWM 技术相结合所具有的各项优点，而且在减小谐波分量等方面有更大的改进，变频器的功率得以提高。

山东风光 JD-BP37 系列高压变频器的系统结构图如图 5.62 所示。

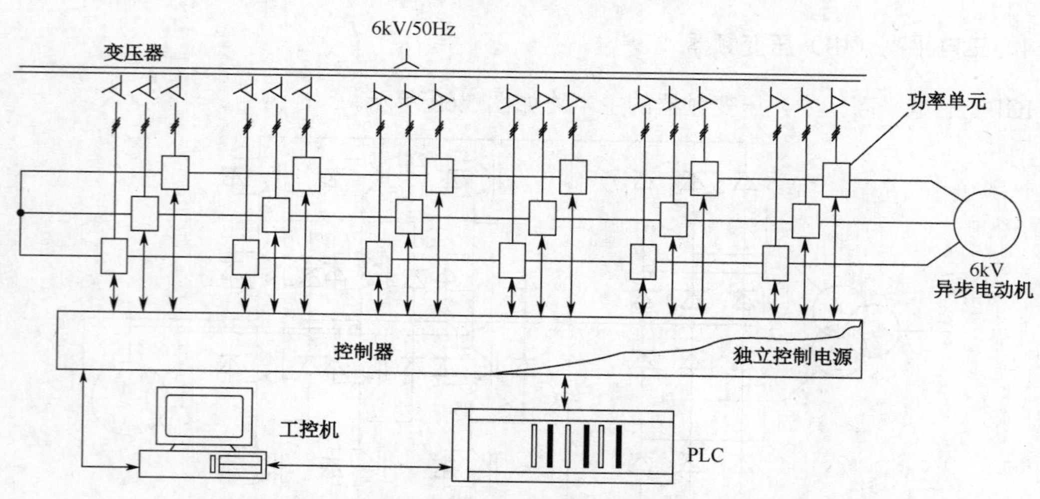

图 5.62　山东风光 JD-BP37 系列高压变频器的系统结构图

多级串联高（中）压变频器采用多级小功率低电压 IGBT 的 PWM 变频单元，分别进行整流、滤波、逆变，将其串联叠加起来得到高压三相变频输出。例如，对于 6kV 输出，每相采用

6 组低压 IGBT 功率单元，每个功率单元由一体化的输入隔离变压器二次侧绕组分别供电，二次绕组采用延边三角形接法，18 个二次绕组分成三个位组，互差 20°，实现输入多重化接法，可消除各功率单元产生的谐波。电源侧电压畸变率小于 1.2%，电流畸变率小于 0.8%，因此变频器对电网污染小。

5.5.3　高压变频器对电动机的影响及防治措施

在高压变频器中，对电动机的影响起决定作用的是逆变器的电路结构和控制特性，逆变器主要通过输出谐波、输出电压变化率 du/dt 和共模电压来影响电动机的绝缘和使用寿命。

1．输出谐波对电动机的影响及防治措施

输出谐波对电动机的影响主要有谐波引起电动机的温升过高、转矩脉动和噪声增加，经常采用的防治措施一般有两种：一是设置输出滤波器；二是改变逆变器的结构或连接形式，以降低输出谐波，使其作用到电机上的输出波形接近正弦波。

2．输出电压变化率对电动机的影响及防治措施

对于电压型变频器，当输出电压的变化率（du/dt）比较高时，会加速电动机绝缘的老化，特别是当变频器与电动机之间的电缆距离比较长时。电缆上的分布电感和分布电容所产生的行波反射放大作用增大到一定程度，有时会击穿电动机的绝缘。经常采用的防治措施一般有两种：一种是设置输出电压滤波器；另一种是降低输出电压的变化率。降低输出电压变化率的主要方法也有两种：一种是降低输出电压每个台阶的幅值；另一种是降低逆变器功率器件的开关速度。在相同额定输出电压的情况下，逆变的输出电平数越多，输出电压的变化率就越低，通常是传统双电平输出电压的变化率的 $1/(m-1)$倍，其中 m 是电平数目。

3．共模电压对电动机的影响及防治措施

电动机定子绕组的中心点和地之间的电压 $U_{N\text{-}G}$ 称为共模电压（或称零序电压）。当没有输入变压器时。共模电压会直接施加到电动机上，导致电动机绕组绝缘击穿，影响电动机的使用寿命。当共模电压对地产生的高频漏电流经过电动机的轴承入地时，还会出现“电蚀”轴承现象，降低轴承的使用寿命。经常采用的防治措施是设置二次侧中点不接地的输入变压器，由输入变压器和电动机共同来承担共模电压。一般情况下，输入是 1/10，那么约有 90%的共模电压由输入变压器来承担。因此，对于电流型变频器，电动机的绝缘一定要足够强，否则容易发生因绝缘被击穿而烧毁输入变压器或电动机的后果。

本章小结

本章介绍变频器的基础知识，主要内容包括以下几点。

1．变频器技术的发展、变频器的分类及变频器的应用。

2．变频器常用的电力电子器件，包括功率二极管、晶闸管、GTO 晶闸管、GTR、IGBT 等。

3．交-直-交变频技术的组成部分；整流电路、中间电路及逆变电路的工作原理；SPWM 控制技术的原理及控制方式。

4．交-交变频技术，主要包括单相输出交-交变频电路和三相输出交-交变频电路的电路形式及工作原理。

5．高（中）压变频器的分类、基本形式、主电路结构等。

学习本章内容，应掌握变频器的概念及组成部分、交-直-交变频器及交-交变频器的工作原理、变频器常用的电力电子器件；了解变频器的主要应用场合、变频器技术的发展趋势及高（中）压变频器的分类、基本形式、主电路结构等。

习　题

1．什么是变频器？变频器的发展趋势如何？

2．为什么说电力电子器件是变频器发展的基础？

3．变频器按工作原理分为哪几种类型？按用途分为哪几种类型？按控制方式分为哪几种类型？

4．交-交变频器与交-直-交变频器在主电路的结构和原理方面有什么区别？两者中哪种变频器得到广泛应用？

5．说明 GTO 晶闸管的开通和关断原理，其与普通晶闸管相比有什么不同？

6．IGBT 的应用特点和选择方法是什么？

7．交-直-交变频器的主电路包括哪些组成部分？说明各部分的作用。

8．不可控整流电路和可控整流电路的组成和原理有什么区别？

9．SPWM 控制的原理是什么？为什么变频器多采用 SPWM 控制？

10．交-交变频的基本原理是怎样的？

11．如何调制交-交变频使其输出为正弦波电压？

12．高（中）压交-交方式的变频器多用在什么场合？该方式的变频器有什么优缺点？

13．高（中）压变频器的技术要求主要有哪些方面？

第 6 章　变频器的常用控制功能

6.1　变频器的组成与功能

6.1.1　变频器的组成及接线端子

变频器的内部结构非常复杂，除了由电力电子器件组成的主电路外，还有以微处理器为核心的运算、检测、保护、驱动、隔离等控制电路，有必要了解其基本结构。

1．变频器的外形

不同厂商不同型号的变频器外形不同，图 6.1 所示为三菱变频器 FR-D740 的外形。

图 6.1　三菱变频器 FR-D740 的外形

2．变频器的结构

变频器的实际电路相当复杂，图 6.2 所示为三菱变频器 FR-D740 的电路及接线端子图。

主电路是由电力电子器件构成的，R、S、T 是三相交流电源输入端，U、V、W 是变频器三相交流电输出端。交-直-交变频器的工作原理已在第 5 章阐述。

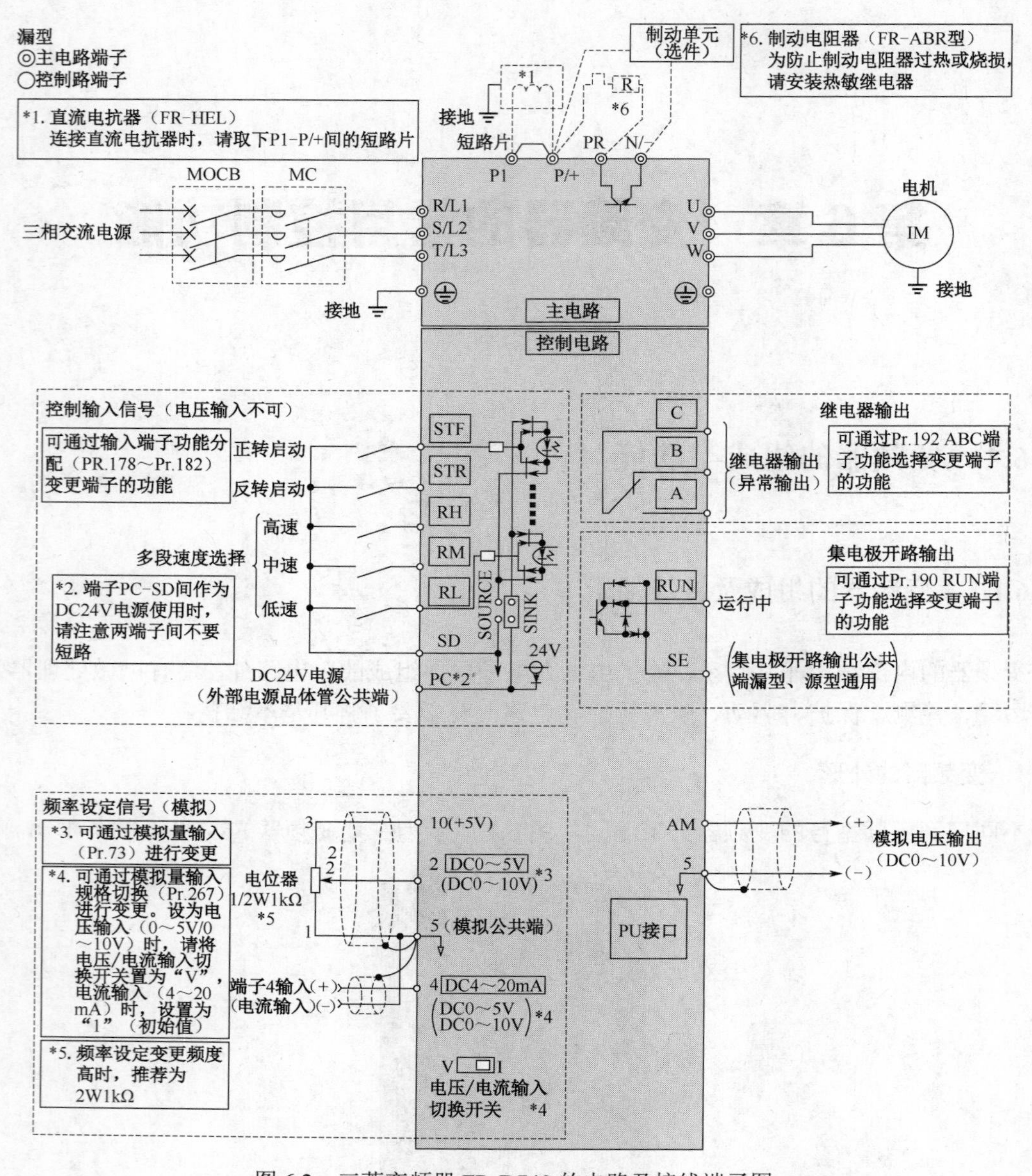

图 6.2　三菱变频器 FR-D740 的电路及接线端子图

控制电路的基本结构如图 6.3 所示，主要由主控板、键盘与显示板、电源板、外接控制电路等构成。

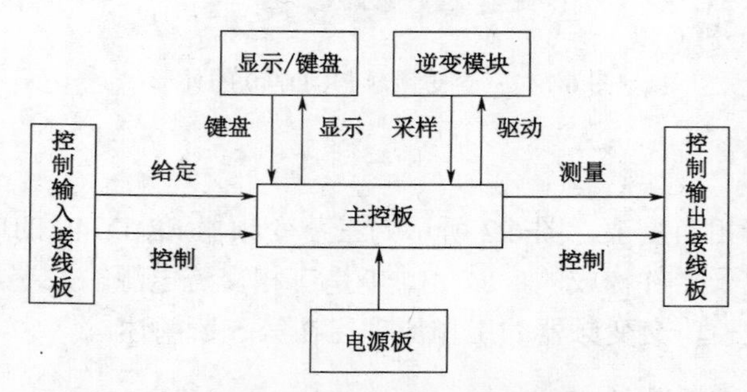

图 6.3　控制电路的基本结构

1）主控板

主控板是变频器运行的控制中心，其只要功能有以下几方面。

（1）接收从键盘输入的各种信号。

（2）接收从外部控制电路输入的各种信号。

（3）接收内部的采样信号。

（4）完成 SPWM 调制。

（5）发出显示信号。

（6）发出保护命令，变频器要根据采样信号随时判断工作是否正常，一旦发现异常情况，立刻发出保护命令进行保护。

（7）向外电路发出控制信号及显示信号。

2）电源板

变频器的电源板主要提供以下电源。

（1）主控板电源：要求有极好的稳定性和抗干扰能力。

（2）驱动电源：驱动电源和主控板电源之间必须可靠隔离，驱动电源之间须可靠绝缘。

（3）外控电源：为外接控制电路提供稳定的直流电源。

3. 变频器的外部连接端子

变频器的外部连接端子分为主电路端子和控制电路端子，图 6.2 为三菱变频器 FR-D740 的接线端子图。

（1）主电路端子

变频器通过主电路端子和外部连接，主电路端子及功能说明如表 6.1 所示。

表 6.1 变频器的主电路端子及功能说明

端子记号	端子名称	端子功能说明
R/L1、S/L2、T/L3	交流电源输入	连接工频电源。当使用高功率因数变流器及共直流母线时不要连接任何设备
U、V、W	变频器输出	连接三相鼠笼电动机
P/+、PR	制动电阻器连接	在端子 P/+到 PR 之间连接选购的制动电阻器
P/+、N/−	制动单元连接	连接制动单元（FR-BU2）、共直流母线变流器（FR-CV）及高功率因数变流器（FR-HC）
P/+、P1	直流电抗器连接	拆下端子 P/+到 P1 间的短路片，连接直流电抗器
⏚	接地	变频器机架必须接地用

（2）主电路端子的端子排列与电源、电机的接线

主电路端子的端子排列与电源、电机的接线如图 6.4 所示。

（3）适用电线尺寸

为使电压降在 2%以内，请选定推荐的电线尺寸。

变频器和电机间的接线距离较长时，特别是低频率输出时，会由于主电路电缆的电压降而导致电机的转矩下降。400V 级别（当输入电压为 440V 时），接线长为 20m 时的举例如表 6.2 所示。

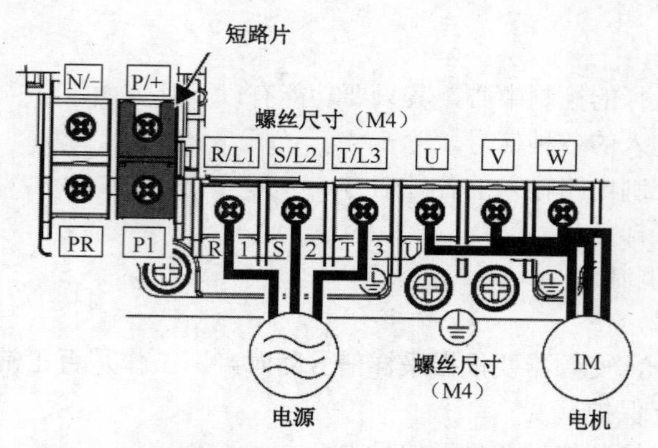

图 6.4　主电路端子的端子排列与电源、电机的接线

注：

① 电源线必须连接至 R/L1、S/L2、T/L3。绝对不能接 U、V、W，否则会损坏变频器。（没有必要考虑相序）

② 电机连接到 U、V、W。接通正转开关（信号）时，电机的转动方向从负载轴方向看为逆时针方向。

表 6.2　变频器适用电线尺寸图

适用变频器信号	压接端子		电线尺寸							
			HIV 电线等（mm^2）*1			AWG*2		PVC 电线等（mm^2）*3		
	R/L1、S/L2、T/L3	U、V、W	R/L1、S/L2、T/L3	U、V、W	接地线	R/L1、S/L2、T/L3	U、V、W	R/L1、S/L2、T/L3	U、V、W	接地线
FR-D740-0.4K～3.7K-CHT	2-4	2-4	2	2	2	14	14	2.5	2.5	2.5
FR-D740-5.5K-CHT	5.5-4	2-4	3.5	2	3.5	12	14	4	2.5	4
FR-D740-7.5K-CHT	5.5-4	5.5-4	3.5	3.5	3.5	12	12	4	4	4

*1 是连续工作最高容许温度为 75° C 时的电线［HIV 电线（600V 二类乙烯绝缘电线）等］尺寸。假设环境温度为 50° C 或以下、接线距离为 20m 或以下。

*2 是连续工作最高容许温度为 75° C 时的电线（THHW 电线）尺寸。假设环境温度为 40° C 或以下、接线距离为 20m 或以下。（主要在美国使用时的选择示例）

*3 是连续工作最高容许温度为 70° C 时的电线（PVC 电线）尺寸。假设环境温度为 40° C 或以下、接线距离为 20m 或以下。（主要在欧洲使用时的选择示例）

电线间电压降的值可用下列公式算出

$$\text{电线间电压降}(V)=\frac{\sqrt{3}\times\text{电线电阻}(\mathrm{m\Omega/m})\times\text{布线距离}(\mathrm{m})\times\text{电流}(\mathrm{A})}{100} \tag{6.1}$$

接线距离长或要减小低速侧的电压降（转矩减小）时使用粗电线。

4．标准控制电路端子

（1）输入信号

控制电路输入信号端子说明如表 6.3 所示。

表 6.3　控制电路输入信号端子说明

种类	端子记号	端子名称	端子功能说明	额定规格
接点输入	STF	正转启动	STF 信号 ON 时为正转、OFF 时为停止指令；STF、STR 信号同时 ON 时变成停止指令	输入电阻：4.7kΩ 开路时电压：DC21～26V 短路时：DC4～6mA
	STR	反转启动	STR 信号 ON 时为反转、OFF 时为停止指令	
	RH、RM、RL	多段速度选择	用 RH、RM 和 RL 信号的组合可以选择多段速度	
	SD	接点输入公共端（漏型）	接点输入端子（漏型逻辑）的公共端子	—
		外部晶体管公共端（源型）	源型逻辑时，当连接晶体管输出（即集电极开路输出），例如，可编程控制器（PLC）时，将晶体管输出用的外部电源公共端接到该端子时，可以防止因漏电引起的误动作	
		DC24V 电源公共端	DC24V、0.1A 电源（端子 PC）的公共输出端子与端子 5 及端子 SE 绝缘	
	PC	外部晶体管公共端（漏型）	漏型逻辑时，当连接晶体管输出（即集电极开路输出），例如，可编程控制器（PLC）时，将晶体管输出用的外部电源公共端接到该端子时，可以防止因漏电引起的误动作	电源电压范围：DC22～26.5V 容许负载电流：100mA
		接点输入公共端（源型）	接点输入端子（源型逻辑）的公共端子	
		DC24V 电源	可作为 DC24V、0.1A 的电源使用	
频率设定	10	频率设定用电源	作为外接频率设定（速度设定）用电位器时的电源使用	容许负载电流：10mA
	2	频率设定（电压）	如果输入 DC0～5V（或 0～10V），在 5V（10V）时为最大输出频率，输入输出成正比	最大容许电压：DC20V
	4	频率设定（电流）	如果输入 DC4～20mA（或 0～5V、0～10V），在 20mA 时为最大输出频率，输入输出成正比。只有 AU 信号为 ON 时端子 4 的输入信号才会有效（端子 2 的输入将无效）	电流输入的情况下：输入电阻 233±5Ω，最大容许电流 30mA 电压输入情况下：输入电阻 10±1kΩ，最大容许电压 DC20V
	5	频率设定公共端	频率设定信号（端子 2 或端子 4）及端子 AM 的公共端子。请勿接地	—
PTC 热敏电阻	10 2	PTC 热敏电阻输入	连接 PTC 热敏电阻输出 将 PTC 热敏电阻设定为有效（Pr.561 ≠ “9999”）后，端子 2 的频率设定无效	适用 PTC 热敏电阻值 100Ω～30kΩ

注：请正确设定 Pr.267 和电压/电流输入切换开关，输入与设定相符的模拟信号。若将电压/电流输入切换开关设为“I”（电流输入规格）进行电压输入，若将开关设为“V”（电压输入规格）进行电流输入，可能导致变频器或外部设备的模拟电路发生故障。

（2）输出信号

控制电路输出信号端子说明如表 6.4 所示。

表 6.4　控制电路输出信号端子说明

种类	端子记号	端子名称	端子功能说明		额定规格
继电器	A、B、C	继电器输出（异常输出）	指示变频器因保护功能动作时输出停止的 1c 接点输出。 异常时：B、C 间不导通（A、C 间导通），正常时：B、C 间导通（A、C 间不导通）		接点容量 AC230V、0.3A （功率因数＝0.4） DC30V、0.3A
集电极开路	RUN	变频器正在运行	变频器输出频率大于或等于启动频率（初始值 0.5Hz）时为低电平，已停止或正在直流制动时为高电平 低电平表示集电极开路输出用的晶体管处于 ON（导通状态）。高电平表示处于 OFF（不导通状态）		容许负载 DC24V（最大 DC27V）、0.1A（ON 时最大电压降 3.4V）
	SE	集电极开路输出公共端	端子 RUN 的公共端子		—
模拟	AM	模拟电压输出	可以从多种监示项目中选一种作为输出。变频器复位中不被输出。输出信号与监示项目的大小成比例	输出项目： 输出频率 （初始设定）	输出信号 DC0～10V 许可负载 电流 1mA（负载阻抗 10kΩ 以上）分辨率 8 位

（3）通信

控制电路通信端子说明如表 6.5 所示。

表 6.5　控制电路通信端子说明

种类	端子记号	端子名称	端子功能说明
RS-485	—	PU 接口	通过 PU 接口，可进行 RS-485 通信 标准规格：EIA-485 （RS-485） 传输方式：多站点通信 通信速率：4800～38400bps 总长距离：500m

（4）生产厂家设定用端子

控制电路生产厂家设定用端子说明如表 6.6 所示。

表 6.6　控制电路生产厂家设定用端子说明

端子记号	端子功能说明
S1	请勿连接任何设备，否则可能导致变频器故障 另外，请不要拆下连接在端子 S1-SC 与 S2-SC 间的短路用电线。任何一个短路用电线被拆下后，变频器都将无法运行
S2	
S0	
SC	

5．控制电路的接线

1）控制电路端子的端子排列

推荐电线规格：0.3～0.75mm²

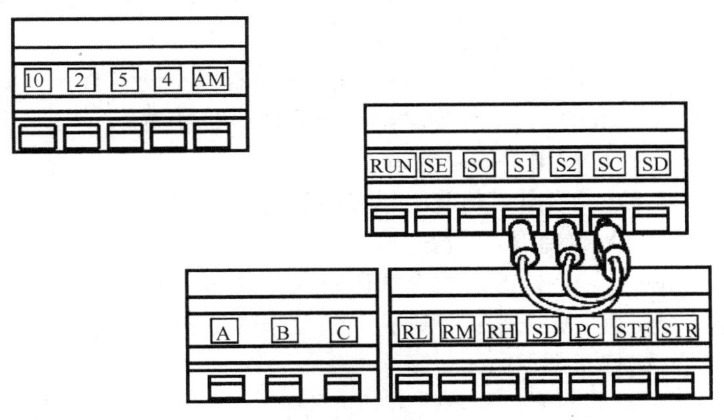

图 6.5　控制电路端子的端子排列

2）接线方法

（1）电线的连接：控制电路接线时请剥开电线外皮，使用棒状端子接线。单线时可剥开外皮直接使用，将棒状端子或单线插入接线口进行接线。

（2）电线的拆卸：请用一字螺丝刀将开关按钮按入深处，然后再拔出电线。

3）控制电路的公共端端子（SD、5、SE）

端子 SD、SE 及端子 5 是输入输出信号的公共端端子（任何一个公共端端子都是互相绝缘的），请不要将该公共端端子接大地。在接线时应避免端子 SD-5 与端子 SE-5 互相连接的接线方式。端子 SD 是接点输入端子（STF、STR、RH、RM、RL）。集电极开路电路和内部控制电路采用光电耦合器绝缘。端子 5 为频率设定信号（端子 2 或 4）的公共端端子及模拟量输出端子（AM）的公共端端子。采用屏蔽线或双绞线避免受外来噪声干扰。端子 SE 为集电极开路输出端子（RUN）的公共端端子，接点输入电路和内部控制电路采用光电耦合器绝缘。

6.1.2　变频器的主要功能参数及预置

1．功能参数预置

变频器在运行前需要经过以下几个步骤的操作：功能参数预置、运行模式的选择、给出启动信号。

变频器运行时基本参数和功能参数是通过功能预置得到的，因此功能参数预装是变频器运行的一个重要环节。基本参数是指变频器运行所必须具有的参数，主要包括：转矩补偿，上、下限频率，基本频率，加、减速时间，电子热保护等。大多数的变频器在其功能码表中都列有基本功能一栏，其中就包括了这些基本参数。功能参数是根据选用的功能而需要预置的参数，如 PID 调节的功能参数等。如果不预置参数，变频器按出厂时的设定选取。

功能参数的预置过程大致有下面几个步骤。

（1）查功能码表，找出需要预置参数的功能码。

（2）在参数设定模式下，读出该功能码中原有的数据。

（3）修改数据，输入新数据。

现代变频器可设定的功能有数十种甚至上百种，为了区分这些功能，各变频器生产厂家都以一定的方式对各种功能进行编码，这种表示各种功能的代码，称为功能码。不同变频器生产厂家对功能码的编制方法是不一样的。

各种功能所需设定的数据或代码称为数据码，变频器程序设定的一般步骤如下。

（1）按模式转换键（MODE），使变频器处于程序设定状态。

（2）转动 M 旋钮，找出需预置的功能码。

（3）按设定键（SET），读出该功能中原有的数据码。

（4）如需修改，转动 M 旋钮来修改数据码。

（5）按设定键（SET），将修改后的数据码写入存储器。

（6）判断预置是否结束，如未结束，则转入第二步继续预置其他功能；如已结束，按模式转换键，使变频器进入运行状态。

变频器预置完成后，可先在输出端不接电动机的情况下，就几个较易观察的项目如升速和降速时间、点动频率等检查变频器的执行情况是否与预置相符合，并检查三相输出电压是否平衡。

2．变频器的运行功能参数

1）加速时间

变频启动时，启动频率可以很低，加速时间可以自行给定，这样就能有效地解决启动电流大和机械冲击问题。

加速时间是指工作频率从 0Hz 上升至基本频率 f_b 所需要的时间，各种变频器都提供了在一定范围内可任意给定加速时间的功能。用户可根据拖动系统的情况自行给定一个加速时间。加速时间越长，启动电流就越小，启动也越平缓，但却延长了拖动系统的过渡过程，对于某些频繁启动的机械来说，将会降低生产效率。因此给定加速时间的基本原则是在电动机的启动电流不超过允许值的前提下，尽量地缩短加速时间。

2）加速模式

不同的生产机械对加速过程的要求是不同的。根据各种负载的不同要求，变频器给出了各种不同的加速曲线供用户选择。常见的曲线有线性方式、S 形方式和半 S 形方式等，如图 6.6 所示。

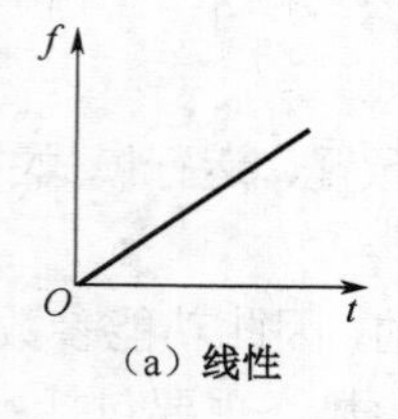

（a）线性

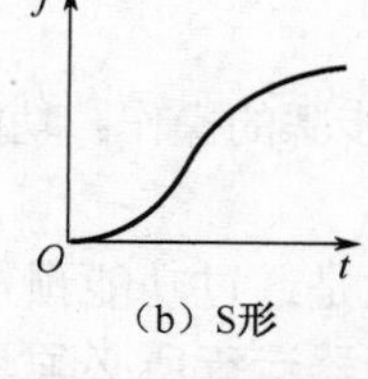

（b）S形

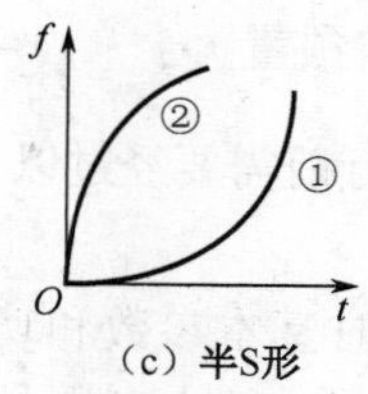

（c）半S形

图 6.6　变频器的加速曲线

线性上升方式：频率随时间呈正比的上升，适用于一般要求的场合。

S 形上升方式：先慢、中快、后慢，启动、制动平稳，适用于传送带、电梯等对启动有特殊要求的场合。

半 S 形上升方式：正半 S 形上升方式（曲线①）适用于大惯性负载；反半 S 形上升方式（曲

线②）适用于泵类和风机类负载。

3）减速时间

变频调速时，减速是通过逐步降低给定频率来实现的。由于在频率下降的过程中，电动机将处于再生制动状态。如果拖动系统的惯性较大，频率下降又很快，电动机将处于强烈的再生制动状态，从而产生过电流和过电压，使变频器跳闸。为避免上述情况的发生，可以在减速时间和减速方式上进行合理的选择。

变频器输出频率从基本频率 f_b 下降至 0 所需要的时间称为减速时间。减速时间的给定方法同加速时间一样，其值的大小主要考虑系统的惯性，惯性越大，减速时间也越长。一般情况下，加、减速选择同样的时间。

4）减速模式

减速模式设置与加速模式相似，也要根据负载情况而定，减速曲线也分线性方式、S 形方式和半 S 形方式等，如图 6.7 所示。

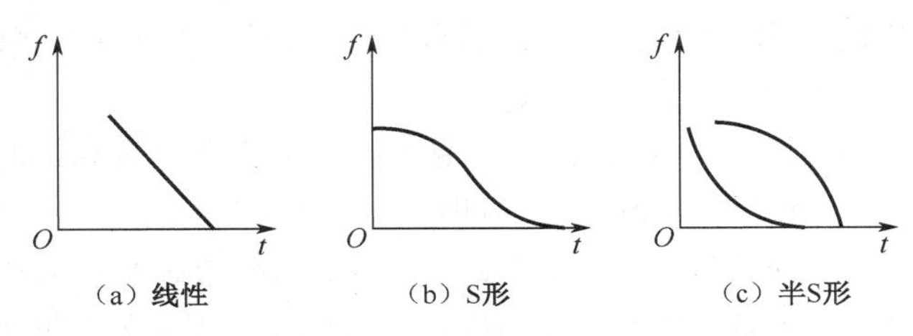

图 6.7　变频器的减速曲线

5）多功能端子

多功能端子，有些变频器称为可编程输入输出控制端子。多功能端子的功能可由用户根据需要通过功能代码进行设置，以节省变频器控制端子的数量。

6）程序控制

程序控制，有些变频器也称简易 PLC 控制。对于一个需要多挡转速操作的拖动系统来说，多挡转速的选择可用外部控制来切换，也可依靠变频器内部定时器来自动执行。这种自动运行的方式成为程序控制。如果选择程序控制，通常需要经过以下几个步骤。

（1）制定运行程序：首先要根据工艺要求，制定拖动系统的运行程序。例如，第一挡转速从何时开始，运行频率为多少，持续多长时间再切换到第二挡转速等。

（2）程序的给定：根据制定拖动系统的运行程序，将程序中各种参数用变频器提供的功能码进行预置。

3. 优化特性功能及预置

1）节能运行功能

节能运行是指变频器将检测到的电动机运行状态与变频器中储存的标准电动机的参数进行比较，从而自动给出最佳工作电压的过程。

变频器预置为节能运行时，必须满足以下条件。

（1）变频器中已储存有标准电动机参数，且配用的电动机与标准电动机参数相吻合。若两者相差较大，必须根据实际电动机的参数重新预置。

（2）变频器节能运行时，动态性能较差，因此多用于转矩较稳定的负载中。

（3）节能运行只能用于 U/f 控制方式下，不能用于矢量控制方式。

节能运行的预置方法："有"或"无"；有的还需预置搜索范围、搜索周期、搜索电压增量等参数。

节能运行多用于恒压供水系统，这也是风机水泵专用变频器的特有功能。

2）PID 控制功能

所谓 PID 控制，就是在一个闭环控制系统中，使被控物理量能够迅速而准确地无限接近于控制目标的一种手段。PID 控制功能是变频器应用技术的重要领域之一，也是变频器发挥其卓越效能的重要技术手段。

PID 是比例（*P*）、积分（*I*）、微分（*D*）调节器的总称。

（1）比例增益 *P*。变频器的 PID 功能是利用目标信号和反馈信号的差值来调节输出频率的，一方面，希望目标信号和反馈信号无限接近，即差值很小，从而满足调节的精度；另一方面，又希望调节信号具有一定的幅度，以保证调节的灵敏度。解决这一矛盾的方法就是事先将差值信号进行放大。比例增益 *P* 就是用来设置差值信号的放大系数的。任何一种变频器的参数 *P* 都给出一个可设置的数值范围，一般在初次调试时，*P* 可按中间偏大值预置，或者暂时默认出厂值，待设备运转时再按实际情况细调。

（2）积分时间 I。由上述可知，比例增益 *P* 越大，调节灵敏度越高，但由于传动系统和控制电路都有惯性，调节结果达到最佳值时不能立即停止，导致"超调"，然后反过来调整，再次超调，形成振荡。为此引入积分环节 *I*，其效果是，使经过比例增益 *P* 放大后的差值信号在积分时间内逐渐增大（或减小），从而减缓其变化速度，防止振荡。但积分时间 *I* 太长，又会当反馈信号急剧变化时，被控物理量难以迅速恢复。因此，*I* 的取值与拖动系统的时间常数有关：拖动系统的时间常数较小时，积分时间应短些；拖动系统的时间常数较大时，积分时间应长些。

（3）微分时间 *D*。微分时间 *D* 是根据差值信号变化的速率，提前给出一个相应的调节动作，从而缩短了调节时间，克服因积分时间过长而使恢复滞后的缺陷。*D* 的取值也与拖动系统的时间常数有关：拖动系统的时间常数较小时，微分时间应短些；反之，拖动系统的时间常数较大时，微分时间应长些。

（4）*P*、*I*、*D* 参数的调整原则。*P*、*I*、*D* 参数的预置是相辅相成的，运行现场应根据实际情况进行如下细调：被控物理量在目标值附近振荡，首先加大积分时间 *I*，如仍有振荡，可适当减小比例增益 *P*。被控物理量在发生变化后难以恢复，首先加大比例增益 *P*，如果恢复仍较缓慢，可适当减小积分时间 *I*，还可加大微分时间 *D*。*P*、*I*、*D* 三条曲线比较如图 6.8 所示。

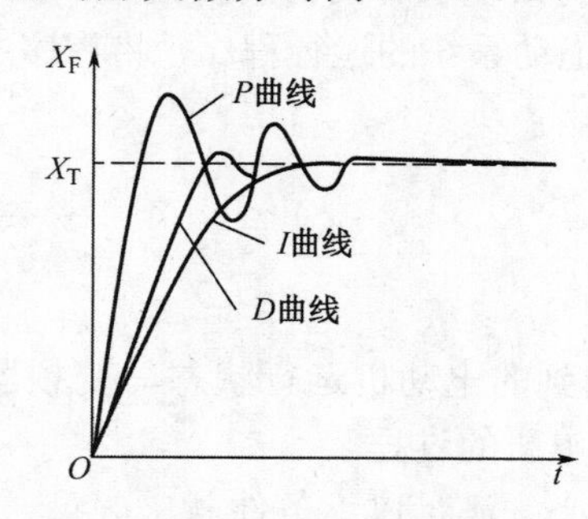

图 6.8　*P*、*I*、*D* 三条曲线比较

PID 控制是闭环过程控制，变频器的 PID 功能一般内置在变频器中，使用时通过功能参数预置。PID 的输入信号一般由压力传感器、速度传感器、流量传感器等反馈获取，PID 的输出信号应接在变频器的输入模拟控制端子上，所控制的物理量由传感器的种类决定。变频器的

PID 控制如图 6.9 所示。

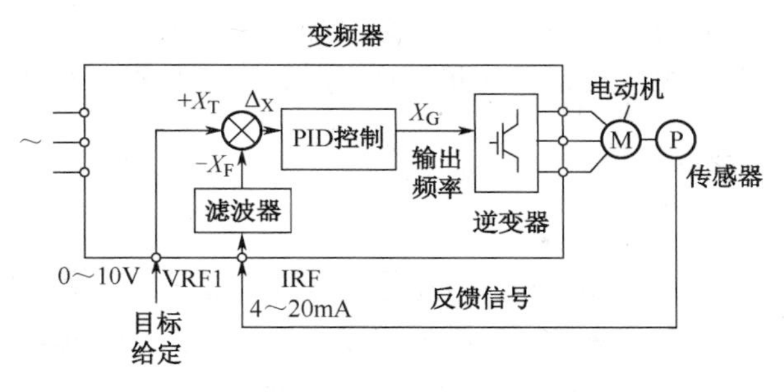

图 6.9　变频器的 PID 控制

PID 控制需设置的物理量如下。

（1）变频器预置为 PID 运行。

（2）预置比例运行增益 P 的参数值。

（3）预置积分 I 的参数值。

（4）预置微分 D 的参数值。

（5）给定目标量：目标量就是需要控制的物理量（如压力、流量、速度等）折算到变频器电压控制端的电压值。

3）电压自动调整功能

电压自动调整功能（AVR）是指电网电压波动时，为了保持电动机的转矩不变而自动调整变频器输出电压和频率的功能。此功能可根据需要设置为“有”或“无”。

4）瞬间停电再启动功能

瞬时停电再启动功能是指电源瞬间停电又很快恢复供电的情况下，变频器是继续停止输出，还是自动重启。可根据具体使用情况选择“瞬时停电后不启动”或“瞬时停电后再启动”。

（1）瞬时停电后不启动：瞬时停电后继续停止输出，并发出报警信号。电源正常输入复位信号才会重新启动。

（2）瞬时停电后再启动：瞬间停电又很快恢复供电后，变频器自动重启。自动重启时的输出频率可根据不同的负载进行预置，大惯性负载，以原速重新启动；小惯性负载，以较低频率重新启动。

（3）瞬时停电后跟踪再启动：瞬时停电后变频器输出搜索信号，当检测到电动机的转速后，变频器以电动机的转速输出频率，使电动机同速再启动。

5）矢量控制功能

变频器矢量控制功能只设置“用”或“不用”即可。

设置矢量控制功能时应符合以下条件。

（1）变频器只能连接一台电动机。

（2）电动机应使用变频器厂家的原配电动机，若不是原配电动机，应先进行自整定操作（自整定操作必须在空载状态下进行）。

（3）所配备电动机的容量比应配备电动机的容量最多小一个等级。

（4）变频器与电动机之间的电缆长度应不大于 50m。

（5）变频器与电动机之间接有电抗器时，应使用变频器的自整定功能改写数据。

6）变频器和工频电源的切换

当变频器出现故障或电动机需要长期在工频功率下运行时，需要将电动机切换到工频电源下运行。变频器和工频电源的切换有手动和自动两种，都需要配加外电路。

4．变频器的保护功能及预置

（1）过电流保护

过电流保护（Over Current Protection）就是当电流超过预定最大值时，使保护装置动作的一种保护方式。当流过被保护原件中的电流超过预先整定的某个数值时，保护装置启动，并用时限保证动作的选择性，使断路器跳闸或给出报警信号。

由于逆变器的过载能力很差，大多数变频器的过载能力都只有 150%，允许持续时间为1min。因此变频器的过电流保护，就显得尤为重要。

在大多数的拖动系统当中，由于负载的变动，短时间的过电流是不可避免的。为了避免频繁跳闸给生产带来的不便，一般的变频器都设置了失速防止功能。可以通过对变频器失速防止功能的设置来限制过电流，用户根据电动机的额定电流 I_{MN} 和负载的情况，给定一个电流限值 I_{set}（通常该电流给定为 150%I_{MN}）。

（2）电动机过载保护

在传统的电力拖动系统中，通常采用热继电器对电动机进行过载保护。热继电器具有反时限特性，即电动机的过载电流越大，电动机的温升增加越快，允许电动机持续运行的时间就越短，继电器的跳闸也越快。

变频器中的电子热敏器，可以很方便地实现热继电器的反时限特性。检测变频器的输出电流，并和存储单元中的保护特性进行比较。当变频器的输出电流大于过载保护电流时，电子热敏器将按照反时限特性进行计算，算出允许电流持续的时间 t，如果在此时间内过载情况消失，则变频器工作依然是正常的，但若超过此时间过载电流仍然存在，则变频器将跳闸，停止输出。

（3）过电压保护

产生过电压的原因，大致可以分为两类：一类是在减速制动过程中，由于电动机处于再生制动状态，若减速时间设置得太短，因再生能量来不及释放，引起变频器中间电路的直流电压升高而产生过电压；另一类是由于电源系统的浪涌电压而引起的过电压。对于电源过电压的情况，变频器规定：电源电压的上限一般不能超过电源电压的 10%。如果超过该值，则变频器将会跳闸。

（4）欠电压保护和瞬间停电的处理

当电网电压过低时，会引起变频器直流中间电路的电压下降，从而使变频器的输出电压过低并造成电动机输出转矩不足和过热现象。而欠电压保护的作用，就是在变频器的直流中间电路出现欠电压时，使变频器停止输出。

当电源出现瞬间停电时，直流中间电路的电压也将下降，并可能出现欠电压的现象。为了使系统在出现这种情况时，仍能继续正常工作而不停车，现代的变频器大部分都提供了瞬间停电再启动功能。

6.1.3　变频器的频率参数及预置

变频器的运行涉及多项频率参数，需要对各参数进行功能预置，才能使电动机变频调速后的特性满足生产机械的要求。

1．各种基本频率参数

（1）基本频率 f_b

变频器应用国家电网的频率，我国为 50Hz。基本频率是确定 *U*/*f* 线的关键频率。基本 *U*/*f* 线在使用中不要轻易改动，如图 6.10 所示。

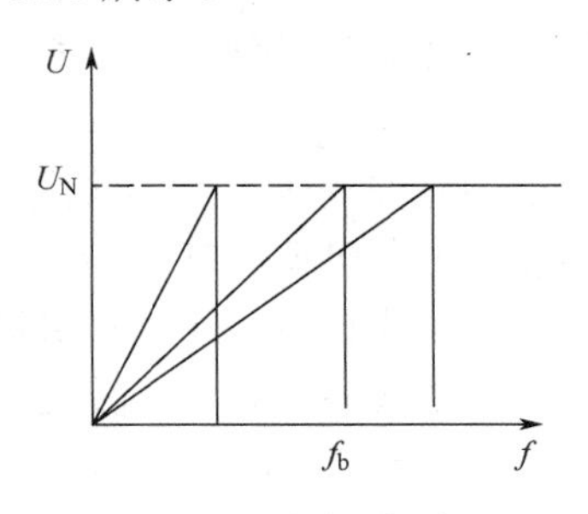

图 6.10　基本频率

（2）最高频率 f_{max}

变频器允许输出的最高频率，对应最大给定信号的输出频率，大多数情况下最高频率 f_{max} 等于基本频率 f_b。（如有的变频器工作在 80Hz，f_{max}=80Hz）

最高频率的上升曲线按照基本频率曲线上升，与非基本曲线是两个概念，如图 6.11 所示。

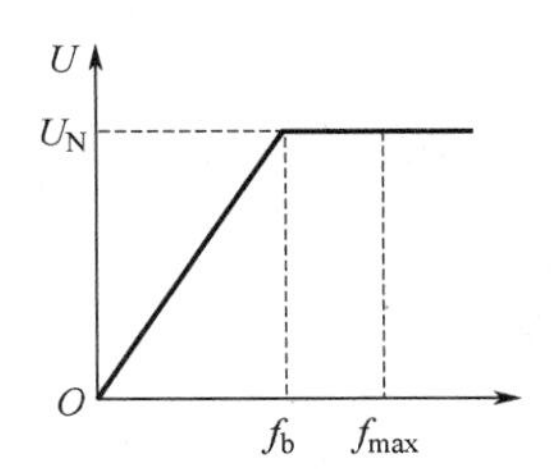

图 6.11　最高频率和基本频率的关系

（3）上限频率 f_H 和下限频率 f_L

上限频率 f_H：允许变频器输出的最高频率。

下限频率 f_L：允许变频器输出的最低频率。

当设定了上下限频率后，频率控制信号 *X* 在全程变化时，输出频率在 f_L 和 f_H 限定的范围内变化，如图 6.12 所示。

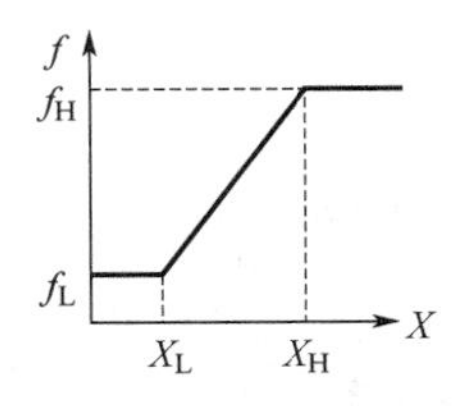

图 6.12　频率控制信号与上、下限频率的关系

（4）给定频率

给定频率是指用户根据生产工艺的需求所设定的变频器输出频率。例如，原来工频供电的

风机电动机现改造为变频调速，就可设置给定频率为 50Hz。其设置方法常有两种：一种是用变频器的操作面板来输入频率的数字量 50；另一种是从控制接线端上以外部给定（电压或电流）信号进行调节，最常见的形式就是通过外接电位器来完成。

（5）输出频率

输出频率即变频器实际输出的频率。当电动机所带的负载变化时，为使拖动系统稳定，此时变频器的输出频率会根据系统情况不断地调整。因此输出频率是在给定频率附近经常变化的。从另一个角度来说，变频器的输出频率就是整个拖动系统的运行频率。

（6）跳跃频率

跳跃频率也称为回避频率，是指不允许变频器连续输出的频率，常用 f_J 表示。由于生产机械运转时的振动是与转速有关系的，当电动机调到某一转速（变频器输出某一频率）时，机械振动的频率与它的固有频率一致时就会发生谐振，此时对机械设备的损害是非常大的。为了避免机械谐振的发生，应当让拖动系统跳过谐振所对应的转速，所以变频器的输出频率就要跳过谐振转速所对应的频率。

变频器在预置跳跃频率时通常采用预置一个跳跃区间，区间的下限是 f_{J1}、上限是 f_{J2}，如果给定频率处于 f_{J1}、f_{J2} 之间，变频器的输出频率将被限制在 f_{J1}。为方便用户使用，大部分的变频器都提供了 2～3 个跳跃区间。跳跃频率的工作区间如图 6.13 所示。

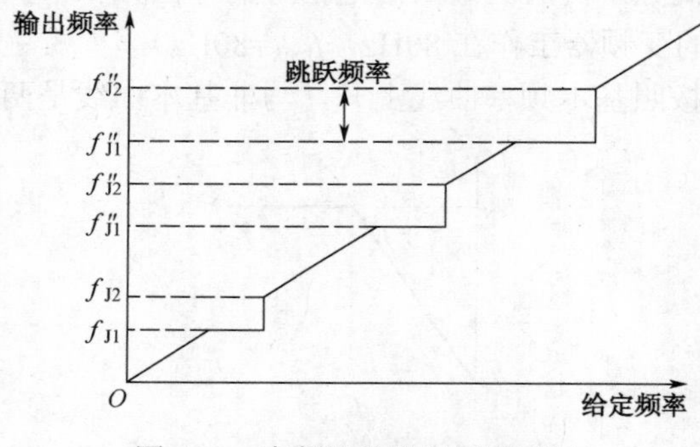

图 6.13　变频器的跳跃频率区间

2. 变频器的其他频率参数

1）点动频率

点动频率是指变频器在点动时的给定频率。生产机械在调试及每次新的加工过程开始前常需进行点动，以观察整个拖动系统各部分的运转是否良好。为防止意外，大多数点动运转的频率都较低。如果设置了点动频率，每次点动时，只需要将变频器的运行模式切换至点动运行模式即可。

2）载波频率（PWM 频率）

变频器大多是采用 PWM 调制的形式进行变频的，也就是说变频器输出的电压其实是一系列的脉冲，脉冲的宽度和间隔均不相等。其大小就取决于调制波和载波的交点，也就是开关频率。开关频率越高，一个周期内脉冲的个数就越多，电流波形的平滑性就越好，但是对其他设备的干扰也越大。载波频率越低或者设置的不好，电动机就会发出难听的噪声。通过调节开关频率可以实现系统的噪声最小，波形的平滑度最好，同时干扰也是最小的。

3）启动频率

电动机开始启动时并不从变频器输出为零开始加速，而是直接从某一频率下开始加速的。在电动机开始加速的瞬间，变频器的输出频率便是启动频率。启动频率是指变频器开始有电压输出时所对应的频率，常用 f_s 表示。在变频器启动过程中，当变频器的输出频率还没达到启动频率设置值时，变频器就不会输出电压。通常为确保电动机的启动转矩，可通过设置合适的启动频率来实现。变频调速系统设置启动频率是为了满足部分生产机械设备实际工作的需要，有些生产机械设备在静止状态下的静摩擦力较大，电动机难以从变频器输出为零开始启动，而在设置的启动频率下启动时，电动机在启动瞬间有一定的冲力，使其拖动的生产机械设备较易启动起来。系统设置了启动频率，电动机可以在启动时很快建立起足够的磁通，使转子与定子间保持一定的气隙等。

启动频率的设置是为确保由变频器驱动的电动机在启动时有足够的启动转矩，避免电动机无法启动或在启动过程中过电流跳闸。在一般情况下，启动频率要根据变频器所驱动负载的特性及大小进行设置，在变频器过载能力允许的范围内既要避开低频欠励磁区域，保证足够的启动转矩，又不能将启动频率设置得太高，因为启动频率设置得太高，在电动机启动时会造成较大的电流冲击甚至过电流跳闸。

4）直流制动起始频率

直流制动指当异步电动机的定子绕组中通入直流电流时，所产生的磁场将是空间位置不变的恒定磁场，而转子因惯性而继续以其原来的速度旋转，此时，转动的转子切割这个静止磁场而产生制动转矩，系统存储的动能转换成电能消耗于电动机的转子回路，进而达到电动机快速制动的效果。

直流制动主要设定以下 3 个内容。

（1）开始转为直流制动时的起始频率 f_{DB}：当变频器的工作频率下降至 f_{DB} 时，通入直流电，如果对制动时间没有要求，f_{DB} 可尽量设定得小一些。

（2）施加于定子绕组的直流制动电压 U_{DB}：由于定子绕组的直流电阻很小，因此直流制动电压的调节范围通常为主电路直流电压的 0～10%。

（3）制动时间 t_{DB}：制动时间不可能和实际制动时间正好一致，为保证制动效果，通常设定得略大一些。

5）多挡转速频率

由于工艺上的要求，很多生产机械在不同的阶段需要在不同的转速下运行。为方便这种负载，大多数变频器均提供了多挡频率控制功能。它是通过几个开关的通、断组合来选择不同的运行频率的。常见的形式是用 3 个输入端来选择 7～8 挡频率。

6.2　变频器的控制方式

目前常用的变频器采用的控制方式有 U/f 控制、转差频率控制、矢量控制和直接转矩控制等。

6.2.1 *U/f* 控制

作为变频器调速控制方式，*U/f* 控制比较简单，多用于通用变频器。

1．*U/f* 控制原理

在进行电动机调速时，通常是希望保持电动机中每极磁通量为额定值，并保持不变。如果磁通太弱就等于没有充分利用电动机的铁芯，是一种浪费；如果过分增大磁通，又会使铁芯饱和，过大的励磁电流使绕组过热损坏电动机。

U/f 控制是使变频器的输出在改变频率的同时也改变电压，通常是使 *U/f* 为常数，这样可使电动机磁通保持一定，在较宽的调速范围内，电动机的转矩、效率、功率因数不下降。

2．恒 *U/f* 控制方式的机械特性

1）调频比和调压比

调频时，通常都是相对于其额定频率 f_N 来进行调节的，那么调频频率 f_x 就可以用下式表示

$$f_x = k_f f_N \tag{6.2}$$

式中，k_f 为频率调节比（也称为调频比）。

根据变频也要变压的原则，在变压时也存在着调压比，电压 U_x 可用下式表示

$$U_x = k_u U_N \tag{6.3}$$

式中，k_u 为调压比；U_N 为电动机的额定电压。

2）变频后电动机的机械特性

调频的过程中，若频率调至 f_x，则 $f_x = k_f f_N$，此时电压跟着调为 $U_x = k_u U_N$。

我们可以通过找出机械特性上的几个特殊点，画出异步电动机的机械特性。其机械特性曲线如图 6.14 所示。

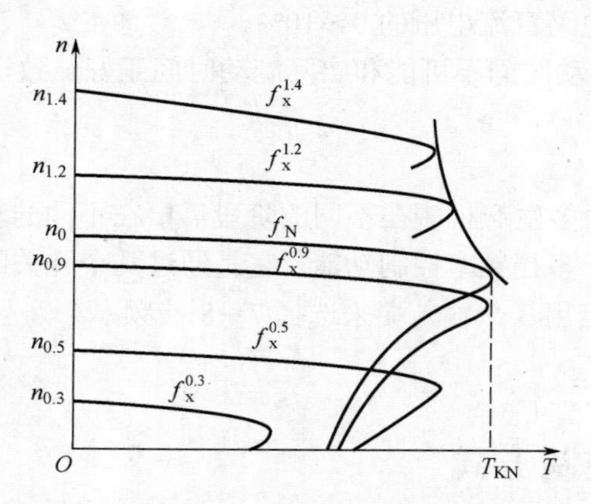

图 6.14 异步电动机变频调速的机械特性曲线

机械特性曲线的特征如下。

（1）从 f_N 向下调频时，n_{ox} 下移，T_{Kx} 逐渐减小。

（2）f_x 在 f_N 附近下调时，$k_f = k_u \to 1$，T_{Kx} 减小很少，可近似认为 $T_{Kx} \approx T_{KN}$，f_x 调得很低时：$k_f = k_u \to 0$，T_{Kx} 减小很快。

（3）f_x 不同时，临界转差 Δn_{Kx} 变化不是很大，所以稳定工作区的机械特性基本是平行的，且机械特性较硬。

3．对额定频率 f_N 以下变频调速特性的修正

在低频时，T_{Kx} 的大幅减小，严重影响到电动机在低速时的带负载能力，为解决这个问题，必须了解低频时 T_{Kx} 减小的原因。

1）T_{Kx} 减小的原因分析

由于调频时为维持电动机的主磁通 Φ_M 不变，需保证 E/f=常数，由于 E 不易检测和控制，用 U/f=常数来代替。电动机的定子电压为

$$U_x = E_x + \Delta U_x \tag{6.4}$$

式中，ΔU_x 为电动机定子绕组的阻抗压降。

当 f_x 降低时，U_x 也很小，ΔU_x 在 U_x 中的比重越来越大，而 E_x 在 U_x 的比重却越来越小。如果仍保持 U_x/f_x=常数，E_x/f_x 的比值却在不断减小。此时，主磁通 Φ_M 减少，从而引起电磁转矩的减小。以上分析过程可表示为

$$k_f \downarrow (k_u = k_f) \rightarrow \frac{\Delta U_x}{U_x} \uparrow \rightarrow \frac{E_x}{U_x} \downarrow \rightarrow \Phi_M \downarrow \rightarrow T_{Kx} \downarrow \tag{6.5}$$

2）解决的办法

适当提高调压比 k_u，使 $k_u > k_f$，即提高 U_x 的值，使得 E_x 的值增加。从而保证 E_x/f_x＝常数。这样就能保证主磁通 Φ_M 基本不变。最终使电动机的临界转矩得到补偿。$f_x > f_N$ 时，电动机近似具有恒功率的调速特性。U/f 采用电压补偿后异步电动机的机械特性曲线如图 6.15 所示。

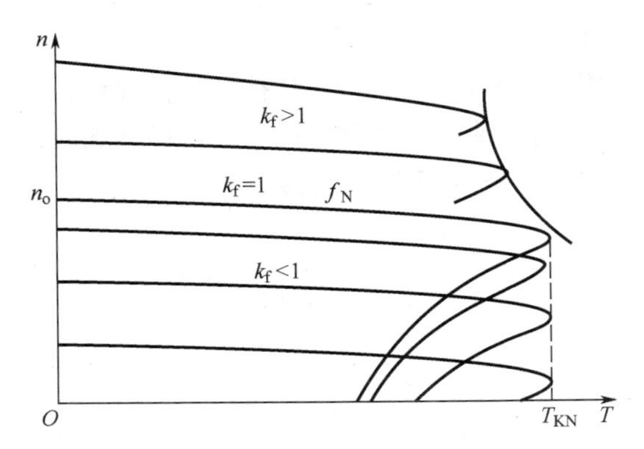

图 6.15　U/f 采用电压补偿后异步电动机的机械特性曲线

4．U/f 控制的功能

1）转矩提升

转矩提升是指通过提高 U/f 比来补偿 f_x 下调时引起的 T_{Kx} 下降。但并不是 U/f 比取大些就好。补偿过多，电动机铁芯饱和厉害，励磁电流 I_0 的峰值增大，严重时可能会引起变频器因过电流而跳闸。

2）U/f控制曲线的种类

为了方便用户选择 U/f 比，变频器通常都是以 U/f 控制曲线的方式提供给用户，让用户进行选择的。

（1）基本 U/f 控制曲线

把 $k_u = k_f$ 时的 U/f 控制曲线称为基本 U/f 线，它表明了没有补偿时的电压 U_x 和频率 f_x 之间的关系，是进行 U/f 控制时的基准线。基本 U/f 线上，与额定输出电压对应的频率称为基本频率，用 f_b 表示，$f_b = f_N$。基本 U/f 控制曲线如图 6.16 所示。

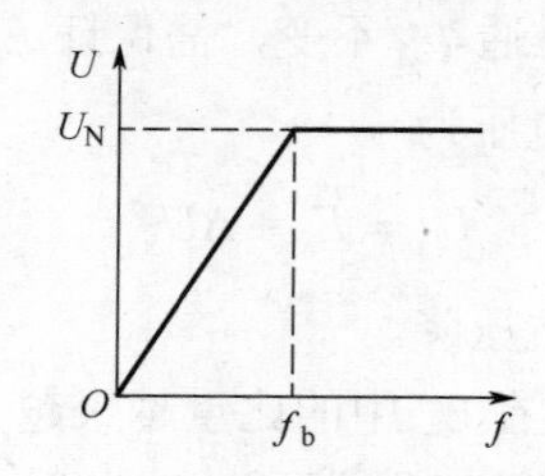

图 6.16　基本 U/f 控制曲线

（2）转矩补偿的 U/f 曲线

特点：在 f_x=0 时，不同的 U/f 曲线，电压补偿值 U_x 不同。

适用负载：经过补偿的 U/f 曲线适用于低速时需要较大转矩的负载。可根据低速时负载的大小来确定补偿的程度，选择 U/f 曲线。

（3）负补偿的 U/f 曲线

特点：低速时，U/f 曲线在基本 U/f 曲线的下方，这种在低速时减小电压 U_x 的做法称为负补偿，也称为低减 U/f 比。

适用负载：主要适用于风机、泵类的二次方率负载。

（4）U/f 比分段的补偿线

特点：U/f 曲线由几段组成，每段的 U/f 值均由用户自行给定。

适用负载：适合负载转矩与转速大致成比例的负载，在低速时补偿少，在高速时补偿程度需要加大。U/f 比分断的补偿线如图 6.17 所示。

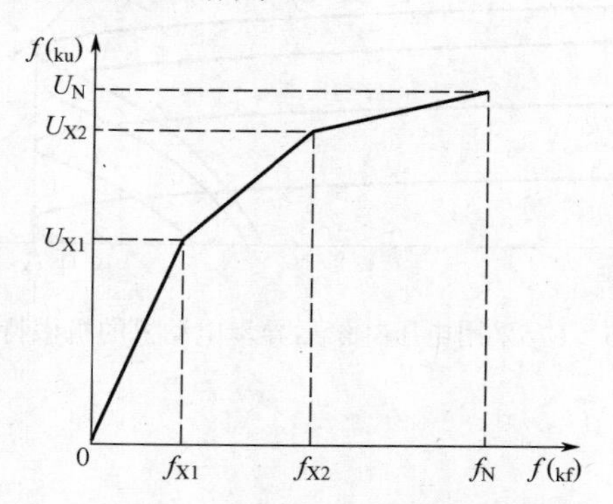

图 6.17　U/f 比分段的补偿线

3）选择 U/f 控制曲线时常用的操作方法

具体操作有下面几个步骤。

（1）将拖动系统连接好，带以最重的负载。

（2）根据所带的负载的性质，选择一条较小的 U/f 曲线，在低速时观察电动机的运行情况，如果此时电动机的带负载能力达不到要求，需将 U/f 曲线提高一挡。以此类推，直到电动机在低速时的带负载能力达到拖动系统的要求。

（3）如果负载经常变化，在步骤②中选择的 U/f 曲线，还需要在轻载和空载状态下进行检验。方法是：将拖动系统带以最轻的负载或空载，在低速下运行，观察定子电流 I_1 的大小，如果 I_1 过大，或者变频器跳闸，说明原来选择的 U/f 曲线过大，补偿过分，需要适当调低 U/f 曲线。

6.2.2　转差频率控制

转差频率控制（SF 控制）就是检测出电动机的转速，构成速度闭环，速度调节器的输出为转差频率，然后以电动机速度对应的频率与转差频率之和作为变频器的给定输出频率。

1．转差频率控制原理

转差频率与转矩的关系特性曲线如图 6.18 所示，在电动机允许的过载转矩以下，大体可以认为产生的转矩与转差频率成比例。另外，电流随转差频率的增加而单调增加。所以，如果给出的转差频率不超过允许过载时的转差频率，那么就可以具有限制电流的功能。

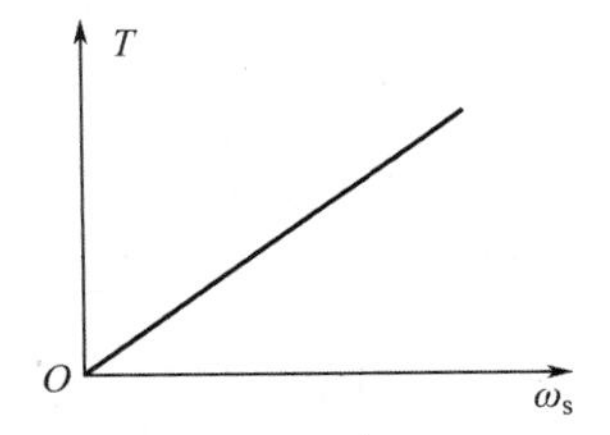

图 6.18　转差频率与转矩的关系

为了控制转差频率虽然需要检测出电动机的速度，但系统的加减速特性和稳定性比开环的 U/f 控制获得了提高，过电流的限制效果也变好。

2．转差频率控制的系统构成

图 6.19 所示为异步电动机转差频率控制系统构成图。速度调节器通常采用 PI 控制。它的输入为速度设定信号 ω_2^* 和检测的电机实际速度 ω_2 之间的误差信号。速度调节器的输出为转差频率设定信号 ω_s^*。变频器的设定频率即电动机的定子电源频率 ω_1^* 为转差频率设定值 ω_s^* 与实际转子转速 ω_2 的和。当电动机负载运行时，定子频率设定将会自动补偿由负载所产生的转差，保持电动机的速度为设定速度。速度调节器的限幅值决定了系统的最大转差频率。

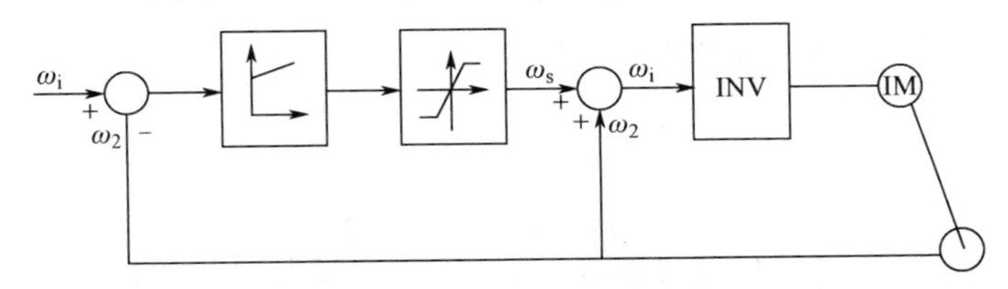

图 6.19　异步电动机的转差频率控制系统构成图

6.2.3 矢量控制

矢量控制（VC 控制）是通过控制变频器输出电流的大小、频率及相位，以维持电动机内部的磁通为设定值，产生所需的转矩的。它是从直流电动机的调速方法得到启发，利用现代计算机技术解决了大量的计算问题，从而使矢量控制方式得到了成功的实施，成为高性能的异步电动机控制方式。

1. 直流电动机与异步电动机调速上的差异

1）直流电动机的调速特征

直流电动机具有两套绕组，即励磁绕组和电枢绕组，它们的磁场在空间上互差 π/2 电角度，两套绕组在电路上是互相独立的，如图 6.20 所示。

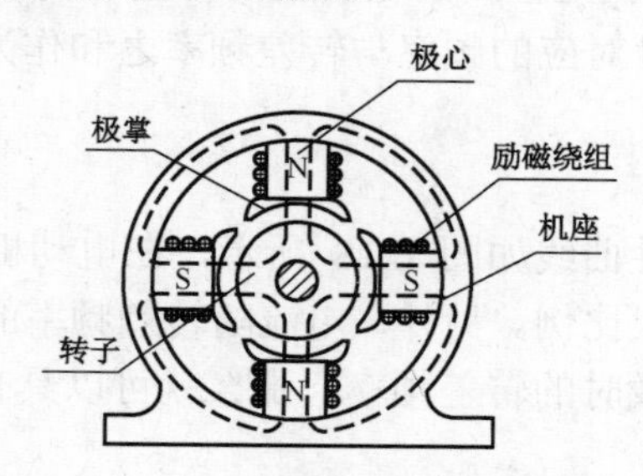

图 6.20 直流电动机的结构

直流电动机的励磁绕组流过电流 I_F 时产生主磁通 Φ_M，电枢绕组流过负载电流 I_A，产生的磁场为 Φ_A，两磁场在空间互差 π/2 电角度。直流电动机的电磁转矩可以用下式表示

$$T = C_T \Phi_M I_A \tag{6.5}$$

当励磁电流 I_F 恒定时，Φ_M 的大小不变。直流电动机所产生的电磁转矩 T 和电枢电流 I_A 成正比，因此调节 I_A 就可以调速。而当 I_A 一定时，控制 I_F 的大小，可以调节 Φ_M，也就可以调速。就是说，只需要调节两个磁场中的一个就可以对直流电动机调速。这种调速方法使直流电动机具有良好的控制性能。

2）异步电动机的调速特征

异步电动机也有定子绕组和转子绕组，但只有定子绕组和外部电源相接，定子电流 I_1 是从电源吸取电流，转子电流 I_2 是通过电磁感应产生的感应电流。因此异步电动机的定子电流应包括两个分量，即励磁分量和负载分量。励磁分量用于建立磁场；负载分量用于平衡转子电流磁场。

综上所述，直流电动机与交流电动机的不同主要有下面几点。

（1）直流电动机的励磁回路、电枢回路相互独立，而异步电动机将两者都集中于定子回路。

（2）直流电动机的主磁场和电枢磁场互差 π/2 电角度。

（3）直流电动机是通过独立地调节两个磁场中的一个来进行调速的，而异步电动机则做不到。

既然直流电动机的调速有那么多优势，调速后的电动机性能又很优良，那么如果能将异步电动机的定子电流分解成励磁电流和负载电流，并分别进行控制，则理论上它们所形成的磁场在空间上也能互差 π/2 电角度，异步电动机和直流电动机的调速就相差无几了。

2．矢量控制中的等效变换

矢量控制的基本原理是通过测量和控制异步电动机定子电流矢量，根据磁场定向原理分别对异步电动机的励磁电流和转矩电流进行控制，从而达到控制异步电动机转矩的目的。关键步骤之一就是进行绕组的坐标变换。

1）坐标变换的概念

坐标变换的目的是将交流电机的物理模型等效的变换成为类似直流电机的模型。坐标变换的等效原则是在不同坐标系下产生的磁动势相同。在研究矢量控制时，定义有三种坐标系，即三相静止坐标系（3s）、两相静止坐标系（2s）和两相旋转坐标系（2r），如图 6.21 所示。

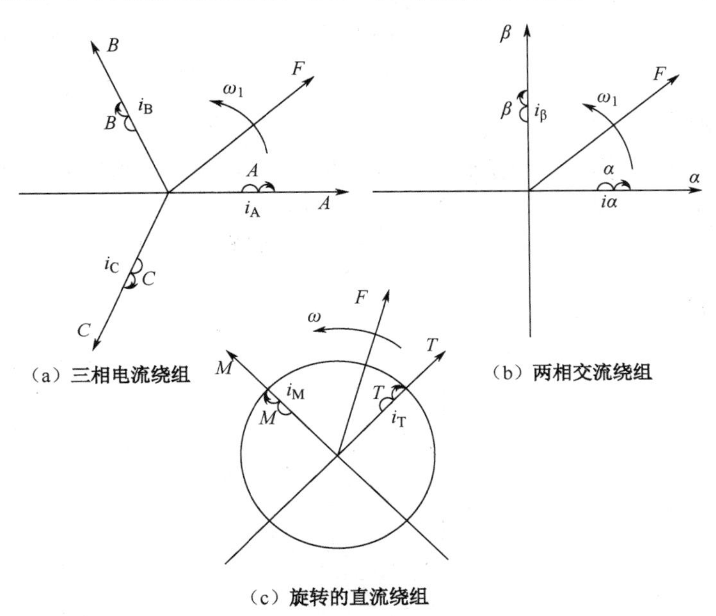

图 6.21　异步电动机的几种等效模型

交流电动机三相对称的静止绕组 A、B、C 通入三相平衡的正弦电流 i_A、i_B、i_C 时，所产生的合成磁动势是旋转磁动势 F，它在空间呈正弦分布，并以同步转速 ω_1 按 $A \rightarrow B \rightarrow C$ 相序旋转，其等效模型如图 6.21（a）所示。图 6.21（b）则给出了两相静止绕组 α 和 β，它们在空间上互差 90°，再通以时间上互差 90° 的两相平衡交流电流，也能产生旋转磁动势 F 与三相等效。图 6.21（c）则给出两个匝数相等且互相垂直的绕组 M 和 T，在其中分别通以直流电流 i_M 和 i_T，在空间产生合成磁动势 F。如果让包含两个绕组在内的铁芯以同步转速 ω_1 旋转，则磁动势 F 也随之旋转成为旋转磁动势。

2）3 相/2 相变换（3s/2s）

三相静止坐标系 A、B、C 和两相静止坐标系 α 和 β 之间的变换，称为 3s/2s 变换。变换原则是保持变换前的功率不变。

设三相对称绕组（各相匝数相等、电阻相同、互差 120° 空间角）通入三相对称电流 i_A、i_B、i_C，形成定子磁动势，用 F_3 表示，如图 6.22（a）所示。两相对称绕组（匝数相等、电阻相同、互差 90° 空间角）内通入两相电流后产生定子旋转磁动势，用 F_2 表示，如图 6.22（b）所示。适当选择和改变两套绕组的匝数和电流，即可使 F_3 和 F_2 的幅值相等。若将两种绕组产生的磁动势置于同一图中比较，并使 F_α 与 F_A 重合，如图 6.22（c）所示。

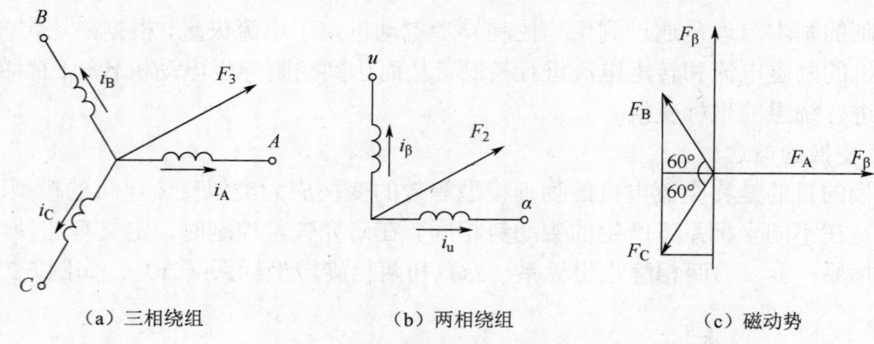

（a）三相绕组　（b）两相绕组　（c）磁动势

图 6.22　绕组磁动势的等效关系

3）2 相/2 相旋转变换（2s/2r）

2 相/2 相旋转变换又称为矢量旋转变换器，因为 α 和 β 两相绕组在静止的直角坐标系上（2s），而 M、T 绕组则在旋转的直角坐标系上（2r），变换的运算功能由矢量旋转变换器来完成，图 6.23 所示为旋转变换矢量图。

3．直角坐标/极坐标变换

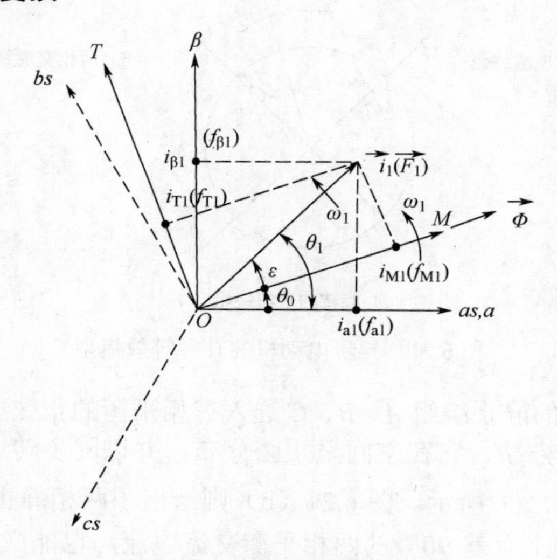

图 6.23　旋转变换矢量图

在矢量控制系统中，有时需将直角坐标转换为极坐标，用矢量幅值和相位夹角表示矢量。图 6.23 中矢量 i_1 和 M 轴的夹角为 θ_1，若由已知的 i_m、i_y 来求 i_1 和 θ_1，则必须进行 K/P 变换，其关系公式为

$$i_1 = \sqrt{i_m^{\ 2} + i_t^{\ 2}} \tag{6.6}$$

$$\theta_1 = \arctan(\frac{i_t}{i_m}) \tag{6.7}$$

当 θ_1 在 0°～90° 内变化时，$\tan\theta_1$ 的变化范围是 0～∞，由于变化幅度大，电路或微机均难以实现。由图 6.23 可知

$$\sin\theta_1 = \frac{i_T}{i_1}, \cos\theta_1 = \frac{i_M}{i_1} \tag{6.8}$$

因此

$$\tan\frac{\theta_1}{2} = \frac{i_T}{i_1 + i_M} \tag{6.9}$$

4．变频器矢量控制的基本思想

（1）矢量控制的基本理念

矢量控制系统的基本思路是以产生相同的旋转磁动势为准则，将异步电动机在静止三相坐标系上的定子交流电流通过坐标变换等效成同步旋转坐标系上的直流电流，并分别加以控制，从而实现磁通和转矩的解耦控制，以达到直流电机的控制效果。矢量控制，就是通过矢量变换和按转子磁链定向，得到等效直流电动机模型，在按转子磁链定向坐标系中，用直流电动机的方法控制电磁转矩与磁链,然后将转子磁链定向坐标系中的控制量经变换得到三相坐标系的对应量，以实施控制。其中等效的直流电动机模型如图 6.24 所示，在三相坐标系上的定子交流电流 i_A、i_B、i_C，通过 3s/2s 变换可以等效成两相静止正交坐标系上的交流 $i_{s\alpha}$ 和 $i_{s\beta}$ 再通过与转子磁链同步的旋转变换，可以等效成同步旋转正交坐标系上的直流电流 i_{sm} 和 i_{st}。m 绕组相当于直流电动机的励磁绕组，i_{sm} 相当于励磁电流，t 绕组相当于电枢绕组，i_{st} 相当于与转矩成正比的电枢电流。其中矢量控制系统原理结构图如图 6.25 所示。

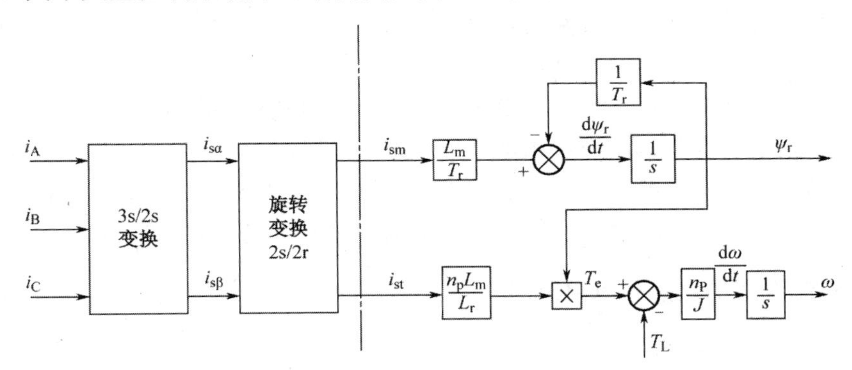

图 6.24　异步电动机矢量变换及等效直流电动机模型

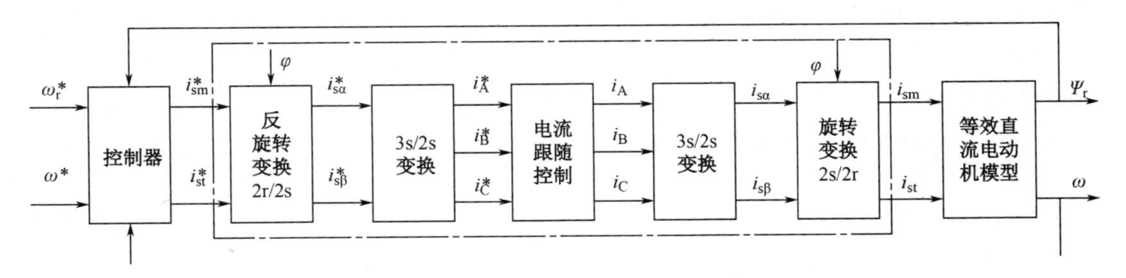

图 6.25　矢量控制系统原理结构图

通过转子磁链定向，将定子电流分量分解为励磁分量 i_{sm} 和转矩分量 i_{st}，转子磁链 Ψ_r 仅由定子电流分量 i_{sm} 产生，而电磁转矩 T_e 正比与转子磁链和定子电流转矩分量的乘积，实现了定子电流的两个分量的解耦。简化后的等效直流调速系统如图 6.26 所示。

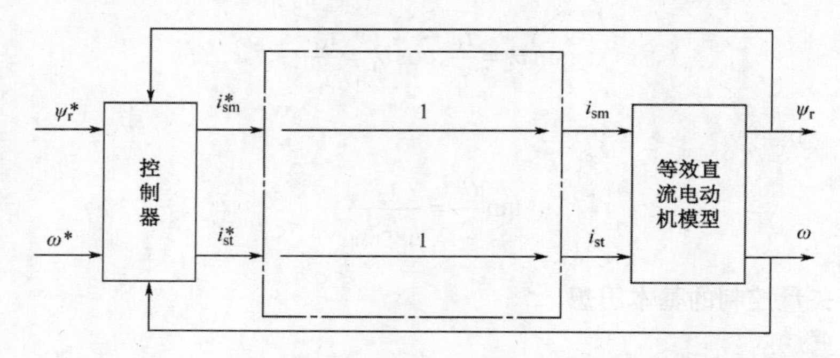

图 6.26　等效直流调速系统结构图

（2）矢量控制中的反馈

电流反馈用于反映负载的状态，使 i_{sm}^* 能随负载而变化。速度反馈反映出拖动系统的实际转速和给定值之间的差异，从而以最快的速度进行校正，提高了系统的动态性能。速度反馈的反馈信号可由脉冲编码器 PG 测得。现代的变频器又推广使用了无速度传感器矢量控制技术，它的速度反馈信号不是来自速度传感器，而是通过 CPU 对电动机的各种参数（如 I_1、r_2 等）经过计算得到的一个转速的实在值，由这个计算出的转速实在值和给定值之间的差异来调整 i_{sm}^* 和 i_{st}^*，改变变频器的输出频率和电压。

5．使用矢量控制的要求

选择矢量控制模式，对变频器和电动机有如下要求。

（1）一台变频器只能带一台电动机。

（2）电动机的极数要按说明书的要求，一般以 4 极电动机为最佳。

（3）电动机容量与变频器的容量相当，最多差一个等级。

（4）变频器与电动机间的连接线不能过长，一般应在 30m 以内。如果超过 30m，需要在连接好电缆后，进行离线自动调整，以重新测定电动机的相关参数。

6．矢量控制系统的优点和应用范围

1）矢量控制系统的优点

（1）动态的高速响应。

（2）低频转矩增大。

（3）控制灵活。

2）矢量控制系统的应用范围

（1）要求高速响应的工作机械。

（2）适应恶劣的工作环境。

（3）高精度的电力拖动。

（4）四象限运转。

6.2.4　直接转矩控制

直接转矩控制系统是继矢量控制之后发展起来的另一种高性能的交流变频调速系统。直接

转矩控制把转矩直接作为控制量来控制。

1. 直接转矩控制系统

直接转矩控制是直接在定子坐标系下分析交流电动机的模型，控制电动机的磁链和转矩。它不需要将交流电动机化成等效直流电动机，因而省去了矢量旋转变换中的许多复杂计算，它不需要模仿直流电动机的控制，也不需要为解耦而简化交流电动机的数学模型。

图 6.27 所示为按定子磁场控制的直接转矩控制系统的原理框图，采用在转速环内设置转矩内环的方法，以抑制磁链变化对转子系统的影响，因此，转速与磁链子系统也是近似独立的。

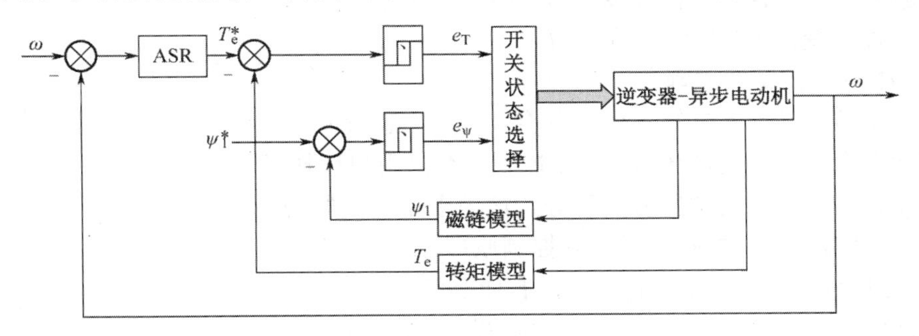

图 6.27　直接转矩控制系统原理框图

2. 直接转矩控制的优势

转矩控制是控制定子磁链，在本质上并不需要转速信息；控制上对除定子电阻外的所有电动机参数变化鲁棒性好，所引入的定子磁链观测器能很容易地估算出同步速度信息。因而能方便地实现无速度传感器化，这种控制也称为无速度传感器直接转矩控制。然而，这种控制要依赖于精确的电动机数学模型和对电动机参数的自动识别（ID）。

本章小结

变频器的基本组成可分为两大部分：由电力电子器件构成的主电路；以微处理器为核心的控制电路。

变频器与外部连接的端子分为主电路端子和控制电路端子。变频器在使用前，一定要对功能参数进行预置。

变频器的控制方式有：*U*/*f* 控制、转差频率控制、矢量控制和直接转矩控制等。*U*/*f* 控制是使变频器的输出在改变频率的同时也改变电压，通常是使 *U*/*f* 为常数，这样可使电动机磁通保持一定，在较宽的调速范围内，电动机的转矩、效率、功率因数不下降。转差频率控制就是检测出电动机的转速，构成速度闭环，速度调节器的输出为转差频率，通过控制转差频率来控制转矩和电流，使速度的静态误差变小。矢量控制是通过控制变频器输出电流的大小、频率及相位，用以维持电动机内部的磁通为设定值，产生所需的转矩，是一种高性能的异步电动机控制方式。直接转矩控制是直接分析交流电动机的模型，控制电动机的磁链和转矩。

习　题

1．说明变频器的基本组成。

2．变频器的主电路端子有哪些？分别与什么连接？

3．变频器的控制端子大致分为哪几类？

4．说明变频器的基本频率参数，如何设置？

5．变频器有哪些保护功能需要进行设置？如何设置？

6．说明设置变频器的 PID 功能的意义？

7．说明恒 U/f 控制的原理。

8．什么是转矩补偿？转矩补偿过分会出现什么情况？

9．为什么变频器总是给出多条 U/f 控制曲线供用户选择？

10．U/f 控制曲线分为哪些种类？分别适用于哪种类型的负载？

11．什么是转差频率控制？说明其控制原理。

12．转差频率控制与 U/f 控制相比，有什么优点？

13．矢量控制的理念是什么？矢量控制有什么优越性？

第 7 章　通用变频器在典型控制系统中的应用

7.1　恒压供水系统

7.1.1　PLC 与变频器的连接

通常 PLC 可以通过下面三种途径来控制变频器。

（1）利用 PLC 的模拟量输出模块控制变频器。

（2）PLC 通过通信接口控制变频器。

（3）利用 PLC 的开关量输入/输出模块控制变频器。

1．PLC 的三种连接方法

（1）利用 PLC 的模拟量输出模块控制变频器

PLC 的模拟量输出模块输出 0～5V 电压或 4～20mA 电流，将其送给变频器的模拟电压或电流输入端，控制变频器的输出频率。这种控制方式的硬件接线简单，但是可编程控制器的模拟量输出模块价格相当高。

（2）PLC 通过 485 通信接口控制变频器

这种控制方式的硬线接线简单，但需要增加通信用的接口模块。通信模块的价格可能较高，而且熟悉通信模块的使用方法和设计通信程序可能要花较多的时间。本节将重点讲述此方法。

（3）利用 PLC 的开关量输入/输出模块控制变频器

PLC 的开关量输入/输出端一般可以与变频器的开关量输入/输出端直接相连。这种控制方式的接线很简单，抗干扰能力强。PLC 的开关量输出模块可以控制变频器的正、反转转速和加、减速时间，能实现较复杂的控制要求。

2．PLC 通过 485 通信接口控制变额器

该系统硬件组成如图 7.1 所示，主要由下列组件构成。

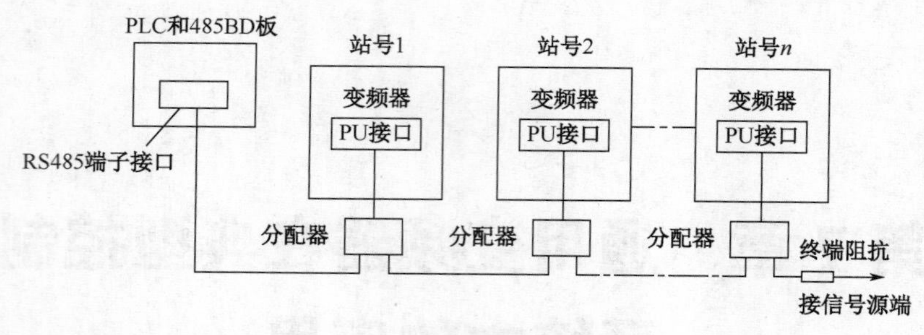

图 7.1　系统硬件组成

（1）系统所用 PLC，如 FX2N 系列。

（2）FX2N-485-BD 为 FX2N 系统 PLC 的通信适配器，主要用 PLC 与变频器之间数据的发送和接收。

（3）SC09 电缆，用于 PLC 与计算机之间的数据传送。

（4）通信电缆采用五芯电缆，可自行制作。

3．PLC 与 485 通信接口的连接方式

变频器端的 PU 接口用于 RS-485 通信时的接口端子排定义如图 7.2 所示。五芯电缆线的一端接变频器 Fx2N-485BD，另一端用专用接口压接后接变频器的 PU 接口，如图 7.3 所示。

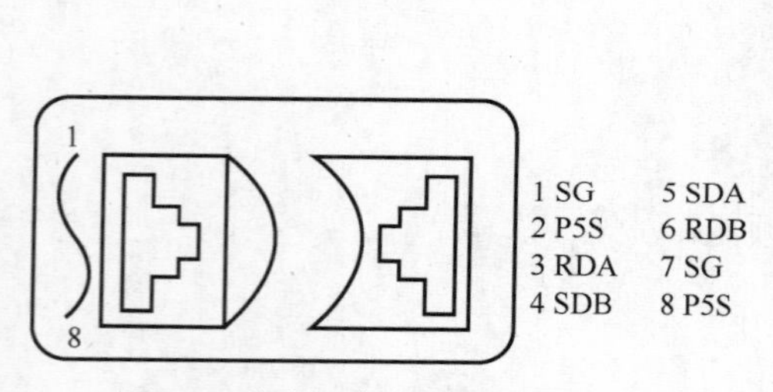

图 7.2　变频器接口端子排定义

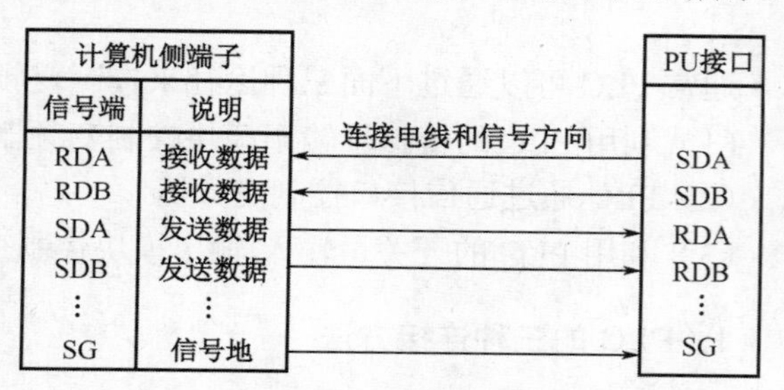

图 7.3　PLC 与变频器的通信连接示意图

4．PLC 和变频器之间的 RS-485 通信协议和数据传送形式

1）PLC 和变频器之间的 RS-485 通信协议

PLC 和变频器进行通信规格必须在变频器的初始化设定，如果没有进行设定或有一个错误的设定，数据将不能进行通信；且每次参数设定后，需复位变频器，确保参数的设定生效。设定好参数后将按如下协议进行数据通信，如图 7.4 所示。

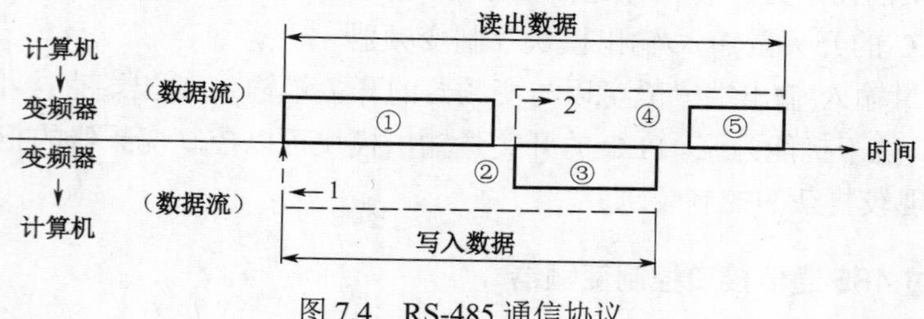

图 7.4　RS-485 通信协议

2）数据传送形式

数据传送形式有以下几种。

（1）从 PLC 到变频器的通信请求数据。
（2）数据写入时从变频器到 PLC 的应答数据。
（3）读出数据时从变频器到 PLC 的应答数据。
（4）读出数据时从 PLC 到变频器的发送数据。

7.1.2　水泵供水的基本模型与主要参数

1．基本模型

图 7.5 所示为一生活小区供水系统的基本模型，水泵将水池中的水抽出并上扬至所需高度，以便向生活小区供水。

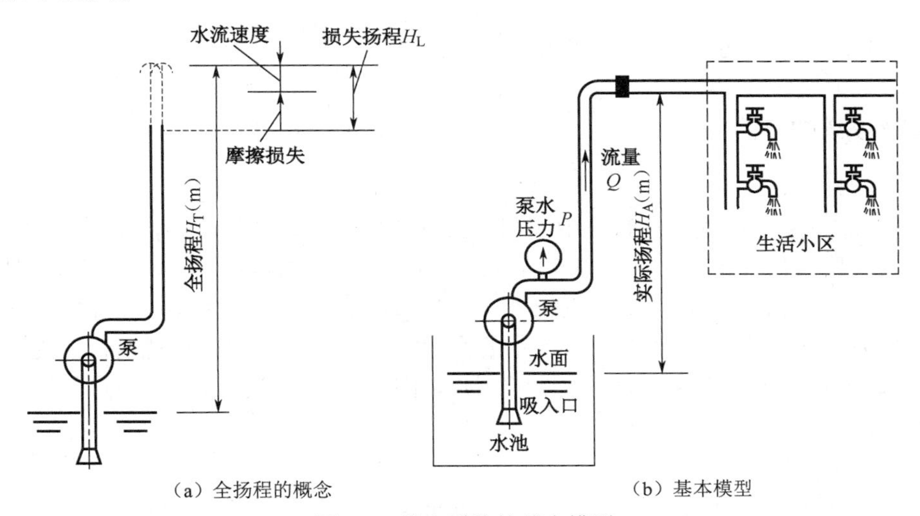

（a）全扬程的概念　　（b）基本模型

图 7.5　供水系统的基本模型

2．供水系统的主要参数

1）流量

流量是泵在单位时间内所抽送液体的数量。常用的流量是体积流量，用 Q 表示，其单位是 m^3/s。积流量，用 p 表示，其单位是 m^3/s。

2）扬程

扬程是指单位质量的液体通过泵后所获得的能量。扬程主要包括三个方面。

（1）提高水位所需的能量。
（2）克服水在管路中流动阻力所需的能量。
（3）使水流具有一定的流速所需的能量。

通常所抽送液体的液柱高度用 H 表示，其单位是 m。习惯上常用水从一个位置上扬到另一个位置时水位的变化量（即对应的水位差）来代表扬程。

3）全扬程

全扬程也称为总扬程，是表征水泵泵水能力的物理量，包括把水从水池的水面上扬到最高水位所需的能量，克服管阻所需的能量和保持流速所需的能量，符号是 H_T，在数值上等于在没有管阻，也不计流速的情况下，水泵能够上扬水的最大高度，如图 7.5（a）所示。

4）实际扬程

实际扬程是通过水泵实际提高水位所需的能量，符号是 H_A，在不计损失和流速的情况下，其主体部分正比于实际的最高水位与水池水面之间的水位差，如图 7.5（b）所示。

5）损失扬程

全扬程与实际扬程之差，即为损失扬程，符号是 H_L。H_T、H_A、H_L 三者之间的关系是 $H_T=H_A+H_L$。

6）管阻

管阻是表示管道系统（包括水管、阀门等）对水流阻力的物理量，符号是 P。其大小在静态时主要取决于管路的结构和所处的位置，而在动态情况下还与供水流量和用水流量之间的平衡情况有关。

7.1.3 供水系统的特性与工作点

1．供水系统的特性

1）扬程特性

扬程特性即水泵的特性。在管路中阀门全打开的情况下，全扬程 H_T，随流量 Q_H，变化的曲线 $H_T=f\ (Q_u)$称为扬程特性，如图 7.6 所示。图中，A_1 点是流量较小（等于 Q_1）时的情形，这时全扬程较大，为 H_{T1}；A_2 点是流量较大（等于 Q_2）时的情形，这时全扬程较小，为 H_{T2}。这表明用户用水越多（流量越大），管道中的摩擦损失及保持一定的流速所需的能量越大，供水系统的全扬程就越小。流量的大小取决于用户，因此，扬程特性反映了用户的用水需求对全扬程的影响。

2）管阻（路）特性

管阻（路）特性反映的是为了维持一定的流量而必须克服管阻所需的能量。它与阀门的开度有关，实际上是表明当阀门开度一定时，为了提高一定流量的水所需要的扬程。这里的流量表示供水流量，用 Q_G 表示，所以管阻特性的函数关系是 $H_T=f\ (Q_G)$，如图 7.7 所示。显然，当全扬程不大于实际扬程（$H_T \leqslant H_A$）时，是不可能供水（$Q_G=0$）的。因此，实际扬程也是能够供水的“基本扬程”。在实际的供水管路中流量具有连续性，并不存在供水流量与用水流量的差别，这里的流量是为了便于说明供水能力和用水需求之间的关系而假设的量。

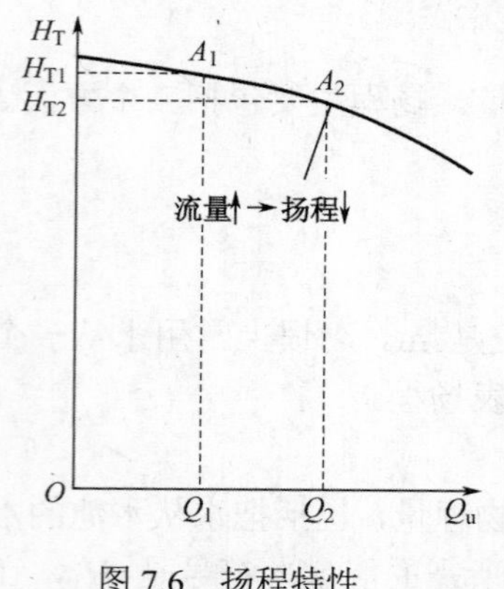

图 7.6　扬程特性

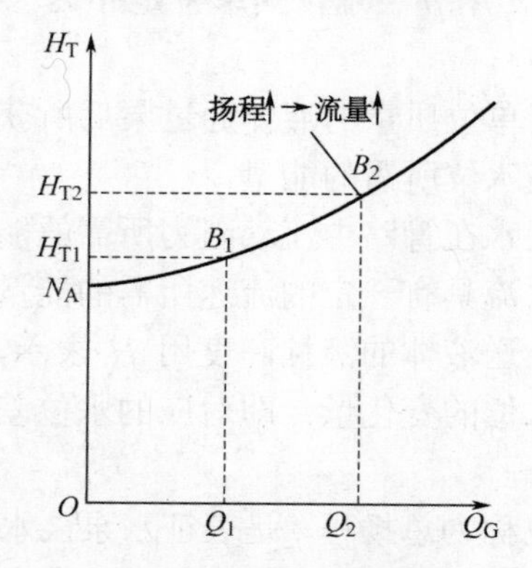

图 7.7　管阻（路）特性

从图 7.7 中可以看出，在供水流量较小（$Q_G=Q_1$）时，所需量程也较小（$H_T= H_{T1}$），如 B_1 点；反之，在供水量较大（$Q_G=Q_2$）时，所需量程也较大（$H_T= H_{T1}$），如 B_2 点。

2．供水系统的工作点

（1）工作点

扬程特性曲线和管阻特性曲线的交点称为供水系统的工作点，如图 7.8 中的 A 点所示。在这一点，系统既要满足扬程特性曲线①，也要符合管阻特性曲线②，供水系统才处于平衡状态，系统才能稳定运行。如阀门开度为 100%，转速也为 100%，则系统处于额定状态，这时的工作点成为额定工作点，或称自然工作点。

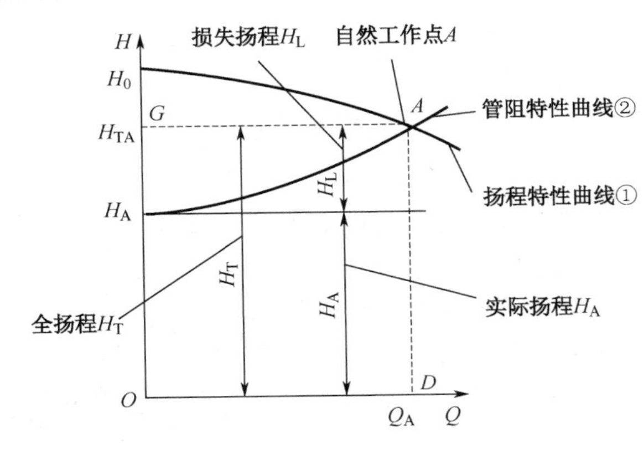

图 7.8　供水系统的工作点

（2）供水功率

供水系统向用户供水时，电动机所消耗的功率 P_0(kW)称为供水功率，供水功率与流程 Q 和扬程 H_T 的乘积成正比，其关系式为

$$P_G= G_p H_T Q \tag{7.1}$$

式中，G_P 为比例常数。

由图 7.8 可知，供水系统的额定功率与面积 $ODAG$ 成正比。

7.1.4　节能原理分析

1．调节流量的方法

在供水系统中，最根本的控制对象是流量。因此，要研究节能问题必须从考虑如何调节流量入手。最常见的方法有阀门控制法和转速控制法两种。

1）阀门控制法

阀门控制法是通过开关阀门大小来调节流量，即转速保持不变，通常为额定转速。阀门控制法的实质是：水泵本身的供水能力不变，而通过改变水路中的阻力大小改变供水能力，以适应用户对流量的需求。这时管阻特性将随阀门开度的大小而改变，但扬程特性不变，如图 7.9 所示。假设用户所需流量从 Q_A 减小到 Q_B，当通过关小阀门来实现时，管阻特性曲线②则改变为曲线③，而扬程特性仍为曲线①，因此供水的工作点由 A 点移至 B 点，这时流量减少，但扬

程却从 H_{TA} 增大到 H_{TB}。由式 $P_G=G_PH_TQ$ 可知，供水功率 P_G 与面积 $OEBF$ 成正比。

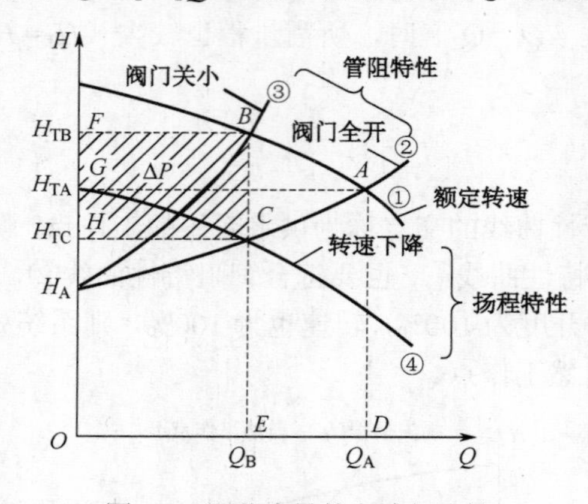

图 7.9　调节流量的方法与比较

（2）转速控制法

转速控制法就是通过改变水泵的转速来调节流量，而阀门开度则保持不变（通常为最大开度）。转速控制法的实质是通过改变水泵的全扬程来适应用户对流量的要求。当水泵的转速改变时，扬程特性将随之改变而管阻特性将不变，如图 7.9 所示。仍以用户所需流量 Q_A 减为 Q_B 为例，当转速下降时，扬程特性下降为曲线④，管阻特性则仍为曲线②，因此工作点移至 C 点，可见在流量减小为 Q_B，的同时，扬程减小为 H_{TC}，供水功率 P_G 与面积 $OECH$ 成正比。

2．转速控制法的节能效果

1）供水功率的比较

比较上述两种调节流量的方法，可以看出在所需流量小于额定流量的情况下，转速控制时扬程比阀门控制时小得多，所以转速控制方式所需的供水功率比阀门控制方式小很多。图 7.9 中 $CBFH$ 阴影部分的面积即表示为两者供水之差 ΔP，也就是转速控制方式节约的供水功率，它与 $CBFH$ 面积成正比。这是采用调速供水系统具有节能效果的最基本方面。

2）从水泵的工作效率看节能

（1）工作效率的定义。水泵的供水功率 P_G 与轴功率 P_P 之比，即为水泵的工作效率 η_P，即

$$\eta_P = P_G/P_P \tag{7.2}$$

式中，P_P 为水泵的轴功率，是指水泵的输入功率（电动机的输出功率）或是水泵的取用功率；

P_G 为水泵的供水功率，是根据实际供水扬程和流量算得的功率，是供水系统的输出功率。

因此，这里所说的水泵工作效率，实际上包含了水泵本身的效率和供水系统的效率两部分。

（2）水泵工作效率的近似计算公式。水泵工作效率相对值 η_P^* 的近似计算公式为

$$\eta_P^* = C_1 (Q^*/n^*) - C_2 (Q^*/n^*)^2 \tag{7.3}$$

式中，η_P^*、Q^*、n^*分别为效率、流量和转速的相对值（即实际值与额定值之比的百分数）；

C_1、C_2 为常数，由制造厂提供。C_1 与 C_2 之间通常遵守的规律是：$C_1 - C_2=1$。

由式（7.3）可知，水泵的工作效率主要取决于流量与转速之比。

（3）不同控制方式下的工作效率。由上式可知，当通过关小阀门来减少流量时，由于转速不变，$n^*=1$，比值 $Q^*/n^*= Q^*$，其效率曲线如图 7.10 中的曲线①所示。当流量 $Q^*=1.0$ 时，其效

率将降至 B 点。可见，随着流量的减少，水泵工作效率的降低是十分明显的。而在转速控制方式下，由于阀门开度不变，流量 Q^*与转速 n^*是成正比的，比值 Q^*/n^*不变。其效率曲线如图 7.10 中的曲线②所示。当流量 $Q^*=0.6$，效率由 C 点决定，它和 $Q^*=1.0$ 时的效率（A 点）是相等的。也就是说，采用转速控制方式时，水泵的工作效率总是处于最佳状态。所以，转速控制方式与阀门控制方式相比，水泵的工作效率要大得多，这是采用变频调速供水系统具有节能效果的第二方面。

3）从电动机的效率看节能效果。

水泵厂在生产水泵时，由于对用户的管路情况无法预测、管阻特性难以准确计算、必须对用户的需求留有是够的余量等原因，在决定额定扬程和额定流量时，通常余量也较大。所以在实际运行过程中，即使在用水量的高峰期，电动机也通常并不处于满载状态，其功率因数和效率都比较低。采用了转速控制方式以后，可将排水阀完全打开而适当降低转速，由于电动机在低频运行时，变频器的输出电压也将降低，从而提高电动机的工作效率，这是变频调速供水系统具有节能效果的第三个方面。

综合起来，水泵的轴功率与流量间的关系如图 7.11 所示。图中，曲线①是调节阀门开度时的功率曲线，当流量 $Q^*=0.6$ 时，所消耗的功率由 C 点决定。由图可知，与调节阀门开度相比，调节转速时所节约的功率 ΔP 是相当可观的。

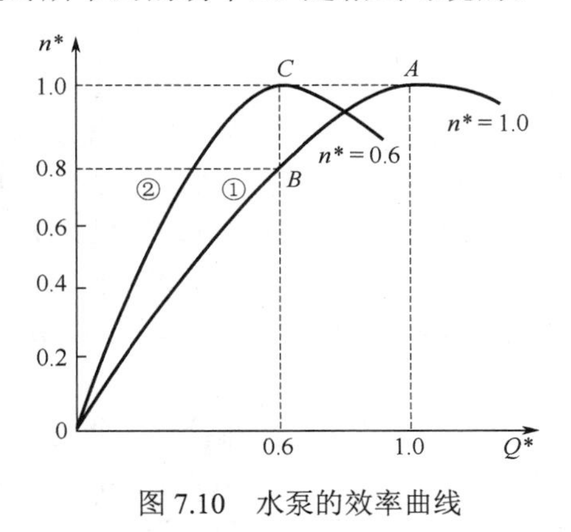

图 7.10　水泵的效率曲线

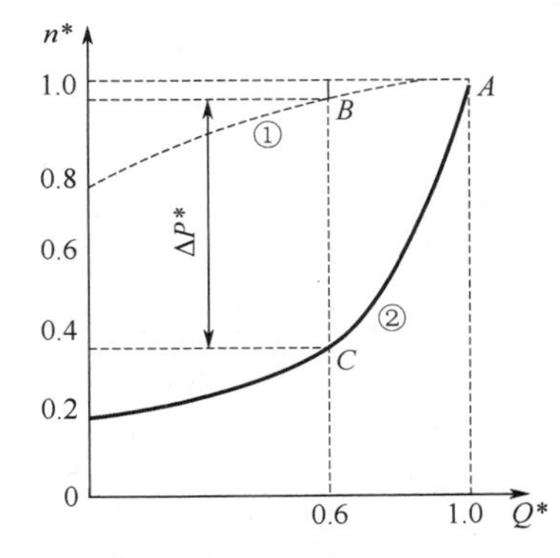

图 7.11　水泵的轴功率与流量间的关系

7.1.5　二次方根负载实现调速后如何获得最佳节能效果

如图 7.12（a）所示，曲线 0 是二次方根负载的机械特性。曲线 1 是电动机在 U/f 控制方式下转矩补偿为 0（电压调节比 K_u=频率调节比 K_f）时的有效转矩线，与图 7.12（b）中的曲线 1 对应。当转速为 n_x 时，由曲线 0 可知，负载转矩为 T_{Lx}；由曲线 1 可知，电动机的有效转矩为 T_{MX}。很明显，即使转矩补偿为 0，在低频运行时，电动机的转矩与负载转矩相比，仍有较大的裕量，这说明该拖动系统还有相当大的节能裕量。

为此变频器设置了若干低频 U/f（$K_u<K_f$）线，如图 7.12（b）中曲线 01 和曲线 02 所示，与此对应的有效转矩线如图 7.12（a）中的曲线 01 和曲线 02。但在选择低 U/f（$K_u<K_f$）线时，有时也会发生难启动的问题，如图 7.12（a）中的曲线 0 和曲线 02 相交于 S 点所示，显然在 S 点以下，拖动系统不能启动，可采取以下对策。

（1）U/f 线选用图 7.12（b）中曲线 01。

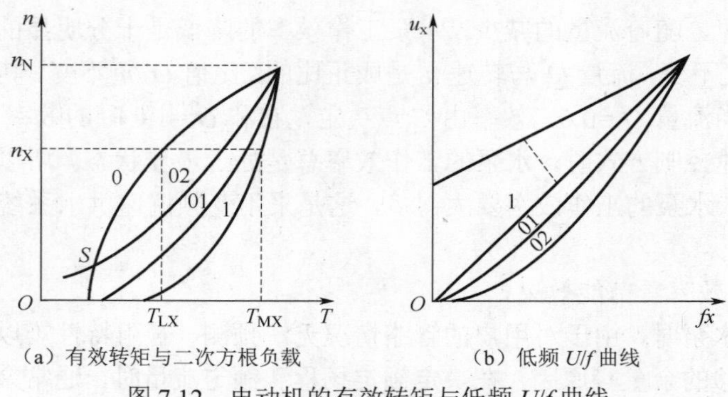

（a）有效转矩与二次方根负载　　（b）低频 *U/f* 曲线

图 7.12　电动机的有效转矩与低频 *U/f* 曲线

（2）适当加大启动频率，以避免死点区域。

应当注意的是，几乎所有变频器在出厂时都将 *U/f* 线设定在具有一定补偿量（*U/f*＞1）的情况下。如果用户未经功能预置，直接接上水泵或风机运行，节能效果就不明显了。个别情况下，甚至会出现低频运行时的励磁电流过大而跳闸的现象。

7.1.6　变频器恒压供水调速系统的构成

本项目是利用 PLC 控制电器组，来达到变频-工频的切换。恒压供水系统为闭环控制系统，其工作原理为：供水的压力通过传感器采集给系统，再通过变频器的 A/D 转换模块将模拟量转换成数字量，同时，变频器的 A/D 将压力设定值转换成数值量，两个数据同时经过 PID 控制模块进行比较，PID 根据变频器的参数设置，进行数据处理，并将数据处理的结果 *m* 运行频率的形式控制输出。PID 控制模块具有比较和差分的功能，供水的压力低于设定压力，变频器就会将运行频率升高，相反则降低，并且可以根据压力变化的快慢进行差分调节。以负作用为例，如果压力在上升接近设定值的过程中，上升速度过快，PID 运算也会自动减少执行量，从而稳定压力，如图 7.13 所示。供水压力经 PID 调节后的输出量，通过交流接触器组进行切换控制水泵的电动机。在水网中的用水量增大时，会出现一台变频泵效率不够的情况，这时就需要其他的水泵以工频的形式参与供水，交流接触器组就负责水泵的切换工作情况，由 PLC 控制各个接触器，按需要选择是工频供电或者是变频供电。

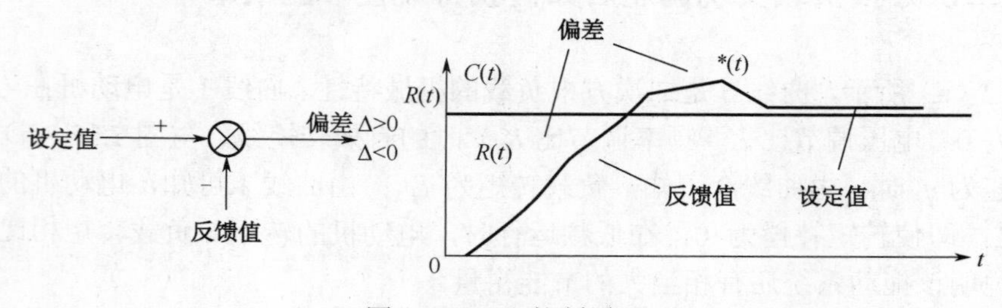

图 7.13　PID 控制原理

1．变额器的 PID 设定

在 PID 控制下，使用一个标准输出信号 4～20mA，量程范围 0～0.5MPa 的传感器作为反馈信号与变频器的给定信号进行比较来调节水泵的供水压力，设定值（0～5V）通过变频器的 2 和 5 端子设定。变频器的 PID 参数设置流程图如图 7.14 所示。

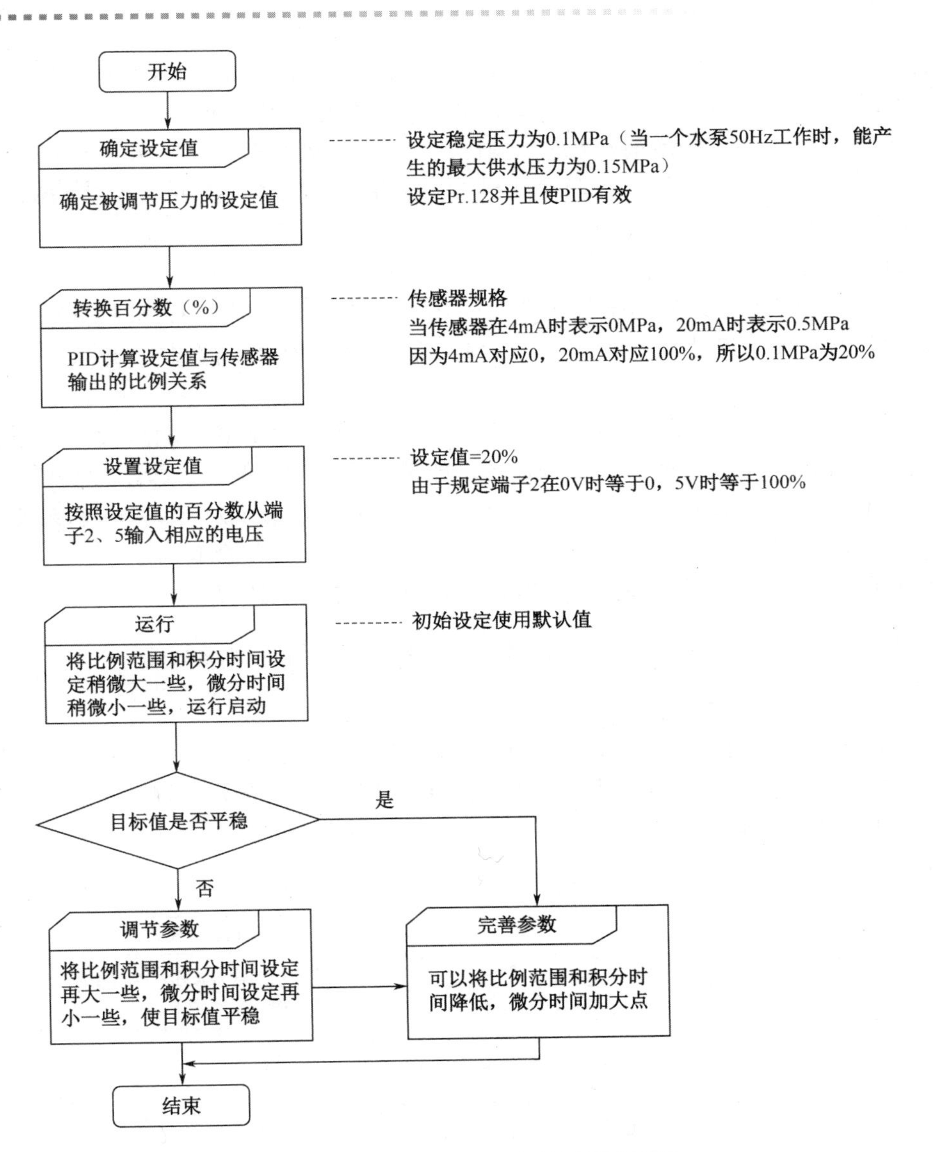

图 7.14　变频器的 PID 参数设置流程图

如果需要校准时，用 Pr. 902～Pr. 905 校正传感器的输出，在变频器停止时，在 PU 模式下输入设定值，如表 7.1 所示。

表 7.1　模拟输入电压、电流、频率的校正参数设定表

参数号	功能	设定值	
Pr. 902	设定端子 2 的设定偏置频率	0	0
Pr. 903	设定端子 2 的频率设定增益	5V	100%
Pr. 904	设定端子 4 的设定偏置频率	4mA	0Hz
Pr. 905	设定端子 4 的频率设定增益	20mA	100%

2. PLC 控制

PLC 在这个项目中的作用是控制交流接触器组进行工频-变频的切换和水泵工作数量的调

整。由操作步骤中主回路的接线图（图 7.16）可知，交流接触器组中的 KM0 与 KM1 分别控制 1 号水泵的变频运行和工频运行，而 KM2 和 KM3 则控制 2 号水泵的变频与工频运行，KM4 与 KM5 控制 3 号水泵的变频启动。考虑到操作的安全，此处没有把 3 号水泵的工频运行连接，即没有实现三台水泵同时工频运行。读者可结合实际生产工艺使用的要求，实行两台泵的全工频运行。本项目的运行要求如下所述。

（1）系统启动时，KM0 闭合，1 号水泵以变频方式运行。

（2）当变频器的运行频率超出设定值时输出一个上限信号，PLC 接收到这个上限信号后将 1 号水泵由变频运行转为工频运行，KM0 断开 KMI 闭合，同时 KM2 闭合，2 号水泵变频启动。

（3）如果再次接收到变频器上限输出信号，则 KM2 断开，KM3 闭合，2 号水泵由变频转为工频，同时 KM4 闭合，3 号水泵变频运行。如果变频器频率偏低，即压力过高，则输出的下限信号使 PLC 关闭 KM14、KM3，使其不作用，开启 KM2 使其闭合，2 号水泵变频启动。

（4）再次收到下限信号就关闭 KM2、KM1，使其不作用，闭合 KM0，只剩 1 号水泵变频工作。由控制要求可画出本项目 PLC 参考程序流程图，如图 7.15 所示.

3．根据系统结构进行主电路和控制电路的连线及 PLC 程序的编写

（1）主电路连接如图 7.16 所示。

（2）交流接触器及 PLC 控制回路部分连接如图 7.17 所示，即 Y21～Y26 分别控制继电器 KM0～KM5。KM0 与 KM1、KM2 与 KM3、KM4 与 KM5 之间分别互锁，防止它们同时闭合使变频器输出端接入电源输入端。

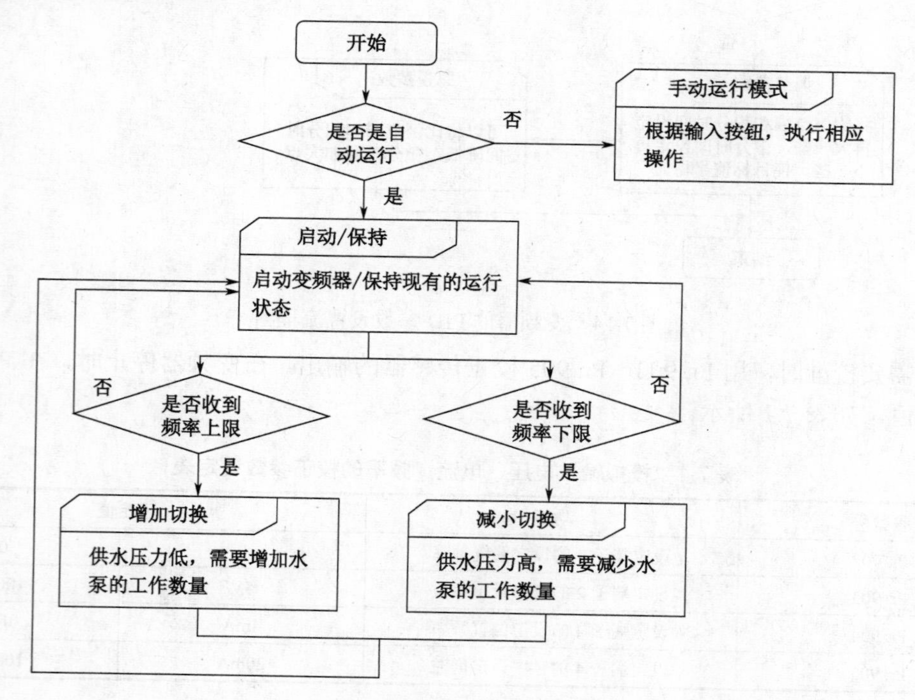

图 7.15　PLC 参考程序流程

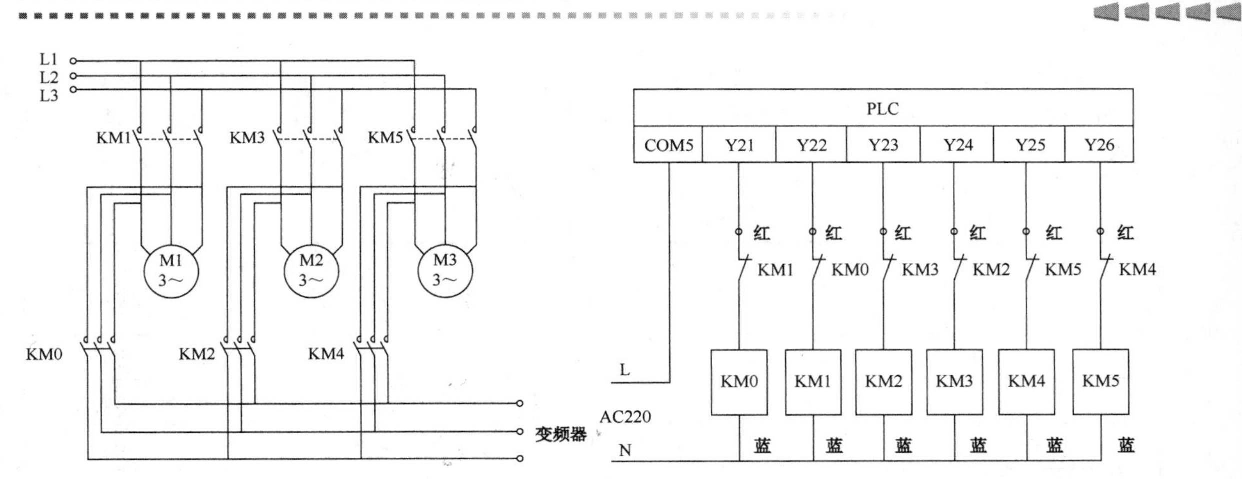

图 7.16　主电路接线图

图 7.17　交流接触器控制回路部分接线图

（3）变频器控制回路连接如图 7.18 所示，变频器启动运行靠 PLC 的 Y0 控制，频率检测的上/下限信号分别通过变频器的输出端子功能 FU、OL 输出至 PLC 的 X4、X5 输入端。PLC 的 X3 输入端为手自动切换信号输入，变频器 RT 输入端为手/自动切换调整时，PID 控制是否有效，由 PLC 的输出端 Y1 供给信号故障报警输出连接与 PLC 的 X2 与 COM 端，当系统故障发生时输出触点信号给 PLC，由 PLC 立即控制 Y0 断开，停止输出。PLC 输入端 SB1 为启动按钮，SB2 为停止按钮，SA1 为手自动切换，由 SA2～SA7 手动控制变频工频的启动和切换。在自动控制时由压力传感器发出的信号（4～20mA）和被控制信号（给定信号，变频器两端，也可用 0～10V 信号发生器供给）进行比较，通过 PID 调节输出一个频率可变的信号改变供水量的大小，从而改变了压力的高低，实现了恒压供水控制。

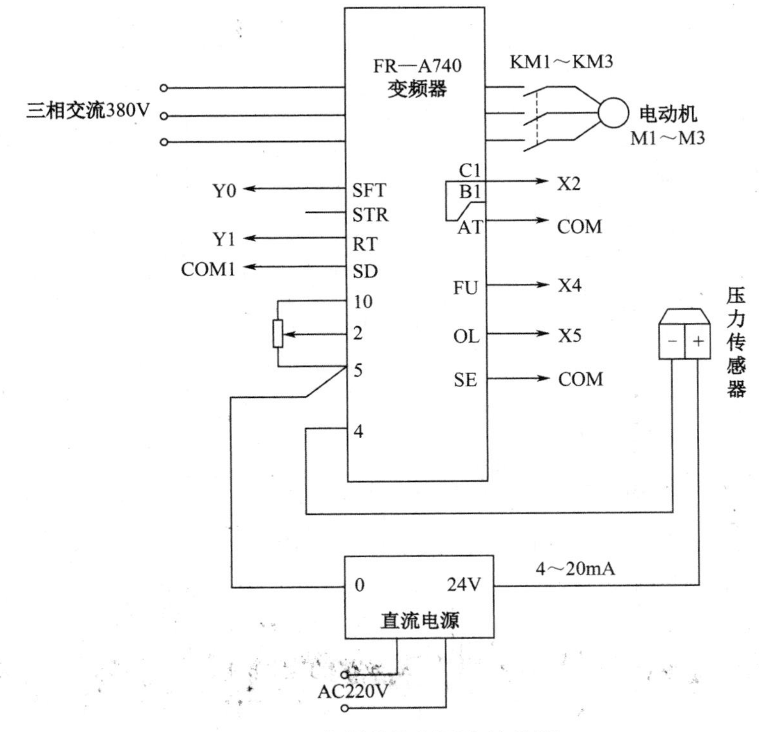

图 7.18　变频器控制回路接线图

（4）结合项目内容列出恒压供水 PLC 控制的 I/O 分配表、接线图、状态流程图及参考程序。I/O 分配表如表 7.2 所示，接线图如图 7.19 所示，状态流程图如图 7.20 所示，参考程序如图 7.21 所示。

表 7.2 恒压供水 I/O 分配表

输入信号			输出信号		
名称	代号	输入点编号	输出点编号	代号	名称
启动按钮	SB1	X1	Y0	STF	变频运行正转
停止按钮	SB2	X2	Y1	RT	PID 控制有效端
手自动切换	SA1	X3	Y4	HL1	上限指示灯信号
上限检测信号	FU	X4	Y5	HL2	下限指示灯信号
下限检测信号	OL	X5	Y21	KM0	电动机 M1 变频控制接触器
电动机 M1 变频运行（手动）	SA2	X6	Y22	KM1	电动机 M1 工频控制接触器
电动机 M1 工频运行（手动）	SA3	X7	Y23	KM2	电动机 M2 变频控制接触器
电动机 M2 变频运行（手动）	SA4	X10	Y24	KM3	电动机 M2 工频控制接触器
电动机 M2 工频运行（手动）	SA5	X11	Y25	KM4	电动机 M3 变频控制接触器
电动机 M3 变频运行（手动）	SA6	X12	Y26	KM5	电动机 M3 工频控制接触器
电动机 M3 工频运行（手动）	SA7	X13			

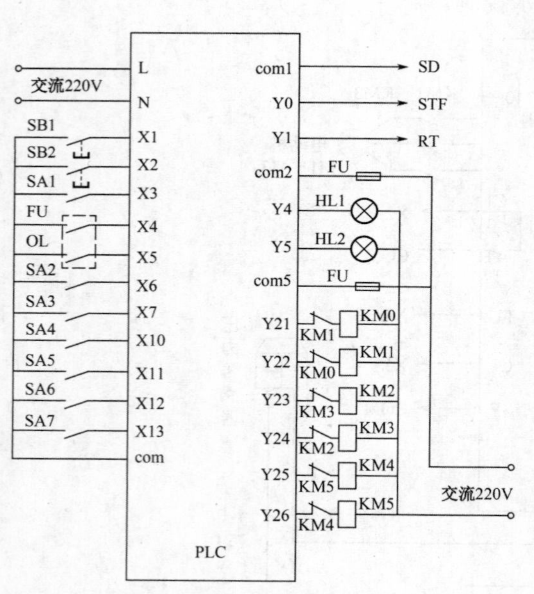

图 7.19 PLC 控制接线图

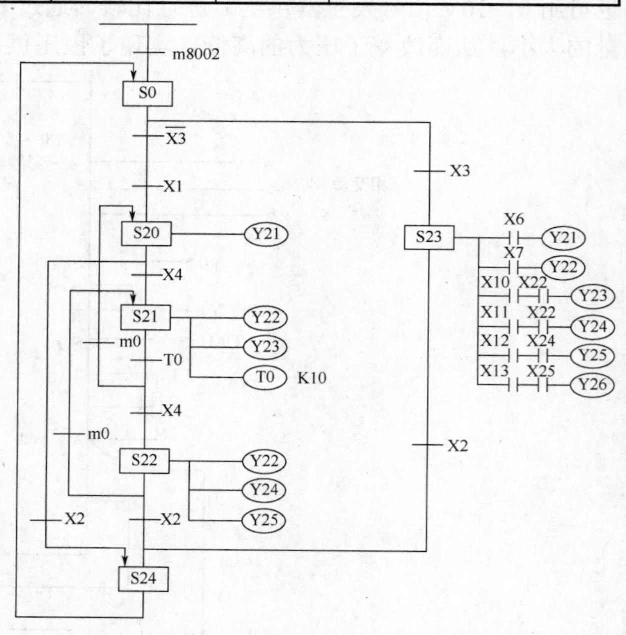

图 7.20 PLC 控制状态流程图

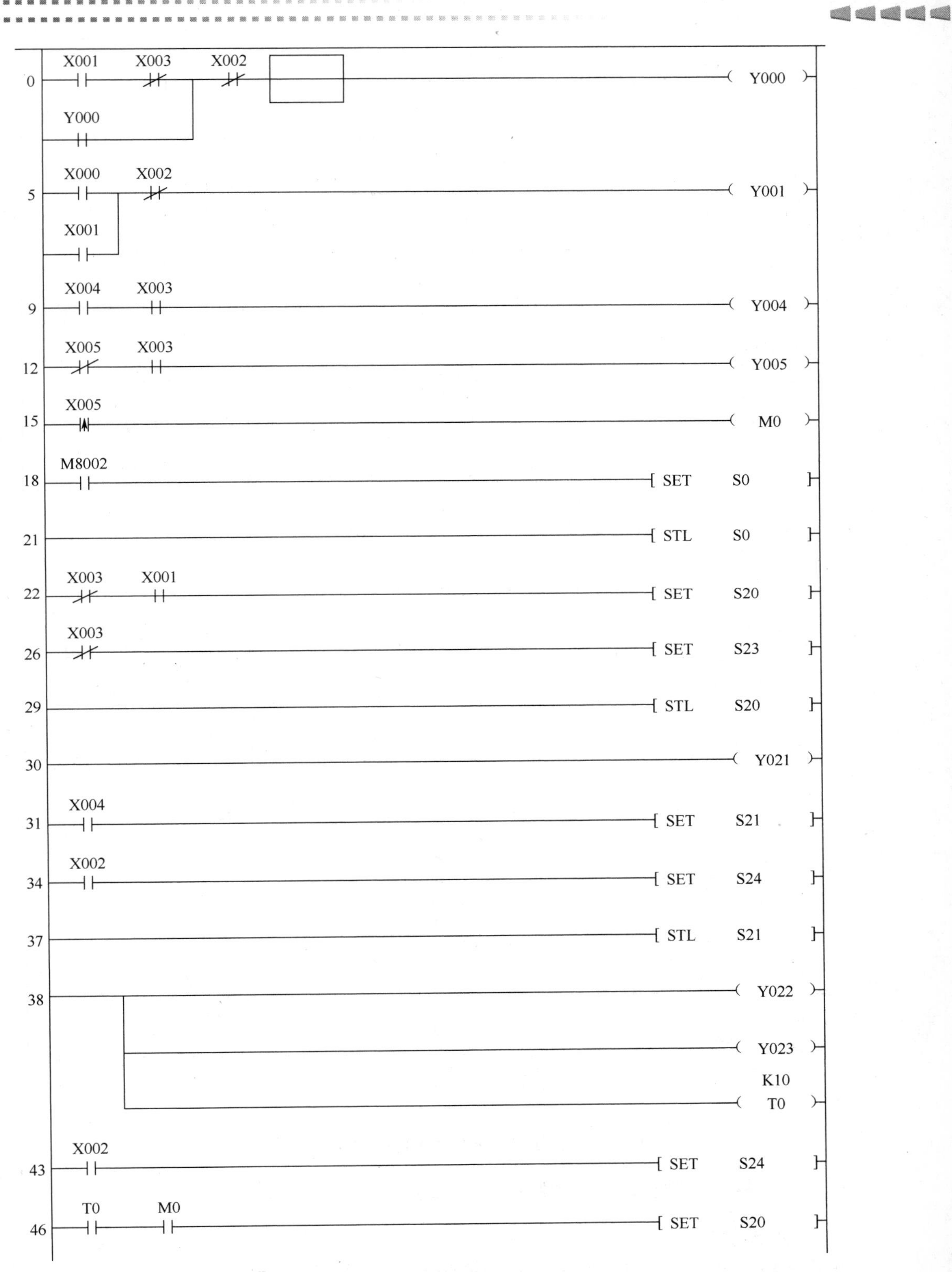

图 7.21　恒压供水 PLC 控制参考程序梯形图（一）

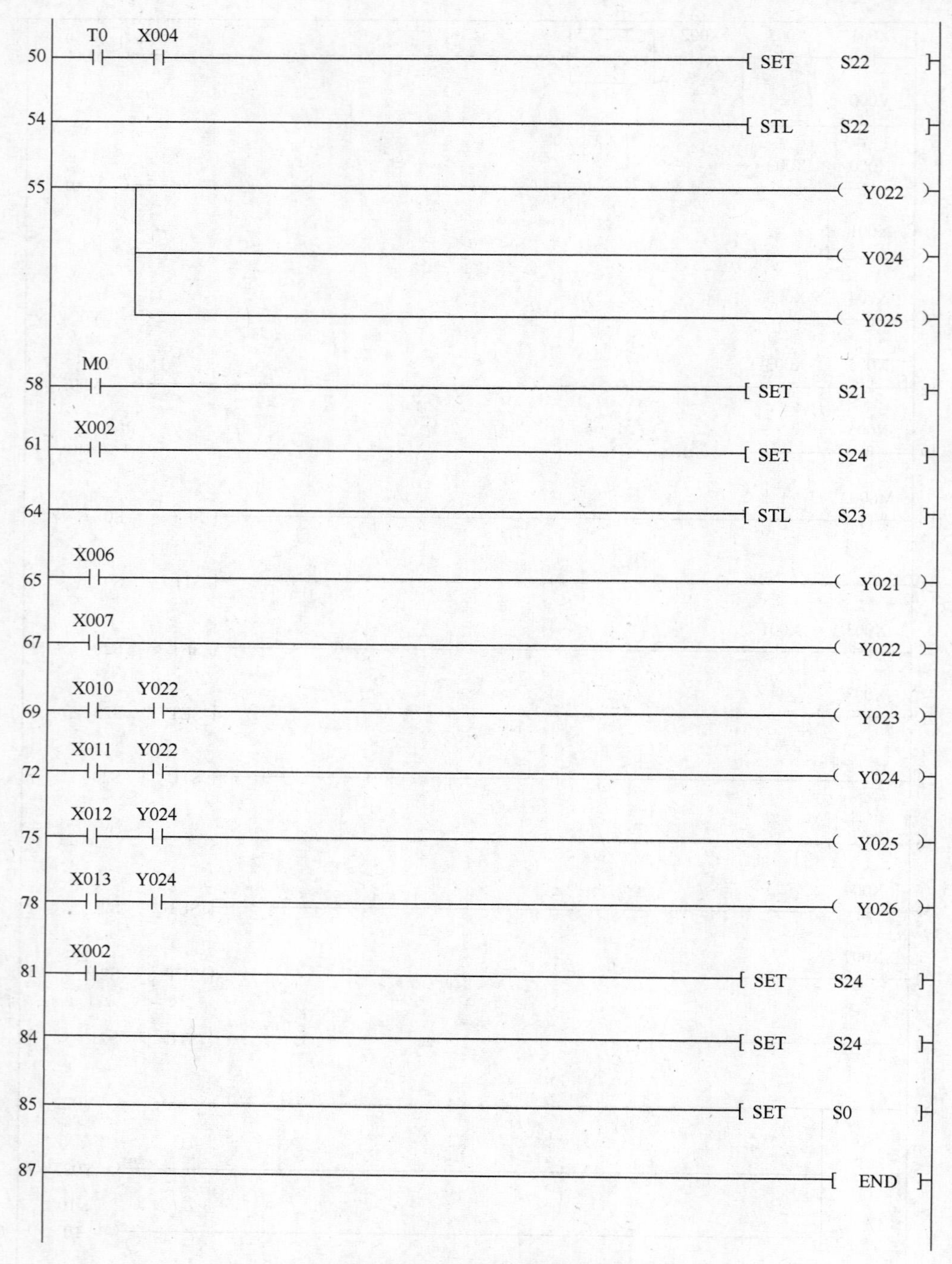

图 7.21 恒压供水 PLC 控制参考程序梯形图（二）

4．根据系统控制要求进行变频器参数设置

1）参数设置

根据系统控制要求进行变频器参数设置如表 7.3 所示。

表 7.3　恒压供水控制参数设定表

参数代码	功能	设定数据
Pr. 1	上限频率	50Hz
Pr. 2	下限频率	0
Pr. 3	基准频率	50Hz
Pr. 7	加速时间	3s
Pr. 8	减速时间	3s
Pr. 9	电子过流保护	14. 3A
Pr. 14	适用负荷选择	0
Pr. 20	加减速基准频率	50Hz
Pr. 42	输出频率检测	10Hz
Pr. 50	第 2 输出频率检测	50Hz
Pr. 73	模拟量输入的选择	1
Pr. 77	参数写入选择	0
Pr. 78	逆转防止选择	1
Pr. 79	运行模式选择	2
Pr. 80	电动机（容量）	7. 5kW
Pr. 81	电动机（极数）	2 极
Pr. 82	电动机励磁电流	13A
Pr. 83	电动机额定电压	380V
Pr. 84	电动机额定频率	50Hz
Pr. 125	端子 2 的设定增益频率	50Hz
Pr. 126	端子 4 的设定增益频率	50Hz
Pr. 128	PID 动作选择	20
Pr. 129	PID 比例带	100%
Pr. 130	PID 积分时间	10s
Pr. 131	PID 上限	96%
Pr. 132	PID 下限	10%
Pr. 133	PID 动作目标值	20%
Pr. 134	PID 微分时间	2s
Pr. 178	STF 端子功能的选择	60
Pr. 179	STR 端子功能的选择	61
Pr. 183	RT 端子功能的选择	14
Pr. 192	IPF 端子功能的选择	16
Pr. 193	OL 端子功能的选择	4
Pr. 194	FU 端子功能的选择	5
Pr. 195	ABC1 端子功能的选择	99
Pr. 267	端子 4 的输入选择	0
Pr. 858	端子 4 的功能分配	0

2）部分参数含义详解

（1）Pr. 42 输出频率检测。此参数为设定输出频率的动作（检测）值。当输出频率超过设定的动作值时，由端子 OL 输出 ON 信号。此参数的设定与 Pr. 193 相对应，为下限标志频率。

设定范围为 0～400Hz。

（2）Pr. 50 输出频率检测。此参数为设定输出频率的动作（检测）值。当输出频率超过设定的动作值时，由端子 FU 输出 ON 信号。此参数的设定与 Pr. 194 相对应，为上限标志频率。设定范围为 0～400Hz。

（3）Pr. 193 OL 端子功能的选择。此参数为 OL 端子功能的选择，本变频器所设定次值为 4，是输出频率检测功能。当检测到设定的频率值时输出为低电平，未检测到时为高电平，相当于触点的接通和断开。有时 OL 也常作为过负荷报警的输出监测，其具体功能设定参照附录。设定次值分别为 0～8、10～20、25～28、30～36、39、41～47、64、70、84、85、90～99、100～108、110～116、120、125～128、130～136、139、141～147、164、170、184、185、190～199、9999。

（4）Pr. 194 FU 端子功能的选择。此参数为 FU 端子功能的选择，本变频器所设定次值为 5，是第二输出频率检测功能。当检测到设定频率值时输出为低电平，未检测到时为高电平，相当于触点的接通和断开。有时 FU 也常作为其他功能的输出监测，其具体功能设定参照附录。设定次值分别为 0～8、10～20、25～28、30～36、39、41～47、64、70、84、85、90～99、100～108、110～116、120、125～128、130～136、139、141～147、164、170、184、185、190～199、9999。

（5）Pr. 195 ABC1 端子功能的选择。此参数为 ABC1 继电器输出端子功能的选择，本次变频器所设定值为 99，作为变频器报警、异常输出时用 *C* 当变频器因保护功能动作时输出停止的转换接点。故障时 *B*-*C* 间不导通（*A*、*C* 间导通），正常时 *B*-*C* 间导通（*A*-*C* 间不导通）。AHC1 也可作为其他功能的输出监测，其具体功能设定参照附录。设定值分别为 0～8、10～20、25～28、30～36、39、41～47、64、70、84、85、90、91、94～99、100～108、110～116、120、125～128、130～136、139、141～147、164、170、184、185、190、191、194～199、9999。

7.1.7　训练内容

利用 PLC 和变频器来实现恒压供水的自动控制，现场压力信号的采集由压力传感器完成。整个系统可由计算机利用工控组态软件进行实时监控。其组成如图 7.22 所示。

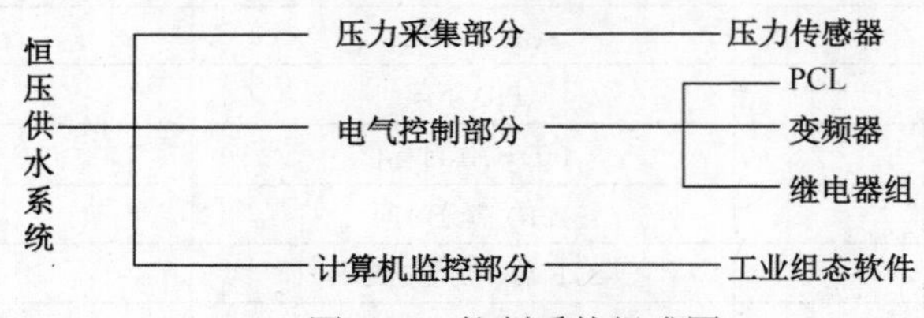

图 7.22　控制系统组成图

系统连接方法参照图 7.16 和图 7.17；变频器运行操作频率参照表 7.3。

7.1.8　设备、工具和材料准备

1. 工具

电工工具 1 套，电动工具及辅助测量用具各 1 套。

2. 仪表

MF-500B 型万用表、UI9202 型数字万用表、5050 型绝缘电阻表、频率计、测速表各

1 只。

3．器材

三菱 FR-A740-7.5k-CHT 变频器 1 台、三菱 PLC 1 台、0～10V 信号发生器 1 台、24V 直流电源 1 个、压力变送器 1 台，7.5kW 电动机 3 台、按钮 2 只、单极开关 7 只，信号灯 2 个，交流接触器 6 个，计算机 1 台、PLC 应用软件 1 套、PLC 组态软件 1 套，导线若干。

7.1.9　操作步骤

1．系统的安装接线及运行调试

（1）首先根据布置图（图 7.23）安装元器件，然后将主、控回路按图 7.16～图 7.19 所示进行连线，并与实际操作中情况相结合。

（2）经检查无误后方可通电。

（3）在通电后不要急于运行，应先检查各电气设备的连接是否正常，然后进行单一设备的逐个调试。

（4）按照系统要求进行变频器参数的设置，并手动运行调试直到正常。在系统手动状态下，则可通过“KM0～KM5”和“SA1～SA7”按键对系统进行手动调节控制。

图 7.23　布置图

（5）按照系统要求进行 PLC 程序的编写并传入 PLC 内，在手动状态下进行模拟运行调试，观察输入、输出点是否和要求一致，如图 7.24 所示。

图 7.24　输入 PLC 程序

（6）和计算机连接构成通信，由恒压供水软件画面进行监视和调控。

（7）对整个系统统一调试，包括安全和运行情况的稳定性，观察恒压的控制效果，如果稳定性不是太好，可根据实际情况按照参数原理要求进行变频器 PID 控制参数的整定，直到系统的在自动控制下稳定运行。

（8）在系统正常、自动控制状态下，按下启动按钮，系统就开始自动运行向用户供水。根据用户用水量大小，由压力变送器时时感受压力的高低并传给变频器进行变频调速以实现压力的相对恒定，当达到压力的上、下限时，由变频器检测信号捡出并送给 PLC，进行电动机的变频及工频切换，由此实现用户用水压力的恒定。

（9）当有故障发生时，异常报警输出并停止运行，也可手动按下停止按钮停止运行。

2．注意事项

（1）线路必须检查清楚才能通电。

（2）要有准确的实训记录，包括变频器 PID 参数及其对应的系统峰值时间和稳定时间。

（3）对运行中出现的故障现象准确地描述、分析。

（4）注意不能使变频器的输出电压和工频电压同时加于同一电动机，否则会损坏变频器。

（5）在运行过程中要认真观测恒压供水系统的自动控制方式及特点，并及时进行总结。

7.2 中央空调控制系统

随着社会的发展和人们生活水平的提高，中央空调的应用已非常普遍。本节介绍中央空调自动控制系统的原理与组成，以及如何应用 PLC 和变频器的结合进行调速，最终达到恒温自动控制的目的。变频调速控制的中央空调不仅可实现温差小，使用环境相对舒适的自动恒温控制，而且节能效果非常明显，已得到广泛应用。

7.2.1 中央空调系统的组成

中央空调系统主要由冷冻机组、冷却水塔、外部热交换系统等部分构成，其系统组成如图 7.25 所示。

1．冷冻机组

冷冻机组是中央空调的“制冷源”，通往各个房间的循环水由冷冻机组进行内部热交换，成为冷冻水。

2．冷却水塔

冷却水塔用于为冷冻机组提供冷却水。冷却水在盘旋流过冷冻机组后，带走冷冻机组所产生的热量，使冷冻机组降温。

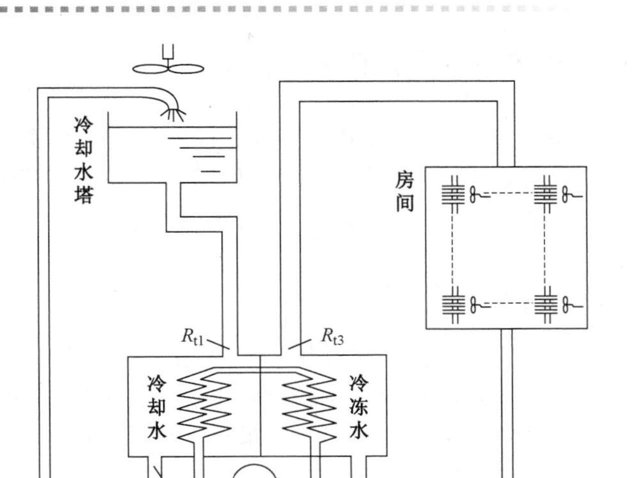

图 7.25　中央空调系统构成示意图

3．外部热交换系统

外部热交换系统由两个循环水系统组成。

（1）冷冻水循环系统。冷冻水循环系统由冷冻泵及冷冻水管组成。水从冷冻机组流出变成冷冻水，由冷冻泵加压送入冷冻水管道，在各房间内进行热交换，带走房间内的热量，使房间内的温度下降。同时，冷冻水的温度升高，循环水温度升高。循环水经冷冻机组后又变成冷冻水，如此往复循环。从冷冻机组流出后进入房间的冷冻水称为“出水”；流经所有的房间后回到冷冻机组的冷冻水称为“回水”。由于回水的温度高于出水的温度，因而形成温差。

（2）冷却水循环系统。它由冷却泵、冷却水管道及冷却水塔组成。冷冻机组进行热交换，使水温冷却的同时，必将释放大量的热量。该热量被冷却水吸收，使冷却水温度升高。冷却泵将升温后的冷却水压入冷却水塔，使其在冷却水塔中与大气进行热交换，然后再将降温后的冷却水送回到冷冻机组。如此不断循环，带走冷冻机组释放的热量。流进冷冻机组的冷却水称为“进水”；从冷冻机组流回冷却水培的冷却水称为“回水”。同样，回水的温度高于进水的温度，也形成了温差。

4．冷却风机

冷却风机有以下两种情况。

（1）室内风机。室内风机安装于所有需要降温的房间内，用于将由冷冻水冷却了的冷空气吹入房间，加速房间内的热交换。

（2）冷却水塔风机。冷却水塔风机用于降低冷却水塔中的水温，加速将回水带回的热量散发到大气中去。

由上述分析可知，中央空调系统的工作过程是一个不断地进行热交换的过程。其中，冷冻水和冷却水循环系统是能量的主要传递者。因此，对冷冻水和冷却水循环系统的控制便是中央空调控制系统的重要组成部分。

5．温度检测装置

通常使用热电阻或温度传感器检测冷冻水和冷却水的温度变化。

7.2.2 中央空调变频调速系统的基本控制原理

中央空调变频调速系统的控制依据是：中央空调系统的外部热交换由两个循环水系统来完成，两个循环水系统的回水与进（出）水温度之差，反映了需要进行热交换的热量。因此，根据回水与进（出）水温度之差来控制循环水的流动速度，从而控制热交换的速度的目的，这是比较合理的控制方法。

1．冷冻水循环系统的控制

由于冷冻水的出水温度是冷冻机组冷冻的结果，常常是比较稳定的。因此，单是回水温度的高低就足以反映房间内的温度。所以，冷冻泵的变频调速系统，可“简单地根据回水温度进行如下控制：回水温度高，说明房间温度高，应提高冷冻泵的转速，加快冷冻水的循环速度；反之，回水温度低，说明房间温度低，可降低冷冻泵的转速，减缓冷冻水的循环速度，以节约能源。简单来说，对于冷冻水循环系统，控制依据是回水温度，即通过变频调速，实现回水的恒温控制。

2．冷却水循环系统的控制

由于冷却塔的水温是随环境温度而变的，其单侧水温不能准确地反映冷冻机组内产生热量的多少，因此对于冷却泵，以进水和回水间的温差作为控制依据，实现进水和回水间的恒温差控制是比较合理的。温差大，说明冷冻机组产生的热量大，应提高冷却泵的转速，增大冷却水的循环速度；反之则减缓冷却水的循环速度，以节约能源。

7.2.3 中央空调变频调速系统的切换方式

中央空调的水循环系统一般都由若干台水泵组成。采用变频调速时，可以有以下两种方案。

1．一台变频器方案

一台变频器方案是指若干台冷冻泵由一台变频器控制，若干台冷却泵由另一台变频器控制。现对 3 台水泵进行控制，各台泵之间的切换方法如下。

（1）先启动 1 号泵，进行恒温度（差）控制。

（2）当 1 号泵的工作频率上升至 50Hz 时，将它切换至工频电源；同时将变频器的给定频率迅速降到 0，使 2 号泵与变频器相接并启动，进行恒温度（差）控制。

（3）当 2 号泵的工作频率上升至 50Hz 时，切换至工频电源；同时将变频器的给定频率迅速降到 0，使 3 号泵与变频器相接并启动，进行恒温度（差）控制。

（4）当 3 号泵的工作频率下降至设定的下限切换频率时，则将 1 号泵停机。

（5）当 3 号泵的工作频率再次下降至设定的下限切换频率时，将 2 号泵停机。这时，只有 3 号泵处于变频调速状态。

这种方案的主要优点是只用 1 台变频器，设备投资较少；缺点是节能效果稍差。

2．全变频器方案

全变频器方案即所有的冷冻泵和冷却泵都采用变频调速。其切换方法如下。

（1）先启动 1 号泵，进行恒温度（差）控制。

（2）当工作频率上升至设定的切换上限值（通常可小于 50Hz，如 48Hz）时启动 2 号泵，1 号泵和 2 号泵同时进行变频调速，实现恒温度（差）控制。

（3）当工作频率又上升至切换上限值时，启动 3 号泵，3 台泵同时进行变频调速，实现恒温度（差）控制。

（4）当 3 台泵同时运行，而工作频率下降至设定的下限切换值时，可关闭 3 号泵，使系统进入两台运行的状态，当频率继续下降至下限切换值时，关闭 2 号泵，进入单台运行状态。

由于全频调速系统中每台泵都要配置变频器，因此设备投资较高，但节能效果却要好得多。

7.2.4　中央空调控制系统的自动控制运行

对于系统的恒温控制，结合工艺和用户实际应用要求，对中央空调的温度调节控制。可采用变频器 PID 运算的一种控制，也可采用变频器的多段速进行控制，本项目采用多段速进行中央空调的自动恒温控制。

7.2.5　训练内容

利用变频器控制压缩机的速度来实现温度控制，温度信号的采集由温度传感器完成。整个系统可由 PLC 和变频器配合实现自动恒温控制。系统控制要求如下。

（1）某空调冷却系统有 3 台水泵，按设计要求每次运行 2 台，1 台备用，10 天轮换一次。

（2）冷却进（回）水温差超出上限温度时，一台水泵全速运行，另一台变频高速运行；冷却进（回）水温差小于下限温度时，一台水泵变频低速运行，另一台停止。

（3）3 台水泵分别由电动机 M1、M2、M3 拖动，全速运行由 KM1、KM3、KM53 个接触器控制，变频调速分别由 KM2、KM4、KM63 个接触器控制。

（4）变频调速通过变频器的 7 段速度实现控制，如表 7.4 所示。

表 7.4　7 段速运行参数设定表

速度	1 速	2 速	3 速	4 速	5 速	6 速	7 速
控制端子	RH、RM、RL	RH、RM	RH、RM、RL	RH、RL	RL	RM	RH
参数号	Pr.27	Pr.26	Pr.25	Pr.24	Pr.6	Pr.5	Pr.4
设定值(Hz)	10	15	20	25	30	40	50

（5）全速冷却泵的开启与停止由进（回）水温差控制。

（6）结合空调制冷原理和要求，主电路的连接如图 7.26 所示。

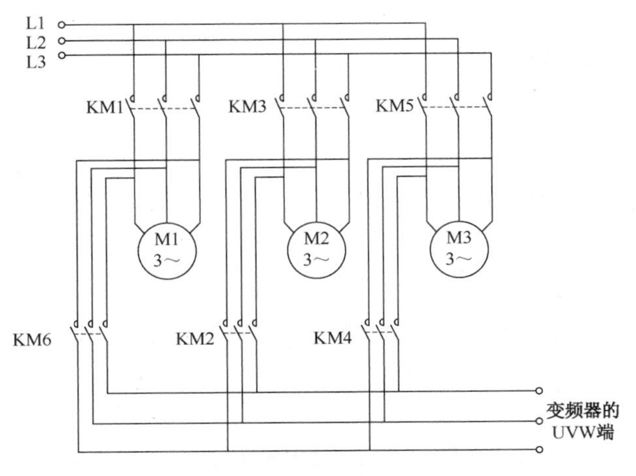

图 7.26　冷却泵主电路接线图

（7）根据系统控制要求进行变频器基本参数设定，如表 7.5 所示。

表 7.5 空调制冷系统变频器基本参数设定表

参数代码	功能	设定数据
Pr.0	转矩提升	3%
Pr.1	上限频率	50Hz
Pr.2	下限频率	0Hz
Pr.3	基准频率	50Hz
Pr.7	加速时间	3s
Pr.8	减速时间	4s
Pr.9	电子过流保护	14.3A
Pr.14	适用于负荷选择	0
Pr.20	加减速基准频率	50Hz
Pr.21	加减速时间单位	0
Pr.77	参数写入选择	0
Pr.78	逆转防止选择	1
Pr.79	运行模式选择	3
Pr.80	电动机（容量）	5.5kW
Pr.81	电动机（极数）	2 极
Pr.82	电动机励磁电流	13A
Pr.83	电动机额定电压	380V
Pr.84	电动机额定频率	50Hz
Pr.178	STF 端子功能的选择	60
Pr.179	STR 端子功能的选择	61
Pr.180	RL 端子功能的选择	0
Pr.181	RM 端子功能的选择	1
Pr.182	RH 端子功能的选择	2

7.2.6 设备、工具和材料准备

1．工具

电工工具 1 套、电动工具及辅助测量用具各 1 套。

2．仪表

MF-500B 型万用表、DT9202 型数字万用表、5050 型绝缘电阻表、频率计、测速表各 1 只。

3．器材

三菱变频器 FR-A740-5.5K-CHT 1 台、5.5kW 电动机 1 台、三菱 PLC 和编程软件 1 套、电触点温度传感器 1 个，其他辅助用交流接触器、导线若干。

7.2.7　操作步骤

1．系统的安装接线及运行调试

图 7.27　布置图

（1）首先按布置图（图 7.27）安装元器件，然后将主回路、控制回路按图 7.26 与图 7.28 所示进行连线，并与实际操作中情况相结合。

（2）经检查无误后方可通电。

（3）在通电后不要急于运行，应先检查各电气设备的连接是否正常，然后进行单一设备的逐个调试。

（4）按照系统要求进行变频器参数的设置。

（5）PLC 状态转移图如图 7.29 所示。X0 为停止；X1 为温差下限（降低速度）；X2 为温差上限（提高速度）；X3 为启动；Y0 为 KMI；Y1 为 KM2；Y2 为 KM3，Y3 为 KM4，Y4 为 KM5；Y5 为 KM6；Y10 为 STF；Y11 为变频器 RH 端；Y12 为变频器 RM 端；Y13 为变频器 RL 端。按照系统要求进行 PLC 程序的编写并传入 PLC 内，进行模拟运行调试，观察输入和输出点是否和要求一致。

（6）冷却泵控制参考梯形图如图 7.30 所示。

（7）对整个系统进行统一调试，包括安全和运行情况的稳定性。

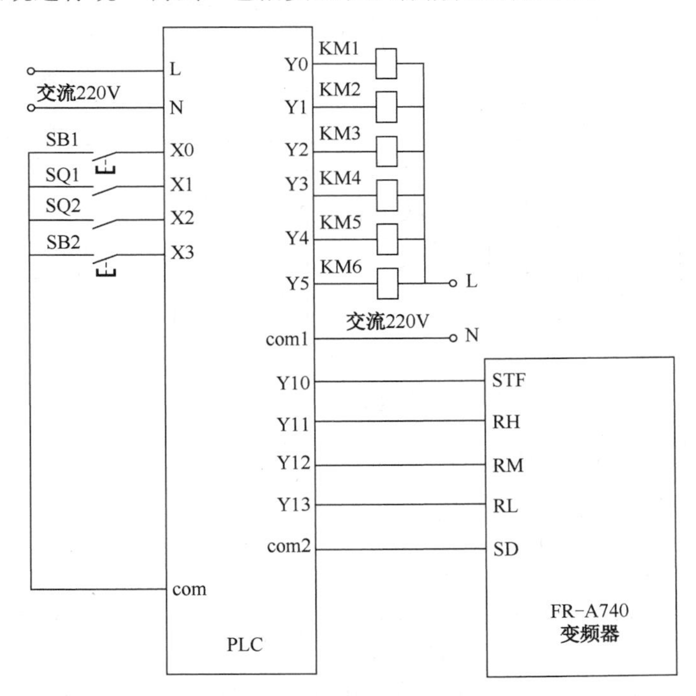

图 7.28　PLC 与变频器控制接线图

（8）在系统正常情况下按下启动按钮，系统就开始自动运行。根据温度的变化由温度传感器检测出温度的上、下限并发出触点命令（由 SQ1、SQ2 端输入），PLC 将检测到的上、下限进行自动切换变频器输入端 RH、RM、RL 的连接状态，以达到多段速的控制，从而实现空调制冷系统的恒温差控制。

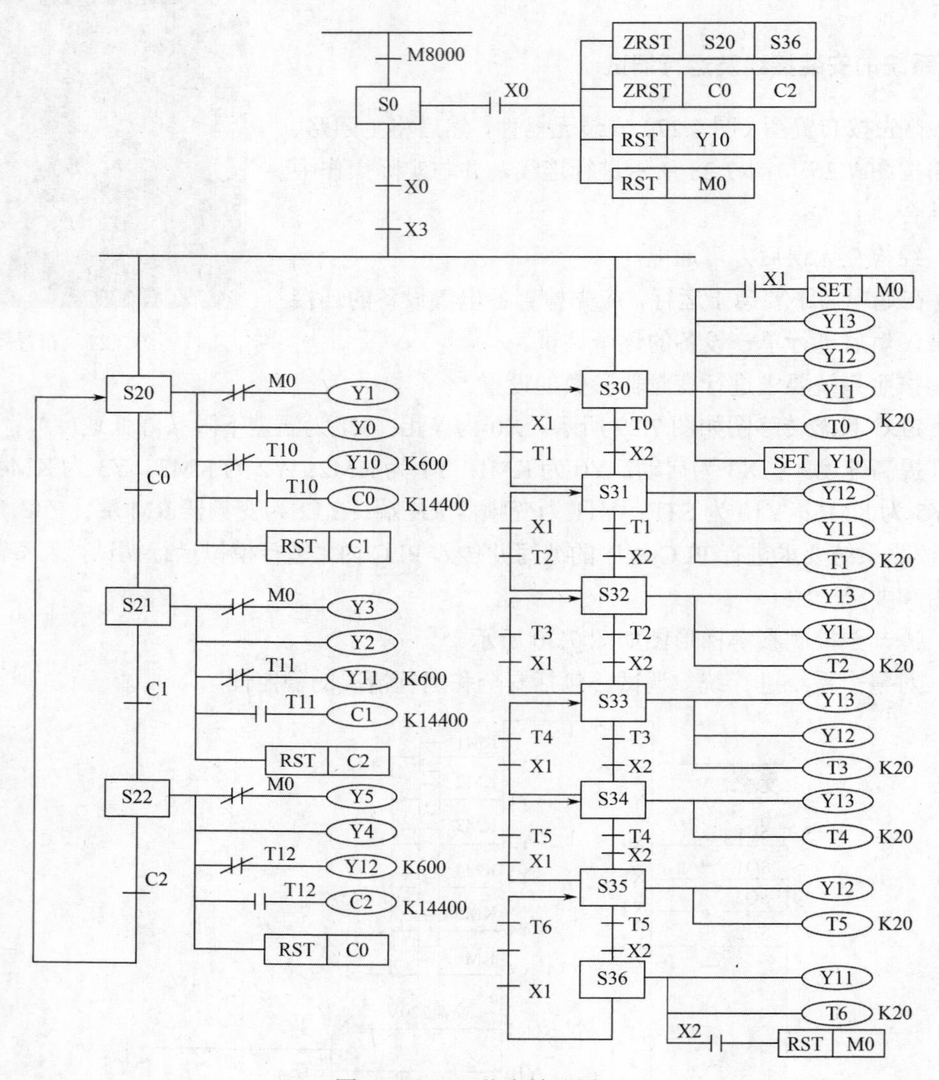

图 7.29 PLC 状态转移图

（9）按下停止按钮，SB2 停止运行。

2. 注意事项

（1）线路必须检查无误方能通电。

（2）在系统运行调整中要有准确的实际记录，如温度变化范围是否合适，运行是否平稳，以及节能效果如何。

（3）准确地描述、分析运行中出现的故障现象。

（4）注意不能使变频器的输出电压和工频电压同时加于同一电动机，否则会损坏变频器。

（5）在运行过程中要认真观察空调制冷系统的变频自动控制方式及特点。

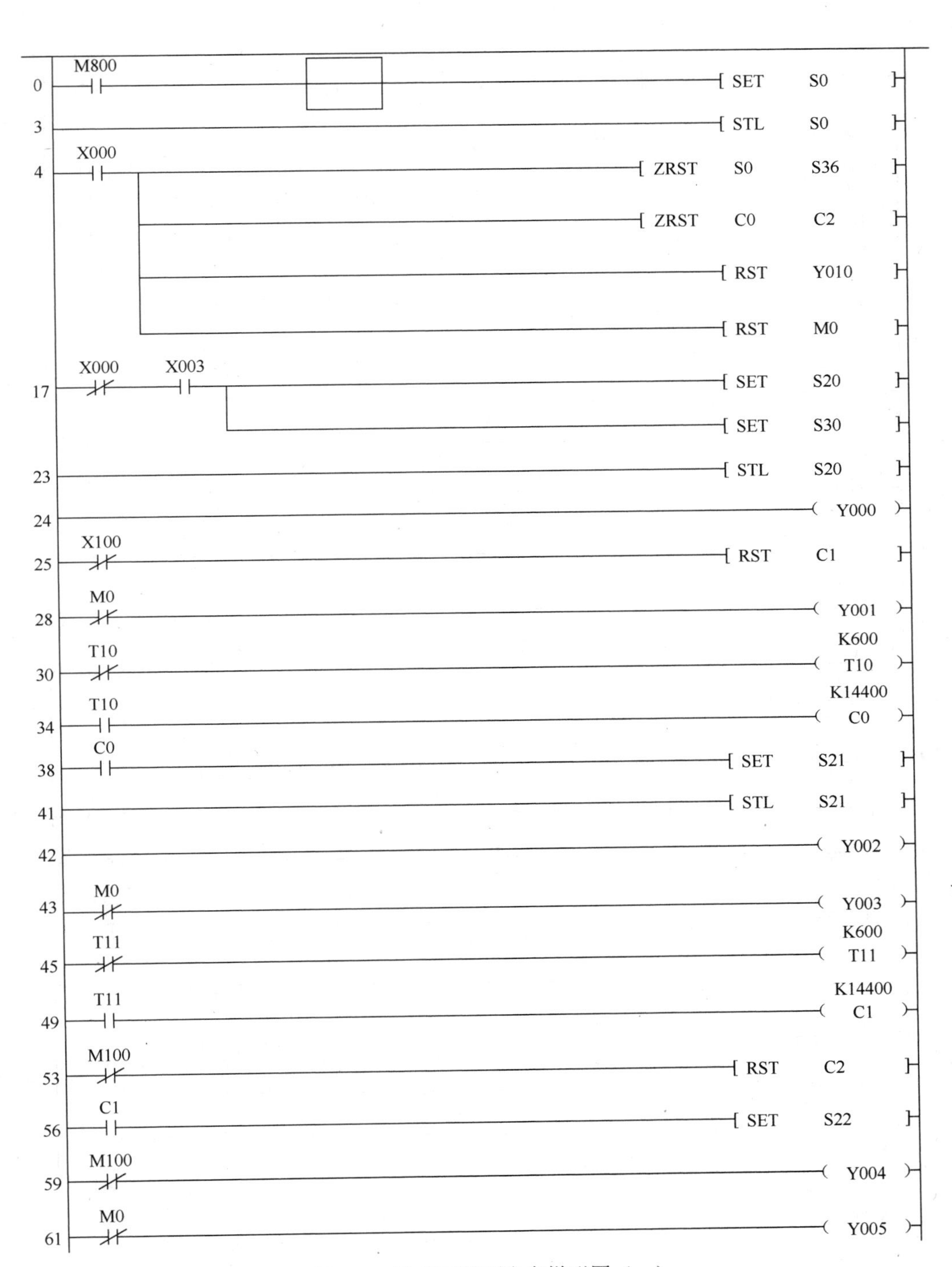

图 7.30　冷却泵控制参考梯形图（一）

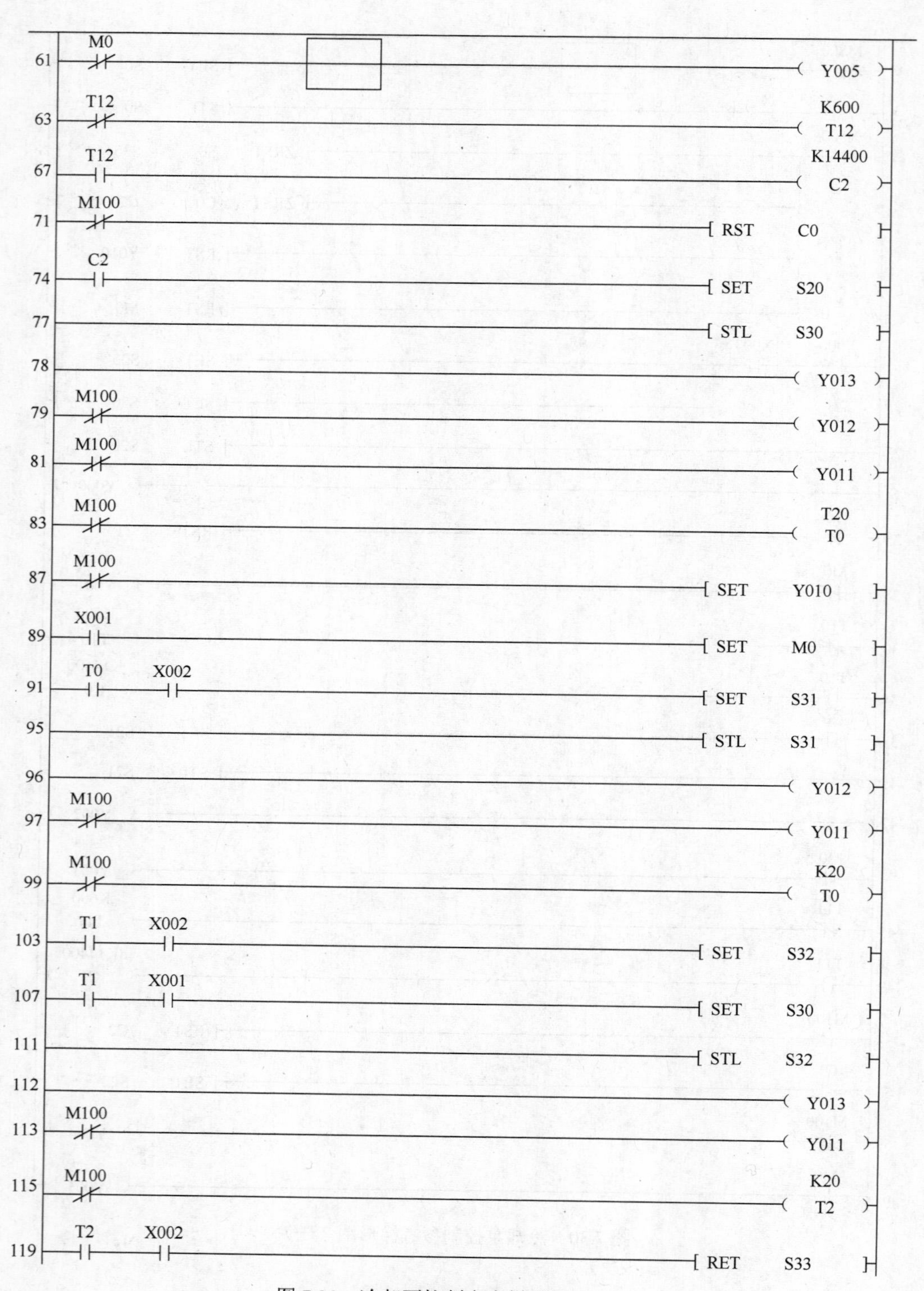

图 7.30　冷却泵控制参考梯形图（二）

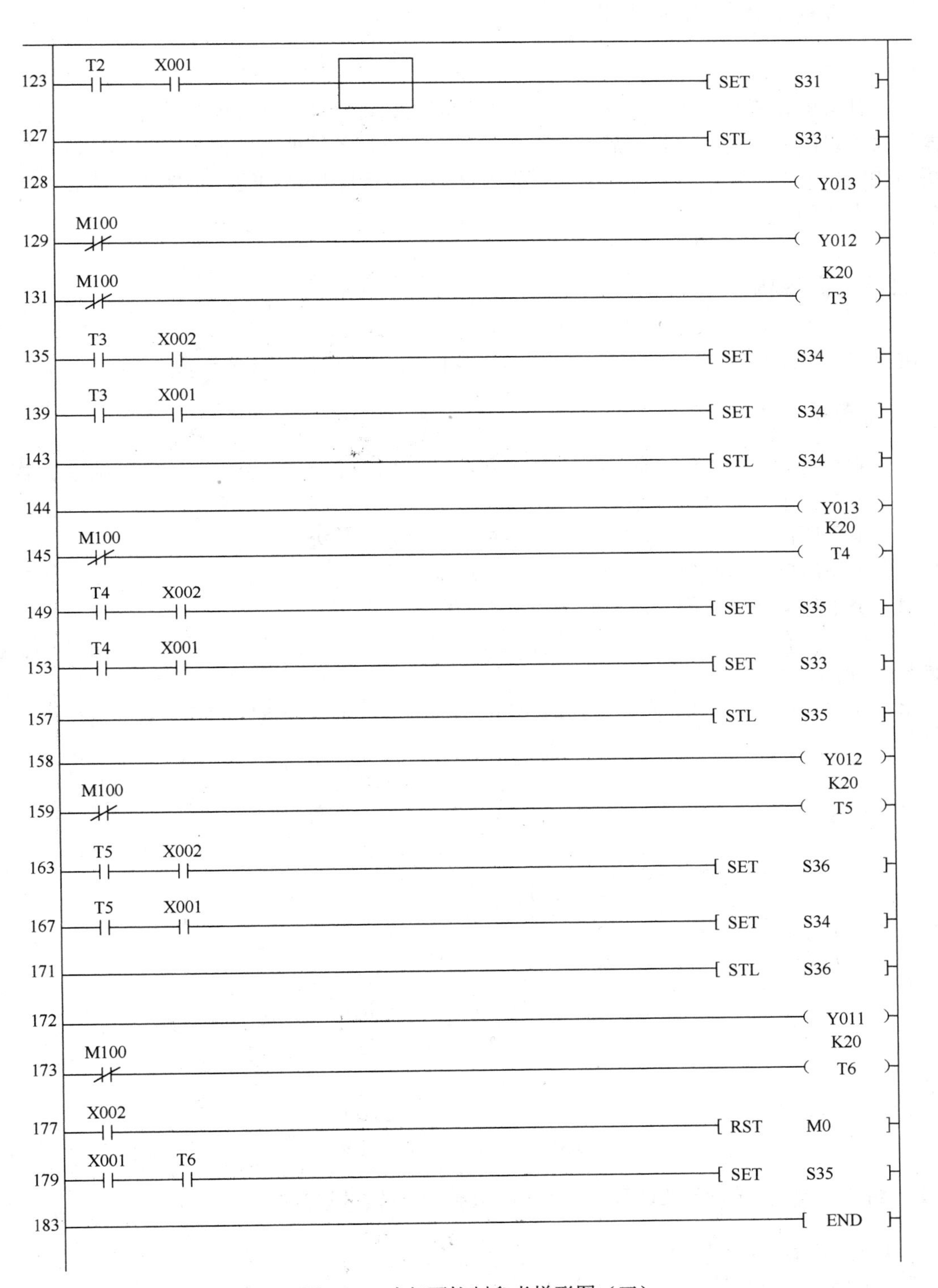

图 7.30　冷却泵控制参考梯形图（三）

7.3 运料小车控制系统

随着社会的发展和技术的不断进步，工业生产的自动化程度及性能都得到了大幅提高。变频器不仅可以改变转速，而且在启动、停止时减小了对设备的冲击，使生产相对稳定。小车运料采用 PLC 和变频器配合，提高了生产线的自动控制程度和设备的安全性能，从而提高了生产效率和设备的使用寿命。

7.3.1 训练内容

用 PLC 和变频器组合对生产线中的小车自动运行进行设计、安装与调试。

1．任务要求

（1）某车间有 5 个工位，小车在 5 个工位之间往返运行送料，当小车所停工位号小于呼叫号时，小车右行至呼叫号处停车。

（2）小车所停工位号大于呼叫号时，小车左行至呼叫号处停车。

（3）小车所停工位号等于呼叫号时，小车原地不动。

（4）小车启动加速时间、减速时间可根据实际情况自定。

（5）小车具有正、反转及高、低两种运行速度运行功能，高速运行频率为 50Hz，低速运行频率为 30Hz。

（6）具有小车行走工位的 7 段数码管显示。小车运行工位示意图如图 7.31 所示。

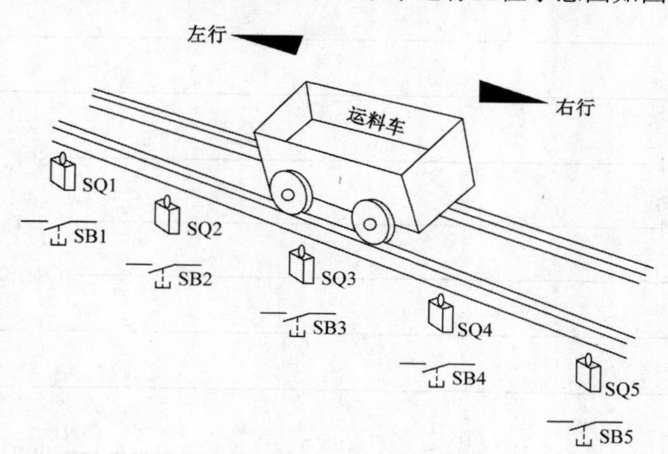

图 7.31　小车运行工位示意图

2．结合控制要求进行 PLC 程序的编写及变频器参数的设定

1）I/O 分配表，如表 7.6 所示。

（2）小车运行自动控制电路的连接如图 7.32 所示。

（3）小车运行控制参考梯形图如图 7.33 所示。

（4）结合实际控制应用及要求，设置变频器的参数，如表 7.7 所示。

表 7.6　I/O 分配表

输入信号			输出信号		
名称	代号	输入点编号	输出点编号	代号	名称
启停开关	SA1	X0	Y0	STF	数码管 A
小车呼叫按钮	SB1	X1	Y1	RT	数码管 B
小车呼叫按钮	SB2	X2	Y2	HL1	数码管 C
小车呼叫按钮	SB3	X3	Y3	HL2	数码管 D
小车呼叫按钮	SB4	X4	Y4	KM0	数码管 E
小车呼叫按钮	SB5	X5	Y5	KM1	数码管 F
低速开关	SB6	X6	Y6	KM2	数码管 G
位置行程开关	SQ1	X11		KM3	
位置行程开关	SQ2	X12	Y10	STF	右行
位置行程开关	SQ3	X13	Y11	STR	左行
位置行程开关	SQ4	X14	Y12	RL	低速运行
位置行程开关	SQ5	X15			

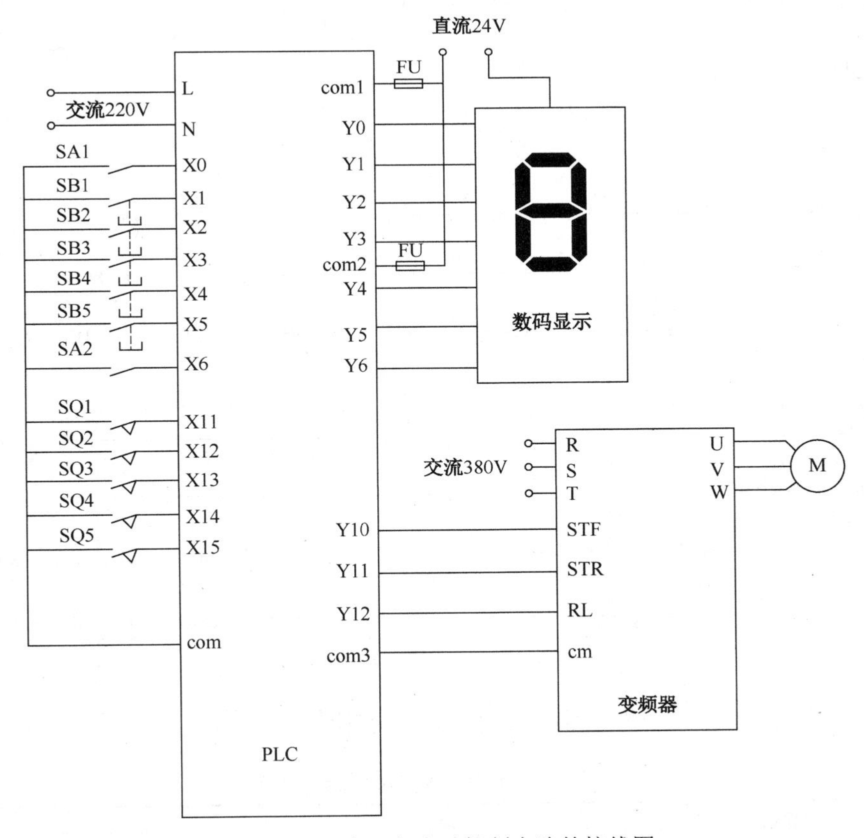

图 7.32　小车运行自动控制电路的接线图

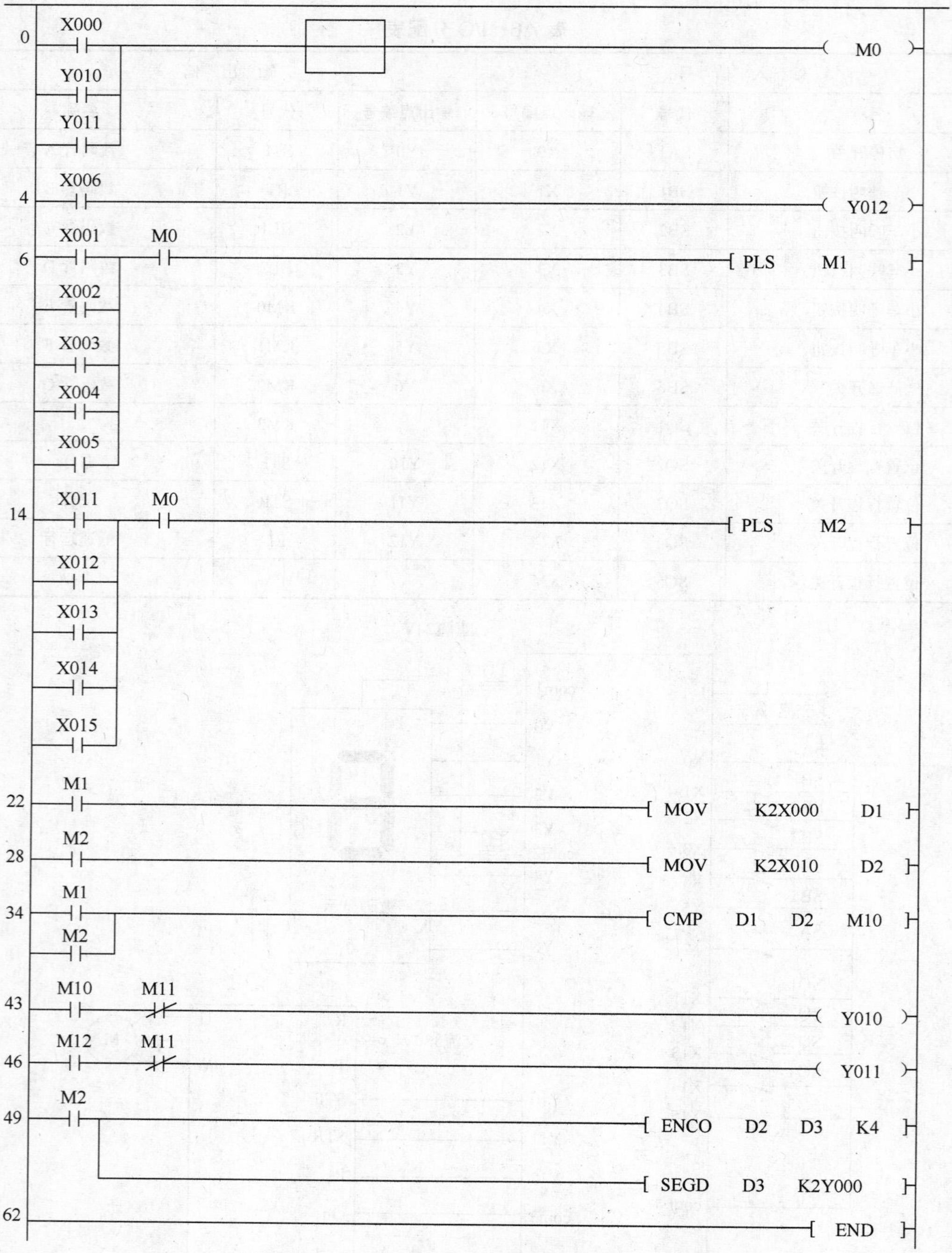

```
0   X000 ┬──────────────────────────( M0 )
    Y010 ┤
    Y011 ┘
4   X006 ───────────────────────────( Y012 )
6   X001 ┬─ M0 ─────────────────────[ PLS M1 ]
    X002 ┤
    X003 ┤
    X004 ┤
    X005 ┘
14  X011 ┬─ M0 ─────────────────────[ PLS M2 ]
    X012 ┤
    X013 ┤
    X014 ┤
    X015 ┘
22  M1 ─────────────────────────────[ MOV K2X000 D1 ]
28  M2 ─────────────────────────────[ MOV K2X010 D2 ]
34  M1 ┬────────────────────────────[ CMP D1 D2 M10 ]
    M2 ┘
43  M10 ── M11(常闭) ────────────────( Y010 )
46  M12 ── M11(常闭) ────────────────( Y011 )
49  M2 ┬────────────────────────────[ ENCO D2 D3 K4 ]
       └────────────────────────────[ SEGD D3 K2Y000 ]
62  ────────────────────────────────[ END ]
```

图 7.33 小车运行自动控制程序参考梯形图

表 7.7 小车控制变频器参数设定表

参数代码	功能	设定数据
Pr.1	上限频率	50Hz
Pr.2	下限频率	0Hz
Pr.3	基准频率	50Hz

续表

参数代码	功能	设定数据
Pr.6	多段速频率	30Hz
Pr.7	加速时间	2s
Pr.8	减速时间	1s
Pr.9	电子过流保护	7.48A
Pr.14	适用于负荷选择	0
Pr.20	加减速基准频率	50Hz
Pr.21	加减速时间单位	0s
Pr.77	参数写入选择	0
Pr.78	逆转防止选择	0
Pr.79	运行模式选择	3
Pr.80	电动机（容量）	3.7kW
Pr.81	电动机（极数）	4 极
Pr.82	电动机励磁电流	6.8A
Pr.83	电动机额定电压	380V
Pr.84	电动机额定频率	50Hz
Pr.178	STF 端子功能的选择	60
Pr.179	STR 端子功能的选择	61
Pr.180	RL 端子功能的选择	0

7.3.2　设备、工具和材料准备

（1）工具

电工工具 1 套、电动工具及辅助测量用具等。

（2）仪表

MF-5008 型万用表、DT9202 型数字万用表、5050 型绝缘电阻表、频率计、测速表各 1 只。

（3）器材

三菱 FR-A740-3.7K-CHT 变频器 1 台，3.7kW 电动机 1 台、三菱 PLC 应用软件 1 套，其他辅助用按钮、位置开关、交流接触器、导线若干。

7.3.3　操作步骤

1．系统的安装接线及运行调试

（1）将主回路、控制回路按图 7.32 所示进行连线，并与实际操作中情况相结合。

（2）经检查无误后方可通电。

（3）在通电后不要急于运行，应先检查各电气设备的连接是否正确，然后进行单一设备的逐个调试。

（4）按照系统要求进行变频器参数的设置。

（5）按照系统要求进行 PLC 程序的编写并传入 PLC 内，然后进行模拟运行调试，观察输

入和输出点是否与要求一致。

(6) 对整个系统统一调试，包括安全和运行情况的稳定性。

(7) 在系统正常情况下，接通启停开关，小车就开始按照控制要求自动运行。根据程序由变频器控制小车的转速，以达到多段速的控制，从而实现运料小车的高、低速自动控制。

(8) 断开启停开关 SA1，小车停止运行。

2. 注意事项

(1) 线路必须检查清楚才可以通电。

(2) 在系统运行调整中要有准确的实际记录，是否温度变化范围小，运行是否平稳，以及节能效果如何。

(3) 对运行中出现的故障现象进行准确的描述、分析。

(4) 注意在运送物料时不得超负荷运行，否则电动机和变频器将因过载而停止运行。

(5) 在运行过程中要认真观测小车运料系统的控制方式及特点。

本章小结

本章列举了几个应用实例，以方便用户参照这些例子开发新的变频器应用项目。

采用变频调速系统，可以根据生产和工艺的要求适时进行速度调节，必然会提高产品质量和生产效率。变频调速系统可实现电动机软启动和软停止，使启动电流小，且能减少负载机械冲击；变频调速系统还具有操作容易、维护简便、控制精度高等特点。

习　题

1. 举例说明电力拖动系统中应用变频器有哪些优点？

2. 简述恒压供水系统的构成及工作过程。

3. 画出空气压缩机变频调速系统的电路原理图，说明电路工作过程。

4. 画出变频器 1 拖 3 的电路图，说明供水量变化的循环过程。

5. 简述变频器在生产线传送带上应用的工作过程。

6. 画出机械手动变频调速系统的电路原理图，并说明电路工作过程。

7. 用 PLC 和变频器的多段速组合对恒压供水进行设计、安装与调试。

1) 任务要求

(1) 有 3 台水泵，按设计要求 2 台运行，1 台备用，运行与备用每 10 天轮换 1 次。

(2) 用水高峰时 1 台工频运行，1 台变频高速运行；用水低谷时，1 台变频低速运行。

(3) 变频器的升速与降速由供水压力上限和下限触点控制。

(4) 工频水泵投入的条件是在水压下限且变频水泵处于最高速，工频水泵切换的条件是在水压上限且工频水泵处于最低速运行时。

（5）变频器设 7 段速度控制水泵调速：

第 1 段速为 15Hz；第 2 段速为 20Hz；第 3 段速为 25Hz；第 4 段速为 30Hz；第 5 段速为 35Hz；第 6 段速为 40Hz；第 7 段速为 45Hz。

2）技术要求

（1）根据任务，设计主电路图，列出 PLC 控制 I/O（输入/输出）口元件地址分配表；根据工艺，设计梯形图及绘制 PLC、变频器接线图，并设计出有必要的电气安全保护措施。

（2）安装与接线要紧固、美观，耗材要少。

8．用 PLC 和变频器组合对机械手动进行设计、安装与调试。

1）任务要求

（1）把启/停开关拨到开启位置，进入待机状态，机械手处于原点位置（SQ6、SQ7 闭合），如图 7.34 所示。

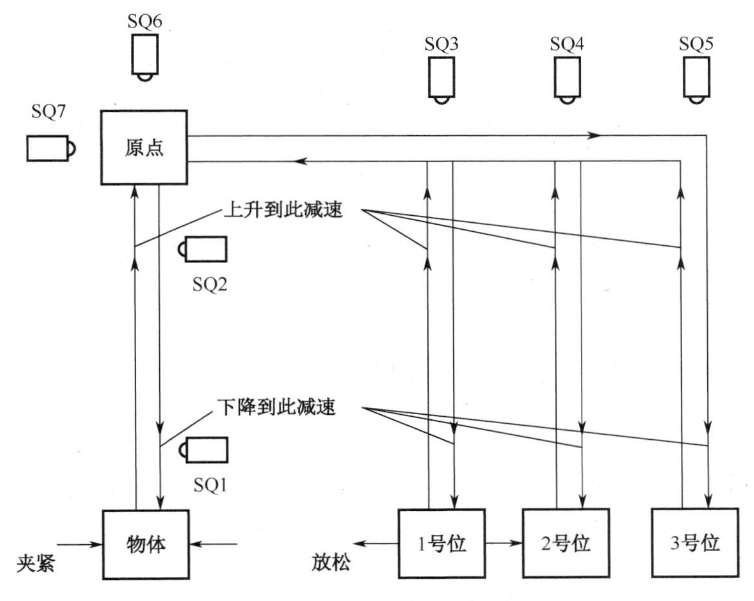

图 7.34　机械手动示意图

（2）按动选位按钮 SB1 可选择放置物体的位置。具体要求为：从第一次按下 SB1 开始，2s 内可连续多次按下该按钮，在此时间内按下按钮的次数将决定机械手放置物体的位置。如 2s 内按下 1 次，则把物体放到 1 号位；如按下 3 次或大于 3 次，则把物体放到 3 号位。

（3）机械手动的左右行驶由三相电动机 M1 的正、反转来控制。机械手动的上升下降由变频器控制 M2 来实现，并进行如下调速设置：假如在上述 2s 内按动了两次 SB1，此时机械手动开始启动下降，2s 内加速到最大速度（对应频率为 30Hz），当下降到 SQ1 时开始下降减速，减速时间为 4s；机械手动停止后开始夹紧物体（夹紧时间为 1s），然后上升加速，2s 内加速到最大速度（对应频率 30Hz），当运行到 SQ2 处开始上升减速，减速时间为 2s，机械手动压合 SQ6 并停止后开始右行，经过 SQ3 时不停，到达 SQ4 时（2 号位限位）停止右行，开始下降；下降过程同上要求，到位后放松物体并立即返回，上升过程同上；上升到位后返回原点停止，第一次任务结束，并等待下一次任务。

（4）停止。当前任务结束方可停止系统，并切断选位电路。

注意：在机械手动下降时触动 SQ2 无效，在上升时触动 SQ1 无效；机械手动的夹紧和放松由中间继电器控制电磁阀的通、断来实现。

2）技术要求

（1）电路设计。根据任务设计主电路图，列出 PLC 控制 I/O（输入/输出）口元件地址分配表；根据加工工艺，设计梯形图及绘制 PLC、变频器接线图，并设计出必要的电气安全保护措施。

（2）安装与接线要紧固、美观，耗材要少。

9．用 PLC 和变频器组合对恒压供气进行设计、安装与调试。

1）任务要求

（1）用 2 台电动机拖动 2 台气泵，1 台变频器控制 1 台电动机实现变频调速，另一台工频运行。

（2）如果一台气泵变频到 50Hz 压力还不够，则另一台气泵全速运行；当压力超过上限压力时，变频泵速度逐渐下降，当降至最低时如压力还高，切断全速泵，由一台变频泵变频调速控制压力。

（3）变频调速采用传感器输出的 4～20mA 标准信号，反馈给变频器进行 PID 运算，调节输出转速控制。

2）技术要求

（1）电路设计。根据任务，设计出控制系统主电路图，列出 PLC 控制 I/O（输入/输出）口元件地址分配表；根据加工工艺，设计梯形图及绘制 PLC、变频器接线图，并设计出必要的电气安全保护措施。

（2）安装与接线要紧固、美观，耗材要少。

第 8 章　变频器选用、安装与维护

8.1　通用变频器的规格与选用

8.1.1　通用变频器的标准规格指标

通常在选用变频器时，都要查看一些通用变频器产品的资料。每个变频器的生产厂家都会提供变频器的型号说明、主要特点、技术性能和标准规格等内容。多数通用变频器都将参数中的主要内容列入公共技术规范并以表格形式提供，而将一些特殊参数指标作较为详细的说明。一般只要根据公共技术规范中的参数就可以选择到合适的变频器。对于一些特殊要求，再去查看特殊参数说明。下面就有关通用变频器标准规格予以说明。

1．通用变频器的型号

每个变频器生产厂家都有各自的通用变频器产品型号。这种产品型号是生产厂家自定义的，代表着该厂生产的通用变频器的系列、标识码、主要参数和生产序号等内容，它包含了通用变频器产品铭牌的基本数据。

例如：富士通用变频器 FRN　0.2　G11S—2JE

①　②　③　④

① 表示富士 FRENIC5000 系列。

② 表示适配电动机容量：0.2kW 电动机；5.5kW 电动机。

③ 表示产品序号（或系列）：G11S——用于一般工业设备；P11S——用于风机水泵。

④ 表示电源电压：2JE—200V 级；4JE—400V 级。

例如：LG 通用变频器 SV 008 iG5—2

①　②　③　④

① 表示 LG 变频器。

② 表示适配电动机容量：008—1HP；0.15—2HP。

③ 表示变频器系列：iG5、iG、iG3、1H。

④ 表示电源电压：2—200～230V 级（三相）；1—200～230V 级（单相）；4—380～460V 级（三相）。

2．通用变频器的容量

通用变频器的容量均以最大适用电动机的功率、变频器额定输出容量、额定输出电流来表示。适用电动机的功率是指标准的 4 极电动机为对象，额定电流是指变频器连续运行时，允许输出的电流，额定容量是指输出电流与输出电压下的三相功率。

选择变频器容量时，变频器的额定输出电流是最主要的参数。采用 6 极以上的电动机，在同功率下，其额定电流要比 4 极电动机大。所以选择变频器容量时，额定电流应大于或等于电动机的额定电流；另外，4 极电动机并联使用时，必须以总电流不超过变频器的额定电流为原则。

3．通用变频器的输出电压

通用变频器的输出电压一般有 200V 级和 400V 级两种。对应于我国常用交流电动机三相额定电压为 220V 和 380V，选择变频器的输出电压时，要与电动机的额定电压相一致。

4．通用变频器的输出频率

变频器的输出频率不同的型号有不同的数值。通常变频器的输出频率为 0.1～400Hz。在以额定转速以下范围内进行调速运行为目的，最高输出频率选择 50Hz 或 60Hz。目前我国的普通电动机的电源频率是 50Hz，运行速度为额定转速。原则上电动机的电源频率超过 50Hz，运行速度可以超过额定转速。在超额定转速范围运行时要注意两点：第一，变频器在 50Hz 或 60Hz 以上区域，其输出电压不变，为恒功率输出特性。因此，高速区运行时转速减小。第二，高速区运行的转速不能超过电动机的最高速度，否则会影响电动机的使用寿命甚至损坏。

输出频率的内容还包括输出频率的精度和分辨率。根据变频调速系统生产工艺的要求，选择能满足条件的变频器和采用相应的控制方式。

5．通用变频器控制特性

通用变频器的控制特性较多，主要内容如下。

（1）通用变频器运行控制方式。通用变频器的运行控制方式是指控制变频器输出电压（电流）和频率的方式，一般可分为 U/f 控制方式、转差频率控制方式、矢量控制方式和直接控制方式。早期产品多数是 U/f 控制方式，目前已有不少产品为矢量控制方式，有些厂家笼统的写成正弦波 PWM 方式。

（2）通用变频器的频率控制方式。通用变频器的频率控制方式通常有键盘设定方式和外部信号设定方式两种。外部设定方式可分为 0～5V（10V）电压控制方式、4～20mA 电流控制方式和通信接口控制方式。用户可以根据应用的实际情况选择。

（3）通用变频器转矩特性控制。通用变频器的转矩特性主要包括电压/频率特性、转矩提升和启动转矩等。这些特性参数厂商已设有出厂设定值，用户可以根据需要在允许范围内重新设定。

（4）通用变频器的制动转矩特性。变频器的制动转矩特性主要是指变频器在停机制动过程中制动转矩的比值。例如，22kW 以内小于 20%，30kW 以上大于 15%。使用制动电阻或制动单元，制动电阻小功率 100%，大功率 75%。

6. 通用变频器的保护功能

变频器的保护功能很多，每个品牌的变频器保护功能都不尽相同，但几个基本的保护功能都是具有的。例如，过压、欠压、过流、短路、过热、输入缺相、输出缺相、数据保护、模块保护等。

7. 使用条件

产品标准规格都标有安装场所、适用环境、存储方式、安装方式、冷却方式等。用户必须满足这些条件，才能保证变频器正常安全地运行。

8.1.2 通用变频器的选型

变频器的选用要根据负载的特性和负载的控制方式来选择。

生产机械的负载可分为风机、水泵类降转矩负载、恒转矩负载和恒功率负载三种类型。风机、水泵在空气或液体中，叶轮的转动在一定速度范围内所产生的阻力，大致与速度的二次方成正比，其转矩按速度的二次方变化，负载功率按速度的三次方成正比变化。这正好适应了采用通用变频器驱动通用异步电动机在低速时输出转矩下降的特点。因此，风机、水泵类降转矩负载选用风机、水泵类负载专业变频器；如富士公司的 FRNO P9/P11 系列、西门子的 ECO 系列、ABB 的 ACS400 系列等。

恒转矩负载的输出转矩基本上与速度无关，任何速度下的转矩基本上是恒定的，如吊车、运输机械、注塑机、喂料机、提升机、传送带等负载都属于恒转矩负载。这类负载要求有足够的低频转矩提升能力和短时过流能力，但一般通用变频器低频运行时转矩都较低，为了提升低频转矩而使电压补偿过高，又会出现过电流现象。所以在选型时，只有把通用变频器的容量提高一档，同时加大电动机功率，来提高低频转矩，或者选用具有转矩控制功能的矢量控制式的通用变频器来实现恒转矩负载的调速运行。

恒功率负载的转矩与转速成正比，典型的恒功率负载如轧机、造纸机、机床主轴等，这些负载可选用一般的用于工业设备的通用变频器。对于动态性能和精度要求较高的轧钢、造纸等要选用精度高响应快的矢量控制的高性能通用变频器。

负载控制根据生产的需要有开环控制和闭环控制之分。

在一般精度要求的场合下，采用开环控制方式非常合适。这种控制方式，系统结构简单，运行可靠，对变频器性能要求较低，选用普通的 U/f 控制的通用变频器较合理。

闭环控制方式采用温度、张力、压力、速度、位置等传感器精确快速地控制负载。一般选用带 PID 控制器的 U/f 控制通用变频器，或有速度传感器矢量控制的通用变频器能达到较理想的控制效果。

8.1.3 通用变频器容量的选择

通用变频器容量选择主要根据电动机的额定电流和加减速时间的要求。

对加减速时间没有特殊的要求，通常驱动普通的 4 极电动机，就可以简单地根据变频器厂商说明书所规定的选用适配电动机功率相对应的变频器容量即可；驱动多台电动机一定要选择变频器的额定输出电流大于所有电动机额定电流的总和；驱动 6 极以上的电动机选择额定输出电流大于电动机额定电流的变频器，不是相对应功率的变频器容量。

变频器产品说明书所列的变频器容量与适配电动机的关系是以标准条件为准，在变频器过载能力以内进行加减速。

如果生产负载要求加速时间小于标准值，加速时电流超过变频器的过载能力会跳闸。因此，必须事先核算变频器的容量能否满足要求，否则要加大一档变频器的容量。

变频器加速时，选用变频器容量的计算公式为

$$P \geqslant kT_1 1937\eta\cos\varphi + CD^2 n/375t_A \tag{8.1}$$

式中 P——变频器容量（kVA）；

k——补偿系数（1.05～1.1）；

T_1——负载转矩（N·m）；

η——电动机效率（0.85）；

$\cos\varphi$——电动机功率因数（0.75）；

CD^2——电动机轴上的飞轮转矩（$N \cdot m^2$）；

n——电动机额定转速（r/min）；

t_A——电动机的加速时间（s）。

如果生产负载要求减速时间小于标准值，在减速过程负载反馈能量过大，变频器主回路产生的电压超过限定值时，变频器会因过压保护将切断变频器的输出，使电动机处于自由减速状态，反而无法达到快速减速的目的。因此必须首先核算选用的制动电阻值，再核算变频器的容量是否能满足要求，否则要加大一档变频器的容量。

8.2 通用变频器的安装

8.2.1 通用变频器的安装环境

为了使变频器能稳定地工作，充分发挥其性能，少出故障，延长使用寿命，必须确保设置环境充分满足变频器所规定环境的允许值。

1. 变频器设置场所的要求

干燥通风，无爆炸性、易燃性和腐蚀性的气体和液体；少尘埃、少油污，应有足够的空间，以便于安装、使用、操作和维修；与变频器相互产生电磁干扰的装置分隔。

2. 变频器使用环境的要求

（1）周围的温度

变频器运行中，周围温度的允许值为 0～40℃，避免阳光直射。

由于变频器内部存在着功率损耗，工作过程中会导致变频器发热，要使周围温度控制在允许范围内，必须在变频器安装柜内增设换气装置或通风口，甚至增设空调制冷，强迫降低周围

温度。

（2）周围的湿度

变频器周围的湿度应在 40%～90%之内，周围湿度过高，电气绝缘能力降低，金属部分易受腐蚀。同时会引起漏电，甚至打火、击穿等现象。

如果设置场所有限，湿度较高，应采取密封式结构并采取除湿措施。

（3）周围的气体

变频器周围不能有腐蚀性、爆炸性或可燃性气体；少尘埃、少油污。腐蚀性气体会腐蚀变频器内的金属部分，不能维持变频器长期稳定地运行；如果爆炸性气体的存在，变频器内继电器和接触器动作时产生的火花，电阻等发热器件的高温，都可能引发着火，发展为火灾或爆炸事故；尘埃或油污过多，在变频器内附着、堆积、导致绝缘能力 降低，影响发热体散热，降低冷却进风量，使变频器内温度升高，不能稳定运行。

（4）振动

设置场所的振动加速度多被限制在 0.3～0.5g 以下。振动超过允许值，将产生结构紧固部件松动，接线材料机械疲劳引起折损。继电器、接触器导致误动作，这些都影响变频器的稳定运行。

振动加速度超过允许值时，在助振源要采取措施减振。同时，变频器采用防震橡胶，易松动部件常检查、常加固。

8.2.2　通用变频器的具体安装

通用变频器通常是一台完整的装置，内部设置有冷却风机，都有较好的外壳，输入、输出端都置于同一侧。所以变频器应该垂直安装，正向（有文字面）朝外，便于散热、接线、操作，也便于检查维修。变频器可以墙挂式安装，也可以柜式安装。

1．墙挂式安装

（1）将变频器垂直安装在坚固的墙体上，称为墙挂式安装，如图 8.1 所示。

（2）为了确保冷却风道畅通，变频器与周围阻挡物之间的距离要求两侧大于 100mm，上下大于 150mm。

（3）变频器运行时，内部热量从上方排出，散热片附近温度较高。变频器上方不能放置不耐热的装置，若墙体不耐高温，变频器背后要垫隔热耐温材料。

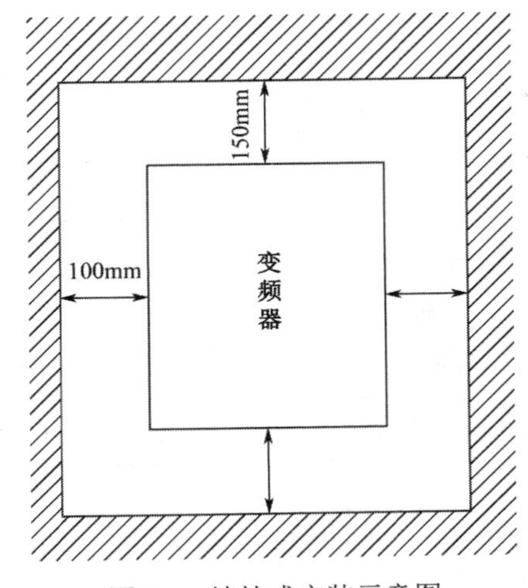

图 8.1　墙挂式安装示意图

2．柜式安装

（1）周围环境有较多的尘埃、油污时，或者有较多的变频器配用控制电器，应采用柜式安装，将变频器及变频器配用的其他电器安装在柜内。

（2）当柜内温度较高时，必须在柜顶加装抽风式冷却风扇，冷却风扇尽量安装在变频器的正上方，以便获得更好的冷却效果。

（3）柜内安装多台变频器时，变频器尽量横向排列安装。必须纵向排列或多横向排列时，如果上位、下位变频器上下对齐，下位排除的热量进入上位的进气口，则严重影响上位变频器的冷却。所以应当适当错开，或上、下两台变频器间加隔板。变频器柜内安装示意图如图 8.2 所示。

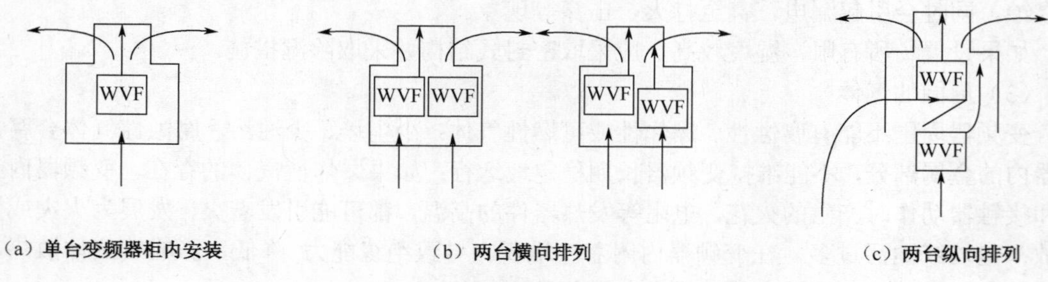

图 8.2　变频器柜内安装示意图

8.2.3　通用变频器的接线

通用变频器的基本接线图如图 8.3 所示。

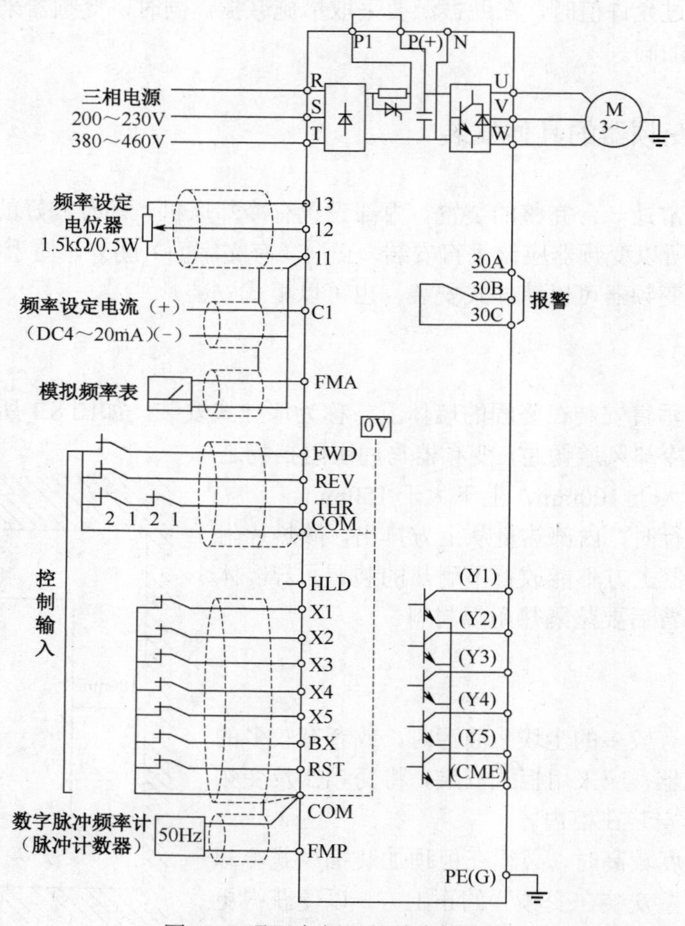

图 8.3　通用变频器的基本接线图

1. 主电路接线

主电路的端子及功能如表 8.1 所示。

表 8.1　主电路的端子及功能

端子符号	端子名称	说明
R、S、T	主电路电源端子	连接三相电源
U、V、W	变频器输出端子	连接三相电动机
P1、P（+）	直流电抗器连接用端子	改善功率因数的电抗器
P（+）、DB	外部制动电阻器连接用端子	连接外部制动电阻（选用件）
P（+）、N（-）	制动单元连接端子	连接外部制动单元
PE	变频器接地用端子	变频器机壳的接地端子

R、S、T 是变频器的输入接线端，接电源的进线。U、V、W 是变频器的输出接线端，与电动机连接。

输入电源必须接到 R、S、T 端子上，U、V、W 输出端子只能接到三相电动机上：输入接线端和输出接线端是不允许接错的，接错后会损坏变频器。

（1）变频器的输入端 R、S、T 通过断路器直接接到三相交流电源，不需考虑相序，中间不需再加具有保护控制的接触器；断路器只控制变频器的输入电源，并不控制变频器的运行。

（2）变频器的输出端 U、V、W 与三相电动机连接，当电动机旋转方向与设定不一致时，可以对调 U、V、W 三相中的任意两相，输出端不应接电容器或浪涌吸收器。

（3）变频器电源导线的选择。通常按变频器说明书规定的规格配置，若说明书没有明确规定，则按同容量普通电动机的导线选择方法的基础上，适当增大线径。变频器与电动机连接导线的选择，原则上与电源导线相同。变频器与电动机之间的连线尽量不要超过 50m，若超过 50m 就需增加导线的线径和增设线路滤波器。

（4）直流电抗器接端子 P1 和 P（+），出厂时这两点连接着短路导体，安装直流电抗器时应先拆去短路器。

（5）外部制动电阻，或制动电阻和制动单元接 P（+）和 DB.7 以下的变频器内部装有制动电阻；15kW 上的变频器除外接制动电阻外，还要增设制动单元，如图 8.4 所示。

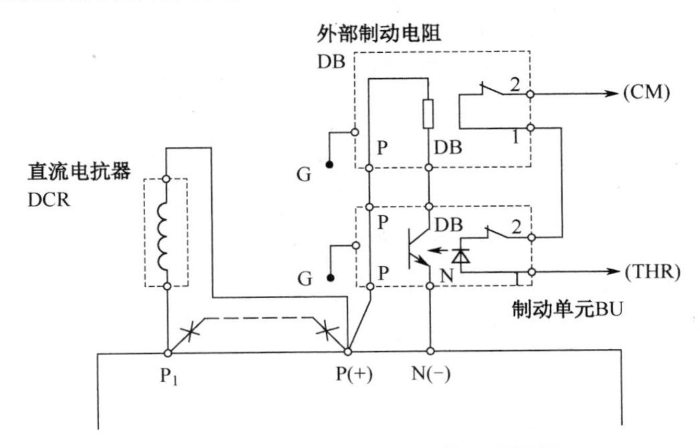

图 8.4　直流电抗器和制动单元连接图

（6）接地线接 PE（c）端，当变频器和其他设备或多台变频器一起接地时，每台设备必须分别和地线连接。不允许一台设备的接地端和另一台的接地端相连后再接地，如图 8.5 所示。

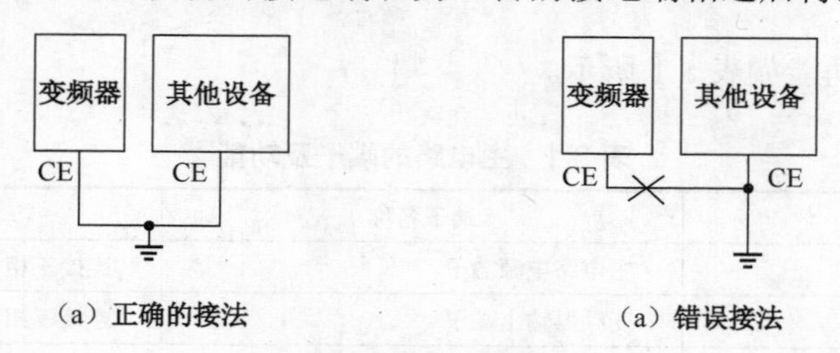

图 8.5　接地线方式图

2．控制电路的接线

富士 FRN G9S/P9S 系列变频器控制电路接线端子功能如表 8.2 所示。

表 8.2　富士 FRN G9S/P9S 系列变频器控制电路接线端子功能

分类	标记	端子名称	说明
频率设定	13	电位器电源	频率设定电位器用稳压电源+10V DC（最大输出电流 10mA）
	12	电压输入	0～10V DC/0 至最大输出频率
	C1	电流输入	4～20mA DC/0 至最大输出频率
	11	公共端	端子 12、13、C1 和 V1 公共端
命令输入	FWD	正转运行命令	频率设定电位器用稳压电源+10V DC（最大输出电流 10mA）
	REV	反转运行命令	0～10V DC/0 至最大输出频率
	HLD	3 线运行停止命令	4～20mA DC/0 至最大输出频率
	BX	电动机滑行停止命令	端子 12、13、C1 和 V1 公共端
	THR	外部故障跳闸命令	
	RST	报警复位	

8.3　变频器的维护

变频器的维护是指对长期运行的变频器进行日常检查和定期检修。维护工作是防患于未然，以保证变频器能长期稳定运行，延长使用寿命。

本节论述了维护工作的重要性，提高变频器使用管理人员对维护工作的正确认识。目前我国许多变频器用户没有维护的概念，更谈不上进行常规的维护工作，通常是“一旦使用，绝不再动，出现问题，拆下修理”，这种观念和做法，使本来的小问题，发展成大毛病；本来可以避免的故障，变的不可避免。这种习惯做法，给用户带来较大的损失。

本节重点介绍维护工作的方法和注意事项。

8.3.1　变频器维护的重要性

对于许多变频器用户来说，缺乏对维修工作重要性的认识。普遍存在着变频器只要运行正常就不管它，直到出现故障不能运行时，才拆下来修理，因小失大，造成修理费用增高和影响生产的严重后果。

1．使用环境对变频器的影响

变频器在长期运行过程中，由于灰尘、湿度、振动、温度等使用环境的影响，很容易使变频器发生故障。

在纺织厂的车间里，空气中的尘埃特别浓。变频器在这种环境下运行，由于冷却风机工作进风的同时，不可避免地带进了大量的尘埃，日积月累，变频器内集聚了许多尘埃。特别是冷却风机的叶片及其周围堆积着厚厚的尘埃，影响了风机的转速和进风条件，使整个进风量大大减少；散热板的散热片会堆积大量的尘埃严重影响进风和散热，使运行的变频器频频出现因过热而报警的停机故障。潮湿的尘埃危害更大，存在于高压电路地方的尘埃能引起严重漏电，甚至发生跳火现象。轻则停机，重则损坏功率整流模块或逆变模块，造成重大损失。

例如，化纤厂车间的油污特别重，长期运行的变频器会通过冷却风机带进油污，导致变频器内到处都吸附着油污，造成严重后果，特别是对于一些没有采取绝缘措施的变频器，由于油污的存在会经常发生各种各样的故障。

如果变频器的使用环境存在着振动因素，这种振动会使变频器的接插件和接线端子产生松动现象。接插件和控制端的端子松动产生不良接触，会影响变频器正常运行。例如，电源输入端和输出端的端子松动所产生的接触不良，会使变频器时好时坏，端子发热直至烧毁。如果端子松动后发生掉线，将会酿成大事故。例如，电源输入端有接线掉落，会使主回路直流电压偏低，出现低压报警停机；如果掉落的接线落到另一根电源线上，就会产生电源短路的严重后果，会使电源配电柜内熔断丝烧断或开关跳闸。变频器输出端接线掉落，变频器会因缺相而报警停机；如果掉落的接线落到另一个输出端上，会形成输出短路，有可能损坏变频器的逆变模块，造成重大损失。

变频器在长期运行过程中，由于冷却风机使用期限接近极限值，或积满尘埃、油污导致进风量严重减少。散热板堆积尘埃，影响进风量，也影响传导热量，这些问题都会导致变频器内温度过高。而温度又是影响变频器电子器件的寿命及可靠性的重要因素，特别是半导体器件，若结温超过规定值极易造成器件损坏。

如果我们进行日常检查和定期检修，就能及时发现问题，消除隐患，避免故障的发生，减少不必要的维修和因停机而造成的经济损失。

2．元器件老化对变频器的影响

变频器在长期运行过程中，由于变频器的一些元器件老化，性能指标下降，以致不能正常发挥电路中应有的作用，会使变频器发生故障。这些易老化的器件中，电解电容最明显。它们都有一定的使用寿命，在使用过程中，容量会不断地下降，一般认为，容量下降到 85%以下，它的使用寿命就接近于终止。在开关电源中滤波电容超过使用寿命后，可使控制电路、驱动电路无法正常工作，变频器出现故障而停机。主回路的滤波电容超过使用寿命后，其充放电量不足，往往出现空载时能正常运行，一旦带上负载后，频率升到一定数值时，会因电压偏低报警而停止工作。

如果我们通过日常检查和定期检修，及时更换老化部件，就可以避免在正常生产过程中，因元部件老化变频器停机影响生产，或因此扩大故障程度，蒙受经济上的损失。

由上述分析可知，变频器的维护工作相当重要，它可以防患于未然，使变频器长期稳定地运行，提高工作效率和经济效益。

8.3.2 变频器的日常检查

变频器在正常运行过程中，不拆卸其盖板，检查有无异常现象，以便及时发现问题，及时处理。通常检查的内容和相应的处理方法如下。

（1）检查操作面板是否正常。观察面板显示是否缺损、变浅或闪烁，如有异常应更换面板或检修。

（2）检查电源电压、输出电压、直流电压是否正常。用整流型电压表分别测量三相电源电压，正常情况下应该平衡，电压值在正常范围内，单相电源电压也在正常范围内。若三相不平衡或输出电压偏低，说明变频器有潜在故障，必须停机检修。直流电压值过低，也要检查修理。

（3）检查电源导线、输出导线是否发热、变形、烧坏，如果有此情况，通常是接线端松动，必须拧紧，或停机更换导线，拧紧接线端。

（4）检查冷却风机运转是否正常，如不正常应停机后清洗或更换新的冷却风机。

（5）检查散热器温度是否正常，如不正常，例如，环境温度过高，应采取措施降低环境温度；或是冷却风机使用年限已到或堆积尘埃、油污，致使散热器温度升高，则应清洗或更换冷却风机。

（6）检查变频器是否有振动现象（最好用振动测量仪测试）。直接用手摸变频器外壳，可发现较严重的振动现象；用长柄螺丝刀一头接触变频器，耳朵贴紧螺丝刀柄，可以发现轻微振动现象。这种振动，通常是由电动机振动引起的共振，可以造成电子器件的机械损伤。可增加橡胶垫来减少或消除振动。另外也可以利用变频器跳跃的功能，避开机械共振点，这种做法应在确保控制精度的前提下进行。

（7）检查变频器在运行过程中有无异味。

8.3.3 变频器的定期检修

变频器在长期运行过程中，除了日常检查外，还必须进行定期检修。通常是一年进行一次，具体时间可以根据日常检查的结果和生产情况灵活决定。日常检查时发现一些问题比较严重，尽管还能运行，但已存在较严重的隐患了，就应该提前进行检修；若没有发现异常，生产任务又较重，可适当延期进行定期检修。遇到停产时（如限电、避电及其他原因），那么可以利用不生产的间隙进行定期检修。

定期检修是要对变频器进行全面的检修，需要拆下盖板对部件进行逐项检查，有时甚至需要把整个变频器拆下现场进行检查维修。

定期检修分停机检修和通电试运行检修。

1. 停机检修

停机检修一定要注意的是，为了安全和测试准确，必须把进线 R、S、T（L1、L2、L3）和出线 U、V、W 和外接电阻与接线端子全部断开。变频器断开电源后，主回路的滤波电容上仍有较高的充电电压，所以整个主回路直流电压仍然存在。滤波电容通过均压电阻等部件进行放电需要一定时间，各种机型的放电时间长短不一，必须等到充电指示灯熄灭，或 PN 两端电压低于 25V DC（直流安全电压）后，方可进行检修。通常停机检修的主要内容如下。

1）清洗工作

变频器定期检修的第一项工作就是对变频器进行全面彻底的清洗。任何场合使用的变频器经过一段时间的运行后，内部肯定有不同程度的尘埃或油污需要清洗。

（1）用吸尘器或吹风机把变频器内的悬尘吸走或吹掉，做初步清洗。

（2）按照部件位置，自上而下拆下大部件控制键盘面板、主控制电路、驱动电路等，直至主回路，以方便清洗。

（3）主回路部分，尘埃积聚不多，做一般清洗。如果遇到积有油污，必须用酒精进行清洗。

（4）清洗的重点部分是机壳底部、主回路元器件、散热器和冷却风机。再一次用吸尘器或吹风机进行吸或者吹尘埃及异物，然后用软布对各部件包括引线、连线进行擦拭，油污用酒精清洗。冷却风机是重中之重，一般须拆下清洗才能彻底，特别是粘有油污的情况。

2）主回路检修

（1）滤波电容。检查电容外壳有无爆裂和漏液现象，测量电容容量应该大于电容量标志的85%以上，否则，都应该更换。

（2）限流电阻。观察其颜色有无变黄、变黑现象，测量阻值是否在其标准的允许范围内，否则要更换。

（3）继电器。检查继电器的触点有无烧黑的迹象，有无粗糙和接触不良现象。检查继电器线包有无变色、异味现象，出现上述种种异常，都必须更换继电器。

（4）整流模块。用万用表电阻挡检测整流模块中 6 只整流二极管的正反相电阻值是否在正常值范围内。

测试方法如下。

① 万用表置×10kΩ 挡，负表笔置 P 端，正表笔分别测试 R、S、T；正表笔置 N 端，负表笔测 R、S、T，其值应接近于∞。

② 万用表置×10kΩ 挡，负表笔置 N 端，正表笔分别测试 R、S、T；正表笔置 P 端，负表笔测 R、S、T，其值应接近几十欧姆的数值。

只要其中有一个数值远离这两个值（∞、几十欧姆），说明整流模块有部分二极管已损坏或老化，必须更换整流模块。

（5）逆变模块。目前市场上中小功率的变频器，逆变模块主要是 GTR（双极型功率晶体管）、IGBT（绝缘栅双极型晶体管）和 IPM（智能功率模块）。其中绝大部分是 IGBT，因此以 IGBT 为例，介绍检测、判断逆变模块的方法。

① 万用表置×10kΩ 挡，负表笔置 P 端，正表笔分别测试 U、V、W；正表笔置 N 端，负表笔测 U、V、W，其值应接近于∞。

② 万用表置×10kΩ 挡，负表笔置 N 端，正表笔分别测试 U、V、W；正表笔置 P 端，负表笔测 U、V、W，其值应接近几十欧姆的数值。

检修测试时会发现测量情况与测量整流模块相同，事实正是这样。因为 IGBT 在没有加上驱动信号的情况下，是截止状态，C、E 之间电阻接近∞，可以视为开路，忽略不计。逆变模块就成了由缓冲二极管组成与整流模块相似的电路。若 IGBT 本身出问题（出去缓冲电路），同样能在上述的检测中反映出来。

③ 万用表置×10kΩ 挡，拔掉驱动插件，三个上桥臂 IGBT 的 G 极分别对 U、V、W 端的电阻值应该接近∞，三个下桥臂 IGBT 的 G 极对 N 端电阻值应接近于∞。

在三种测试情况中，只要有一个数值远离参考值，都必须更换逆变模块。

④ 主回路绝缘电阻的测定。将 500V 绝缘电阻表接于公共线和接地端（外壳）间，绝缘电阻值应该大于 5MΩ。如果远小于这个值，检查油污是否擦拭干净；每个元件与机壳的支撑架之间的绝缘是否达到要求；是否有元件碰到机壳等。

检查完毕之后，再查主回路部分的焊线是否牢固，所有螺丝是否拧紧。

3）保护电路的检修

变频器的保护电路通常由三部分组成，即取样电路、取样信号的处理电路和设定比较电路。但不同地区、不同品牌的变频器，保护电路的设计各不同，特别是西欧的一些品牌，更多的是利用 CPU 的软件来处理。做变频器的定期检修，一般检查取样的电路元件，如电流互感器、电压互感器、电压分压电路，压敏电阻、热敏电阻等，是否有异常现象。观察外表有无变色，接线是否牢固。热敏电阻是否有脱离被测器件的现象（通常贴在散热器上），用万用表测量电阻值是否随温度变化而变化。

4）冷却风机的检查

首先根据变频器使用运行的时间，判断冷却风机是否到需更换的年限，一般使用寿命为 2～3 年。到年限尽管能运行，但风力大大减小，达不到设计要求，必须更换。在使用年限内的冷却风机，在不通电的情况下，用手拨动旋转，有无异常振动声音，如果有，也要更换。同时要注意加固接线，防止松动。

5）控制、驱动电源电路的检查

这些电路分别在几块印刷电路板上，首先，目测这些电路板上的各种元器件，有无异味、变色、爆裂损坏现象，如果有，必须更换。印刷电路板上的线路有无生霉、锈蚀现象，如果有，必须清除。锈蚀的要用焊锡焊补，锈蚀严重的，用裸导线“搭桥”必须保证线路畅通。

另一个非常重要的常识，就是开关电路和驱动电路中的小电解电容，使用一年左右，它就开始老化，存在许多隐患，要无条件地全部更新。这些电容从外表上，也许发现不了什么问题，但变频器的一些故障却由此产生（尽管分析起来，好像故障与它无直接关系）。这是许多具有丰富修理经验的技术人员，在长期实践中得出的共同结论。

这些电路板上都有不少接插件，检查有无松动和断线现象。如果有松动和断线现象，要一一修好。

6）紧固检查和加固

变频器在长期运行过程中，由于振动、温度的变化等原因，往往使变频器中的接线端子和引线发生松动、腐蚀、氧化、断线等问题。在定期检修过程中，必须进行逐个检查加固。

2. 通电试运行检修

经过停机检修后，还要通电试运行检修。这是检验变频器是否正常稳定运行的必不可少的环节。

（1）通电试运行检修必须和正常运行时一样，把输入电源线接好，输出接电动机负载，控制和制动电路都按原样子接好。

（2）变频器接通电源，数秒钟后应该听到继电器动作的声音（有些变频器由可控硅取代继电器的机型无此声音）。高压指示灯亮，变频器冷却风机开始运行（也有变频器运行时，冷却风机才转动的情况）。

（3）测量输入电压是否是正常数值，如果不正常，要检查配电柜进线电压。测量三相平衡情况，是否缺相，如果缺相，可检查三相熔断丝有无烧毁现象，检查自动开关或电源接触器有无接触不良现象。

（4）变频器通电，但未给指令运行时，变频器中的逆变模块不应被驱动，逆变模块都处于被截止状态，缓冲二极管又反压连接。理想情况是 U、V、W 三端输出之间电压，三端与 P、N 之间电压为零。而实际情况，由于漏电流的缘故，会有几伏到几十伏不等的电压存在，这属于正常情况。若电压超过 40V 就可以断定逆变模块不正常，出现故障或存在潜故障。为了变频器能正常长期稳定运行，必须更换模块。

（5）在正常的前提下（未发现问题或问题已得到了解决），给予变频器运行指令，通常会出现以下几个问题。

① 速度上升时出现过电流故障。解决方法是：在生产工艺允许的情况下，减小上升速度（延长上升时间），或者增大电流设定值。若已到极限最大电流值，生产工艺又不允许减小上升速度，速度上升时连续出现过电流故障报警，则需要更换新的变频器，甚至要更换功率大一级的变频器。

② 停机时出现过电压故障。解决方法是：延长停机时间。如果没有装制动电阻，应增设制动电阻。已装有制动电阻的，可适当更换高一挡的制动电阻。经上述处理后，仍然经常出现过电压故障，就要考虑逆变模块故障或载波频率设定值不合适等。

③ 变频器的压频比是否符合要求。检查方法是：将变频器的输出频率调到 50Hz，测变频器的输出端子 U、V、W 之间的电压，其数值应该与电动机铭牌上的额定电压相一致。否则，重新设置压频比。同时，可以把输出频率降到 25Hz，变频器的输出电压应该是上次数值的一半，这反映变频器压频比的线形度。

本章小结

本章介绍了变频器的选用、安装及维护等基本知识。要求根据工程需要正确选择变频器，主要是选功能、选容量、选品牌。

选功能是选择控制功能和其他基本功能，控制功能包括基本 *U*/*f* 控制变频器和矢量控制频器。基本 *U*/*f* 控制变频器功能少、价格低；矢量控制变频器功能多、性能优，但价格贵。其他功能包括外端子是否符合应用要求，变频器功能是否包括所需要的功能，如果需要变频器具有 PID 控制功能，那么就必须选择有 PID 功能的变频器。

选容量有两种方法：一是直选法，即根据现有电动机的容量，进行对比选取；二是计算法，即通过计算变频器的输出功率和输出电流进行选取。而根据计算电流选取更为可靠。

选品牌是选择哪家的产品。由于变频器的生产厂家众多，各个厂家的产品都有自己的特点，在功能满足要求的前提下，再比较各个厂家的产品质量、售后服务、价格高低等，决定选择哪家的产品。

变频器工作时会产生电磁干扰，一是对供电电源及周围环境的干扰；二是对变频器自身的干扰。为了消减干扰就要选择外选件，但这要增加变频器的应用成本，选不选外选件和选择什么样的外选件要根据书中的介绍进行选择。为了削弱电磁辐射对周围环境的干扰，除了接入防电磁辐射的选件外，必要时还要对变频器进行铁箱屏蔽。

变频器工作时要产生热量，热量如不能及时散去，就会引起变频器过热而跳闸，因此对变频器安装环境提出了具体要求。为了抑制变频器工作时产生的内外干扰，对安装布线有明确要求，如信号线和主电源线不能绑扎在一起、采用屏蔽线安装、合理接地等。为将相互影响减到最小，还要根据部件的发热及电磁干扰情况进行分区安装。

习　题

1．变频器的安装场所须满足什么条件？
2．变频器安装时周围的空间最少为多少？
3．变频器系统的主回路电线与控制回路电线安装时有什么要求？
4．变频器运行为什么会对电网产生干扰？如何抑制？
5．电网电压对变频器运行会产生什么影响？如何防止？
6．在变频器的日常维护中应注意些什么？
7．说明变频器系统的调试方法和步骤。
8．变频器的常见故障有哪些？如何处理？

第9章　三相异步电动机变频器调速控制线路

9.1　异步电动机变频调速工作原理

磁场旋转的转速（即同步转速）n_0 可用下式表示：

$$n_0 = \frac{60 f_1}{p} \tag{9.1}$$

式中　f_1——电流的频率；

　　　p——旋转磁场的磁极对数。

如果频率调节成 f_x，则同步转速 n_{0x} 也随之调节成

$$n_{0x} = \frac{60 f_x}{p} \tag{9.2}$$

这就是变频调速的理论依据。

9.2　异步电动机的调速方式

9.2.1　异步电动机的调速

1．调速与速度改变

1）调速

调速是在负载没有改变的情况下，根据生产过程需要人为的强制性地改变拖动系统的转速。

2）速度改变

速度改变是由于负载的变化而引起拖动系统的转速改变。

2．调速指标

1）调速范围

调速范围是指电动机在额定负载时所能达到的最高转速 $n_{\mathrm{L\,max}}$ 与最低转速 $n_{\mathrm{L\,min}}$ 之比，即

$$\alpha_{\mathrm{L}} = \frac{n_{\mathrm{L\,max}}}{n_{\mathrm{L\,min}}} \tag{9.3}$$

2）调速的平滑性

调速的平滑性是指相邻两级转速的接近程度。

3）调速特性

（1）静态特性，主要是指调速后机械特性的硬度。工程上常用静差度 δ 来表示

$$\delta = \frac{n_0 - n_{\mathrm{N}}}{n_0} \times 100\% \tag{9.4}$$

（2）动态特性，是指过渡过程中的性能。

9.2.2 异步电动机的调速方式

1．变极调速

三相异步电动机的变极调速属于有级调速，通过改变磁极对数 p 得到。

2．变转差率调速

变转差率调速一般适用于绕线型异步电动机或转差电动机。具体的实现方法很多，如转子串电阻的串级调速、调压调速、电磁转差离合器调速等。

3．变频率调速

9.3 对不同负载类型变频器的选择

在电力拖动系统中，存在着两个主要转矩：一个是生产机械的负载转矩 T_{L}；另一个是电动机的电磁转矩 T。这两个转矩与转速之间的关系分别称为负载的机械特性 $n = f(T_{\mathrm{L}})$ 和电动机的机械特性 $n = f(T)$。由于电动机和生产机械是紧密相连的，它们的机械特性必须适当配合，才能得到良好的工作状态

9.3.1 恒转矩负载变频器的选择

1．恒转矩负载特性

恒转矩负载是指负载转矩的大小仅取决于负载的轻重，而和转速大小无关的负载。带式

输送机和起重机械都是恒转矩负载的典型例子。恒转矩负载的机械特性和功率特性如图 9.1 所示。

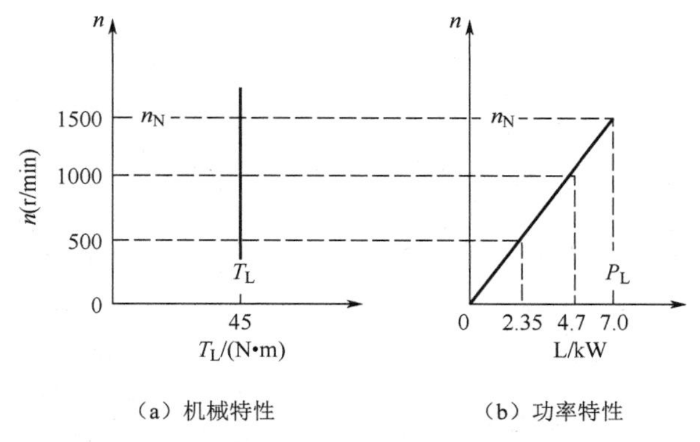

（a）机械特性　　（b）功率特性

图 9.1　恒转矩负载的机械特性和功率特性

2. 恒转矩负载的基本特点

（1）恒转矩。由于 f 和 r 都和转速的快慢无关，所以在调节转速 n_L 的过程中负载的阻转矩 T_L 保持不变，即具有恒转矩的特点

$$T_L = 常数$$

（2）负载功率与转速成正比。根据负载的机械功率 P_L 和转矩 T_L、转速 n_L 之间的关系，有

$$P_L = \frac{T_L n_L}{9550} \tag{9.5}$$

3. 恒转矩负载下变频器的选择

（1）依据调速范围。

（2）依据负载转矩的变动范围。

（3）考虑负载对机械特性的要求。

9.3.2　恒功率负载变频器的选择

1. 恒功率负载

恒功率负载是指负载转矩 T_L 的大小与转速 n 成反比，而其功率基本维持不变的负载。属于这类负载的有以下几种。

（1）各种卷取机械。

（2）轧机在轧制小件时用高速轧制，但转矩小；轧制大件时轧制量大需较大转矩，但速度低，因此总的轧制功率不变。

（3）车床加工零件，在精加工时切削力小，但切削速度高；相反，粗加工时切削力大，切削速度低，因此总的切削功率不变。恒功率负载的机械特性和功率特性如图 9.2 所示。

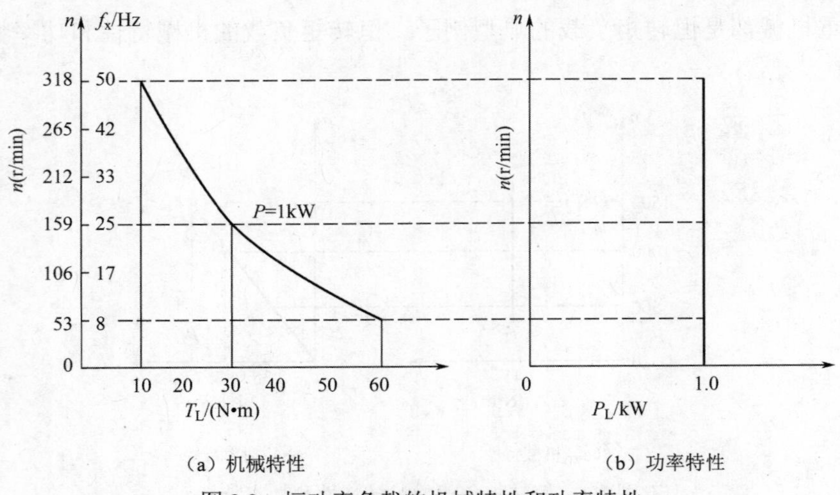

（a）机械特性　　（b）功率特性

图 9.2　恒功率负载的机械特性和功率特性

2．恒功率负载变频器的选择

对恒功率负载，一般可选择通用型的，采用 U/f 控制方式的变频器。但对于动态性能有较高要求的卷取机械，则必须采用具有矢量控制功能的变频器。

9.3.3　二次方律负载变频器的选择

二次方律负载是指转矩与速度的二次方成正比例变化的负载，如风扇、风机、泵、螺旋桨等机械的负载转矩，其机械特性和功率特性如图 9.3 所示。

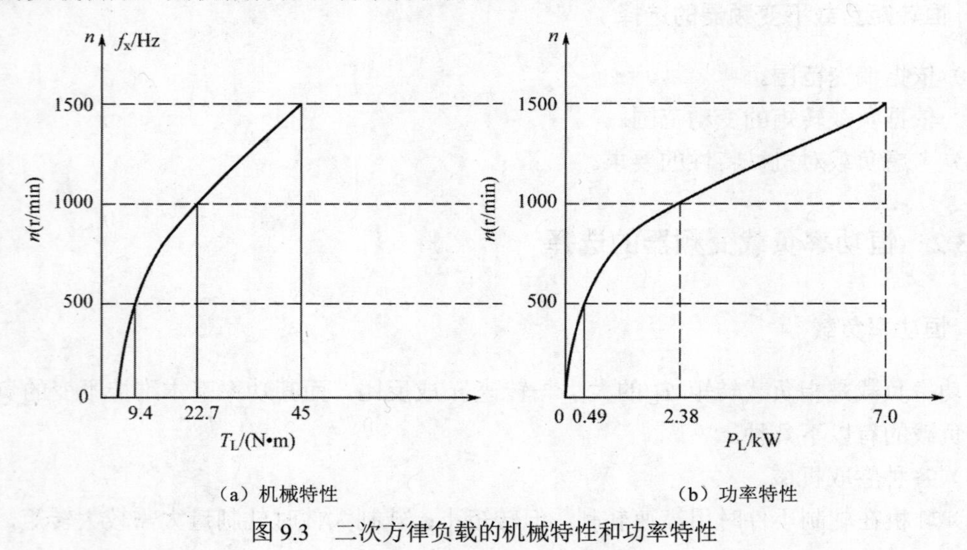

（a）机械特性　　（b）功率特性

图 9.3　二次方律负载的机械特性和功率特性

1．二次方律负载的特点

二次方律负载机械在低速时由于流体的流速低，所以负载转矩很小，随着电动机转速的增加，流速增快，负载转矩和功率也越来越大，负载转矩 T_L 和功率 P_L 可用下式表示

$$T_L = T_0 + K_T n_L^2 \tag{9.6}$$

$$P_L = P_0 + K_P n_L^3 \tag{9.7}$$

式中　T_0、P_0——分别为电动机轴上的转矩损耗和功率损耗；
K_T、K_P——分别为二次方律负载的转矩常数和功率常数。

2. 二次方律负载变频器的选择

可以选用风机、水泵用变频器。这是由于以下几点原因。

（1）风机和水泵一般不容易过载，所以，这类变频器的过载能力较低，为 120%，1min（通用变频器为 150%，1min）。因此在进行功能预置时必须注意。由于负载转矩与转速的平方成正比，当工作频率高于额定频率时，负载的转矩有可能大大超过变频器额定转矩，使电动机过载。所以，其最高工作频率不得超过额定频率。

（2）配置了进行多台控制的切换功能。

（3）配置了一些其他专用的控制功能，如“睡眠”与“唤醒”功能、PID 调节功能。

9.3.4　直线律负载变频器的选择

轧钢机和辗压机等都是直线负载。

1. 直线律负载及其特性

（1）转矩特点。负载阻转矩 T_L 与转速 n_L 成正比。即

$$T_L = K_T' n_L \tag{9.8}$$

（2）功率特点。负载的功率 P_L 与转速 n_L 的二次方成正比。即

$$P_L = \frac{K_T' n_L n_L}{9550} = K_P' n_L^2 \tag{9.9}$$

式中，K_T' 和 K_P' 分别为直线律负载的转矩常数和功率常数。

其机械特性和功率特性如图 9.4 所示。

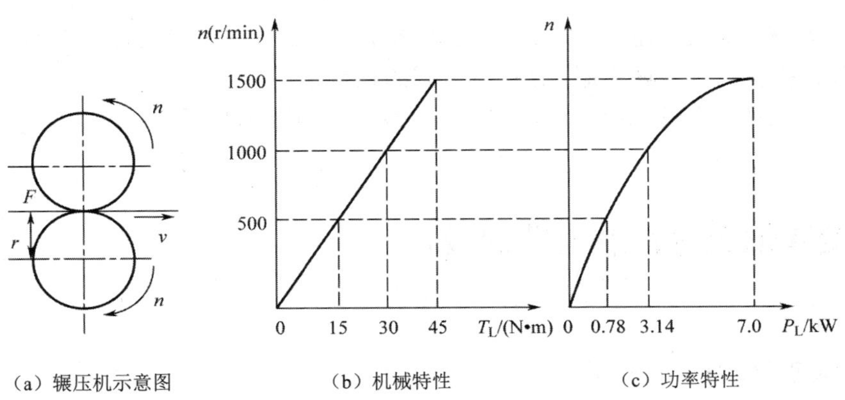

图 9.4　直线律负载及其机械特性和功率特性

2．变频器的选择

直线律负载的机械特性虽然也有典型意义，但在考虑变频器时的基本要点与二次方律负载相同，因此不作为典型负载来讨论。

9.3.5 特殊性负载变频器的选择

1．混合特殊性负载及其特性

大部分金属切削机床属于混合特殊性负载。金属切削机床中的低速段，由于工件的最大加工半径和允许的最大切削力相同，因此具有恒转矩性质；而在高速段，由于受到机械强度的限制，将保持切削功率不变，属于恒功率性质。

特殊性负载机械特性和功率特性如图 9.5 所示。

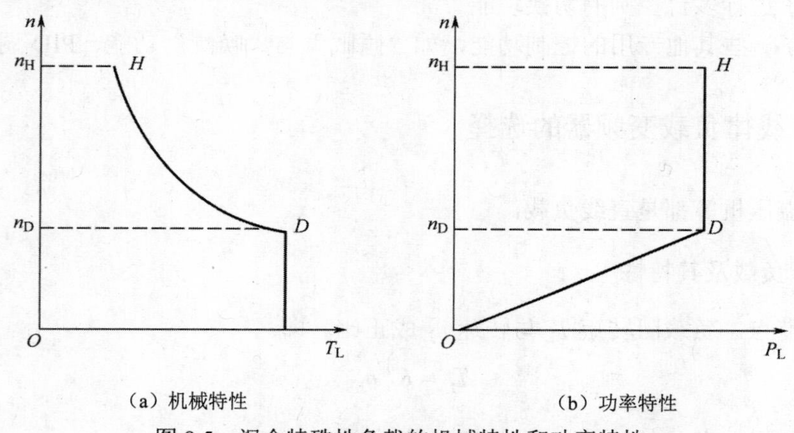

（a）机械特性　　（b）功率特性

图 9.5　混合特殊性负载的机械特性和功率特性

2．变频器的选择

金属切削机床除了在切削加工毛坯时，负载大小有较大变化外，其他切削加工过程中，负载的变化通常是很小的。就切削精度而言，选择 *U*/*f* 控制方式能够满足要求，但从节能角度看并不理想。

矢量变频器在无反馈矢量控制方式下，已经能够在 0.5Hz 时稳定运行，完全可以满足要求。而且无反馈矢量控制方式能够克服 *U*/*f* 控制方式的缺点。

当机床对加工精度有特殊要求时，才考虑有反馈矢量控制方式。

9.4 变频器调速控制电路的设计

1．变频调速控制线路的控制方式

如果变频器的控制电路是在逻辑输入端子上接按钮开关进行控制的，并且主要使用带自锁的按钮，这种按钮不能自动复位，在系统突然停电重新送电后，有的变频器会重新启动，很不安全，另一方面不能组成较复杂的自动控制线路。所以，大多数的变频调速控制线路不用按钮控制变频器，而是用以下方式控制。

1）用低压电器控制

在逻辑输入端子上接中间继电器的触点或交流接触器的触点，也可以接其他低压电器的触点。比较简单的控制线路常用这种方法。

2）直接用 PLC 控制

把 PLC 的输出端子直接接在变频器的逻辑输入端子上。这种方法线路简单，控制方便，但占用 PLC 较多的输出端子。变频器数量较少，且 PLC 输出点数够用时，可以采用这种方法。直接用 PLC 控制变频器时，PLC 的逻辑输出端子除了接变频器的输入端子外，还可能接信号灯及其他电器，它们的额定电压可能各不相同，由于 PLC 的多个输出有一个公用端，特别注意不能造成电源短路或者电源错接。

3）PLC 加低压电器控制

这种方法是用 PLC 控制中间继电器或交流接触器的线圈，再用中间继电器或交流接触器的触点控制变频器。多数控制线路采用这种控制方式。

2. 控制线路的设计方法

控制线路的常用设计方法有两种：一是功能添加法；二是步进逻辑公式法。较简单的控制线路一般采用功能添加法。多个工作过程自动循环的复杂线路，常采用步进逻辑公式法，并且用步进逻辑公式对 PLC 编程非常方便。功能添加法举例如下。

有两台电动机，正转运行，要求第一台电动机必须先开后停，正常停车为斜坡停车。如果任何一台电动机过载时，两台电动机同时快速停车。使用功能添加法设计控制线路。

（1）设计两个能独立开停的控制线路，即基本电路，如图 9.6 所示。

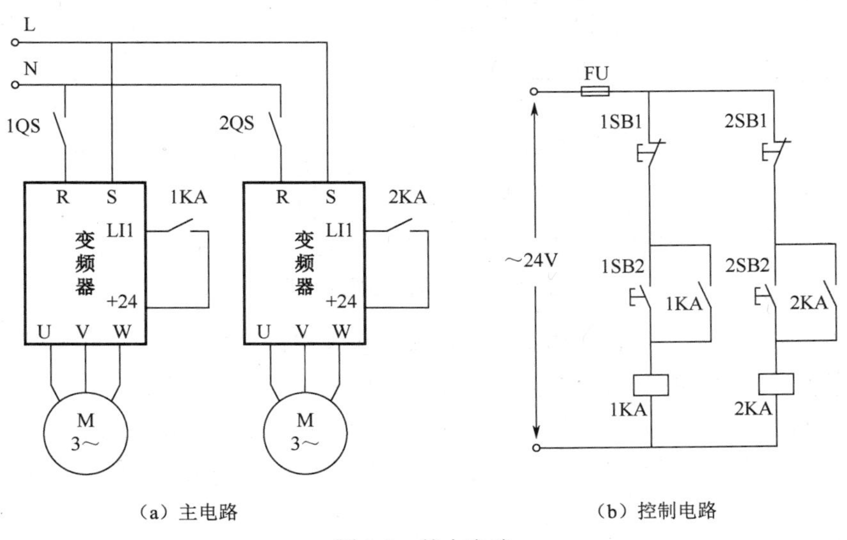

（a）主电路　　　　（b）控制电路

图 9.6　基本电路

（2）第一次添加功能——第一台电动机必须先开。将 1KA 的常开触点串接在 2KA 的线圈回路，主电路不变，控制电路如图 9.7 所示。

（3）第二次添加功能——第一台电动机不能先停。将 2KA 的常开触点与停车按钮 1SB1 并联，控制电路如图 9.8 所示。

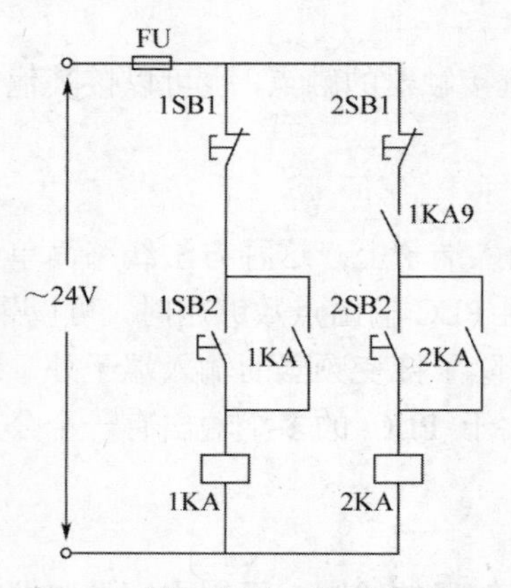

图 9.7　第一次添加控制电路

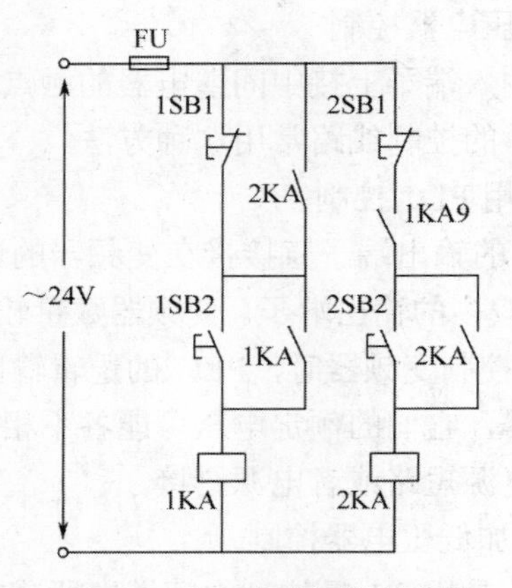

图 9.8　第二次添加控制电路

（4）第三次添加功能——加过载同时停车。分配变频器的输入端子 LI5 为过载停车端子，功能添加后主电路如图 9.9（a）所示，控制电路如图 9.9（b）所示。

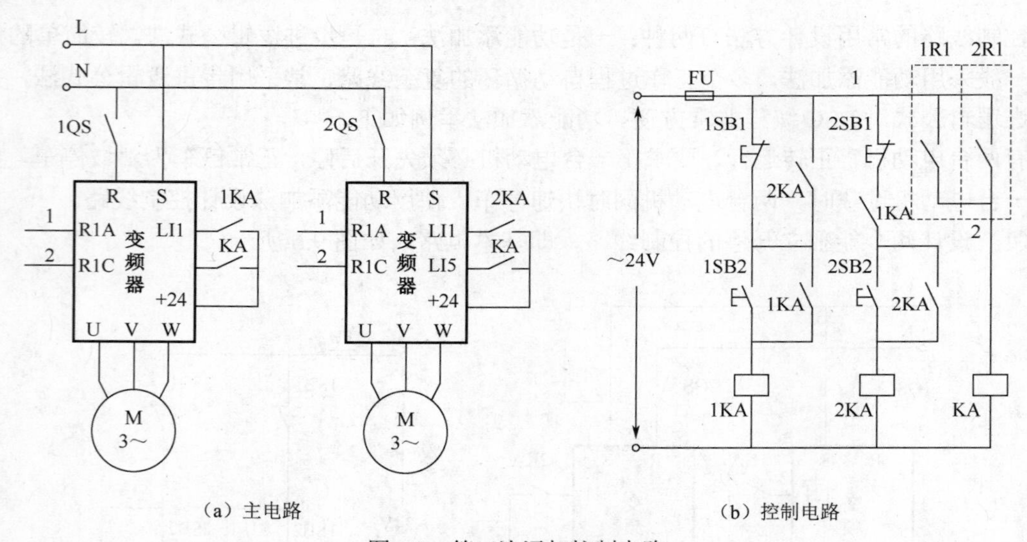

图 9.9　第三次添加控制电路

（5）第四次添加功能——过载停车后，1KA、2KA 线圈自动失电。

第三次添加功能后，虽然过载后两台电动机能快速停车，但停车后 1KA、2KA 线圈仍处于吸合状态，无法重新启动，除非先按下按钮 2SB1 和 1SB1，使 1KA、2KA 线圈失电，很不方便。我们可以用 KA 的触点使 1KA、2KA 线圈自动失电，主电路不变，控制电路如图 9.10 所示。

（6）第五次添加功能——加运行指示灯。主电路不变，控制电路如图 9.11 所示。

根据需要，还可以添加过载显示或过载报警电路。

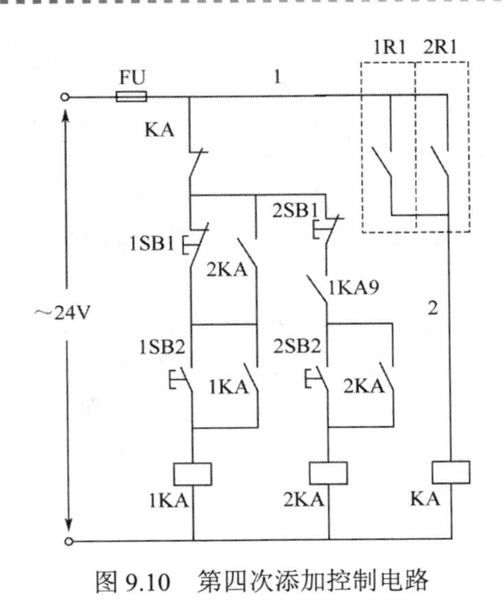

图 9.10　第四次添加控制电路

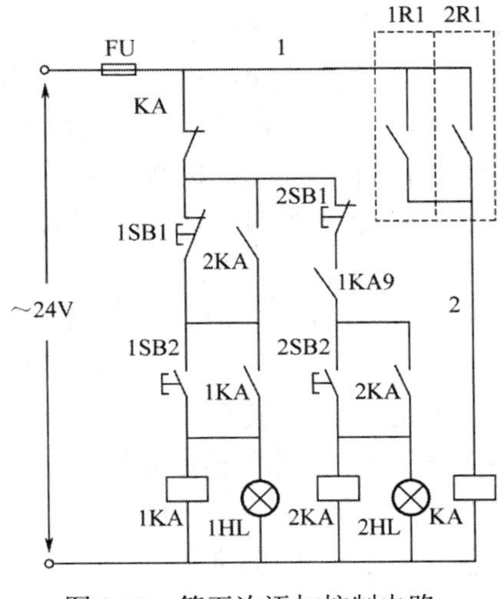

图 9.11　第五次添加控制电路

9.5　变频器正反转控制线路

9.5.1　用低压电器控制

用低压电器控制的正反转原理图如图 9.12 所示。

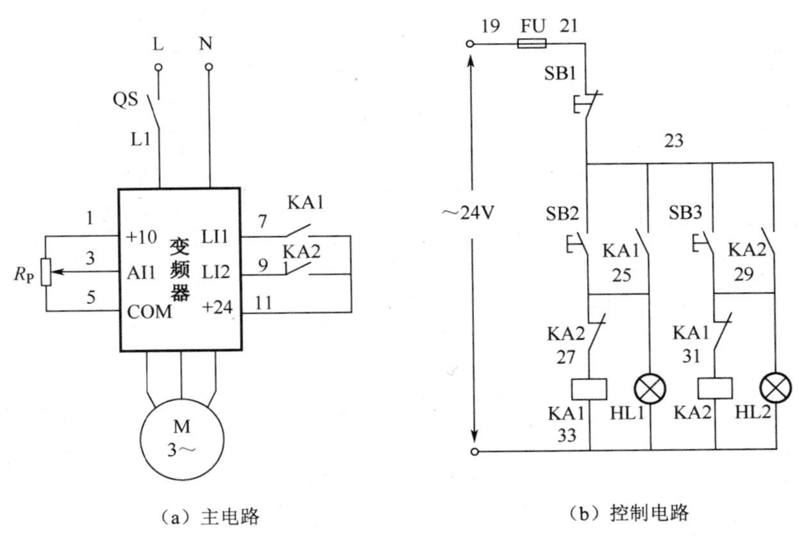

图 9.12　用低压电器控制变频器的正反转控制线路原理图

青岛金博士实验台用的变频器是单相输入，中间继电器、交流接触器为 AC24V，信号灯可接 AC24V，也可接 DC24V。以下所有电路变频器均画成单相输入，控制电路的电源均是 AC24V，便于在实验台实验。但在实际使用中，变频器的输入一般为三相输入，控制电路为 AC220V 或 AC380V，这只需使用三极开关接在变频器的 R、S、T 输入端，控制电路改为 AC220V

或 AC380V 即可。线路没有使用热继电器，这是因为变频器本身有过载保护功能。合上开关 QS，完成变频器相关参数的设置。控制线路的工作过程如下。

（1）按下正转启动按钮 SB2，中间继电器 KA1 线圈通电，常开触点 KA1（23、25）闭合自锁；常开触点 KA1（7、11）闭合，变频器正转运行，电动机正转；常闭触点 KA1（29、31）断开互锁，防止 KA2 意外吸合；信号灯 HL1 亮，做正转指示。按下停车按钮 SB1，中间继电器 KA1 线圈失电，KA1 的各触点复位，变频器停止运行。

（2）按下反转启动按钮 SB3，中间继电器 KA2 线圈通电，常开触点 KA2（23、29）闭合自锁；常开触点 KA2（9、11）闭合，变频器反转运行，电动机反转；常闭触点 KA2（25、27）断开互锁，防止 KA1 意外吸合；信号灯 HL2 亮，做反转指示。按下停车按钮 SB1，中间继电器 KA2 线圈失电，KA2 的各触点复位，变频器停止运行。

9.5.2 直接用 PLC 控制

直接用 PLC 控制的正反转原理图如图 9.13 所示，其参考梯形图如图 9.14 所示。工作过程如下。

（1）合上开关 QS，完成变频器相关参数的设置。按下按钮 SB2，变频器正转运行，电动机正转；信号灯 HL1 亮，做正转指示。按下按钮 SB1，变频器停止运行。

（2）按下按钮 SB3，变频器反转运行，电动机反转；信号灯 HL2 亮，做反转指示。按下按钮 SB1，变频器停止运行。

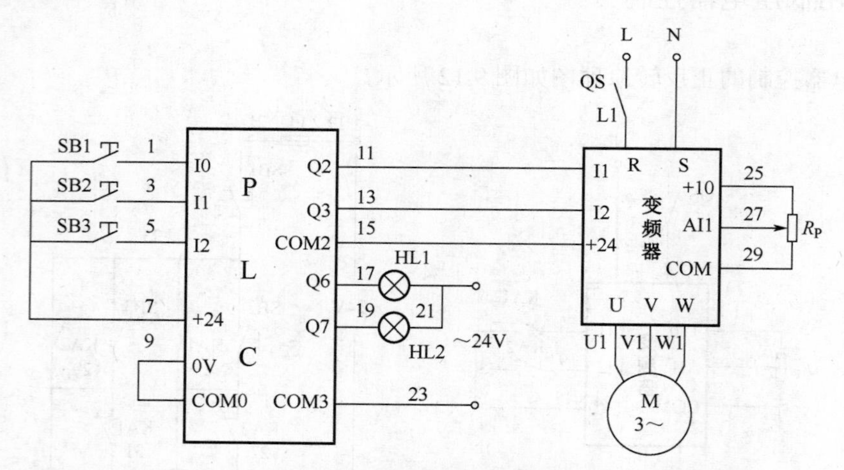

图 9.13　用 PLC 直接控制变频器的正反转运行线路原理图

图 9.14　正反转控制线路梯形图

PLC 的型号为施耐德 TWDLCAA40DRF，以下所有梯形图均以该型号的 PLC 为准。

9.5.3　用 PLC 加低压电器控制

用 PLC 加低压电器控制的正反转控制原理图如图 9.15 所示，PLC 的参考梯形图如图 9.16 所示。工作过程如下。

（1）合上开关 QS，完成变频器相关参数的设置。按下按钮 SB2，中间继电器 KA1 线圈通电，常开触点 KA1（7、11）闭合，变频器正转运行，电动机正转；常开触点 KA1（35、37）闭合，信号灯 HL1 亮，做正转指示。按下按钮 SB1，中间继电器 KA1 线圈失电，KA1 的各触点复位，变频器停止运行。按下按钮 SB3，中间继电器 KA2 线圈通电；常开触点 KA2（9、11）闭合，变频器反转运行，电动机反转；常开触点 KA2（35、39）闭合，信号灯 HL2 亮，做反转指示。按下按钮 SB1，中间继电器 KA2 线圈失电，KA2 的各触点复位，变频器停止运行。

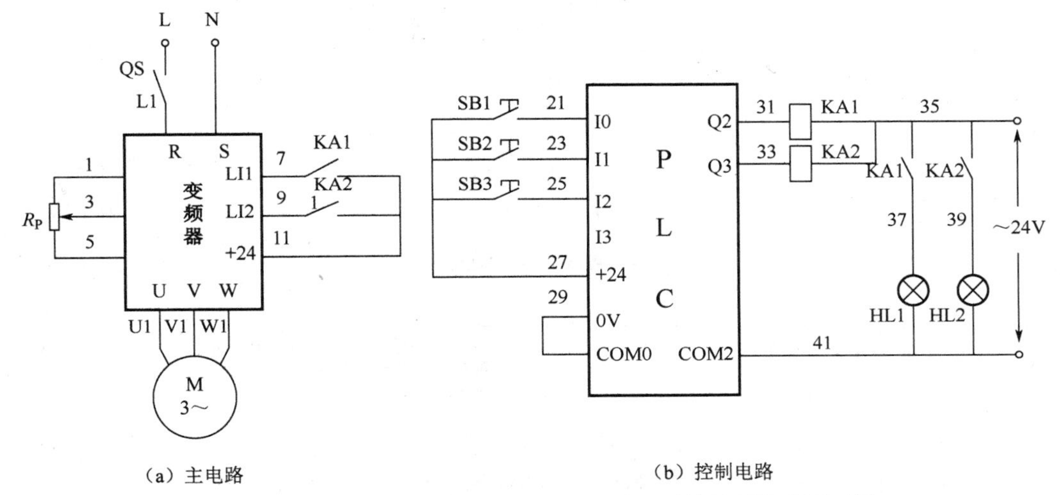

（a）主电路　　（b）控制电路

图 9.15　用 PLC 加低压电器控制变频器的正反转控制线路原理图

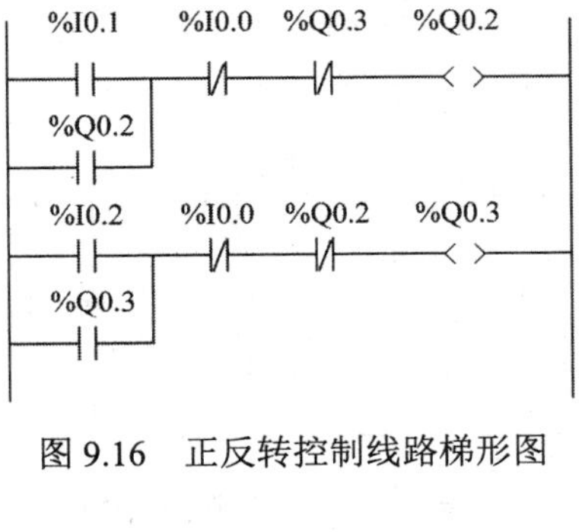

%I0.1　%I0.0　%Q0.3　%Q0.2
%Q0.2
%I0.2　%I0.0　%Q0.2　%Q0.3
%Q0.3

图 9.16　正反转控制线路梯形图

9.6　变频器正反转自动循环控制线路

如果一个系统要求电动机正转—停止—反转—停止—正转自动循环运行，例如，要求正转

30s，停止 10s，反转 20s，停止 5s，然后从正转开始重新循环。

9.6.1 用低压电器控制

变频器的主电路如图 9.17 所示，控制电路如图 9.18 所示。工作过程如下。

（1）合上开关 QS，完成变频器相关参数的设置。

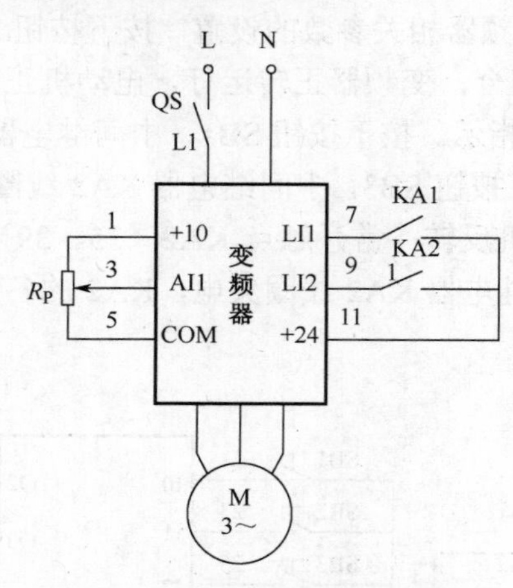

图 9.17 变频器的主电路

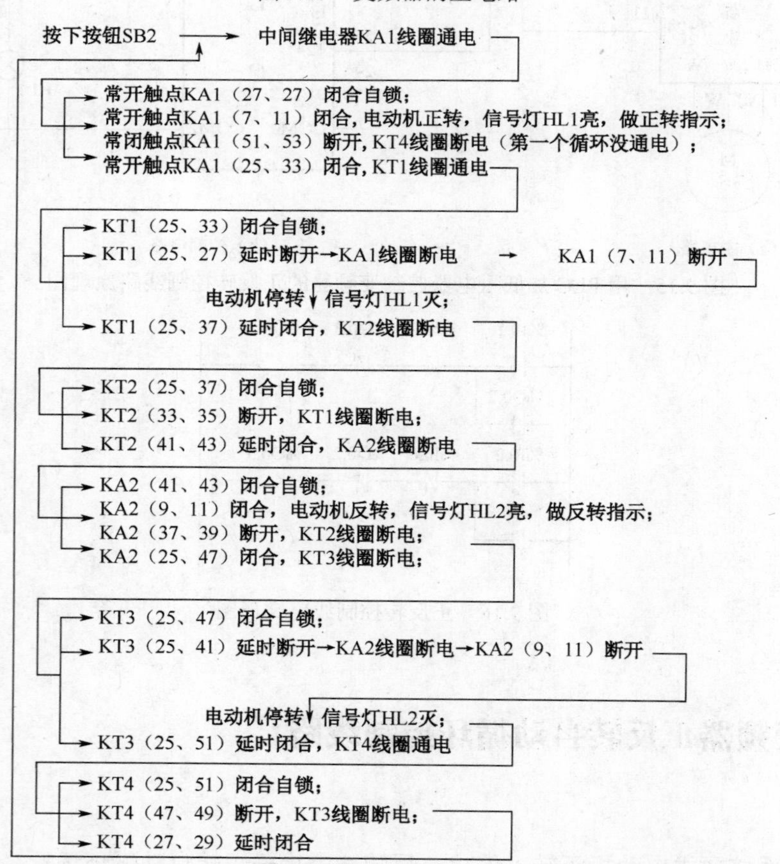

（2）按下按钮 SB1，各中间继电器、时间继电器线圈失电，触点复位，变频器停止运行，电机停转。

图 9.18 中 KT1～KT4 均为通电延时型时间继电器，延时时间分别调节为 30s、10s、20s 和 5s，并且使用含有瞬动触点的时间继电器。用瞬动触点增加了控制电路的动作可靠性。如果时间继电器没有瞬动触点，可以加中间继电器。

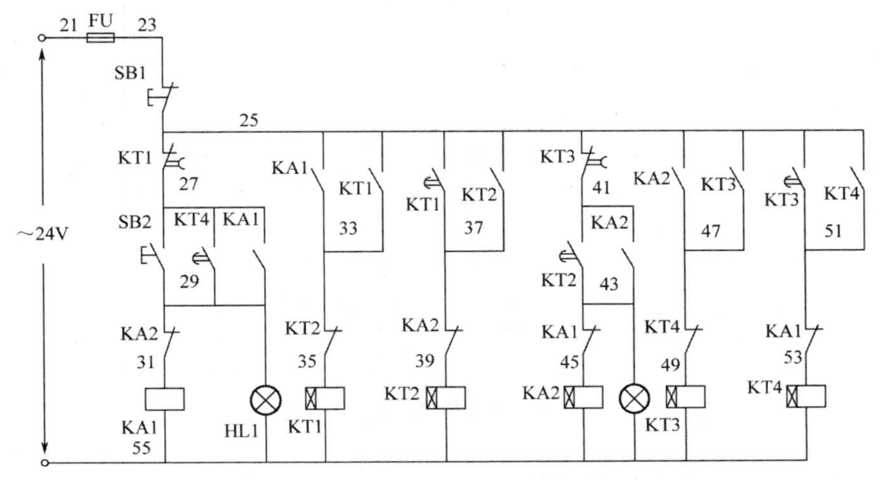

图 9.18　变频器的循环正反转控制线路

9.6.2　直接用 PLC 控制

直接用 PLC 控制的正反转循环运行原理图如图 9.19 所示，图中没有画出 PLC 的输入电源（下同）。PLC 的参考梯形图如图 9.20 所示。

控制电路的工作过程如下。

（1）合上开关 QS，完成变频器相关参数的设置。按下按钮 SB2，PLC 的内部定时器开始计时，每个计时周期为 65s，达到 65s 后定时器自动复位从 0 重新计时。使用比较器编程，在 0～30s 时，电动机正转，在 40～60s 时，电动机反转。

（2）按下按钮 SB1，变频器停止运行。

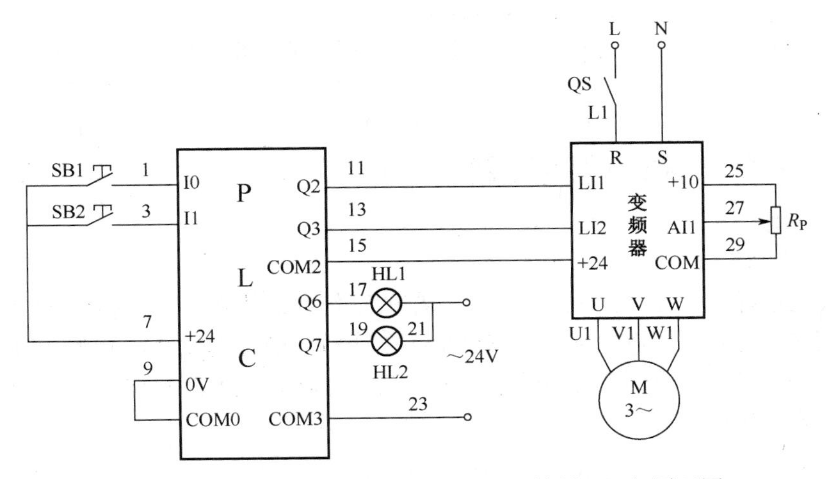

图 9.19　用 PLC 直接控制变频器的正反转循环运行原理图

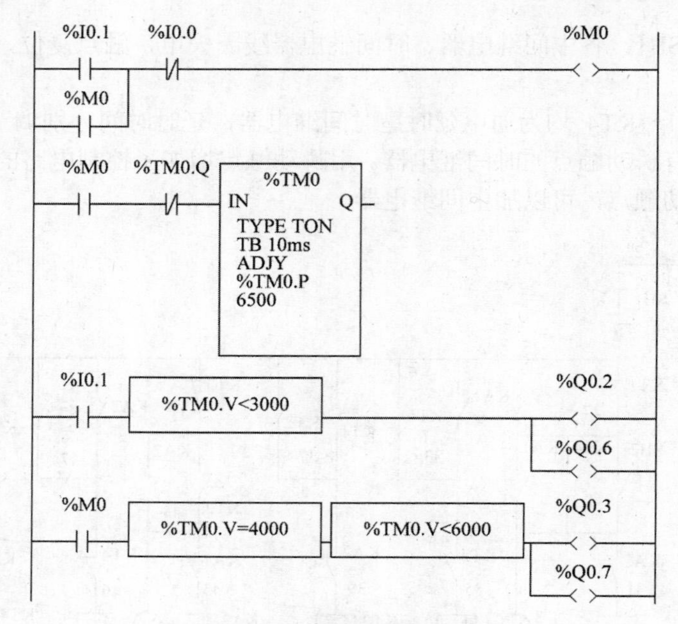

图 9.20 正反转循环运行梯形图

9.6.3 用 PLC 加低压电器控制

控制电路如图 9.21 所示。动作过程与用 PLC 直接控制基本相同，不再重复。

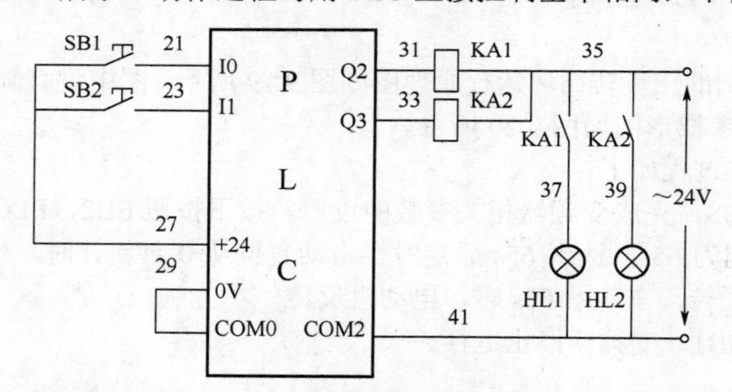

图 9.21 用 PLC 加低压电器控制变频器的正反转循环运行

9.7 小车自动往返控制线路

小车自动往返的示意图如图 9.22 所示。小车的工作要求为按下启动按钮 SB2，电动机正转，小车右行，碰到限位开关 SQ2 时，小车停止；电动机自动改为反转，小车左行，碰到限位开关 SQ1 时，小车停止；电动机自动改为正转，依次循环。按下停车按钮，不管小车处在什么位置，都立即停止运行。

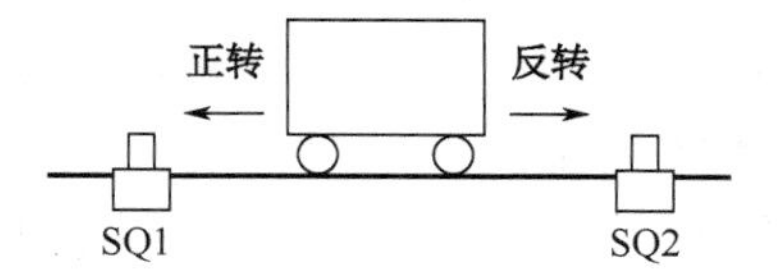

图 9.22　小车自动往返示意图

9.7.1　用低压电器控制

用低压电器控制的小车自动往返控制线路主电路如图 9.12（a）所示，其控制电路如图 9.22 所示。线路的工作过程如下。

（1）合上开关 QS，完成变频器相关参数的设置。

（2）按下启动按钮 SB2，中间继电器 KA1 线圈通电，常开触点 KA1（25、27）闭合自锁，图 9.12（a）中的常开触点 KA1（7、11）闭合，变频器正转运行，小车向右移动；当小车移动到压下限位开关 SQ2 时，SQ2（27、29）断开，KA1 线圈断电，常开触点 KA1（7、11）断开，变频器停止运行；SQ2（25、33）闭合，中间继电器 KA2 线圈通电，常开触点 KA2（25、33）闭合自锁，图 9.12（a）中的常开触点 KA2（9、11）闭合，变频器反转运行，小车向左移动；当小车移动到压下限位开关 SQ1 时，SQ1（33、35）断开，KA2 线圈断电，常开触点 KA2（9、11）断开，变频器停止运行；SQ1（25、27）闭合，中间继电器 KA1 线圈重新通电，重复上述过程。

（3）按下停车按钮 SB1，中间继电器 KA1 或 KA2 线圈失电，各触点复位，变频器停止运行。

在图 9.23 所示的电路中，若正好在小车压下限位开关时按下停车按钮，则松开停车按钮后小车会自动重新运行。如果在小车压下限位开关时突然停电，恢复供电时也会自动重新运行。如果不需要自动运行，必须按一下启动按钮才能运行，则控制线路修改为图 9.24 所示的电路。

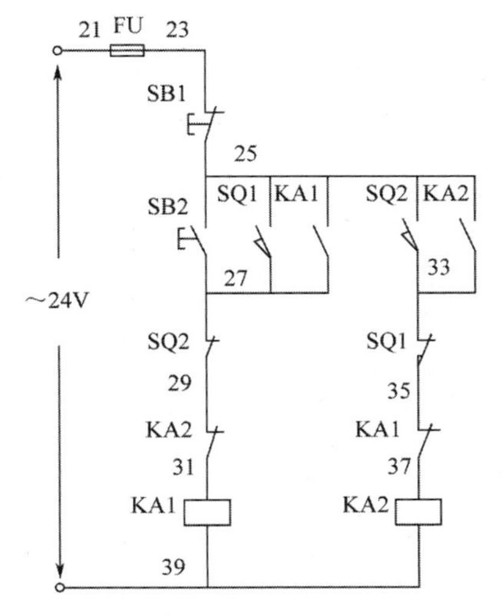

图 9.23　小车自动往返控制电路

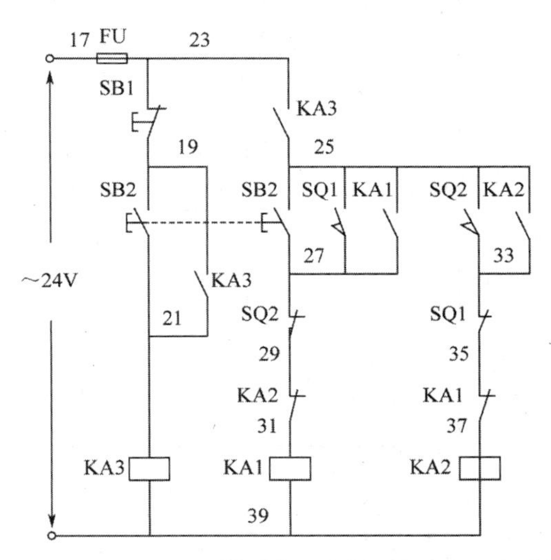

图 9.24　小车自动往返控制电路

如果要求在小车压下限位开关后必须经过一段时间才能反向运行，则应在控制电路中增加时间继电器 KT1 和 KT2，如图 9.25 所示。

如果要求按下停车按钮，不管小车处在什么位置，都必须在小车回到压下 SQ1 时再停车。主电路不变，图 9.25 所示的控制电路修改为图 9.26 所示电路。按下停车按钮 SB1，中间继电器 KA4 线圈通电，常开触点 KA4（25、39）闭合自锁，常开触点 KA4（25、41）闭合，为中间继电器 KA5 线圈通电做准备；当小车移动到压下限位开关 SQ1 时，SQ1（41、43）闭合，KA5 线圈通电，常闭触点 KA5（19、21）断开，控制线路所有线圈断电，触点复位，变频器停止运行。

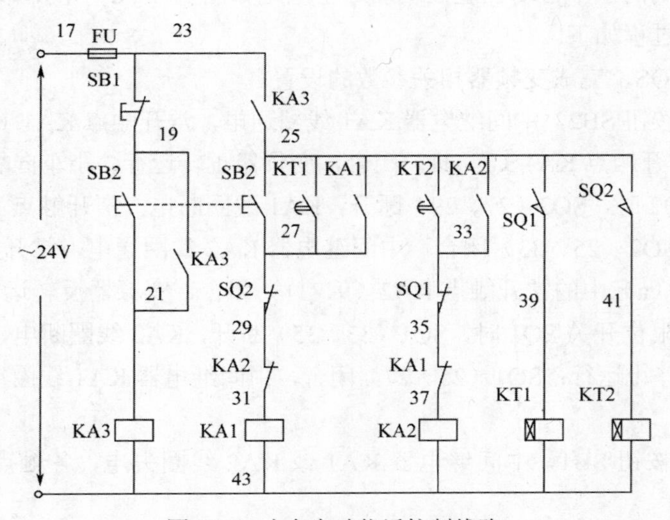

图 9.25　小车自动往返控制线路

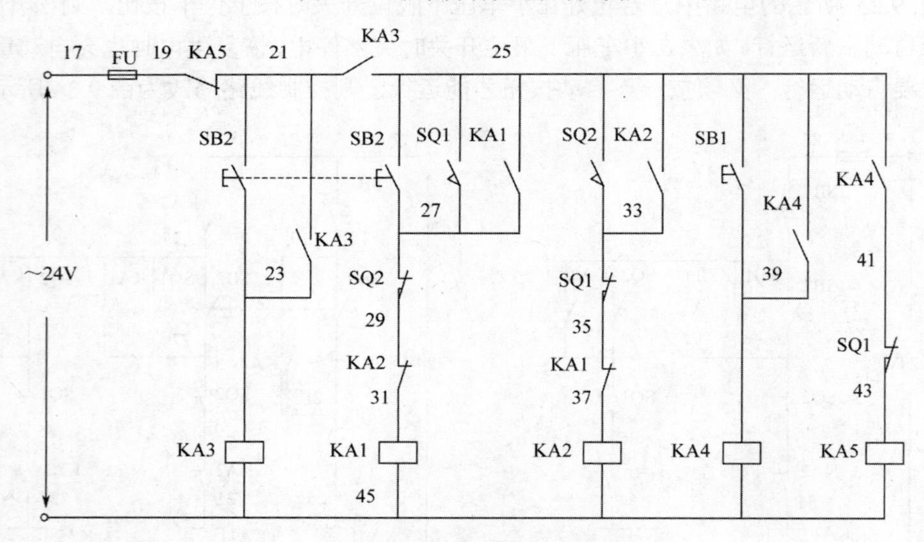

图 9.26　小车自动往返控制线路

9.7.2　用 PLC 直接控制

用 PLC 直接控制的接线图如图 9.27 所示，图中没画出变频器的主电路，也没画出给定方式。在实验室中，限位开关可以用按钮开关进行模拟实验。

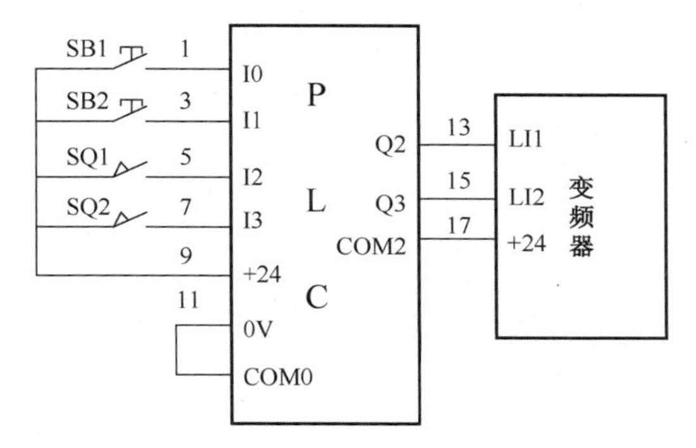

图 9.27　用 PLC 直接控制的小车自动往返接线图

PLC 的输入输出分配表如表 9.1 所示。

表 9.1　PLC 的输入输出分配表

输入端子名称	外接器件	作用	输出端子名称	外接器件	作用
I0	按钮 SB1	停车	Q2	变频器的 LI1 端子	正转
I1	按钮 SB2	启动	Q3	变频器的 LI2 端子	反转
I2	限位开关 SQ1	反转限位			
I3	限位开关 SQ2	正转限位			

小车自动往返参考梯形图如图 9.28 所示。

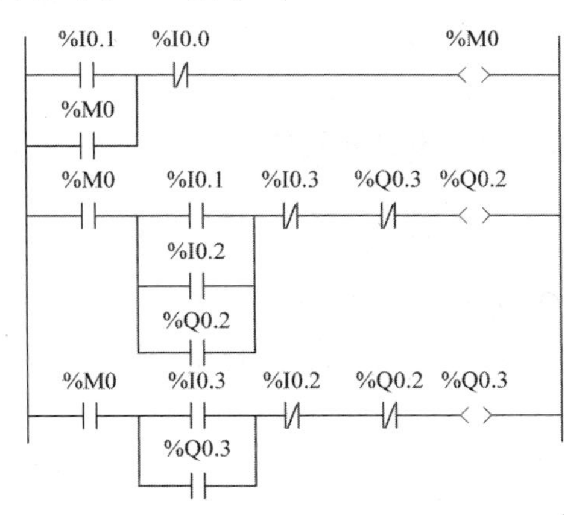

图 9.28　小车自动往返梯形图

如果要求碰到限位开关时停 5s 再反转，主电路和控制电路的接线图不变，其参考梯形图如图 9.29 所示。

如果要求按下停车按钮，不管小车处在什么位置，都必须在小车回到压下 SQ1 时再停车。主电路和控制电路仍不变，其参考梯形图如图 9.30 所示。

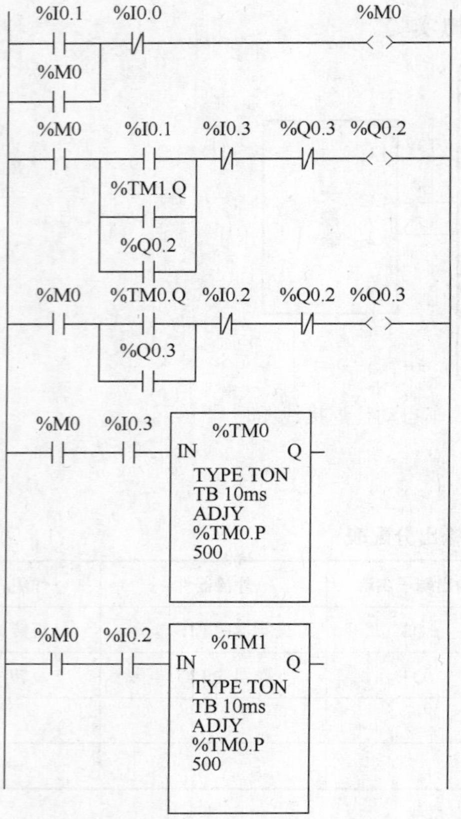

%I0.1
%I0.0
%M0
%M0
%M0
%I0.1
%I0.3
%Q0.3
%Q0.2
%TM1.Q
%Q0.2
%M0
%TM0.Q
%I0.2
%Q0.2
%Q0.3
%Q0.3
%M0
%I0.3
%TM0
IN
Q
TYPE TON
TB 10ms
ADJY
%TM0.P
500
%M0
%I0.2
%TM1
IN
Q
TYPE TON
TB 10ms
ADJY
%TM0.P
500

图 9.29　小车自动往返梯形图

%I0.1
%M2
%M0
%M0
%M0
%I0.1
%I0.3
%Q0.3
%Q0.2
%I0.2
%Q0.2
%M0
%I0.3
%I0.2
%Q0.2
%Q0.3
%Q0.3
%M0
%I0.0
%M1
%M1
%M0
%I0.2
%M1
%M2

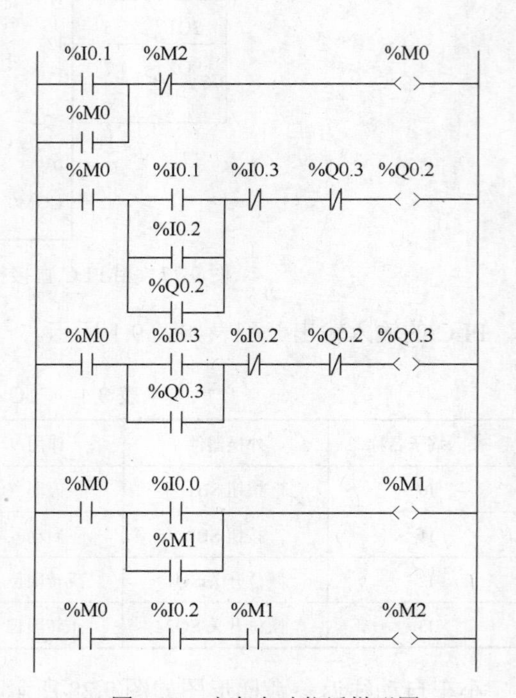

图 9.30　小车自动往返梯形图

9.8　变频器的多段速度控制线路

多段速度控制，如果使用中间继电器或者 PLC 就很容易完成这一功能。例如，用按钮 SB2、SB3、SB4 分别对应 10Hz、20Hz、30Hz 速度，用按钮 SB1 停车，控制线路有如下几种。

9.8.1　用低压电器控制

变频器的主电路和控制电路如图 9.31 所示。工作过程如下。

（1）合上开关 QS，完成变频器相关参数的设置。

（2）按下任意按钮 SB1、SB2、SB3，变频器输出的频率分别为 10Hz、20Hz、30Hz。按下按钮 SB4，变频器停止运行，电动机停转。

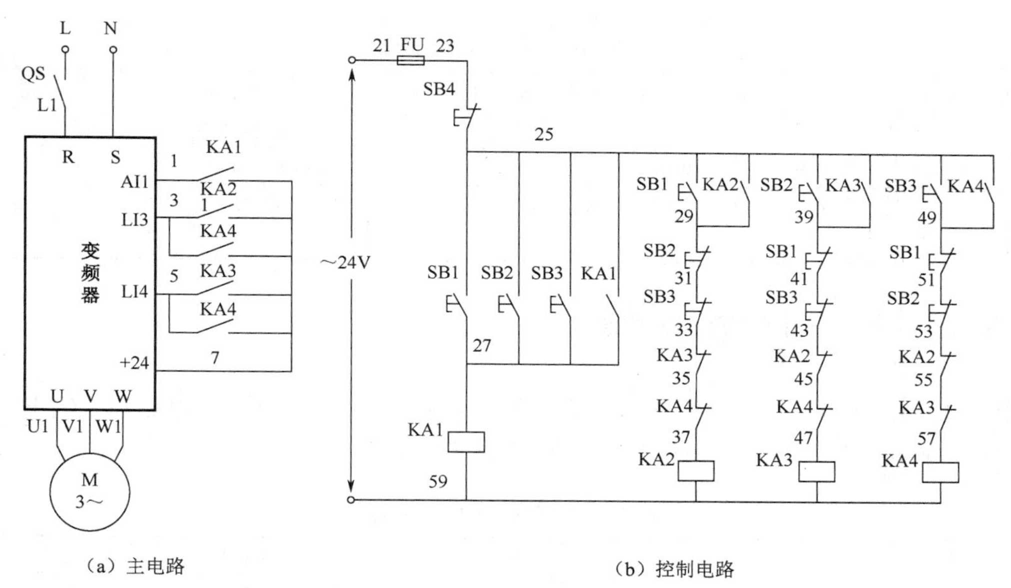

图 9.31　变频器的三段速度控制线路

9.8.2　直接用 PLC 控制

直接用 PLC 控制的三段速度控制线路如图 9.32 所示，PLC 输入输出端子功能分配表如表 9.2 所示。PLC 的参考梯形图如图 9.33 所示。

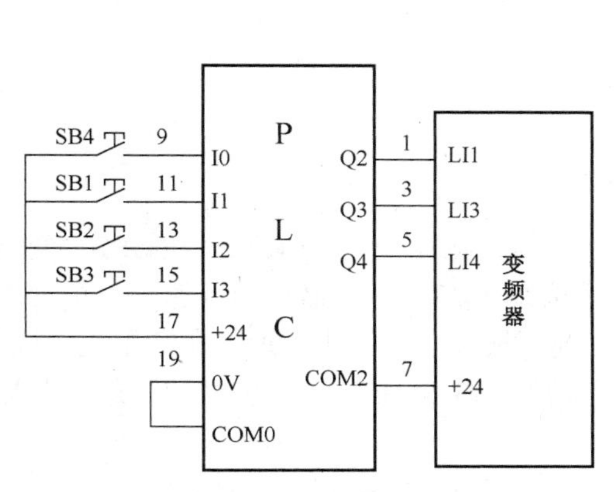

图 9.32　用 PLC 直接控制变频器的三段速度控制线路

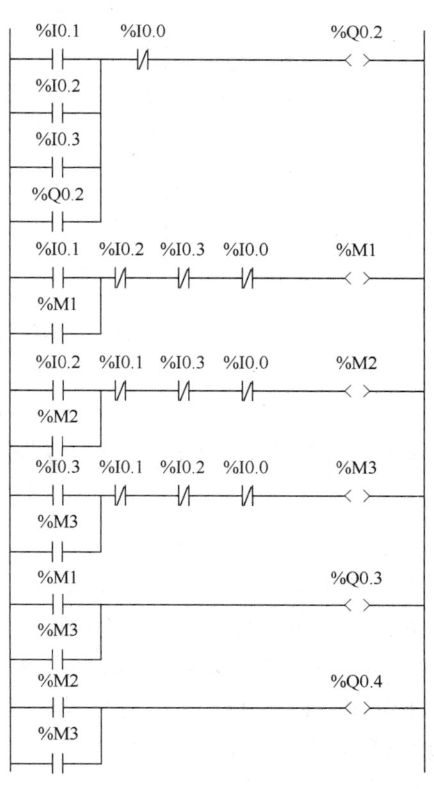

图 9.33　三段速度控制梯形图

表 9.2 PLC 的输入输出分配表

输入端子名称	外接器件	作用	输出端子名称	外接器件	作用
I0	按钮 SB4	停车	Q2	变频器的 LI1 端子	正转
I1	按钮 SB1	10Hz 运行	Q3	变频器的 LI3 端子	二段速度控制
I2	按钮 SB2	20Hz 运行	Q4	变频器的 LI4 端子	四段速度控制
I3	按钮 SB3	30Hz 运行			

9.8.3 用 PLC 加低压电器控制

用 PLC 加低压电器控制的变频器三段速度控制线路如图 9.34 所示，PLC 输入输出端子功能分配表如表 9.3 所示。参考梯形图与图 9.34 完全相同。

表 9.3 PLC 的输入输出分配

输入端子名称	外接器件	作用	输出端子名称	外接器件	作用
I0	按钮 SB4	停车	Q2	中间继电器 KA1	变频器正转
I1	按钮 SB1	10Hz 运行	Q3	中间继电器 KA2	二段速度控制
I2	按钮 SB2	20Hz 运行	Q4	中间继电器 KA3	四段速度控制
I3	按钮 SB3	30Hz 运行			

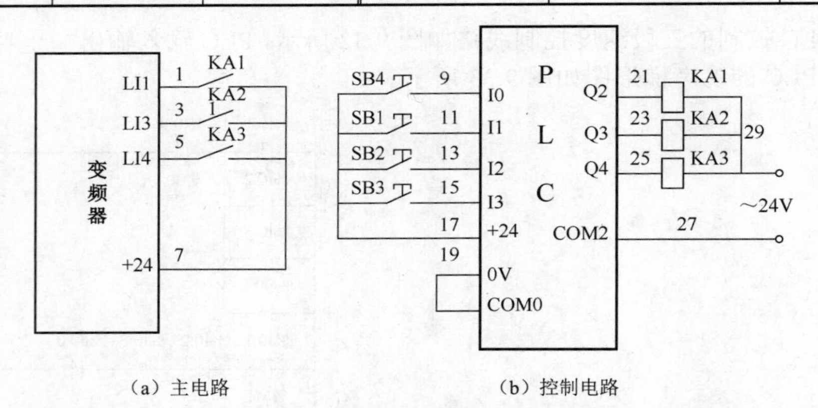

（a）主电路　　（b）控制电路

图 9.34 用 PLC 加低压电器控制变频器的三段速度控制线路

9.9 自动升降速控制线路

在某些工业控制系统中，经常需要自动升降速运行。例如，按一下启动按钮 SB2，变频器运行并自动升速到最低速（如 10Hz）；按一下升速按钮 SB3，变频器自动升速到一个常用速度（如 30Hz）；若要继续升速，应按住按钮 SB3 升速，松开按钮停止升速；在常用速度以上，按一下降速按钮 SB4，变频器自动降速到一个常用速度（如 30Hz）；若要继续降速，应按住按钮 SB4 降速，松开按钮停止降速。

9.9.1　用低压电器控制

用低压电器控制的变频器的正反转控制电路如图 9.35 所示。

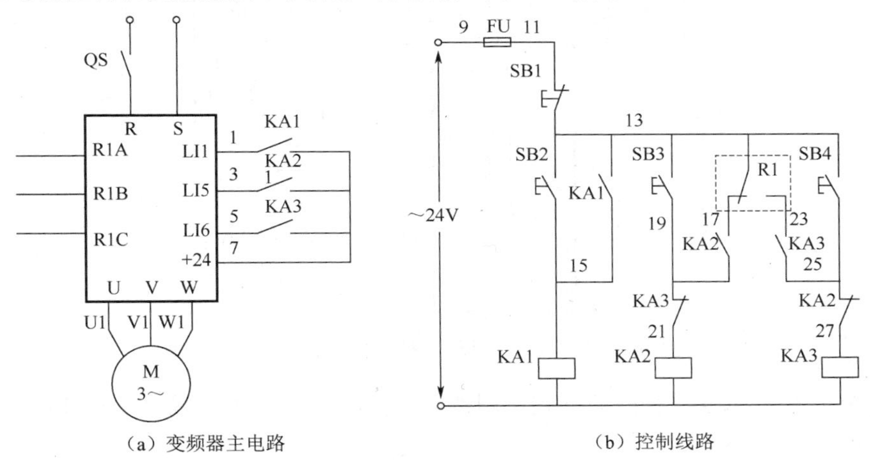

（a）变频器主电路　　（b）控制线路

图 9.35　用低压电器控制的变频器的正反转控制线路

线路的工作过程如下。

（1）打开电源开关 QS，给变频器通电，完成参数设置。按下启动按钮 SB2，中间继电器 KA1 线圈通电，常开触点 KA1（13、15）闭合自锁；常开触点 KA1（1、7）闭合，变频器正转运行，并自动以默认的升速时间升到最低速 10Hz，电动机正转。按下升速按钮 SB3，中间继电器 KA2 线圈通电，常开触点 KA2（17、19）闭合自锁；常开触点 KA2（3、7）闭合，变频器升速；当频率达到阈值 30Hz 时，变频器内部继电器 R1 动作，常闭触点 R1（13、17）断开，中间继电器 KA2 线圈失电，KA2 的各触点复位，变频器停止升速。此后由于 R1（13、17）断开，自锁触点 KA2（17、19）失去作用，按下升速按钮 SB3 为点动升速。

在常用速度以上，变频器内部继电器 R1 的常开触点 R1（13、23）闭合，按下降速按钮 SB4，中间继电器 KA3 线圈通电，常开触点 KA3（23、25）闭合自锁；常开触点 KA3（5、7）闭合，变频器开始降速，当降到频率阈值 30Hz 以下时，变频器内部继电器 R1 动作，触点 R1（13、23）断开，中间继电器 KA3 线圈失电，KA3 的各触点复位，变频器停止降速。此后由于 R1（13、23）已断开，自锁触点 KA3（23、25）失去作用，按下降速按钮 SB4 为点动降速。

（2）按下停车按钮 SB1，变频器停止运行。

9.9.2　用 PLC 直接控制

用 PLC 直接控制的电路如图 9.36 所示。PLC 输入、输出端子分配表如表 9.4 所示。

表 9.4　PLC 输入、输出端子分配表

输入端子名称	外接器件	作用	输出端子名称	外接器件	作用
I0	按钮 SB1	停车	Q2	变频器的 LI1 端子	电动机正转
I1	按钮 SB2	启动	Q3	变频器的 LI5 端子	升速
I2	按钮 SB3	升速	Q4	变频器的 LI6 端子	降速
I3	按钮 SB4	降速			
I4	变频器的 R1 常开触点	达到频率阈值动作			

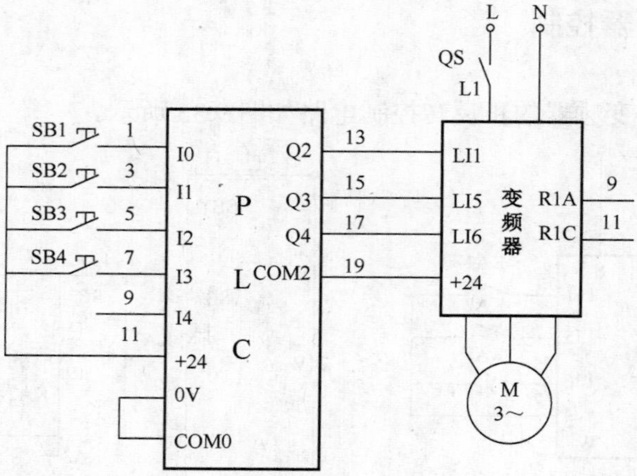

图 9.36 用 PLC 直接控制变频器的自动升降速线路

如果要求按下启动按钮后自动升到常用速度，其他要求同上，线路图仍和图 9.35 相同。

9.10 其他控制线路

如果要求多地点控制变频器的开停，只需停车按钮串联，启动按钮并联，如图 9.37 所示。图中变频器正向运行，没有画出变频器的给定方式。1SB1～1SB*n* 为停车按钮，2SB1～2SB*n* 为启动按钮，停车按钮与启动按钮既可以成对出现，也可以不成对出现，实际使用中，多地点停车用得较多，多地点启动用得较少。

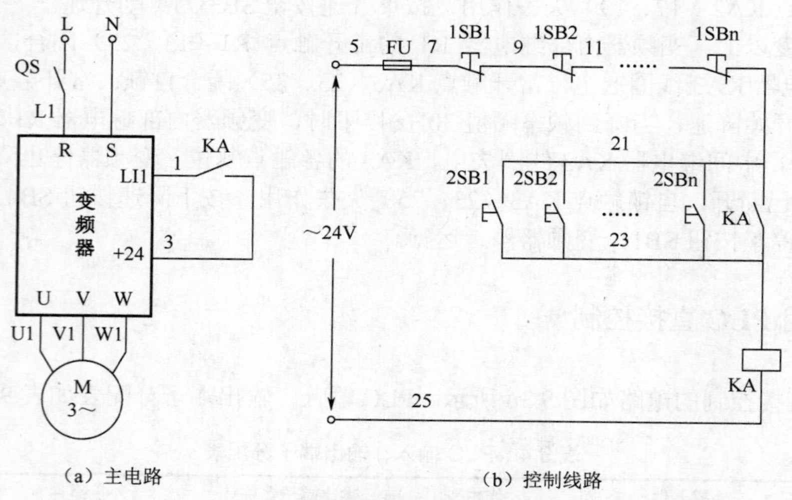

（a）主电路　（b）控制线路

图 9.37 变频器的多点控制线路

9.10.1 顺序控制

有些工艺要求变频器必须按照一定的顺序要求开停，否则不能启动或停止。例如，有两台变频器，工艺要求 1#变频器必须先开后停，即 1#变频器没运行时，2#变频器不能启动；2#变频器启动后，必须先停止 2#变频器，否则 1#变频器不能停止。两台变频器都没有要求反转运行，我们用中间继电器 1KA 的常开触点控制 1#变频器的开停，用中间继电器 2KA 的常开触点控制 2#变频器的开停，两个中间继电器线圈的控制电路如图 9.38 所示。

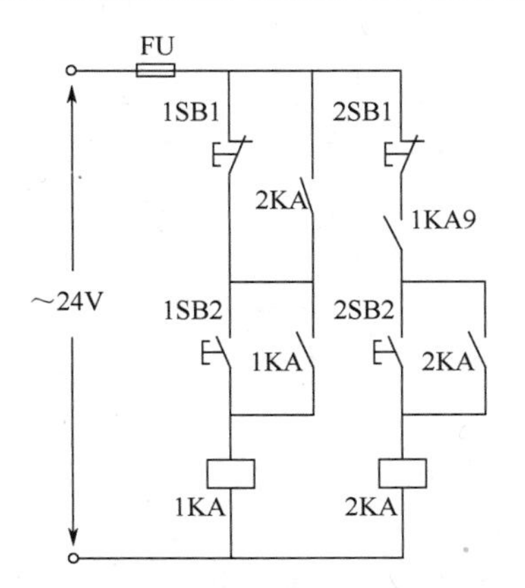

图 9.38　变频器的顺序控制电路

9.10.2　延时控制

在工艺要求变频器需要延时启动或停止的时候，可以使用时间继电器。例如，有两台变频器，工艺要求 1#变频器启动后，2#变频器延时自动运行，同上停止。我们用中间继电器 1KA 的常开触点控制 1#变频器的开停，用中间继电器 2KA 的常开触点控制 2#变频器的开停，继电器线圈的控制电路如图 9.39 所示。

若要求两台变频器同时启动，但按下停车按钮时 1#变频器先停，2#变频器延时自动停止，控制电路如图 9.40 所示。

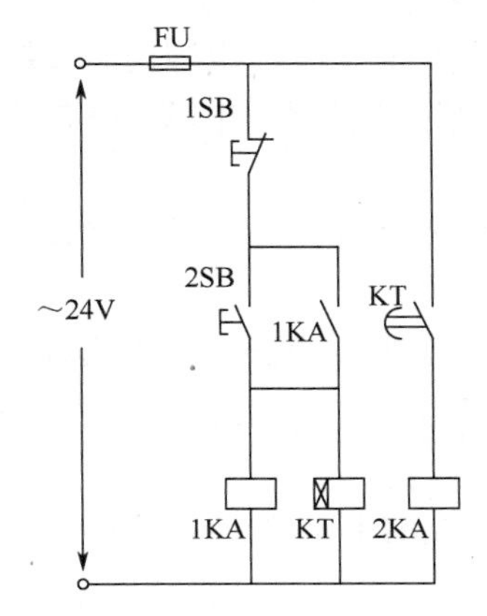

图 9.39　继电器线圈的控制电路

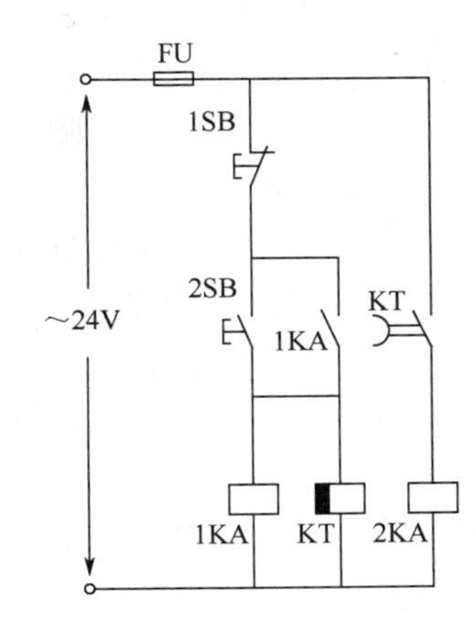

图 9.40　变频器的延时控制电路

若要求 1#变频器运行后，2#变频器延时自动运行；按下停车按钮后，2#变频器立即停止，但 1#变频器延时自动停止。其控制电路图 9.41 所示。

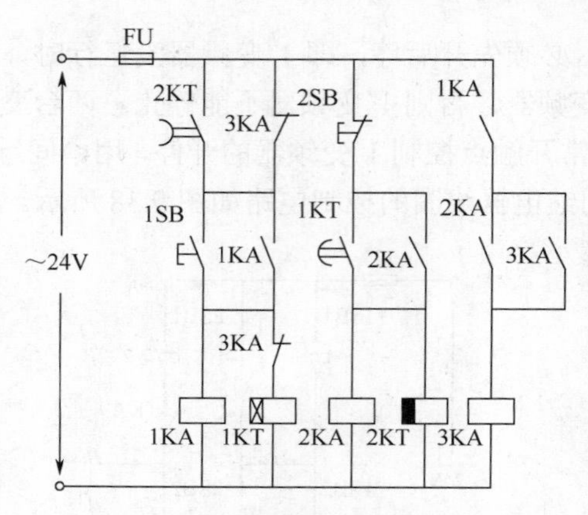

图 9.41　变频器的延时控制电路

9.10.3　工频与变频的转换电路

在变频器拖动系统中，有些系统要求不能停止运行，一旦出现变频器故障，就要手动或自动切换到工频运行。即使变频器正常工作，有些系统也要求工频运行与变频运行相互切换。

1. 手动切换控制电路

图 9.42 为工频运行与变频运行手动切换控制电路。其中，图 9.42（a）为主电路，图 9.42（b）为控制电路。图中，1KM 用于将电源接至变频器的输入端；2KM 用于将变频器的输出端接至电动机，3KM 用于将工频电源接至电动机。因为在工频运行时，变频器不可能对电动机进行过载保护，所以接入热继电器 FR 作为工频运行时的过载保护，我们把 FR 的常闭触点接在了变频与工频的公共端，所以在变频运行时热继电器也有过载保护功能。由于变频器的输出端子是绝对不允许与电源相接的，因此，2KM 与 3KM 是绝对禁止同时导通的，相互之间加了可靠的互锁。

SA 为变频运行与工频运行的切换开关。2SB 既是工频运行的启动按钮，也是变频运行的电源接入按钮。1SB 既是工频运行的停止按钮，也是变频运行的电源切断按钮，与 1SB 并联的 KA 的常开触点保证了变频器正在运行期间，不能切断变频器的电源。4SB 为变频运行的启动按钮，3SB 为变频运行的停止按钮。

当 SA 处于工频位置时，按下按钮 2SB，电动机以工频运行，按下按钮 1SB 电动机停转。在工频运行期间，3SB 和 4SB 不起作用。

当 SA 处于变频位置时，按下按钮 2SB，接通变频器的电源，为变频器运行做准备，按下按钮 1SB 切断变频器电源，变频器不能运行。接通变频器的电源后，按下按钮 4SB，变频器运行，按下按钮 3SB，变频器停止运行。

在变频运行时，不能通过 1SB 停车，只能通过 3SB 以正常模式停车，与 1SB 并联的 KA 常开触点保证了这一要求。

图 9.42 中没有使用变频器的故障检测功能，变频器的内部继电器端子 R1A、R1B、R1C 不起作用。即使变频运行时，热继电器也做过载保护使用。若在变频运行时不需要热继电器做过载保护，而使用变频器本身的保护功能，应改变热继电器 FR 常闭触点的连接位置。

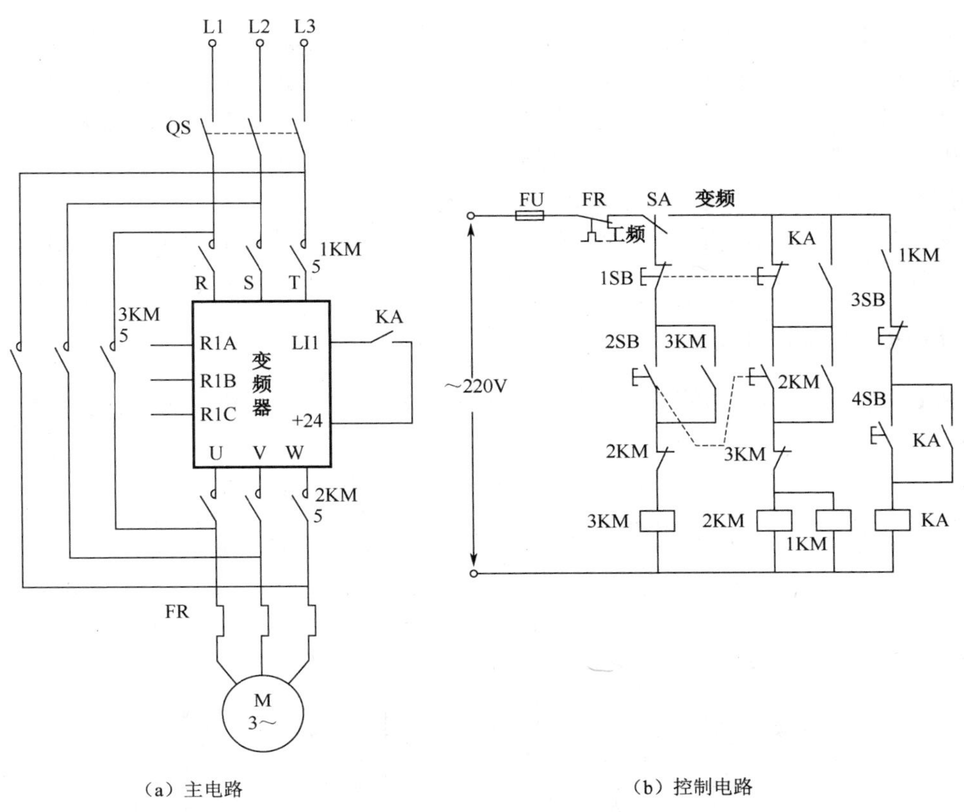

（a）主电路　　　　　　　　　　　　（b）控制电路

图 9.42　工频与变频的转换电路

2. 手动切换与故障自动切换的控制电路

同时具有手动切换与变频器出现故障后自动切换的控制电路如图 9.43 所示，其主电路仍与图 9.42（a）相同。

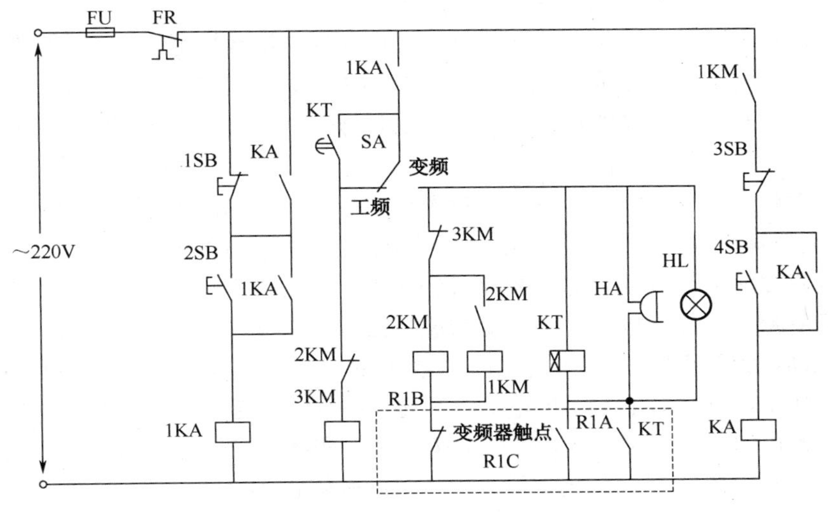

图 9.43　工频与变频转换控制电路

控制电路正常运行、停车、手动切换与图 9.43 相同，但当变频运行变频器出现故障时，变频器内部继电器 R1 的常闭触点 R1（R1B、R1C）断开，交流接触器 1KM、2KM 线圈断电，切断变频器与交流电源和电动机的连接。同时 R1 的常开触点 R1（R1A、R1C）闭合，一方面接通由蜂鸣器 HA 和指示灯 HL 组成的声光报警电路，另一方面使时间继电器 KT 线圈通电，其常开触点延时闭合，自动接通工频运行电路，电动机以工频运行。此时操作人员应及时将 SA 拨到工频运行位置，声光报警结束，及时检修变频器。

在变频器运行时，不能通过 1SB 停车，只能通过 3SB 以正常模式停车，与 1SB 并联的 KA 常开触点保证了这一要求。

3. 用 PLC 切换控制电路

用 PLC 切换工频与变频的变频器部分接线图与图 9.42（a）相同，PLC 的接线图如图 9.44 所示。

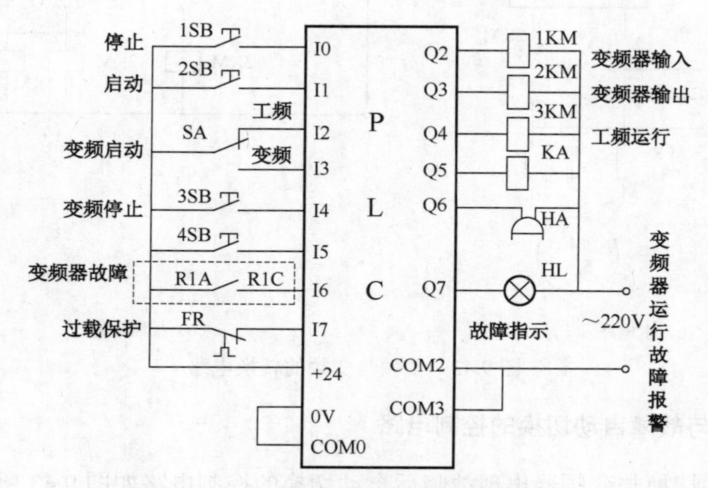

图 9.44　用 PLC 切换工频与变频的控制电路

各按钮和开关的作用与图 9.42 基本相同。

我们还可以接入工频运行指示灯和变频运行指示灯，指示灯可以用 3KM 和 KA 的常开触点控制，也可以直接接在 PLC 的输出端子上。前者梯形图不需要更改，后者梯形图相应改变。

另一种工频变频自动转换的控制电路如图 9.45 所示，其主电路与图 9.42（a）相同，线路的过载过程如下。

（1）按下工频运行选择按钮 1SB，工频选择信号灯 1HL 亮；按下启动按钮 4SB，交流接触器 3KM 线圈通电，其主触点闭合，电动机工频运行，同时工频运行信号灯 3HL 亮；此时按下变频选择按钮 2SB 不起作用；按下停止按钮 3SB，电动机停转。

（2）按下变频运行选择按钮 2SB，变频选择信号灯 2HL 亮；按下启动按钮 4SB，交流接触器 1KM、2KM 线圈通电，其主触点闭合，接通变频器输入电源，并将变频器的输出连接到电动机，变频电源信号灯 4HL 亮，但电动机不转；按下变频启动按钮 5SB，中间继电器 KA 线圈通电，常开触点闭合，变频器运行，电动机旋转，变频运行信号灯 5HL 亮；此时工频选择按钮 1SB 不起作用；按下变频停止按钮 6SB，电动机停转。

不管工频运行还是变频运行，在电动机过载时，热继电器 FR 触点动作，电动机停转。

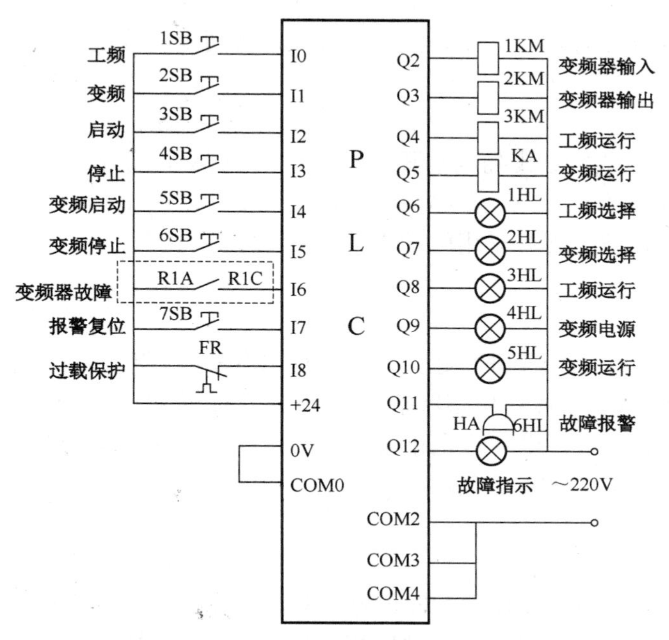

图 9.45　PLC 工频与变频自动切换控制电路

当变频运行变频器出现故障时，变频器内部继电器 R1 的常开触点 R1（R1A、R1C）闭合，交流接触器 1KM、2KM 和中间继电器 KA 的线圈断电，切断变频器与交流电源和电动机的连接。同时，一方面接通由蜂鸣器 HA 和指示灯 6HL 组成的声光报警电路；另一方面使 PLC 的定时器 TM0 工作，延时自动接通工频运行电路，电动机以工频运行。按下复位按钮 7SB，声光报警结束，及时检修变频器。

在图 9.45 中，6 个信号灯 1HL～6HL 都接在 PLC 的输出端子上，当然也可以不接在 PLC 的输出端子上，而用交流接触器 1KM～3KM 和中间继电器 KA 的常开触点控制各个信号灯，控制电路的接线图和 PLC 的梯形图都应修改，这里不再介绍。

9.11　多台电动机同步调速系统

在造纸、印染及其他控制系统中，经常需要多台电动机同步调速，以前多台电动机同步调速大多采用直流调速。随着变频技术的发展，直流调速用得越来越少，逐渐被交流调速所取代。同步调速必须采用闭环控制，要有同步信号（也可以称为反馈信号），同时各变频器必须有统一的给定信号，同时升降速，并且同时开停。

9.11.1　同步信号的获取

根据同步方式的不同，同步调速可分为恒转速调速和恒张力调速等方式。

恒转速调速的同步信号一般是测速发电机，测速发电机与电动机同轴相连，根据输出电压的不同，测速发电机分为直流测速发电机和交流测速发电机。

恒张力调速主要用于造纸、印染、拔丝等行业，其同步信号通常有以下几种。

1．电位器

获取同步信号的电位器是线绕电位器，优点是线路简单，稳定性好，线性度高。缺点是由张力架带动线绕电位器旋转，电位器体积小，机械强度差，再加上一般采用长期连续工作制，很容易损坏，故障率较高，最好采用软轴连接。

2．传感器

用传感器检测张力信号属于非接触式，主要有超声波传感器、涡流式线位移传感器等，输出信号一般为0～＋10V，一般将传感器整体用环氧树脂密封在塑料容器中，与外界彻底隔离，没有机械接触，故障率较低，被广泛采用。缺点是对温度比较敏感，温度变化对参数影响较大，因此应尽量避免在温差较大的场合使用。

3．旋转变压器

在输入电压不变时，旋转变压器的输出电压取决于铁芯旋转的角度，可以用来检测张力的变化，优点是线路简单，稳定性好，线性度高，故障率较低。缺点是体积较大，成本较高。

9.11.2　同步信号的处理

虽然同步信号的种类不同，但变频调速控制系统需要的信号有确定的要求。根据同步控制方式的不同，需要的同步信号大致分为两类：一类是与给定信号相同的"＋"信号，一般为0～＋10V，本书用U_f＋来表示（需要"－"信号时加一级反相器即可），用于PI调节器使用。另一类是"±"信号，张力合适时信号为0V，张力出现偏差时，信号为"＋"或"－"，本书用"U_f±"来表示，信号的幅度能根据需要调节。各种同步信号都要处理成系统需要的信号U_f＋或U_f±。有时也需要处理成直流电流信号，但电路相对复杂一些，用得也比较少，不再赘述。

1．处理成U_f＋信号

1）电阻信号

电阻信号处理成U_f＋信号的电路如图9.46所示。在电源电压U_S和反馈电位器R_P确定时，改变电阻R和电位器R_{P1}的数值，就可以得到不同大小的U_f＋，以满足线路的不同需求。

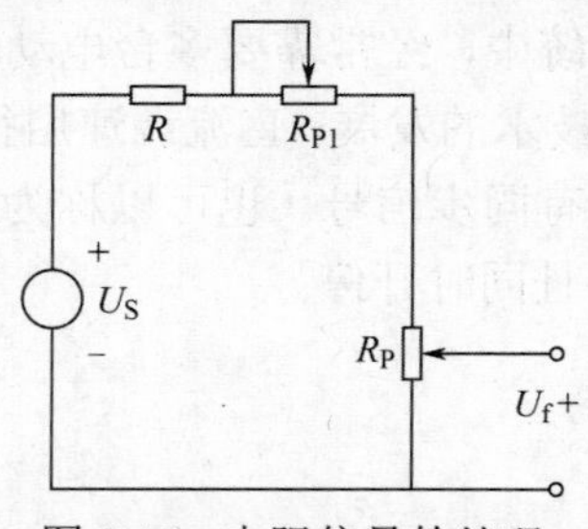

图9.46　电阻信号的处理

2）传感器信号

传感器信号一般就是0～10V的电压信号，通常不需要另行处理。但如果信号与所需要的

U_f+不一致可以进行简单的处理。若传感器信号大于所需要的 U_f+，只需用电阻分压即可；若传感器信号小于所需要 U_f+，可以用运算放大器做成比例电路对传感器信号进行放大。

3）直流测速发电机信号

直流测速机信号就是直流电压信号，只需用电阻分压即可得到所需的 U_f+。直流测速发电机输出电压一般较高，分压电阻的阻值一般较大，应注意电阻的功率，应选较大功率的电阻，或用多个电阻串并联使用。

4）交流电压信号

来自交流测速发电机或旋转变压器的信号为交流电压信号，需要进行整流和电阻分压，电路如图 9.47 所示。由于交流电压信号一般较高，特别要注意整流二极管的耐压和电阻的功率。

2．处理成 U_f±信号

1）电阻信号

电阻信号处理成 U_f±信号的电路如图 9.48 所示。在电源电压 U_S 和反馈电位器 R_P 确定时，改变电阻 R 和电位器 R_{P1}、R_{P2}，就可以得到幅度大小不同的 U_f±，以满足线路的不同需求。

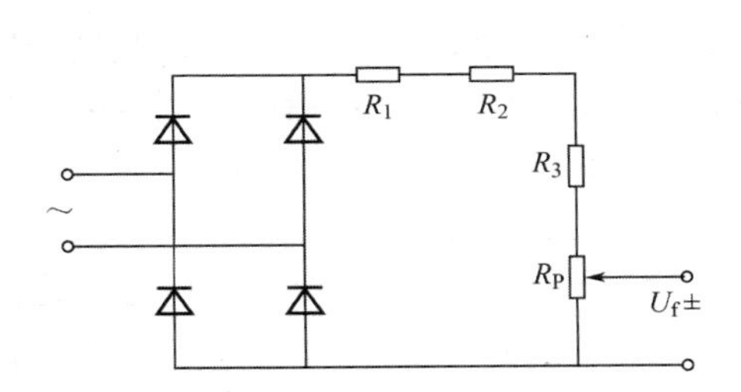

图 9.47　交流电压信号的处理电路

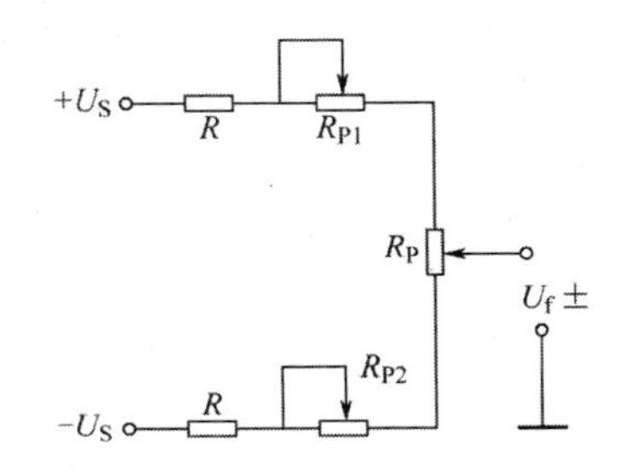

图 9.48　电阻信号的处理电路

2）其他信号

既然各种信号都可以处理成 U_f+（如 0～10V）信号，只需讨论由 U_f+信号变成 U_f±信号即可。由 U_f+信号变成 U_f±信号的参考电路如图 9.49 所示。

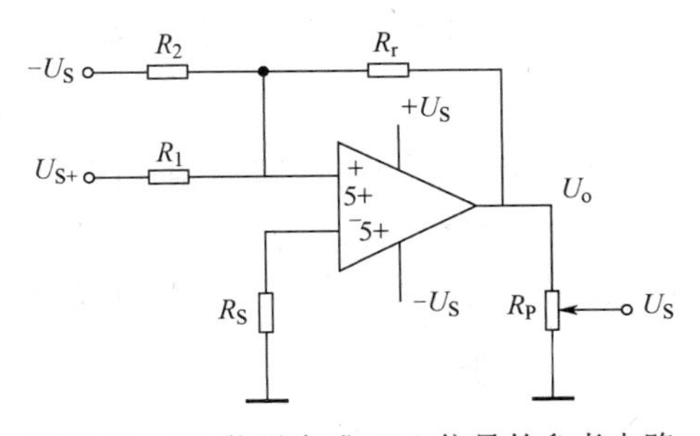

图 9.49　U_f+信号变成 U_f±信号的参考电路

如果控制系统要求的信号幅度还大，只需调整 R_1 和 R_f 的阻值即可；如果控制系统不需要这么大的信号幅度，只需调节电位器 R_P，从 U_f±端输出就行了。如果控制系统要求把 0～+10V 的反馈信号变成−5～+5V 的信号，只要将图 9.49 所示的电路再加一级反相器就行。

9.11.3 常用的同步方法

多台电动机同步调速一般需要将统一的给定电压信号 U_G 加在各变频器的电压输入端子，各电动机统一升降速，即使这样，由于各电动机的功率不同，负载差异较大，电动机的转速仍不相同，再考虑到工艺的差别、张力差距等因素，转速差别就更大了。要想达到同步运行，必须采用闭环控制，常用的同步方式有以下几种。

1．利用变频器自身的功能

在多台电动机同步调速系统中，选一个对工艺影响最大的电机作为主令电动机（可选功率最大的电动机或者第一台电动机或对工艺影响关键的电动机，通常由机械工程师提出），将统一的给定电压信号 U_G 加在各变频器的电压输入端子，主令电动机不加反馈信号，将经过处理后的反馈信号（变频器所需要的信号）加到其他电动机变频器的模拟给定输入端子。

1）利用变频器的 PI 功能

变频器的 PI 功能要求的反馈信号一般为正电压信号（也可以用其他信号），只要将反馈信号处理成 0～＋10V 的电压信号加到变频器的输入端子，再进行 PI 功能的相关设置就行了。一台 $n^{\#}$电动机的变频器同步调速系统同步部分的接线图如图 9.50 所示。其中 U_G 是统一的给定电压信号，需要外电路提供。$1^{\#}$电动机为主令电动机，U_{f2}～U_{fn} 为处理后的反馈信号，反馈信号处理电路没有画出。

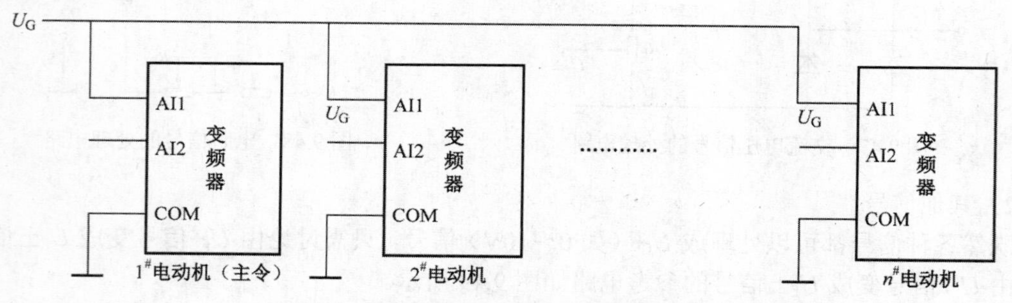

图 9.50　同步调速系统同步部分接线图

2）利用变频器的求和功能

利用变频器求和功能的同步调速系统同步部分接线图与图 9.50 相同。但对变频器设置不同，对反馈信号的要求也不相同。需要将反馈信号处理出正负信号 U_f±，U_f±的幅度通常不需要太大，一般为总给定信号 U_G 的 30%就够了，具体调节范围需要根据具体工艺决定。

2．由 PI 调节器组成的速度给定电路

由 PI 调节器组成的速度给定电路示意图如图 9.51 所示。其中 U_G 是统一的给定电压信号，需要外电路提供。反馈信号要处理成上面所讲的 U_f+信号。

3．由加法器组成的速度给定电路

由加法器组成的速度给定电路示意图如图 9.52 所示。其中 U_G 是统一的给定电压信号，需要外电路提供。反馈信号要处理成上面所讲的 U_f±信号。

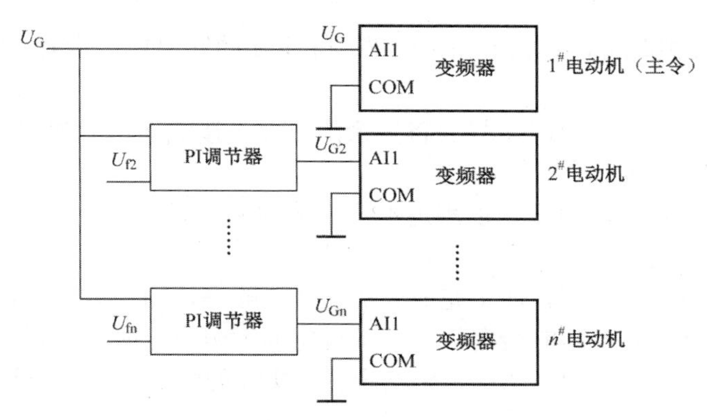

图 9.51　有 PI 调节器组成的速度给定电路

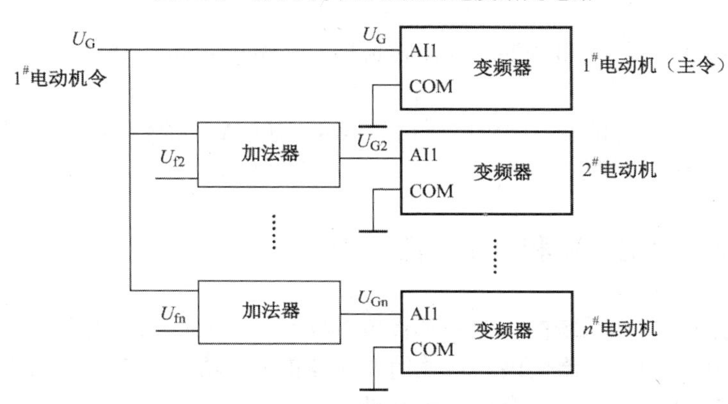

图 9.52　由加法器组成的速度给定电路

4．使用同步控制器

同步控制器是专门为同步调速系统做的控制器，只要将同步控制器要求的反馈信号加到控制器的输入端，就可以直接输出各变频器的给定信号，不需要自己实际控制电路，使用非常方便，如图 9.53 所示。

新型的同步控制器内部采用计算机为核心的全数字化设计，例如，JGD 系列同步控制器，每个控制器可控制 4 台或 8 台电动机。JGD280 同步控制器有如下特点。

1）数字化

内部采用单片机控制，可以对控制器进行多种功能设置，设置功能时通过数码显示，且有记忆功能，断电后能自动保留用户设置的参数。

2）功能较多

（1）有三种给定输入方式：内部给定(可以通过 UP、DOWN 端子升降速)；外部电压给定（0～10V）；外部电流给定（4～20mA）。

（2）JGD280 同步控制器 220V 单相交流电源输入，可控制 8 个独立单元。每个单元都有反馈输入端（输入信

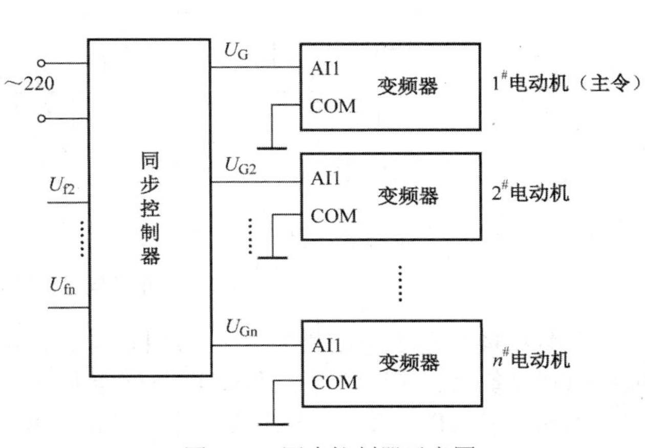

图 9.53　同步控制器示意图

号为−5～+5V，无反馈时可以不接）和输出端，输出端的输出电压为0～10V，正好和变频器给定输入相匹配。

（3）当电动机的数量小于8时，只要将多余的单元不接线即可。如果电动机的数量较多，可以多个同步控制器合并使用。

（4）启动和停车设计可以设定，以满足不同工艺的要求。

（5）具有故障报警功能。

（6）主给定可以设置上下限，便于完成导布速（能够进行同步运行的最低速，开车后应自动升速到导布速）功能。当实际的给定信号小于设定的下限给定时，执行下限给定；当实际的给定信号大于设定的上限给定时，执行上限给定；当实际的给定信号大于设定的下限给定而小于设定的上限给定时，执行实际给定。

3）精度较高

输入、输出的模拟信号采用A/D、D/A转换器，其分辨率可达0.1%。

4）通用性较好

外部给定输入采用标准的0～10V电压信号或4～20mA电流信号，输出为0～10V电压信号，可与多种调速系统相匹配。

9.11.4 变频器的主电路和控制电路

一个3单元的同步调速系统的主电路如图9.54所示，控制电路如图9.55所示。其中，各变频器的给定信号由同步控制器提供。若使用变频器的PI功能或者速度求和功能，则应将反馈信号加到变频器的AI2端子（主令电动机除外）。

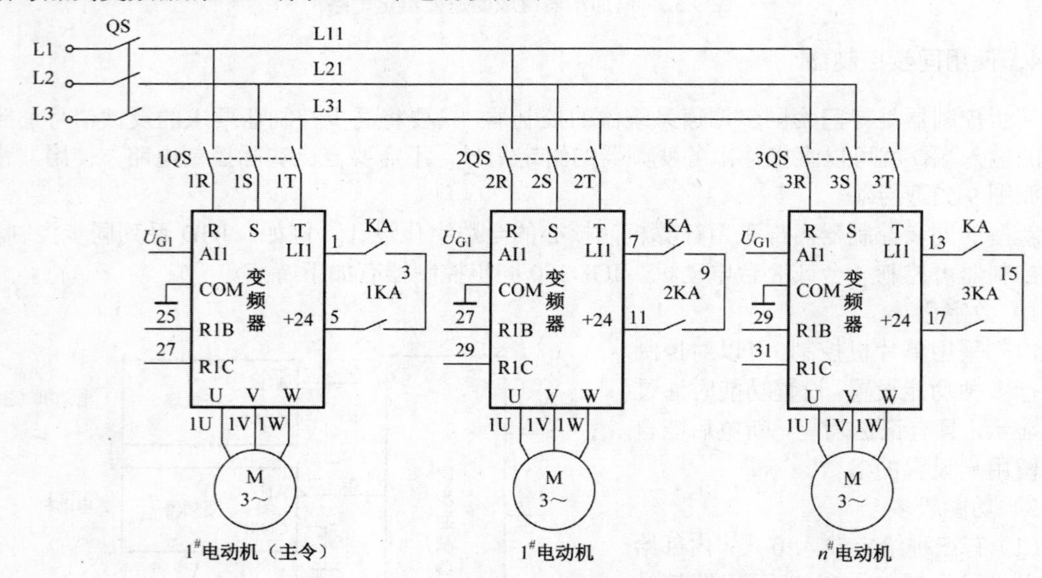

图9.54 3单元同步调速系统的主电路

在图9.54中选1#电动机为主令电动机，在同步控制系统中，必须要求各电动机同时开停，但考虑到设备调试或设备出现故障时，不一定所有电动机都开，必须有一个预选电动机的过程。

图9.55中1R1、2R1、3R1为3个变频器的R1继电器，设置为电动机的过载保护，但任何一个电动机过载，都应全部停车。工作过程如下。

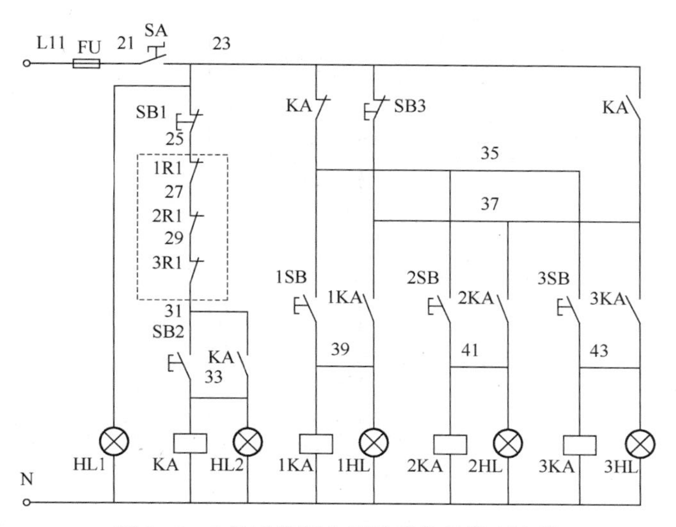

图 9.55　3 单元的同步调速系统的控制电路

（1）旋动开关 SA，接通控制电路的电源，控制电源信号灯 HL 亮；根据需要按下按钮 1SB、2SB、3SB 的全部或一部分预选电动机，相应的中间继电器 1KA、2KA、3KA 线圈通电并自锁，常开触点 1KA（3、5）、2KA（9、11）、3KA（15、17）闭合，为变频器运行做准备；SB3 为复位按钮，复位后可重新选择电动机；按下启动按钮 SB2，中间继电器 KA 线圈通电并自锁，常开触点 KA（1、3）、KA（7、9）、KA（13、15）闭合，变频器运行，电动机旋转。按下停车按钮 SB1，中间继电器 KA 线圈断电，触点 KA（1、3）、KA（7、9）、KA（13、15）断开，变频器停止运行。

中间继电器 KA 常开触点 KA（23、37）的作用是启动后短接复位按钮 SB3，使系统启动后不能复位；常闭触点 KA（23、35）的作用是启动后不允许加选电动机。

当某一个电机出现过载时，变频器的内部继电器 R1 触点动作，常闭触点打开，中间继电器 KA 线圈断电，变频器停止运行。

上述电路也可以用 PLC 直接控制，其主电路接线图如图 9.56 所示，控制电路接线图如图 9.57 所示。PLC 输入输出端子分配表如表 9.5。实际的控制电路大多采用 PLC 的输出接中间继电器，再用中间继电器的触点控制变频器和信号灯，其线路图和梯形图这里不作介绍。

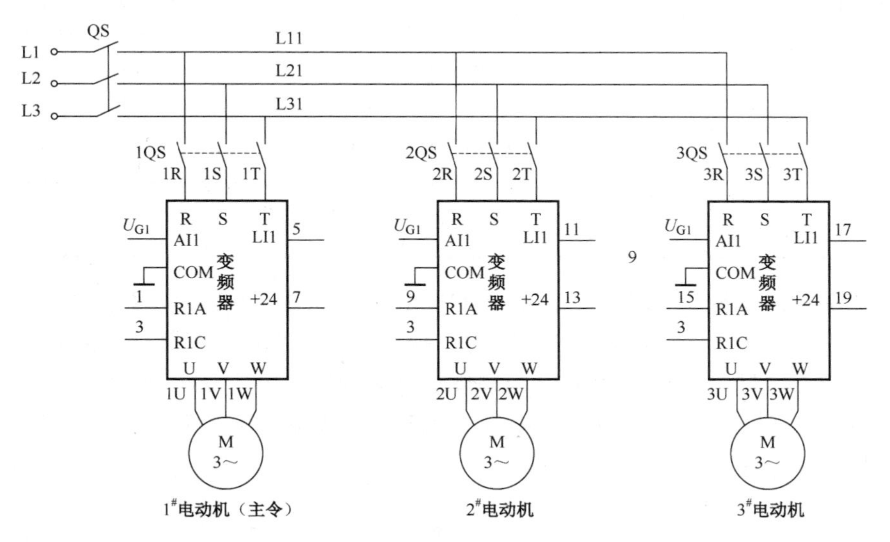

图 9.56　3 单元同步调速系统的主电路

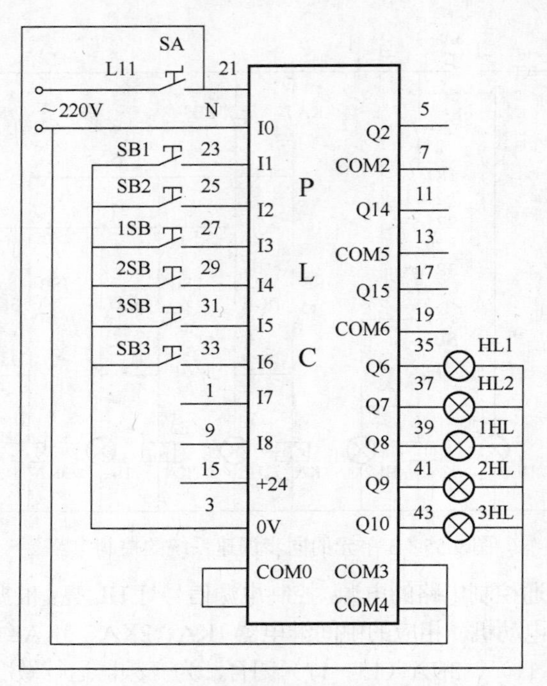

图 9.57 3 单元同步调速系统的控制电路

表 9.5 PLC 输入输出端子分配表

输入端子名称	外接器件	作用	输入端子名称	外接器件	作用
I0	按钮 SB1	停车	Q2	1#变频器的 LI1 端子	1#电动机正转
I1	按钮 SB2	启动	Q14	2#变频器的 LI1 端子	2#电动机正转
I2	按钮 1SB	选择 1#电动机	Q15	3#变频器的 LI1 端子	3#电动机正转
I3	按钮 2SB	选择 2#电动机	Q6	信号灯 HL1	PLC 电源
I4	按钮 3SB	选择 3#电动机	Q7	信号灯 HL2	运行指示
I5	按钮 SB3	选择复位	Q8	信号灯 1HL	1#电动机选中指示
I6	1#变频器继电器 R1 常开触点	1#电动机过载保护	Q9	信号灯 2HL	2#电动机选中指示
I7	2#变频器继电器 R1 常开触点	2#电动机过载保护	Q10	信号灯 3HL	3#电动机选中指示
I8	3#变频器继电器 R1 常开触点	3#电动机过载保护			

在多台电动机同步控制系统中，若用 PLC 直接控制，由于 PLC 的多个输出端子有一个公共点，很容易造成接线错误，通常都是用 PLC 控制中间继电器的线圈，再用中间继电器的触点控制变频器和信号灯。例如，图 9.57 电路图通常采用图 9.58 所示的电路，主电路中 1KA～3KA 的常开触点分别与 KA 的常开触点串联后接在各变频器的 LI1 端子上。

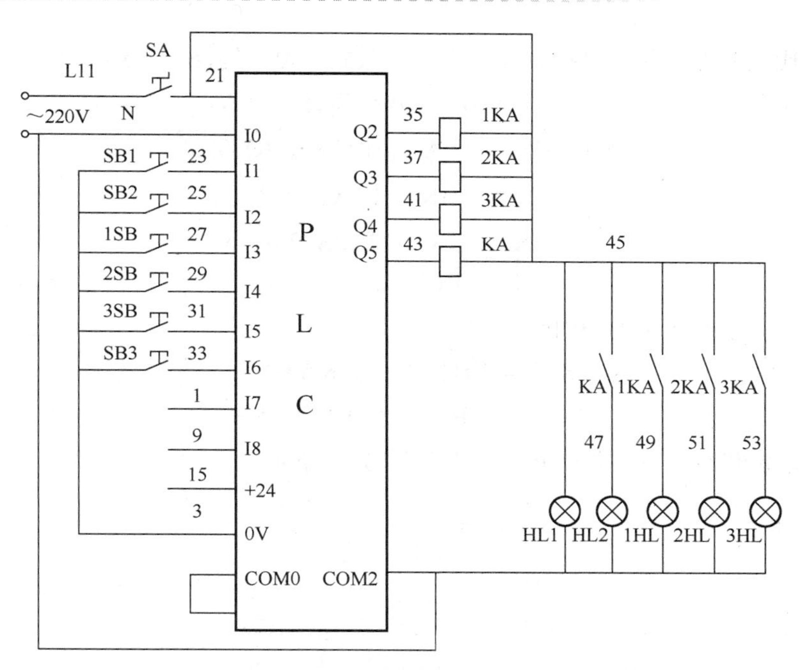

图 9.58　3 单元同步调速控制系统的控制电路图

9.12　用步进逻辑公式设计控制线路

在工业控制过程中，有些过程比较复杂，并且可以分为若干子过程，这些子过程依次循环。若用前面介绍的功能添加法设计控制电路，很难设计出准确的电路。因此需要用步进逻辑公式法进行设计。

9.12.1　基本规定

控制线路可以用逻辑代数式表示，已知逻辑代数式也可以画出控制线路。

我们规定：逻辑代数式的左端是电气控制线路电路的线圈符号，逻辑代数式的右端是电气控制线路的触点符号，中间用等号连接；每个线圈写出一个逻辑代数式。并且规定：常开触点用原文字符号表示，常闭触点用原文字符号的非表示；触点并联用逻辑或（+）表示，触点串联用逻辑与（•）表示。例如，图 9.58 所示的电路可表示成逻辑代数式方程组如下

$$1KA=(2KA+\overline{3KA})\cdot(1SB+1KA)$$

$$1KA=(2KA+\overline{3KA})\cdot(1SB+1KA)\cdot\overline{3KA}$$

$$2KA=\overline{2SB}\cdot(1KT+2KA)$$

$$2KT=\overline{2SB}\cdot(1KT+2KA)$$

$$3KA=1KA\cdot(2KA+3KA)$$

根据逻辑代数的性质和电气控制线路逻辑代数式的习惯写法，上述方程组可以修改为

$$1\text{KA}=(1\text{SB}+1\text{KA})\cdot(2\text{KT}+\overline{3\text{KA}})$$
$$1\text{KT}=(1\text{SB}+1\text{KA})\cdot(2\text{KT}+\overline{3\text{KA}})\cdot\overline{3\text{KA}}$$
$$2\text{KA}=(1\text{KT}+2\text{KA})\cdot\overline{2\text{SB}}$$
$$2\text{KT}=(1\text{KT}+2\text{KA})\cdot\overline{2\text{SB}}$$
$$3\text{KA}=1\text{KA}\cdot(2\text{KA}+3\text{KA})$$

又如，若电气控制线路的逻辑代数式为

$$\text{KA1}=(\text{SB2}+\text{KA1})\cdot\overline{\text{KA2}}\cdot\overline{\text{SB1}}$$
$$\text{KA2}=(\text{SB3}+\text{KA2})\cdot\overline{\text{KA1}}\cdot\overline{\text{SB1}}$$

可以根据逻辑代数式画出电气控制线路如图 9.59 所示。

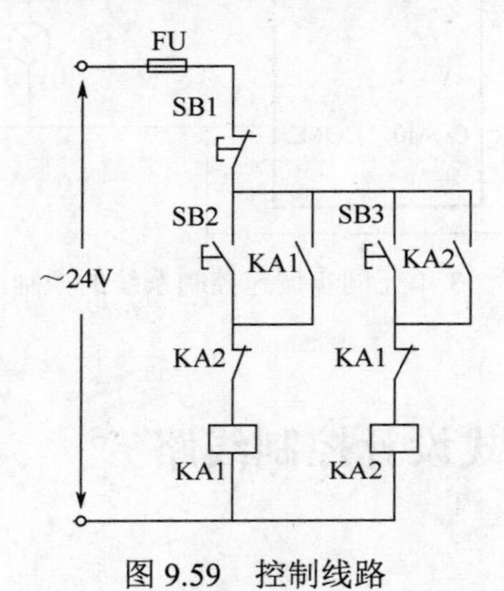

图 9.59　控制线路

9.12.2　程序步

全部输出状态保持不变的一段时间区域称为一个程序步，也就是一段子程序。只要一个输出状态发生变化，就转入下一个程序步，也就是转入下一段子程序。

在小车自动往返运动中，若工艺要求小车按图 9.60 所示的轨迹运动（图中，水平线段有箭头，表示小车按箭头所指的方向水平运动；垂直线段没有箭头，表示小车没有做垂直运动），则小车的运动分为 4 个程序步。

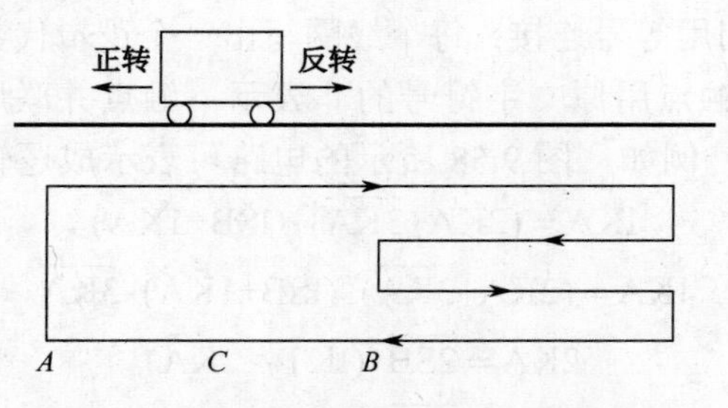

图 9.60　工艺要求小车自动往返示意图

第一步：*A* 到 *B*，小车向右运动，电动机正转。我们用交流接触器 1KM 控制电动机正转，或者用交流接触器 1KM 控制变频器正转运行。

第二步：B 到 C，小车向左运动，电动机反转。我们用交流接触器 2KM 控制电动机反转，或者用交流接触器 2KM 控制变频器反转运行。

第三步：C 到 B，小车向右运动，电动机正转。我们用交流接触器 1KM 控制电动机正转，或者用交流接触器 1KM 控制变频器正转运行。

第四步：B 到 A，小车向左运动，电动机反转。我们用交流接触器 2KM 控制电动机反转，或者用交流接触器 2KM 控制变频器反转运行。

然后重新进行循环。小车可以在任意位置停车，重新启动时都从第一步开始，但开始位置不是 A 点，而是停车位置。

为完成上述要求，我们用 3 个限位开关 1SQ～3SQ 作为 A、B、C 位置检测信号，同时作为各步的转步信号。用 M_1～M_4 表示第一步～第四步。之所以用 M_i 表示第 i 步，是因为施耐德 PLC 的内部中间继电器是 M，若用其他 PLC，可以用其他字母加 i 表示第 i 步。如果用低压电器组成控制电路，我们可以用中间继电器的文字符号 KAi 来表示第 i 步。加入限位开关的分步程序图如图 9.61 所示。

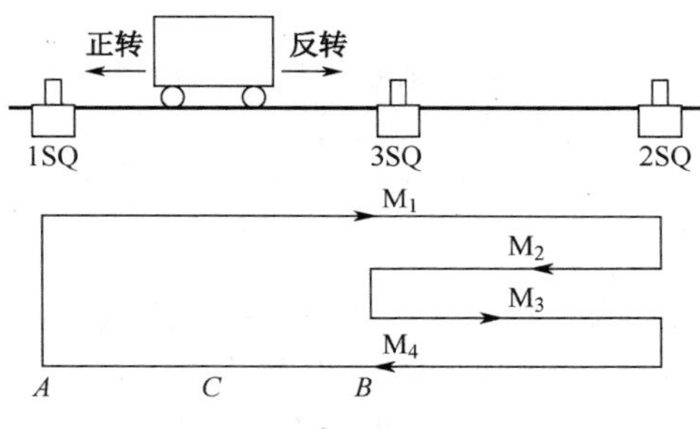

图 9.61　程序分布示意图

这样第 i 程序步（本步）我们用 M_i 表示，第 $i-1$ 程序步（前一步）我们用 M_{i-1} 表示，第 $i+1$ 程序步（后一步）我们用 M_{i+1} 表示。在书写逻辑代数式时，M_i 在等号的左边表示线圈，M_i 在等号的右边表示触点。

9.12.3　步进逻辑公式

第 i 程序步 M_i 的书写过程为：

M_i 的产生是由前一步出现转步信号产生，在小车自动往返控制线路中，转步信号就是压动限位开关 iSQ，即

$$M_i = i\mathrm{SQ}\cdot M_{i-1}$$

程序步产生后，应有一段时间区域保持不变，所以应该加自锁，即

$$M_i = i\mathrm{SQ}\cdot M_{i-1} + M_i$$

每一步的消失都是后一步的出现而消失，即

$$M_i + (i\mathrm{SQ}\cdot M_{i-1} + M_i)\overline{M_{i+1}} \qquad (9.10)$$

式（9.10）就是以后我们经常使用的步进逻辑公式。

9.12.4 步进逻辑公式的使用方法

步进逻辑公式表示方法简单，使用方便。其使用方法是先把控制过程分为若干步并定义转步信号，套用步进逻辑公式写出控制电路的逻辑代数方程式，并绘制电气控制原理图。例如，小车按图 9.60 所示的工艺要求设计电气控制原理图。根据程序步的定义将小车的运动轨迹分为 M1～M4 四个程序步，各步的转步信号分别是 1SQ、2SQ、3SQ、2SQ，如图 9.61 所示。

设计举例，某氧化一染色自动流水线的生产工艺流程如图 9.62 所示。

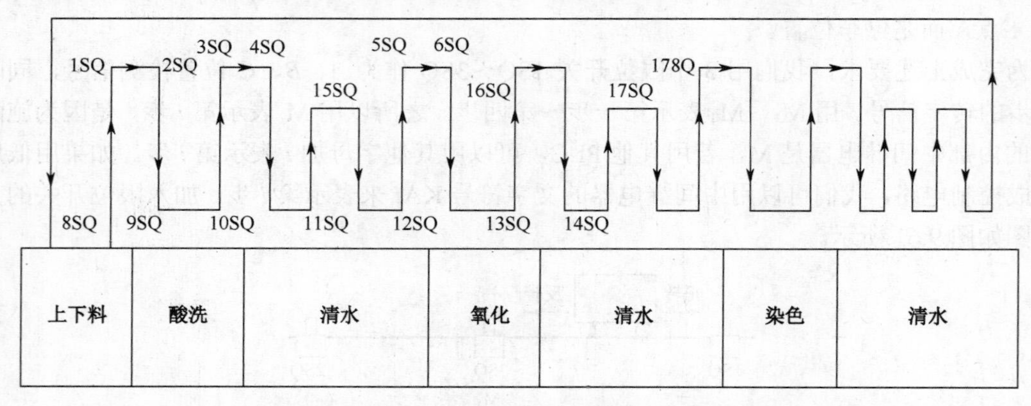

图 9.62　氧化一染色自动流水线的生产工艺流程图

图 9.62 中所示的运动轨迹为挂具的运动轨迹示意图。其中没有箭头的线段表示挂具没有做位移运动。右箭头表示挂具向右做位移运动，左箭头表示挂具向左做位移运动。上箭头表示挂具向上做位移运动，下箭头表示挂具向下做位移运动。

挂具用两个交流异步电动机 1M 和 2M 拖动，1M 拖动挂具垂直运动，2M 拖动挂具水平运动。1SQ～7SQ 为挂具到达各槽口时的位置检测限位开关；8SQ～14SQ 为挂具到达各槽底时的位置检测限位开关；15SQ～18SQ 为挂具在各槽内涮水运动时的上限位检测限位开关。当装上料之后，按动启动按钮，挂具就能自动按照生产工艺流程图 9.62 所规定的运动轨迹运动，并在酸洗、氧化、染色槽内分别延时 t_1、t_2、t_3 时间，该时间由 PLC 的内部定时器 TM1、TM2、TM3 设置。移动结束后，挂具压动限位开关 8SQ 停止下降，流程结束。

根据生产工艺流程图 9.62，可以把整个生产过程分为 29 步，如图 9.63 所示。

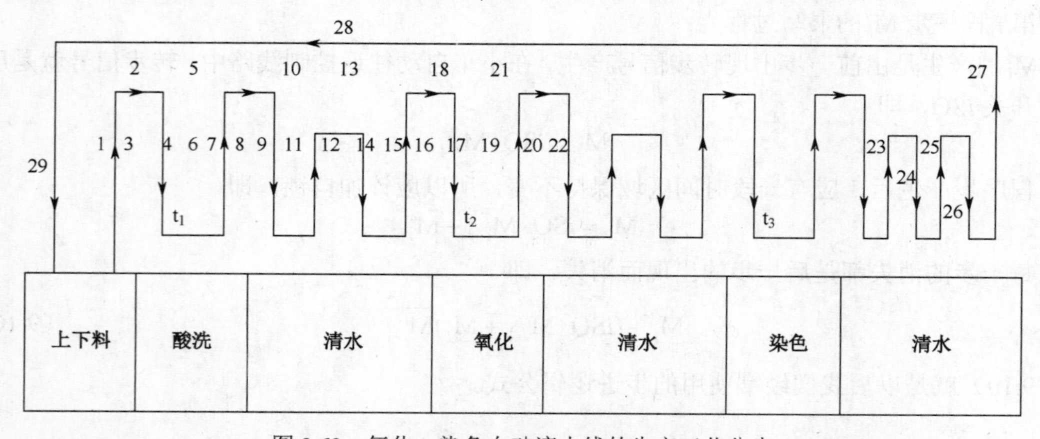

图 9.63　氧化一染色自动流水线的生产工艺分步

对于比较复杂的控制系统，在分完程序步后，应首先写出输出逻辑表达式，然后写出中间逻辑表达式。

本章小结

异步电动机的转速 n 的表达式为：

$$n_0 = {}^{60f_1}\!/_{p}$$

由此可知，改变 f_1 即可实现电动机的速度调节。由于电动机结构参数及其所带负载的特性对变频器的正常工作有着极大的影响，所以应掌握以下的原理与概念：异步电动机的变频调速工作原理、异步电动机的机械特性、异步电动机的启动和制动方法、 异步电动机实现变频调速的要求、负载类型、恒转矩、恒功率及二次方律负载的特点和对应的机械特性。本章围绕异步电动机变频调速的原理，重点阐述了对不同负载类型变频器的选择、变频调速控制线路的控制方式及设计方法、变频器正反转控制线路、变频器正反转自动循环控制线路、小车自动往返控制线路、变频器的多段速度控制线路、自动升降速控制线路、其他控制线路、多台电动机同步调速系统及用步进逻辑公式设计控制线路等。

习　　题

1．用电气智能化实验平台和低压电器实验板完成图 9.64 所示的变频器正反转控制电路。

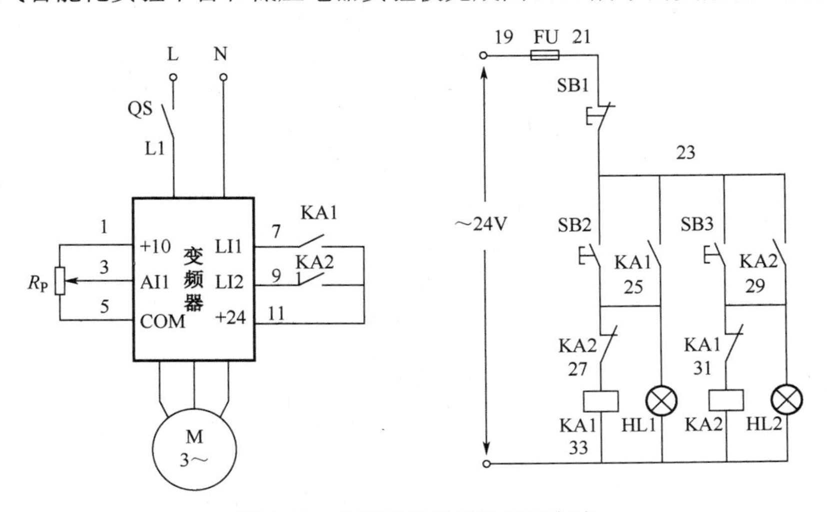

图 9.64　变频器的正反转控制电路

2．用电气智能化实验平台完成图 9.65 所示的用 PLC 直接控制变频器的正反转控制电路。

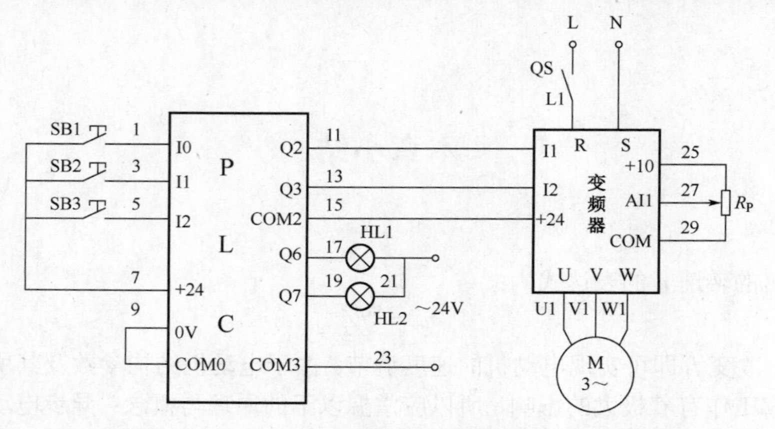

图 9.65 用 PLC 直接控制变频器的正反转控制电路

3．用电气智能化实验平台和低压电器实验板完成图 9.66 所示的用 PLC 加低压电器控制变频器的正反转控制电路。

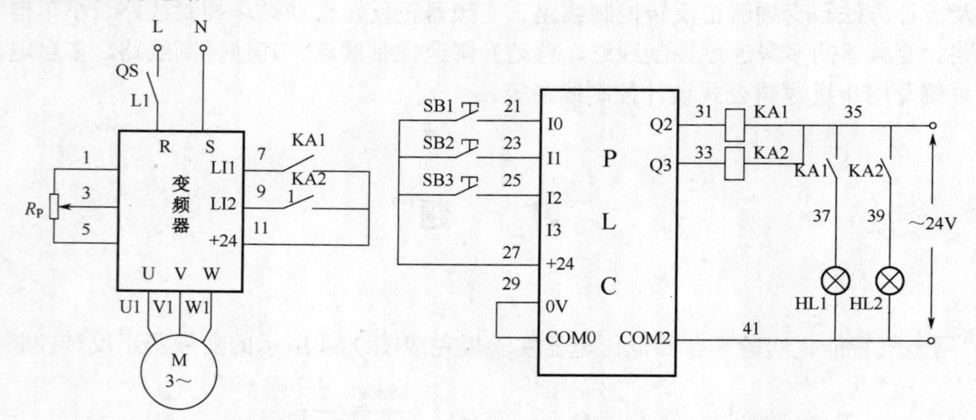

图 9.66 用 PLC 加低压电器控制变频器的正反转控制电路

4．用电气智能化实验平台和低压电器实验板按图 9.67 接线，进行模拟实验。

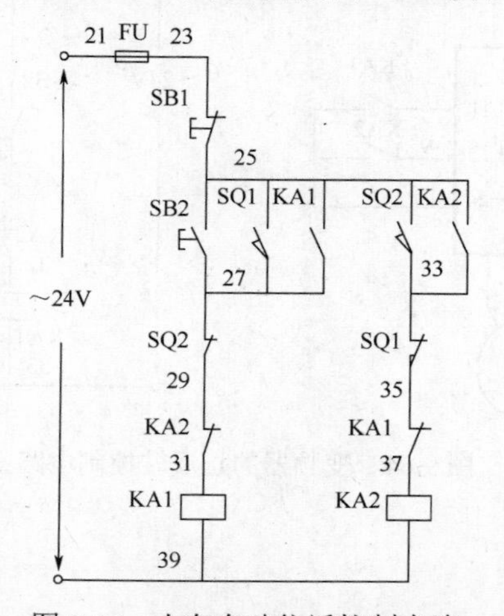

图 9.67 小车自动往返控制电路

5．按下按钮 SB2，变频器以 30Hz 的频率运行；按下按钮 SB3，变频器以 40Hz 的频率运行；按下按钮 SB1 停车。试用低压电器设计控制线路，并完成操作。

6．按下启动按钮 SB2，变频器依次按 10Hz、20Hz、30Hz、40Hz、50Hz 各运行 10s，每个频率运行完毕后停 5s，然后重新循环。按下停车按钮 SB1，变频器停止运行。试用电气智能化实验平台接线和设计程序，并完成操作。

7．用电气智能化实验平台和低压电器实验板对图 9.68 和图 9.69 进行实验。

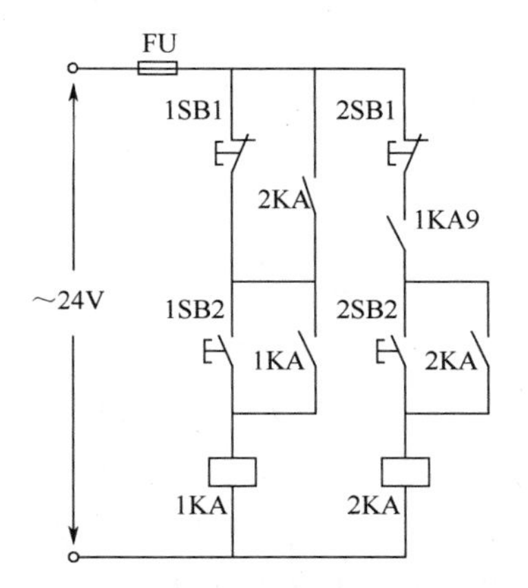

图 9.68　变频器的顺序控制线路

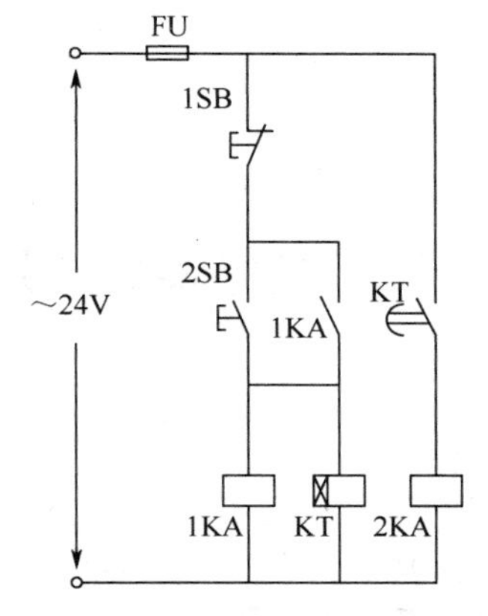

图 9.69　变频器的延时控制线路

8．如果一个系统要求电动机正转 30s，反转 20s，然后循环。分别用低压电器控制和用 PLC 直接控制，试设计控制电路，并用电气智能化实验平台和低压电器实验板进行实验。

9．如果一个系统要求电动机正转 20s，停 5s；反转 20s；停 5s；正转 30s；停 10s；反转 30s，停 10s，然后循环。用 PLC 直接控制，试设计控制电路和用 PLC 的控制程序，并用电气智能化实验平台进行实验。

第 10 章　实验项目

实验 1　交流接触器的识别与检测

1．实验目的

认识交流接触器的外形与主要用途，会识别其符号和型号、接线柱，检测交流接触器质量，熟悉常用低压电器的主要技术参数，会根据控制要求正确选用交流接触器。

2．实验设备

交流接触器、万用表、螺丝刀。

3．实验步骤

1）认识交流接触器的符号和型号

交流接触器型号如图 10.1 所示，图形符号如图 10.2 所示。

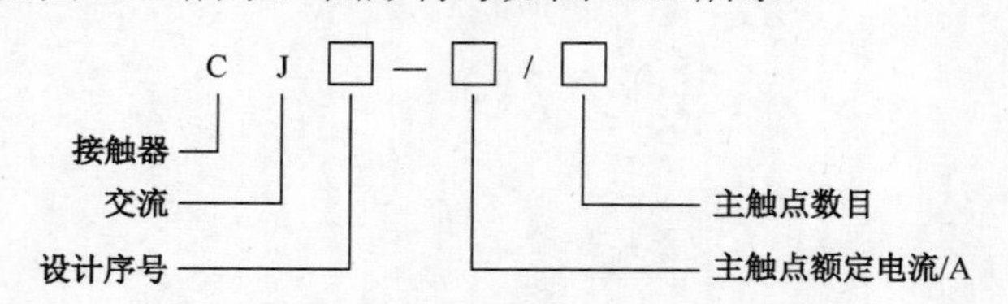

图 10.1　交流接触器型号

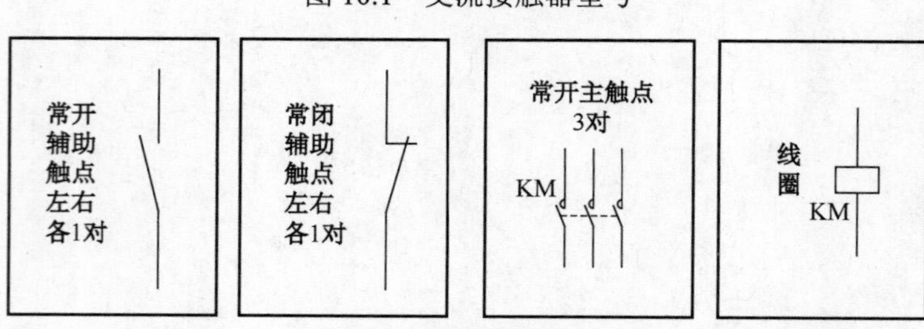

图 10.2　交流接触器图形符号

2）熟悉交流接触器的主要技术参数

交流接触器的主要技术参数如表 10.1 所示。

表 10.1　交流接触器的主要技术参数

<table>
<tr><th rowspan="2">型号</th><th colspan="2">主触点（额定电压 380V）</th><th rowspan="2">辅助触点（额定电压 380V）</th><th colspan="2">线圈</th><th colspan="2">可控制电动机最大容量值（kW）</th></tr>
<tr><th>对数</th><th>额定电流（A）</th><th>电压（V）</th><th>功率（VA）</th><th>220V</th><th>380V</th></tr>
<tr><td>CJT1-10</td><td rowspan="6">3</td><td>10</td><td rowspan="6">额定电流 5A 触点对数均为 2 常开、2 常闭</td><td rowspan="6">可为 36、110、127、220、380</td><td>11</td><td>2.2</td><td>4</td></tr>
<tr><td>CJT1-20</td><td>20</td><td>22</td><td>5.8</td><td>10</td></tr>
<tr><td>CJT1-40</td><td>40</td><td>32</td><td>11</td><td>20</td></tr>
<tr><td>CJT1-60</td><td>60</td><td>95</td><td>17</td><td>30</td></tr>
<tr><td>CJT1-100</td><td>100</td><td>105</td><td>28</td><td>50</td></tr>
<tr><td>CJT1-150</td><td>150</td><td>110</td><td>43</td><td>75</td></tr>
</table>

3）交流接触器的选用

（1）选择接触器主触点的额定电压。接触器主触点的额定电压应大于或等于控制线路的额定电压。

（2）选择接触器主触点的额定电流。接触器主触点的额定电流应不小于负载电路的额定电流。

（3）选择接触器吸引线圈的电压。当控制线路简单，使用电器较少时，可直接选用 380V 或 220V 的交流电压；当线路复杂，使用电器超过 5 个时，可用 36V 或 110V 的交流电压的线圈。

（4）选择接触器的触点数量及类型，如表 10.2 所示。

表 10.2　交流接触器触点数量及类型

序号	任务	操作要点
1	识读交流接触器型号	交流基础器的型号标注在窗口侧的下方（铭牌）
2	识别交流接触器线圈的额定电压	从交流接触器的窗口向里看（同一型号的接触器线圈有不同的电压等级）
3	找到线圈的接线端子	在接触器的下半部分，编号为 A1－A2，标注接线端子旁
4	找到 3 对主触点的接线端子	在接触器的上半部分，编号为 1/L1－2/T1、3/L2－4/T2、5/L3－6/T3，标注在对应接线端子的顶部
5	找到 2 对辅助常开触点的接线端子	在接触器的上半部分，编号为 22－24、43－44，标注在对应接线端子的外侧
6	找到 2 对辅助常闭触点的接线端子	在接触器的顶部，编号为 11－12、31－32，标注在对应接线端子的顶部
7	压下接触器，观察触点吸合情况	边压边看，常闭触点先断开，常开触点后闭合
8	释放接触器，观察触点复位情况	边放边看，常开触点先复位，常闭触点后复位
9	检测 2 对常闭触点好坏	将万用表置于 $R\times1\Omega$ 挡，欧姆调零后，将两表笔分别搭接在常闭触点两端。常态时，各常闭触点的阻值约为 0；压下接触器后，再测量阻值，阻值为∞
10	检测 5 对常闭触点好坏	将万用表置于 $R\times1\Omega$ 挡，欧姆调零后，将两表笔分别搭接在常闭触点两端。常态时，各常开触点的阻值约为∞；压下接触器后，再测量阻值，阻值为 0
11	检测接触器线圈好坏	将万用表置于 R×100Ω 挡，欧姆调零后，将两表笔分别搭接在线圈两端。线圈的阻值约为 1800Ω
12	测量各触点接线端子之间的阻值	将万用表置于 R×10kΩ 挡，欧姆调零后，各触点接线端子之间的阻值为∞

实验 2　热继电器的识别与检测

1．实验目的

识别热继电器的型号、接线柱，检测热继电器质量，识别热继电器的外形与主要用途，会识别其符号和型号、接线柱，检测热继电器质量，熟悉热继电器的主要技术参数，会根据控制要求正确选用热继电器。

2．实验设备

热继电器、万用表、螺丝刀。

3．实验步骤

1）认识热继电器的符号和型号

热继电器型号如图 10.3 所示。热继电器的图形符号如图 10.4 所示。

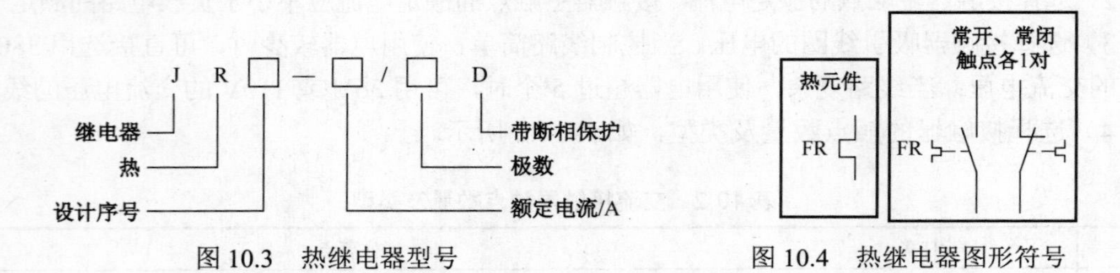

图 10.3　热继电器型号

图 10.4　热继电器图形符号

2）熟悉热继电器的主要技术参数

3）热继电器的识别与检测

热继电器识别与检测操作要点如表 10.3 所示。

表 10.3　热继电器识别与检测操作要点

序号	任务	操作要点
1	识读热继电器的铭牌	铭牌贴在接继电器的侧面
2	找到整定电流调节旋钮	旋钮上标有整定电流
3	找到复位按钮	REST/STOP
4	找到测试键	位于热继电器前侧下方，TEST
5	找到驱动元件的接线端子	编号与交流接触器相似，1/L1－2/T1，3/L2－4/T2，5/L3－6/T3
6	找到常闭触点的接线端子	编号编在对应的接线端子旁，95－96
7	找到常开触点的接线端子	编号编在对应的接线端子旁，97－98
8	检测常闭触点好坏	将万用表置于 $R\times1\Omega$ 挡，欧姆调零后，将两表笔分别搭接在常闭触点两端。常态时，各常闭触点的阻值约为 0；动作测试键后，再测量阻值，阻值为∞
9	检测常开触点好坏	将万用表置于 $R\times1\Omega$ 挡，欧姆调零后，将两表笔分别搭接在常开触点两端。常态时，各常闭开触点的阻值约为 0；动作测试键后，再测量阻值，阻值为∞

4．热继电器的安装

（1）必须按照产品说明书规定的方式安装，安装处的环境温度应与所处环境温度基本相同。

（2）热继电器安装时，应清除触点表面尘污，以免因接触电阻过大或电路不通而影响热继电器的动作性能。

（3）热继电器出线端的连接导线应按照标准。

（4）热继电器在出厂时均调整为手动复位方式，如果需要自动复位，只要将复位螺钉顺时针方向旋转，并稍微拧紧即可。

（5）热继电器的整定电流必须按电动机的额定电流进行调整，绝对不允许弯折双金属片。

（6）热继电器由于电动机过载后动作，若要再次启动电动机，必须待热元件冷却后，才能使热继电器复位。一般自动复位需要 5min，手动复位需要 2min。

实验 3 三相笼型异步电动机点动控制线路的安装与调试

1. 实验目的

（1）会说出三相异步电动机点动控制、连续控制、双向控制、降压启动控制、制动控制、调速控制线路的操作过程和工作原理。

（2）会安装三相异步电动机点动控制、连续控制、双向控制、降压启动控制、制动控制、调速控制线路。

（3）会测试三相异步电动机点动控制、连续控制、双向控制、降压启动控制、制动控制、调速控制线路。

2. 实验设备

万用表、常用电工工具、三相笼型异步电动机、熔断器、交流接触器、按钮、端子、电工板、导线、三相交流电源。

3. 实验步骤

1）电气控制原理图

三相笼型异步电动机点动控制线路图如图 10.5 所示。

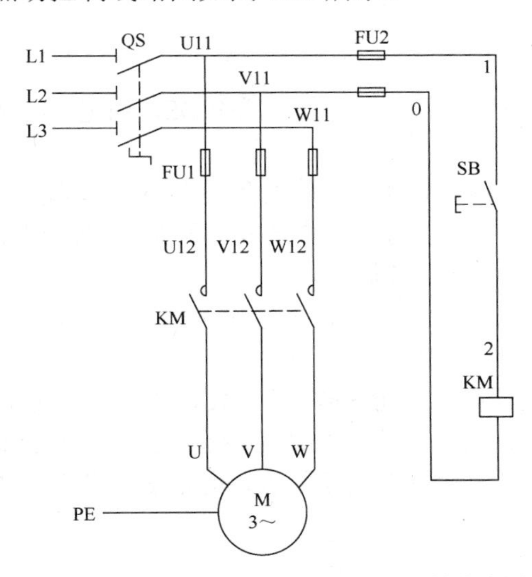

图 10.5 三相笼型异步电动机点动控制线路图

2）线路安装

将电气元件安装在控制板上，根据电动机容量选配符合规格的导线，分别连接控制电路和主电路。连接导线包括连接电动机和所有电气元件金属外壳的保护接地线，连接电源、电动机及控制板外部的导线。

三相笼型异步电动机点动控制线路安装参考图如图 10.6 所示。

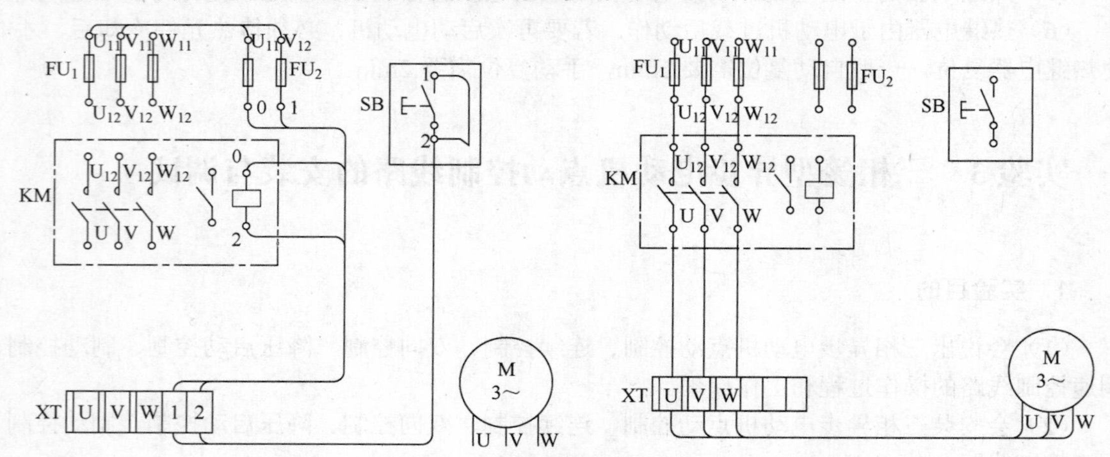

图 10.6　三相笼型异步电动机点动控制线路安装参考图

3）线路检测

（1）接线检查。按电路图或接线图从电源端开始，逐段核对接线有无漏接、错接之处，检查导线接点是否符合要求，压接是否牢固，以免带负载运行时产生闪弧现象。

（2）万用表检测。用万用表电阻挡检查控制电路接线情况。检查时，应选用倍率适当的电阻挡，并且欧姆调零。

① 控制电路接线检查。断开主电路，将万用表表笔分别搭在 U11、V11 线端上，万用表读数应为“∞”。按下点动按钮 SB 时，万用表读数应为接触器线圈的直流电阻值（如 CJ10-10 线圈的直流电阻值约为 1800Ω）；松开 SB，万用表读数应为“∞”。

② 主电路接线检查。断开控制电路，压下接触器触点架，用万用表依次检查 U、V、W 三相接线有无开路或短路现象。

4）通电试车

（1）接通三相电源 L1、L2、L3，合上电源开关 QS，用电笔检查熔断器出线端，氖管亮说明电源接通。

（2）按下启动按钮 SB，接触器 KM 应通电吸合，电动机启动运行。若有异常，立即停车检查。

（3）松开启动按钮 SB，接触器 KM 应断电释放，电动机惯性停车。若有异常，立即断电检查。

（4）断开电源开关 QS，拔下电源插头。

（5）为确保人身安全，必须在教师监护下通电试车。

5）点动控制线路常见故障模拟

故障现象：通电后，按下启动按钮 SB，线圈 KM 不吸合，电动机不能启动运行。

故障分析：控制电路的任何一处断开，都可能造成按下启动按钮 SB，线圈 KM 不吸合，电动机不能启动运行。因此，故障可能的原因有熔断器 FU2 开路、启动按钮 SB 不能闭合、接触器 KM 线圈开路等。

4．实验要求

（1）布线通道尽可能少，同路并行导线按主电路、控制电路分类集中，单层密排。
（2）布线尽可能紧贴安装面布线，相邻电器元器件之间也可“空中走线”。
（3）安装导线尽可能靠近元器件走线。
（4）布线要求横平竖直，分布均匀，自由成形。
（5）同一平面的导线应高低一致或前后一致，尽量避免交叉。
（6）变换走向时应垂直成 90° 角。
（7）按钮连接线必须用软线，与配电板上的元器件连接时必须通过接线端子，并编号。

实验 4　面板操作实验

1．实验目的

熟悉变频器控制面板布局，掌握菜单操作和参数设置方法。

2．实验设备

PLC 实验台。

3．实验内容

1）变频器面板

变频器的按键主要由 5 个按键和一个旋钮的输入环节，以及 LED 显示区和 3 只发光管显示组成。三菱变频器面板各部分功能介绍如图 10.7 所示。

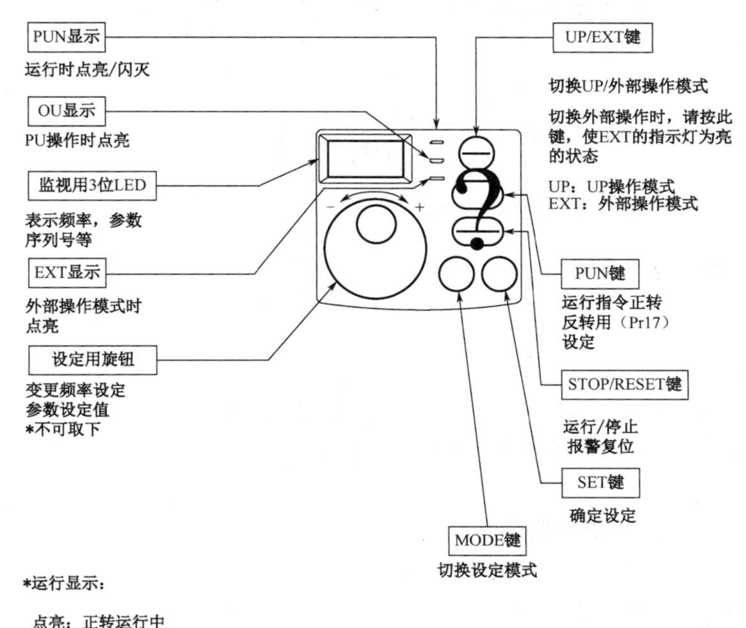

图 10.7　三菱变频器面板各部分功能介绍

2）基本操作流程图

基本操作流程图如图10.8所示。

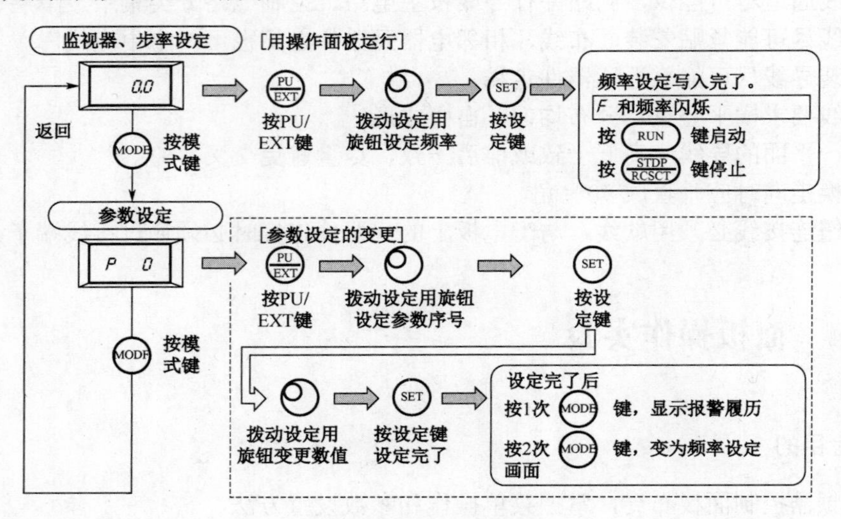

图10.8　基本操作流程图

3）扩展功能的实现

（1）运行显示和操作模式的确认。

① 停止状态。

② PU模式。

（2）按MODE键进入参数切换模式。

（3）旋转 设置为P30。

（4）按SET键读出现在的设定值“0”把设定值变为“1”。

（5）按SET键完成设置。

设置成功后会显示如下。

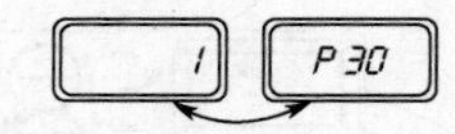

注：P30——扩展功能显示选择。

4．面板控制旋钮调速实验

实验步骤1

（1）通电后面板显示“0.0”。

（2）旋转旋钮设置频率（自定义），按SET键设置结束。

（3）使用面板RUN/STOP控制电动机启动/停止。

操作练习

（1）连接实验线路，使变频器通电。

（2）设置参数。

（3）按下面板RUN键启动电动机。

（4）调节旋钮改变电动机转速，按SET键确认或闪动5秒后自动确认。

（5）按下STOP键，停止电动机。

实验步骤 2

（1）启动动电机，按默认值运行。

（2）当电动机运行时，可以旋转旋钮改变电动机转速，按 SET 键确认。

5. 电机正反转控制实验

（1）将扩展功能 P30 设置为“1”。

（2）选择 P17 按 SET 键读出现在的设定值“0”，按 RUN 键电动机正转。

（3）将 P17 设置为“1”按 RUN 键电动机反转。

注：P17——RUN 旋钮方向选择，0——正转；1——反转。

P30——扩展功能显示选择，1——为扩展功能。

现象：在图 10.9 所示面板控制模式下，电动机可以启动、停止和正反转及调速运行。

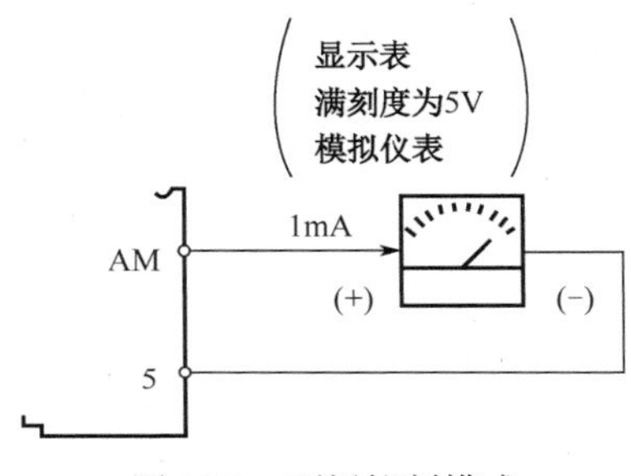

图 10.9　面板控制模式

6. 模拟监视输出实验

模拟监视输出实验如图 10.10 所示。

（1）当电动机运行时，长按 SET 按钮，可以观测出电流值。

（2）将 P54 设置为 0；当电动机运行时，在端子 AM 输出处可观测出电压值。

注：P54——A 端子功能选择；0——输出频率显示；1——输出电流显示。

从端子 AM-5 可以输出 DC5V 的模拟信号。模拟输出电瓶的校正可用操作面板或者参数单元（FR-PU04）操作。端子 AM 功能选择可用 Pr.54“AM 端子功能选择”进行设定。端子 AM 与变频器的控制回路不绝缘，应使用屏蔽线，现长不要超过 30 米。

因为端子 AM 的输出信号有 100ms 的延迟，因此不能作为快速响应控制信号用。

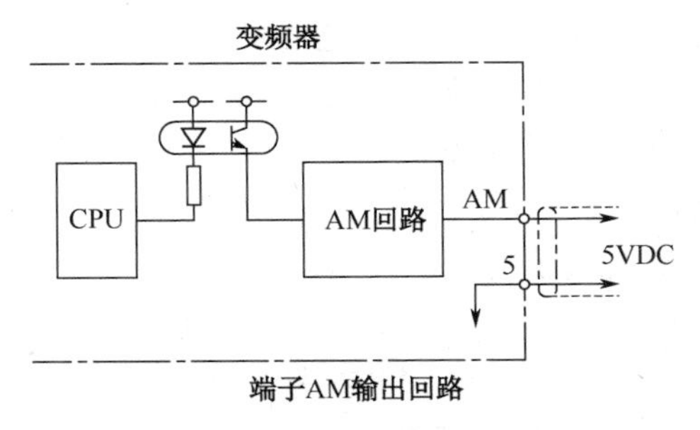

图 10.10　模拟监视输出实验图

7．面板控制与端子控制切换实验

（1）将扩展功能 P30 设置为“1”。
（2）将 P79 设置为“0”。
注：P79——运行模式选择；0——通过 PU 与 EXT 交换选择操作模式；
1——只能进行端子操作；2——只能进行面板操作；3——PU 与面板同时操作。

实验 5　端子操作实验

1．实验目的

熟悉变频器控制端子布局，掌握外部接线操作和参数设置方法。

2．实验设备

变频器调速控制实验面板。

3．实验内容

1）浏览变频器控制端子板，对应原理图了解端子编号和意义
控制端子 14 个，分为 4 组如下。
（1）端子控制 STF、FTR、RH、RM、RL、SD。
（2）模拟量速度调节频率输入端子。
（3）开关量运行监控端子 A、B、C。
（4）AM、AC 模拟量运行监控端子两个。
2）电位器输入调速实验
将 P79 设置为“0”，按 PU/EXT 键，选择 EXT 为外部控制，或 P79 设置为“3”也可。此时 STF 端子为正转/停止功能，STR 端子为反转/停止功能。
操作练习 1（电动机正转）
（1）连接 STF 端子实验线路，变频器通电。
（2）打开实验板 STF 开关，启动电动机，电动机正转
（3）调节旋钮 1/2WEK 将电动机转速设置为 50Hz。
（4）断开实验板 STF 开关，停止电动机。
操作练习 2（电动机反转）
（1）STR 端子实验线路，变频器通电。
（2）打开实验板 STR 开关，启动电动机，电动机反转。
（3）调节旋钮 1/2WEK 将电动机转速设置为 50Hz。
（4）断开实验板 STR 开关，停止电动机。
注：P79——运行模式选择；0——通过 PU 与 EXT 交换选择操作模式；
1——只能进行端子操作；2——只能进行面板操作；3——PU 与面板同时操作。

现象：通过外部开关 STF、STR 可以正向/反向启动、停止电动机、旋钮调速。
3）端子控制调速实验
（1）将 P79 设置为“0”按 UP/EXT 键，选择 EXT 为外部控制，或 P79 设置为“3”也可。
（2）再将 P4（RH 端子功能）参数设置为 30Hz（出厂为 50Hz）。
（3）再将 P5（RM 端子功能）参数设置为 20Hz（出厂为 30Hz）。
（4）再将 P6（PL 端子功能）参数设置为 15Hz（出厂为 10Hz）。
操作练习
（1）连接 STF、STR、RH、RM、RL 端子实验线路，变频器通电。
（2）接通 STF/STR 其中任意一个，电动机可按默认值正向或反向旋转。
（3）在接通 STF/STR 同时接通 RH、RM、RL 可进行高、中、低速旋转。
现象：通过外部开关可以通过电位器的调速、高速、中速、低速 4 种旋转方式进行控制。

实验 6　启停速度选择实验

1．实验目的

熟悉变频器加减速、启停参数设置方法。

2．实验设备

变频器调速控制实验面板

3．实验内容

1）减速停止实验
（1）运行模式和操作模式的确认。
① 停止中。
② PU 操作模式。
（2）将扩展功能 P30 设置为“1”。
（3）按 MODE 键进入参数设置，选择 P8 参数。
（4）拨动旋钮到 1.0 秒（出厂为 5.0 秒）。
操作练习
（1）选择外部操作模式。
（2）接通 STF 开关，启动电动机。
（3）调节旋钮改变电动机转速，然后停止。
注：P8——减速时间；P79——运行模式选择；0——通过 PU 与 EXT 交换选择操作模式；
1——只能进行端子操作；2——只能进行面板操作；3——PU 与面板同时操作。
现象：电动机快速停止。
2）加速启动实验
（1）运行模式和操作模式的确认。

① 停止中。
② PU 操作模式。
（2）将扩展功能 P30 设置为“1”。
（3）按 ODE 键进入参数设置，选择 P7 参数。
（4）拨动旋钮到 1.0 秒（出厂为 5.0 秒）。
操作练习
（1）选择外部操作模式。（同上）
（2）接通 STF 开关，启动电动机。
（3）调节旋钮改变电动机转速，然后停止。
注：P7——加速时间。
现象：电动机快速启动。
3）快速启动停止实验（参数 P7、P8）
（1）将 P7 参数设置为“0.1”（出厂为 5.0 秒）。
（2）将 P8 参数设置为“0.1”（出厂为 5.0 秒）。
操作练习
（1）接通 STF 开关，启动电动机。
（2）断开 STF 开关，停止电动机。
（3）调节旋钮改变电动机转速，然后停止。
注：P7——加速时间；P8——减速时间。
注意：实际使用此参数时要根据机械惯性大小设定，防止电动机启停时过电流。

实验 7　多段速度选择实验

1．实验目的

熟悉变频器多功能端子的外部接线和参数设置方法。

2．实验设备

变频器调速控制实验面板。

3．实验内容

1）浏览变频器控制端子板、对应原理图了解端子编号和意义
多功能控制端子调速开关共有三个，分别是 RH、RM、RL。
2）多功能端子 8 段调速实验
（1）首先为外部操作模式。
（2）将扩展功能 P30 设置为“1”。
（3）SH、RM、RL 分别为三个速度（前边已经介绍过）
（4）通过它们三个组合，可以调出另外 4～7 速时的速度。

（5）P24 多段速度设定（4 速），参数设置为 25Hz。
（6）P25 多段速度设定（5 速），参数设置为 35Hz。
（7）P26 多段速度设定（6 速），参数设置为 40Hz。
（8）P27 多段速度设定（7 速），参数设置为 45Hz。
注：P24、P25、P26、P27 出厂无设置。
操作练习

	RH	RM	RL
4 速	OFF	ON	ON
5 速	ON	OFF	ON
6 速	ON	ON	OFF
7 速	ON	ON	ON

（1）连接 RH 端子、RM 端子、RL 端子实验线路，变频器通电。
（2）接通实验板 STF 开关，电动机正转；断开 STF 开关，电动机停止。
（3）接通实验板 STR 开关，电动机反转；断开 STR 开关，电动机停止。
（4）此时速度为默认速度，可通过 1/2W1K 调节，可设置为 6Hz。
（5）分别接通 RM、RL、RH，4 速、5 速、6 速、7 速可控制其他 7 个速度。
注：P24——多段速度设置（4 速）；P25——多段速度设置（5 速）；
P26——多段速度设置（5 速）；P27——多段速度设置（6 速）；
P79——运行模式选择；0——通过 PU 与 EXT 交换选择操作模式；
1——只能进行端子操作；2——只能进行面板操作；3——PU 与面板同时操作。
3）梯形曲线加速/减速指令设定实验
（1）在多功能端子 8 段调速实验的基础上。
（2）将 P07 设置为“5”，P08 设置为“5”。
操作练习
（1）启动电动机后，将 RH、RM、RL 设置为 ON，电动机在 5s 内达到设定最高速度 45Hz。
（2）在此基础上将 RM、RL 设置为 OFF，电动机在 5 秒内达到设定速度 30Hz。
注：P7——加速时间；P8——减速时间。
梯形曲线加减速图像示例如图 10.11 所示。

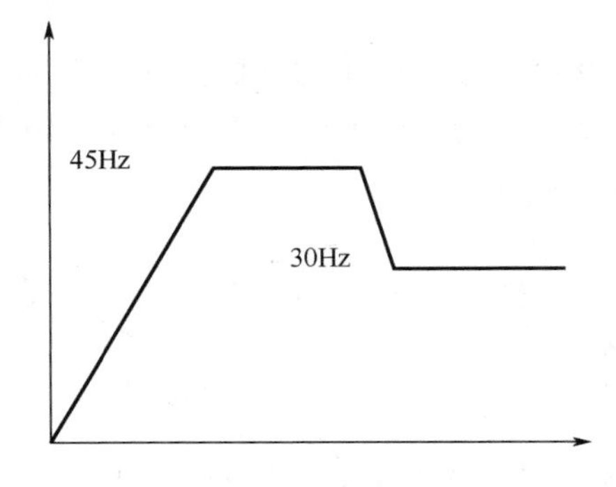

图 10.11　梯形曲线加减速图像示例

实验 8　直流制动实验

1．实验目的

熟悉变频器制动停止参数设置方法。

2．实验设备

变频器调速控制实验面板。

3．实验内容

1）直流制动功能选择实验（参数 P11）

（1）首先设为外部操作模式。

（2）将 P11 设置为 10 秒（出厂为 0.5 秒）。

操作练习

（1）接通 STF 开关，启动电动机。

（2）按需要可对电动机进行调速。

（3）断开 STF 开关，停止电动机。

注：P11——直流制动动作时间；P79——运行模式选择；0——通过 PU 与 EXT 交换选择操作模式；1——只能进行端子操作；2——只能进行面板操作；3——PU 与面板同时操作。

现象：电动机停止后，旋转丝杠的联轴器，感觉有较大的制动力矩。10 秒后，再旋转丝杠的联轴器，制动力矩消失。

注意：选择制动停止，有利于快速停止，准确定位。

实验 9　变频器频率跳变实验

此功能可用于避开机械系统固有频率产生的共振，可以使其跳过共振发生的频率点，最多可设定三个区域，可以设定跳变频率为各区域的上点或下点，如图 10.12 所示。1A、2A 或 3A 的设定值为跳变点，用这个频率运行。

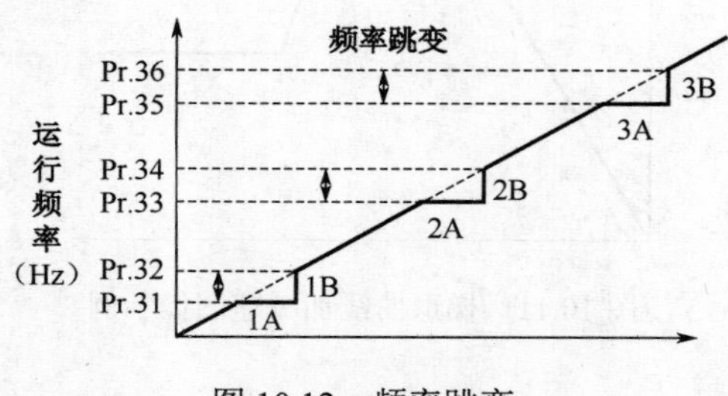

图 10.12　频率跳变

设定步骤

（1）在 Pr.33～Pr.34（30～35Hz）之间固定在 30Hz 运行时，设定 Pr.33 为 30Hz，Pr.34 为 35Hz。

（2）在 30～35Hz 之间跳变到 35Hz 时，设定 Pr.33 为 35Hz，Pr.34 为 30Hz，如图 10.13 所示

操作练习

（1）首先为外部操作模式。

（2）将 P31 设置为 30Hz；P32 设置为 35 Hz。

（3）将频率设置为 32Hz。

（4）运行观察现象。

注：P31——频率跳变 1A；P32——频率跳变 1B。

现象：启动后，电动机只能在 30Hz 处运转。

注意：在加速启动时，设定范围内的运行频率仍然有效。

图 10.13 设定跳变

变频器操作手册

端子功能一览表

（1）主回路端子如表 10.4 所示。

表 10.4 主回路端子

端子记号	端子名称	内容说明
L_1，N	电源输入	连接工频电源
U，V，W	变频器输出	连接三相鼠笼电动机
—	直流电压公共端	此段子为直流电压公共端子，与电源和变频器输出没有绝缘
+，P1	连接改善功率因数直流电抗器	拆下端子+与 P1 间的短路片，连接选件改善功率因数用直流电抗器（FR-BEL）
⏚	接地	变频器外壳接地用，必须接地

（2）控制回路端子如表 10.5 所示。

表 10.5 控制回路端子

<table>
<tr><th colspan="3">端子记号</th><th>端子名称</th><th colspan="3">内容说明</th></tr>
<tr><td rowspan="5">输入信号</td><td rowspan="3">接点输入</td><td>STF</td><td>正转启动</td><td>STF 信号 ON 时为正转，OFF 时为停止指令（*2）</td><td colspan="2">STF，STR 信号同时为 ON 时，为停止指令</td></tr>
<tr><td>STR</td><td>反转启动</td><td>STR 信号 ON 时为反转，OFF 时为停止指令</td><td></td><td rowspan="2">根据输入端子功能选择（Pr.60～Pr.63），可改变端子的功能（*4）</td></tr>
<tr><td>RH，RM，RL</td><td>多段速度选择</td><td colspan="2">可根据端子 RH，RM，RL 信号的短路组合，进行多段速度的选择
速度指令的优先顺序是 JOG，多段速度设定（RH，RM，RL，REX），AU 的顺序</td></tr>
<tr><td colspan="2">SD（*1）</td><td>接电输入公共端（漏型）</td><td colspan="3">此为接点输入（端子 STF，STR，RH，RM，RL）的公共端子。端子 5 和端子 SE 被绝缘</td></tr>
<tr><td colspan="2">PC（*1）</td><td>外部晶体管公共端
DC24V 电源
接点输入公共端（源型）</td><td colspan="3">当连接程序控制器（PLC）之类的晶体管输出（集电极开路输出）时，把晶体管输出用的外部电源接头连接到这个端子，可防止因回流电流引起的误动作
PC 与 SD 间的端子可作为 DC24V、0.1A 的电源使用
选择源型逻辑时，为输入接点信号的公共端子</td></tr>
</table>

续表

<table>
<tr><th colspan="3">端子记号</th><th>端子名称</th><th colspan="2">内容说明</th></tr>
<tr><td rowspan="4">输入信号</td><td colspan="2">10</td><td>频率设定用电源</td><td colspan="2">DC5V。容许负荷电流 10mA</td></tr>
<tr><td rowspan="2">频率设定</td><td>2</td><td>频率设定
（电压信号）</td><td colspan="2">输入 DC0～5V，（0～10V）时，输出成比例：输入 5V（10V）时，输出为最高频率
5V/10V 切换用 Pr.73“0～5V，0～10V 选择”进行
输入阻抗 10kΩ。最大容许输入电压为 20V</td></tr>
<tr><td>4</td><td>频率设定
（电流信号）</td><td colspan="2">输入 DC4～20mA。出厂时调整为 4mA 对应 0Hz，20mA 对应 60Hz。最大容许输入电流为 30mA。输入阻抗约 250Ω
电流输入时，请把信号 AU 设定为 ON
AU 信号用 Pr.60～Pr.63（输入端子功能选择）设定</td></tr>
<tr><td colspan="2">5</td><td>频率设定公共输入端</td><td colspan="2">此端子为频率设定信号（端子 2，4）及显示仪表端子“AM”公共端子。端子 SD 和端子 SE 被绝缘。请不要接地</td></tr>
<tr><td rowspan="4">输出信号</td><td colspan="2">A
B
C</td><td>报警输出</td><td>表示变频器的保护功能动作，输出停止的输出接点。AC230V 0.3A DC30V 0.3A。报警时 B-C 之间不导通（A-C 之间导通），正常时 B-C 之间导通（A-C 间不导通）（*6）</td><td rowspan="2">根据输出端子功能选择（Pr.64，Pr.65，可以改变端子的功能）（*5）</td></tr>
<tr><td>集电极开路</td><td>RUM</td><td>变频器运行中</td><td>变频器输出频率高于启动频率时（出厂为 0.5Hz 可变动）为低电平，停止及直流制动时为高电平。容许负荷 DC24V 0.1A</td></tr>
<tr><td colspan="2">SE</td><td>集电极开路公共</td><td colspan="2">变频器运行时端子 RUM 的公共端子。端子 5 及端子 SD 被绝缘</td></tr>
<tr><td>模拟</td><td>AM</td><td>模拟信号输出</td><td>从输出频率，电动机电流选择一种作为输出。输出信号与各监示项目的大小成比例</td><td>出厂设定的输出项目：频率容许负荷电流 1mA 输出信号 DC0～5V</td></tr>
<tr><td>通信</td><td colspan="2">—</td><td>RS-485 接口(*3)</td><td colspan="2">用参数单元连接电缆（FR-CB201～205），可以连接参数单元（FR-PU04）。可用 RS-485 进行通信运行</td></tr>
</table>

注：*1．端子 SD、PC 不要相互连接，不要接地。
漏型逻辑（出厂设定）时，端子 SD 为输入接点的公共端子，源型逻辑时，端子 PC 为输入点的公共端子（切换方法请参照操作手册）。
*2．低电平表示集电极开路输出用的晶体管为 ON（导通状态），高电平表示为 OFF（不导通状态）。
*3．仅对应有 RS-485 通信功能的型号。
*4．RL、RM、RH、RT、AU、STOP、MRS、OH、REX、JOG、RES、X14、X16、（STR）信号选择。（参照操作手册）
*5．RUN、SU、OL、FU、RY、Y12、Y13、FDN、FUP、RL、LF、ABC 信号选择。（参照操作手册）
*6．对应欧洲标准（低电压标准）时，继电器输出（A、B、C）的使用容量为 DC30V，0.3A。

（3）输出信号端子说明如表 10.6 所示。

表 10.6 输出信号端子说明

<table>
<tr><th colspan="3">端子记号</th><th>端子名称</th><th colspan="2">内容说明</th></tr>
<tr><td rowspan="2">输出信号</td><td colspan="2">A
B
C</td><td>报警输出</td><td>表示变频器的保护功能动作，输出停止的输出接点。AC230V、0.3A、DC30V、0.3A。报警时 B-C 之间不导通（A-C 之间导通），正常时 B-C 之间导通（A-C 间不导通）（*6）</td><td rowspan="2">根据输出端子功能选择（Pr.64，Pr.65，可以改变端子的功能）（*5）</td></tr>
<tr><td>集电极开路</td><td>RUM</td><td>变频器运行中</td><td>变频器输出频率高于启动频率时（出厂为 0.5Hz 可变动）为低电平，停止及直流制动时为高电平。容许负荷 DC24V、0.1A</td></tr>
</table>

续表

<table>
<tr><th colspan="3">端子记号</th><th>端子名称</th><th colspan="2">内容说明</th></tr>
<tr><td rowspan="2">输出信号</td><td colspan="2">SE</td><td>集电极开路公共</td><td colspan="2">变频器运行时端子 RUM 的公共端子。端子 5 及端子 SD 被绝缘</td></tr>
<tr><td>模拟</td><td>AM</td><td>模拟信号输出</td><td>从输出频率，电机电流选择一种作为输出。输出信号与各监示项目的大小成比例</td><td>出厂设定的输出项目：频率容许负荷电流 1mA 输出信号 DC0～5V</td></tr>
<tr><td>通信</td><td colspan="2">—</td><td>RS-485 接口(*3)</td><td colspan="2">用参数单元连接电缆（FR-CB201～205），可以连接参数单元（FR-PU04）。可用 RS-485 进行通信运行</td></tr>
</table>

（4）输出信号端子说明基本参数一览表如表 10.7 所示。

表 10.7　输出信号端子说明基本参数一览表

<table>
<tr><th rowspan="2">功能</th><th rowspan="2">参数号</th><th rowspan="2">名　称</th><th colspan="2">数据代码</th><th rowspan="2">计算机联网数据设定单位*</th><th rowspan="2">联网参数扩张设定值（数据代码 7F/FF）</th></tr>
<tr><th>读出</th><th>写入</th></tr>
<tr><td rowspan="12">基本功能</td><td>0</td><td>转矩提升</td><td>00</td><td>80</td><td>0.1%</td><td>0</td></tr>
<tr><td>1</td><td>上限频率</td><td>01</td><td>81</td><td>0.01Hz</td><td>0</td></tr>
<tr><td>2</td><td>下限频率</td><td>02</td><td>82</td><td>0.01Hz</td><td>0</td></tr>
<tr><td>3</td><td>基波频率</td><td>03</td><td>83</td><td>0.01Hz</td><td>0</td></tr>
<tr><td>4</td><td>3 速设定（高速）</td><td>04</td><td>84</td><td>0.01Hz</td><td>0</td></tr>
<tr><td>5</td><td>3 速设定（中速）</td><td>05</td><td>85</td><td>0.01Hz</td><td>0</td></tr>
<tr><td>6</td><td>3 速设定（低速）</td><td>06</td><td>86</td><td>0.01Hz</td><td>0</td></tr>
<tr><td>7</td><td>加速时间</td><td>07</td><td>87</td><td>0.1s</td><td>0</td></tr>
<tr><td>8</td><td>减速时间</td><td>08</td><td>88</td><td>0.1s</td><td>0</td></tr>
<tr><td>9</td><td>电子过电流保护</td><td>09</td><td>89</td><td>0.01A</td><td>0</td></tr>
<tr><td>30</td><td>扩张功能显示</td><td>1E</td><td>9E</td><td>1</td><td>0</td></tr>
<tr><td>79</td><td>运行模式选择</td><td>4F</td><td>无</td><td>1</td><td>0</td></tr>
</table>

除基本参数外还有扩张功能参数，扩张参数表请参阅变频器使用手册。

附录A　常见元件图形符号、文字符号一览表

类别	名称	图形符号	文字符号	类别	名称	图形符号	文字符号
开关	单极控制开关	或	SA	位置开关	常开触点		SQ
	手动开关一般符号		SA		常闭触点		SQ
	三极控制开关		QS		复合触点		SQ
	三极隔离开关		QS	按钮	常开按钮		SB
	三极负荷开关		QS		常闭按钮		SB
	组合旋钮开关		QS		复合按钮		SB
	低压断路器		QF		急停按钮		SB
	控制器或操作开关	后 前 2 1 0 1 2	SA		钥匙操作式按钮		SB
接触器	线圈操作器件		KM	热继电器	热元件		FR
	常开主触点		KM		常闭触点		FR

续表

类别	名称	图形符号	文字符号	类别	名称	图形符号	文字符号
接触器	常开辅助触点		KM	中间继电器	线圈		KA
	常闭辅助触点		KM		常开触点		KA
时间继电器	通电延时（缓吸）线圈		KT		常闭触点		KA
	断电延时（缓放）线圈		KT	电流继电器	过电流线圈	I>	KA
	瞬时闭合的常开触点		KT		欠电流线圈	I<	KA
	瞬时断开的常闭触点		KT		常开触点		KA
	延时闭合的常开触点	或	KT		常闭触点		KA
	延时断开的常闭触点	或	KT	电压继电器	过电压线圈	U>	KV
	延时闭合的常闭触点	或	KT		欠电压线圈	U<	KV
	延时断开的常开触点	或	KT		常开触点		KV
电磁操作器	电磁铁的一般符号	或	YA		常闭触点		KV
	电磁吸盘		YH	电动机	三相笼型异步电动机	M 3～	M

续表

类别	名称	图形符号	文字符号	类别	名称	图形符号	文字符号
电磁操作器	电磁离合器		YC	电动机	三相绕线转子异步电动机	M 3～	M
	电磁制动器		YB		他励直流电动机	M	M
	电磁阀		YV		并励直流电动机	M	M
非电量控制的继电器	速度继电器常开触点	n	KS		串励直流电动机	M	M
	压力继电器常开触点	P	KP	熔断器	熔断器		FU
发电机	发电机	G	G	变压器	单相变压器		TC
	直流测速发电机	TG	TG		三相变压器		TM
灯	信号灯（指示灯）		HL	互感器	电压互感器		TV
	照明灯		EL		电流互感器		TA
接插器	插头和插座	或	X 插头 XP 插座 XS		电抗器		L

附录B　元件新旧符号对照表

序号	元件名称	新符号	旧符号
1	继电器	K	J
2	电流继电器	KA	LJ
3	负序电流继电器	KAN	FLJ
4	零序电流继电器	KAZ	LLJ
5	电压继电器	KV	YJ
6	正序电压继电器	KVP	ZYJ
7	负序电压继电器	KVN	FYJ
8	零序电压继电器	KVZ	LYJ
9	时间继电器	KT	SJ
10	功率继电器	KP	GJ
11	差动继电器	KD	CJ
12	信号继电器	KS	XJ
13	信号冲击继电器	KAI	XMJ
14	中间继电器	KC	ZJ
15	热继电器	KR	RJ
16	阻抗继电器	KI	ZKJ
17	温度继电器	KTP	WJ
18	瓦斯继电器	KG	WSJ
19	合闸继电器	KCR 或 KON	HJ
20	跳闸继电器	KTR	TJ
21	合闸位置继电器	KCP	HWJ
22	跳闸位置继电器	KTP	TWJ
23	电源监视继电器	KVS	JJ
24	压力监视继电器	KVP	YJJ
25	电压中间继电器	KVM	YZJ
26	事故信号中间继电器	KCA	SXJ
27	继电保护跳闸出口继电器	KOU	BCJ
28	手动合闸继电器	KCRM	SHJ
29	手动跳闸继电器	KTPM	STJ
30	加速继电器	KAC 或 KCL	JSJ
31	复归继电器	KPE	FJ

续表

序号	元件名称	新符号	旧符号
32	闭锁继电器	KLA 或 KCB	BSJ
33	同期检查继电器	KSY	TJJ
34	自动准同期装置	ASA	ZZQ
35	自动重合闸装置	ARE	ZCJ
36	自动励磁调节装置	AVR 或 AAVR	ZTL
37	备用电源自动投入装置	AATS 或 RSAD	BZT
38	按钮	SB	AN
39	合闸按钮	SBC	HA
40	跳闸按钮	SBT	TA
41	复归按钮	SBre 或 SBR	FA

参 考 文 献

[1] 王炳实，王兰军．机床电气控制[M]．北京：机械工业出版社，2012．

[2] 吴中俊，黄永红．可编程序控制器原理及应用[M]．北京：机械工业出版社，2012．

[3] 高安邦，智淑亚，徐建俊．新编机床电气与 PLC 控制技术[M]．北京：机械工业出版社，2011．

[4] 齐占庆，王振臣．机床电气控制技术[M]．北京：机械工业出版社，2013．

[5] 李华德．交流调速控制系统[M]．北京：电子工业出版社，2003．

[6] 何衍庆，等．可编程序控制器原理及应用技巧[M]．北京：化学工业出版社，2000．

[7] 侯恩奎．电机与拖动[M]．北京：机械工业出版社，1991．

[8] 顾绳谷．电机及拖动基础（第 3 版）[M]．北京：机械工业出版社，2004．

[9] 王仁祥．通用变频器选型与维修技术[M]．北京：中国电力出版社，2004．

[10] 李良仁．变频调速技术与应用[M]．北京：电子工业出版社，2004．

[11] 王廷才，刁红宇．空气压缩机的变频技术及应用[J]．风机技术，2005（3）．

[12] 王廷才．变频器原理及应用（第 3 版）[M]．北京：机械工业出版社，2015．

[13] 黄净．电气控制与可编程序控制器[M]．北京：机械工业出版社，2011．

[14] 王建，徐洪亮．三菱变频器入门与典型应用[M]．北京：中国电力出版社，2009．

[15] 李自先，周中方，张相胜．变频器应用维护与修理[M]．北京：地震出版社，2005．

[16] 张晓娟．工厂电气控制设备[M]．北京：电子工业出版社，2012．

[17] 吴中俊，黄永红．可编程序控制器原理及应用（第 2 版）[M]．北京：机械工业出版社，2004．

[18] 田淑珍．工厂电气控制设备及技能训练[M]．北京：机械工业出版社，2007．

[19] 范国伟．电气控制与 PLC 应用技术[M]．北京：人民邮电出版社，2013．

[20] 田淑珍．工厂电气控制设备及技能训练（第 2 版）[M]．北京：机械工业出版社，2012．

[21] 许缪．工厂电气控制设备[M]．北京：机械工业出版社，2006．

[22] 李益民，刘小春．电机与电气控制技术[M]．北京：高等教育出版社，2006．

[23] 许晓峰．电机及拖动（第 2 版）[M]．北京：高等教育出版社，2001．

反侵权盗版声明